XDL兄弟连教育组织编写

HTML5+CSS3+JavaScript
从入门到精通

王震 盛立 秦文友 ◎ 编著

电子工业出版社
Publishing House of Electronics Industry
北京·BEIJING

内 容 简 介

本书以基础知识与实际动手编写网页相结合为原则，全面介绍了 Web 前端开发所需要的 HTML、CSS 及 JavaScript 技术，其中又穿插介绍了 HTML 5 及 CSS 3 这些 Web 前端开发的流行技术，基本涵盖了 Web 前端开发和微信小程序开发所需要的基础技术。

本书共 25 章，分为 4 篇。第 1～10 章为 HTML 技术篇；第 11～17 章为 CSS 技术篇；第 18～23 章为 JavaScript 技术篇；第 24、25 章为实战篇，包括两个微信小程序的实战案例。

本书内容丰富，实例典型，实用性强，适合各个层次想要学习 Web 前端开发技术的人员阅读，尤其适合没有相关基础而想要快速成长为 Web 前端程序员的人员阅读。

未经许可，不得以任何方式复制或抄袭本书之部分或全部内容。
版权所有，侵权必究。

图书在版编目（CIP）数据

HTML5+CSS3+JavaScript 从入门到精通 / 王震，盛立，秦文友编著. —北京：电子工业出版社，2019.5
ISBN 978-7-121-35633-9

Ⅰ. ①H… Ⅱ. ①王… ②盛… ③秦… Ⅲ. ①超文本标记语言－程序设计②网页制作工具③JAVA 语言－程序设计 Ⅳ. ①TP312.8②TP393.092.2

中国版本图书馆 CIP 数据核字（2019）第 011378 号

策划编辑：徐　岩
责任编辑：张　毅　　　　特约编辑：田学清
印　　刷：三河市鑫金马印装有限公司
装　　订：三河市鑫金马印装有限公司
出版发行：电子工业出版社
　　　　　北京市海淀区万寿路 173 信箱　　邮编：100036
开　　本：787×1092　1/16　印张：39　字数：998.4 千字
版　　次：2019 年 5 月第 1 版
印　　次：2019 年 5 月第 1 次印刷
定　　价：99.00 元

凡所购买电子工业出版社图书有缺损问题，请向购买书店调换。若书店售缺，请与本社发行部联系，联系及邮购电话：（010）88254888，88258888。

质量投诉请发邮件至 zlts@phei.com.cn，盗版侵权举报请发邮件到 dbqq@phei.com.cn。
本书咨询联系方式：（010）57565805。

前言

随着互联网信息技术的飞速发展，Web 前端开发越来越受到相关行业的重视。虽然目前流行采用各类框架进行前端开发，包括当下流行的微信小程序开发，但传统的 HTML、CSS、JavaScript 技术仍是构成各种框架的基石，所以要想熟练掌握 Web 前端开发技术，成为一名合格的从业者，必须要掌握前端开发所需要的 HTML、CSS、JavaScript 技术。只有熟练掌握了这些技术，才能深入理解与领会各种开发框架，达到事半功倍的效果，为职业前景打下坚实的基础。

目前图书市场上关于 HTML、CSS、JavaScript 的图书不少，但将三者有机结合、互为补充并达到融会贯通的图书却很少。本书便是从理论到实践，从知识点到具体实例，通过总结、归纳 HTML、CSS 及 JavaScript 最核心的知识，结合实例训练，再加上具体案例进行练习拓展，通过各种实例来指导读者从零基础开始到能够应用开发，让读者全面、深入、透彻地理解 Web 前端开发的基础知识和技术，逐步将读者打造成具有实际开发水平和项目实战能力的 Web 前端程序员。

本书有何特色

1. 讲解特色

- 为了让读者更快地上手，本书特别设计了适合初学者的学习方式，用准确的语言总结概念，用直观的图示演示过程，用详细的注释解释代码，用形象的比喻帮助记忆。
- 知识点介绍：在每节的开始或者每个概念的开始，都有知识点介绍，让零基础读者能了解概念，顺利入门。
- 范例：为每个实例进行编号，便于检索和循序渐进地学习。
- 示例代码：与范例对应，层次清楚，语句简洁，注释丰富。
- 运行结果：针对范例的结果给出图示，直观清楚。
- 代码解析：针对范例的代码和关键点逐一解释，让读者能融会贯通。
- 贴心的提示：全书关键点都给出了提示，让读者能举一反三。

2. 内容特色

- 经验丰富：笔者有 10 多年的编程经验，熟悉 Web 前端的各项知识细节。
- 只讲重点：HTML 5、CSS 3、JavaScript 涉及的知识点很多，本书讲解了常用的 400 多个知识点，其他内容可以参考本书的赠送资料。
- 实例众多：针对每个知识点，都给出了典型的示例程序，边学边练习。

3. 本书关键数字
- 400 多个知识点。
- 300 个典型范例。
- 50000 行代码。
- 40 余个知识表格。
- 55 个开发技巧。

本书内容及知识体系

第 1 篇　HTML 技术篇（第 1~10 章）

本篇介绍了 HTML 相关知识，包括网页中的文本与段落、图像、链接、表单、多媒体、拖放内容、本地存储、页面绘图等内容。

第 2 篇　CSS 技术篇（第 11~17 章）

本篇介绍了 CSS 相关知识，包括 CSS 基础知识、美化文本与背景、DIV+CSS 布局、盒布局、多列布局、CSS 3 自适应布局及动画和渐变等内容。

第 3 篇　JavaScript 技术篇（第 18~23 章）

本篇介绍了 JavaScript 相关知识，包括 JavaScript 程序基础知识、核心语法、核心对象、浏览器对象模型、文档对象模型和 JavaScript 事件响应等内容。

第 4 篇　实战篇（第 24、25 章）

本篇主要介绍了两个微信小程序的开发实例。实例涵盖了从微信小程序项目的搭建、样式的设计、脚本的实现到小程序上线的全部过程。

适合阅读本书的读者

- 想从事 Web 前端开发工作的人员。
- 大、中专院校的学生。
- 网页制作爱好者。
- 参加实习的"菜鸟"程序员。
- 网站前端测试及维护人员。
- 微信小程序开发入门人员。

本书由王震、盛立、秦文友共同编写，其中王震（沈阳理工大学艺术设计学院副教授）负责编写第 1~11 章，盛立（沈阳理工大学艺术设计学院副教授）负责编写第 12~23 章，秦文友（网名秦子恒，计算机专家）负责编写第 24、25 章。

目录

第1篇 HTML 技术篇

第1章 网页基础知识入门 1
1.1 了解 HTML 网页技术 1
1.1.1 什么是 HTML 和 HTML 5 1
1.1.2 如何获取网页的源代码 2
1.1.3 静态网页 3
1.1.4 动态网页 3
1.1.5 网站 3
1.2 了解网页技术的工作原理 4
1.2.1 静态 HTML 的工作流程 4
1.2.2 动态 HTML 的工作流程 4
1.3 制作一个完整的 HTML 5 网页 5
1.3.1 搭建上机练习环境 5
1.3.2 完成第一个网页 5
1.4 技术解惑 6
1.4.1 HTML 与 HTML 5 是两种网页语言吗 6
1.4.2 如何区分静态网页与动态网页 6

第2章 HTML 5 网页的结构 7
2.1 动手解构一个 HTML 5 页面 7
2.2 HTML 的基础知识 7
2.2.1 HTML 的基础语法 7
2.2.2 HTML 文档的基本骨架 8
2.3 HTML 文档中的标签 8
2.3.1 样本代码 DOCTYPE 9
2.3.2 开始标签 <html> 9
2.3.3 头部标签和头部标签的对象 9
2.3.4 标题标签 <title> 9

2.3.5　主体标签＜body＞ 9
　　2.3.6　美化 HTML 文档 9
2.4　拓展训练 10
　　2.4.1　训练一：制作一个 HTML 网页，包含 HTML 基本标记，页面显示
　　　　　 "Hello World!" 10
　　2.4.2　训练二：制作一个 HTML 网页，要求在浏览器标题栏中显示
　　　　　 "Hello World!" 10
2.5　技术解惑 11
　　2.5.1　HTML 标签需要死记硬背吗 11
　　2.5.2　HTML 网页的结构中哪些标签是必需的 11

第 3 章　网页中的文本与段落 12

3.1　文本的排版格式 12
　　3.1.1　写一行换一行 12
　　3.1.2　在页面中使用空格 13
　　3.1.3　文本的段落要对齐 14
3.2　文本的属性样式 15
　　3.2.1　不一样的文本字体大小 15
　　3.2.2　奇妙的特殊符号 16
　　3.2.3　给文本加标注 17
3.3　整齐的文本列表 18
　　3.3.1　无序列表 18
　　3.3.2　有序列表 19
　　3.3.3　定义列表 20
　　3.3.4　列表嵌套 21
3.4　拓展训练 22
　　3.4.1　训练一：在页面中设置段落对齐方式 22
　　3.4.2　训练二：在页面中创建有序列表 23
3.5　技术解惑 23
　　3.5.1　文本段落的对齐方式 23
　　3.5.2　有序列表与无序列表 23

第 4 章　网页中的图像 24

4.1　图像的基础知识 24
　　4.1.1　常用的位图图像 24
　　4.1.2　在页面中常用的位图格式 24
　　4.1.3　矢量图 25

	4.1.4	图像的分辨率	25
	4.1.5	认识一些网页中常用的 Banner 尺寸	25

4.2 页面中的图像 ... 26
    4.2.1 理解图像路径 ... 26
    4.2.2 像编辑文本对齐一样在页面中对齐图片 ... 27
    4.2.3 图像与文本的对齐方式 ... 28
    4.2.4 调整图像与文本的距离 ... 29

4.3 让图像更美观 ... 30
    4.3.1 使用画图工具修改图像 ... 30
    4.3.2 为图像添加边框 ... 30
    4.3.3 独树一帜的水平线 ... 31

4.4 改变页面的背景 ... 32

4.5 拓展训练 ... 33
    4.5.1 训练一：在网页中插入图片并设置边框 ... 33
    4.5.2 训练二：在页面中插入宽度为 800px、高度为 2px、颜色为蓝色的水平线 ... 34

4.6 技术解惑 ... 34
    4.6.1 使用图像的技巧 ... 34
    4.6.2 善用水平线 ... 34

第 5 章 网页中的链接 ... 35

5.1 认识链接 ... 35
    5.1.1 初识页面链接 ... 35
    5.1.2 理解链接地址 ... 36

5.2 链接的种类 ... 37
    5.2.1 基本的文本链接 ... 38
    5.2.2 基本的图像链接 ... 38
    5.2.3 把邮箱留给需要联系你的人 ... 39
    5.2.4 在同一页面中快速查找信息 ... 40

5.3 提高页面链接的友好度 ... 42
    5.3.1 美观链接的状态 ... 42
    5.3.2 特殊的链接方式 ... 44
    5.3.3 热点图像区域的链接 ... 46

5.4 在新窗口中显示链接窗口 ... 48

5.5 拓展训练 ... 49
    5.5.1 训练一：在页面中使用图像链接 ... 49
    5.5.2 训练二：在页面中使用热点图像区域链接 ... 49

5.6 技术解惑 49
 5.6.1 合理使用锚点链接 49
 5.6.2 合理使用邮件链接 50

第6章 网页中的表单 51

6.1 表单的工作原理 51
 6.1.1 ＜script＞标记 51
 6.1.2 创建表单 51
 6.1.3 表单域 52
6.2 通过表单展示不一样的页面 52
 6.2.1 input 对象下的多种表单表现形式 52
 6.2.2 text 文本框的样式表单 53
 6.2.3 password 输入密码的样式表单 54
 6.2.4 checkbox 复选框的样式表单 55
 6.2.5 radio 单选框的样式表单 57
 6.2.6 submit 提交数据的样式表单 58
 6.2.7 hidden 隐藏域的样式表单 59
 6.2.8 image 样式的表单 60
 6.2.9 file 上传文件的样式表单 61
 6.2.10 textarea 对象的表单 62
 6.2.11 select 对象的表单 64
 6.2.12 表单域集合 65
6.3 HTML 5 表单的进化 66
 6.3.1 早期的表单发展 66
 6.3.2 HTML 5 表单的问世 66
 6.3.3 当前的支持情况 67
 6.3.4 新增的表单输入类型 67
6.4 新增表单特性及元素 68
 6.4.1 form 特性 68
 6.4.2 formaction 特性 68
 6.4.3 form 其他特性 69
 6.4.4 placeholder 特性 69
 6.4.5 autofocus 特性 69
 6.4.6 autocomplete 特性 69
 6.4.7 list 特性和 datalist 元素 70
 6.4.8 keygen 元素 70
 6.4.9 output 元素 70

6.5 表单验证 API ... 71
   6.5.1 与验证有关的表单元素特性 ... 71
   6.5.2 表单验证的属性 ... 72
   6.5.3 ValidityState 对象 ... 72
   6.5.4 表单验证的方法 ... 73
   6.5.5 表单验证的事件 ... 75
6.6 拓展训练 ... 76
   6.6.1 训练一：在页面中使用下拉菜单表单元素 ... 76
   6.6.2 训练二：在页面中使用 email 表单输入元素并设置 autofocus 属性 ... 77
6.7 技术解惑 ... 77
   6.7.1 HTML 5 新增的表单类型有哪些 ... 77
   6.7.2 HTML 5 新增的表单特性有哪些 ... 77

第 7 章 音频和视频 ... 78

7.1 audio 和 video 基础知识 ... 78
   7.1.1 在线多媒体的发展 ... 78
   7.1.2 多媒体术语 ... 79
   7.1.3 HTML 5 多媒体文件格式 ... 80
   7.1.4 功能缺陷及未来趋势 ... 81
7.2 使用 HTML 5 的 audio 和 video 元素 ... 81
   7.2.1 在页面中加入音频和视频 ... 81
   7.2.2 使用 source 元素 ... 82
   7.2.3 使用脚本检测浏览器的标签支持情况 ... 82
   7.2.4 audio 和 video 的特性和属性 ... 83
   7.2.5 audio 和 video 的方法 ... 86
   7.2.6 audio 和 video 的事件 ... 88
7.3 练习：做自定义播放工具条 ... 89
   7.3.1 案例简介 ... 89
   7.3.2 网页基本元素 ... 90
   7.3.3 定义全局的视频对象 ... 90
   7.3.4 添加播放/暂停、前进和后退功能 ... 91
   7.3.5 添加慢进和快进功能 ... 91
   7.3.6 添加静音和音量功能 ... 92
   7.3.7 添加进度显示功能 ... 92
7.4 拓展训练 ... 93
   7.4.1 训练一：在页面中插入音频格式 ... 93
   7.4.2 训练二：在页面中插入视频格式，并在页面加载完毕后自动播放 ... 93

7.5 技术解惑 93
　　7.5.1 如何使用合适的音频类型 93
　　7.5.2 在网上使用视频的技巧 94

第 8 章 在网页中拖放内容

8.1 拖放 API 95
　　8.1.1 新增的 draggable 特性 95
　　8.1.2 新增的鼠标拖放事件 95
　　8.1.3 DataTransfer 对象 96
　　8.1.4 练习：拖放元素的内容 97
8.2 文件 API 100
　　8.2.1 新增的标签特性 100
　　8.2.2 FileList 对象与 File 对象 101
　　8.2.3 Blob 对象 102
　　8.2.4 FileReader 接口 103
8.3 练习：把图片拖入浏览器 108
　　8.3.1 案例简介 108
　　8.3.2 设计网页基本元素 108
　　8.3.3 基本函数的实现 109
　　8.3.4 页面加载处理 109
8.4 拓展训练 110
　　8.4.1 训练一：使用文件选择框可以一次选取多个文件 110
　　8.4.2 训练二：在网页中设置一个层是可以拖动的 110
8.5 技术解惑 110
　　8.5.1 理解拖放 API 与文件 API 110
　　8.5.2 如何使用 FlieList 对象 111

第 9 章 网页的本地存储

9.1 本地存储对象——Web Storage 112
　　9.1.1 Web Storage 简介 112
　　9.1.2 sessionStorage 和 localStorage 113
　　9.1.3 设置和获取 Storage 数据 115
　　9.1.4 Storage API 的属性和方法 117
　　9.1.5 存储 JSON 对象的数据 119
　　9.1.6 Storage API 的事件 122
　　9.1.7 练习：在两个窗口中实现通信 122
9.2 本地数据库——Web SQL Database 124

	9.2.1	Web SQL Database 简介 124
	9.2.2	操作 Web SQL 数据库 124
	9.2.3	练习：基本的数据库操作 125
9.3	拓展训练 129
	9.3.1	训练一：保存并读取 Storage 数据 129
	9.3.2	训练二：使用 Web SQL 数据库向名称为 User 的表中插入一条记录 129
9.4	技术解惑 130
	9.4.1	理解本地存储对象 130
	9.4.2	如何使用本地数据库 130

第 10 章 绘制图形 131

10.1 认识 Canvas 131
- 10.1.1 Canvas 的历史 131
- 10.1.2 Canvas 和 SVG 及 VML 之间的差异 131

10.2 Canvas 基本知识 132
- 10.2.1 构建 Canvas 元素 132
- 10.2.2 使用 JavaScript 实现绘图的流程 133

10.3 使用 Canvas 绘图 135
- 10.3.1 绘制矩形 135
- 10.3.2 使用路径 137
- 10.3.3 图形组合 142
- 10.3.4 绘制曲线 144
- 10.3.5 使用图像 151
- 10.3.6 剪裁区域 153
- 10.3.7 绘制渐变 157
- 10.3.8 描边属性 159
- 10.3.9 模式 161
- 10.3.10 变换 163
- 10.3.11 使用文本 167
- 10.3.12 阴影效果 170
- 10.3.13 状态的保存与恢复 171
- 10.3.14 操作像素 173

10.4 在 Canvas 中实现动画 175

10.5 拓展训练 179
- 10.5.1 训练一：使用 Canvas 绘制矩形 179
- 10.5.2 训练二：使用 Canvas 绘制阴影效果 180

10.6 技术解惑 180

10.6.1 理解 Canvas 对象 180
10.6.2 使用 JavaScript 实现绘图 180

第 2 篇　CSS 技术篇

第 11 章　CSS 基础知识入门 181

11.1 什么是 CSS 181
11.2 CSS 的写法 181
11.2.1 基本的样式表的写法 181
11.2.2 使用类 class 和标志 id 链接样式表 182
11.2.3 创建选择器 183
11.2.4 应用 CSS 样式表 185
11.3 用 CSS 来修饰页面文本 186
11.3.1 修饰页面文本字体 186
11.3.2 文本的字号 187
11.3.3 文本段落行高 187
11.3.4 禁止文本自动换行 187
11.4 给页面对象添加颜色 187
11.5 CSS 3 的发展 188
11.5.1 模块化的发展 188
11.5.2 浏览器支持情况 189
11.5.3 CSS 3 新特性预览 189
11.6 CSS 3 增加的选择器功能 191
11.6.1 属性选择器 191
11.6.2 结构伪类选择器 191
11.6.3 UI 元素状态伪类选择器 192
11.6.4 伪元素选择器 192
11.7 拓展训练 193
11.7.1 训练一：用 CSS 为页面中的 my_c 类添加样式 193
11.7.2 训练二：用 CSS 为页面中的输入框在获取焦点时设置样式 194
11.8 技术解惑 194
11.8.1 理解 CSS 的基本语法 194
11.8.2 掌握各种常用选择器的使用 194

第 12 章　美化文本与背景 195

12.1 文本与字体 195
12.1.1 多样化的文本阴影——text-shadow 属性 195

12.1.2　溢出文本处理——text-overflow 属性 200
　　　12.1.3　文字对齐——word-wrap 和 word-break 属性 201
　　　12.1.4　使用服务器端的字体——@font-face 规则 203
　　　12.1.5　练习：使用丰富的文字样式 206
　12.2　色彩模式和不透明度 208
　　　12.2.1　HSL 色彩模式 208
　　　12.2.2　HSLA 色彩模式 211
　　　12.2.3　RGBA 色彩模式 212
　　　12.2.4　不透明属性 opacity 213
　　　12.2.5　练习：设置半透明的遮蔽层 215
　12.3　背景 218
　　　12.3.1　在元素里定义多个背景图片 218
　　　12.3.2　指定背景的原点位置 219
　　　12.3.3　指定背景的显示区域 222
　　　12.3.4　指定背景图像的大小 224
　　　12.3.5　练习：设计信纸的效果 227
　12.4　边框 230
　　　12.4.1　设计圆角边框——border-radius 属性 230
　　　12.4.2　设计图像边框——border-image 属性 235
　　　12.4.3　设计多色边框——border-color 属性 244
　　　12.4.4　练习：使用新技术设计网页 245
　12.5　拓展训练 250
　　　12.5.1　训练一：为文本添加阴影效果 250
　　　12.5.2　训练二：为层添加圆角边框效果 250
　12.6　技术解惑 251
　　　12.6.1　文本的新特性 251
　　　12.6.2　不同色彩模式的使用 251
　　　12.6.3　边框的使用 251

第 13 章　DIV+CSS 布局 252

　13.1　理解块级元素的意义 252
　13.2　页面中的层 252
　　　13.2.1　行＜span＞和层＜div＞ 252
　　　13.2.2　层的基本定位 253
　　　13.2.3　层的叠加 256
　13.3　框模型 257
　　　13.3.1　理解框模型 257

13.3.2 空距——padding 属性 ... 258
13.3.3 边框——border 的扩展属性 ... 259
13.3.4 边距——margin 属性 ... 260
13.3.5 框模型的溢出 ... 260
13.4 定制层的 display 属性 ... 260
13.5 CSS Hack ... 260
13.6 拓展训练 ... 261
13.6.1 训练一：在页面中对一个层使用绝对定位 ... 261
13.6.2 训练二：为一个层设置边框样式 ... 261
13.7 技术解惑 ... 261
13.7.1 块级元素与行内元素的区别 ... 261
13.7.2 如何理解内边距与外边距 ... 262

第 14 章 盒布局 ... 263

14.1 灵活的盒布局 ... 263
14.1.1 开启盒布局 ... 263
14.1.2 元素的布局方向——box-orient 属性 ... 265
14.1.3 元素的布局顺序——box-direction 属性 ... 267
14.1.4 调整元素的位置——box-ordinal-group 属性 ... 269
14.1.5 弹性空间分配——box-flex 属性 ... 270
14.1.6 元素的对其方式——box-pack 和 box-align 属性 ... 274
14.1.7 练习：使用新型盒布局设计网页 ... 278
14.2 增强的盒模型 ... 282
14.2.1 盒子阴影——box-shadow 属性 ... 282
14.2.2 盒子尺寸的计算方法——box-sizing 属性 ... 286
14.2.3 盒子溢出内容处理——overflow-x 和 overflow-y 属性 ... 288
14.2.4 练习：设计网站服务条款页面 ... 290
14.3 增强的用户界面设计 ... 292
14.3.1 允许用户改变元素尺寸——resize 属性 ... 292
14.3.2 定义外轮廓线——outline 属性 ... 294
14.3.3 伪装的元素——appearance 属性 ... 298
14.3.4 为元素添加内容——content 属性 ... 300
14.3.5 练习：设计一个省份选择盘 ... 303
14.4 拓展训练 ... 305
14.4.1 训练一：设置盒元素布局方向为水平布局 ... 305
14.4.2 训练二：在页面中创建一个可以调整大小的层 ... 306
14.5 技术解惑 ... 306

| 14.5.1   如何使用盒布局属性的兼容性 306
| 14.5.2   理解盒子溢出内容处理的区别 306

第 15 章   多列布局 307

15.1   多列布局基础知识 307
| 15.1.1   多列属性 columns 307
| 15.1.2   列宽属性 column-width 309
| 15.1.3   列数属性 column-count 310
| 15.1.4   列间距属性 column-gap 311
| 15.1.5   定义列分隔线——column-rule 属性 312
| 15.1.6   定义横跨所有列——column-span 属性 314
15.2   练习：模仿杂志的多列版式 316
15.3   拓展训练 318
| 15.3.1   训练一：在一个层中实现多列布局 318
| 15.3.2   训练二：在多列布局的基础上定义列分隔线 318
15.4   技术解惑 319
| 15.4.1   如何使用多列布局的快捷设置 319
| 15.4.2   使用 column-span 属性的注意事项 319

第 16 章   CSS 3 自适应布局 320

16.1   媒体查询 320
| 16.1.1   @media 规则的语法 320
| 16.1.2   使用媒体查询链接外部样式表文件 324
16.2   练习：自适应屏幕的样式表方案 325
16.3   拓展训练 330
| 16.3.1   训练一：媒体查询常用的设备种类 330
| 16.3.2   训练二：如何使用媒体查询链接外部样式表文件 331
16.4   技术解惑 331
| 16.4.1   媒体查询的作用是什么 331
| 16.4.2   媒体查询中的媒体类型有哪些 331

第 17 章   动画和渐变 332

17.1   CSS 3 变形基础 332
| 17.1.1   元素的变形——transform 属性 332
| 17.1.2   旋转 332
| 17.1.3   缩放和翻转 334
| 17.1.4   移动 336
| 17.1.5   倾斜 339

17.1.6　矩阵变形 341
　　　17.1.7　同时使用多个变形函数 343
　　　17.1.8　定义变形原点——transform-origin 属性 345
　　　17.1.9　练习：设计图片画廊 347
　17.2　CSS 3 过渡效果 350
　　　17.2.1　实现过渡效果——transition 属性 350
　　　17.2.2　指定过渡的属性——transition-property 属性 351
　　　17.2.3　指定过渡的时间——transition-duration 属性 353
　　　17.2.4　指定过渡延迟时间——transition-delay 属性 354
　　　17.2.5　指定过渡方式——transition-timing-function 属性 355
　　　17.2.6　练习：制作滑动的菜单 356
　17.3　CSS 3 动画设计 359
　　　17.3.1　关键帧动画——@keyframes 规则 359
　　　17.3.2　动画的实现——animation 属性 360
　　　17.3.3　练习：永不停止的风车 363
　17.4　CSS 3 渐变设计 365
　　　17.4.1　线性渐变 366
　　　17.4.2　径向渐变 369
　　　17.4.3　练习：设计渐变的按钮 371
　17.5　拓展训练 373
　　　17.5.1　训练一：使用 CSS 3 实现当鼠标指针经过链接时放大 373
　　　17.5.2　训练二：使用 CSS 3 实现一个层中有线性渐变背景 373
　17.6　技术解惑 374
　　　17.6.1　元素的变形与布局 374
　　　17.6.2　过渡效果与变形的区别 374

第 3 篇　JavaScript 技术篇

第 18 章　JavaScript 程序基础知识 375
　18.1　JavaScript 的基础语法 375
　　　18.1.1　字母大小写编写规范 375
　　　18.1.2　JavaScript 代码编写格式 375
　　　18.1.3　注释格式 376
　　　18.1.4　保留字 376
　　　18.1.5　基本的输出方法 376
　　　18.1.6　关于<script></script>标签的声明 378

18.2 JavaScript 交互基本方法 ... 379
18.2.1 最常用的信息对话框 ... 379
18.2.2 选择对话框 ... 380
18.2.3 提示对话框 ... 382
18.3 数据类型和变量 ... 383
18.3.1 数据类型的理解 ... 383
18.3.2 学习几种基本数据类型 ... 384
18.3.3 变量的含义 ... 386
18.3.4 变量的声明与使用 ... 386
18.4 常用的运算符 ... 387
18.4.1 运算符与表达式 ... 387
18.4.2 基本运算符及其使用 ... 388
18.4.3 关系运算符及其使用 ... 393
18.4.4 逻辑运算符及其使用 ... 395
18.4.5 其他常用运算符及其使用 ... 396
18.5 拓展训练 ... 398
18.5.1 训练一：在页面中插入一段 JavaScript 代码 ... 398
18.5.2 训练二：在页面中使用一个选择框，并根据选择输出不同内容 ... 398
18.6 技术解惑 ... 398
18.6.1 关于多行注释的误区 ... 398
18.6.2 3 种对话框的区别 ... 399
18.6.3 关于 JavaScript 中的基本数据类型 ... 399

第 19 章 JavaScript 核心语法 ... 400
19.1 程序的核心：分支和循环 ... 400
19.1.1 if 条件分支 ... 400
19.1.2 switch 条件分支 ... 402
19.1.3 while 循环 ... 404
19.1.4 do...while 循环 ... 405
19.1.5 for 循环 ... 407
19.1.6 for...in 循环 ... 408
19.1.7 如何更合理地控制循环语句 ... 409
19.2 函数 ... 413
19.2.1 什么是函数 ... 413
19.2.2 学会使用函数解决问题 ... 415
19.2.3 理解函数的参数传递 ... 416
19.2.4 函数中变量的作用域和返回值 ... 417

19.2.5 函数的嵌套 419
19.3 面向对象编程的简单概念 420
　19.3.1 什么是面向对象 420
　19.3.2 如何创建对象 421
　19.3.3 定义对象的属性 422
　19.3.4 对象的构造函数和方法 424
　19.3.5 关联数组的概念 426
　19.3.6 with 语句和 for...in 语句 428
19.4 拓展训练 431
　19.4.1 训练一：使用循环打印九九乘法表 431
　19.4.2 训练二：使用自定义函数求某个数的平方 431
19.5 技术解惑 431
　19.5.1 if 与 switch 的使用时机 431
　19.5.2 while 与 for 循环的异同 432
　19.5.3 while 与 do...while 循环的异同 432
　19.5.4 关于自定义函数 432
　19.5.5 如何理解面向对象 432

第 20 章　JavaScript 核心对象 433

20.1 数组对象 433
　20.1.1 创建数组 433
　20.1.2 数组元素的操作 435
　20.1.3 创建多维数组 437
　20.1.4 数组的方法 438
20.2 日期对象 444
　20.2.1 用日期对象创建常用日期 445
　20.2.2 日期对象的方法 446
　20.2.3 编写一个时间计算程序 449
20.3 数学运算对象 451
　20.3.1 数学运算对象的方法和属性 451
　20.3.2 制作一个小型计算器 454
20.4 字符串对象 456
　20.4.1 字符串对象的属性 456
　20.4.2 字符串对象的方法 457
20.5 函数对象 461
20.6 拓展训练 463
　20.6.1 训练一：创建数组并输出数组内容 463

20.6.2　训练二：输出当前的日期和时间 463
20.7　技术解惑 464
　　20.7.1　如何理解数组 464
　　20.7.2　使用日期对象的注意事项 464
　　20.7.3　关于 Math 对象 464
　　20.7.4　关于字符串对象 464

第 21 章　浏览器对象模型 465

21.1　navigator 对象 465
　　21.1.1　navigator 对象的管理方法 466
　　21.1.2　在网页上显示浏览者系统的基本信息 466
21.2　window 对象 467
　　21.2.1　window 对象的管理方法 468
　　21.2.2　制作可定制的弹出窗口 469
　　21.2.3　完美地关闭窗口 471
　　21.2.4　制作简单的网页动画 472
　　21.2.5　延时执行命令 474
21.3　location 对象 476
21.4　history 对象 478
21.5　screen 对象 480
21.6　拓展训练 481
　　21.6.1　训练一：在页面上输出浏览者的浏览器名称 481
　　21.6.2　训练二：使用 setInterval()制作移动的文字 481
21.7　技术解惑 482
　　21.7.1　描述你理解的 window 对象 482
　　21.7.2　描述你理解的 document 对象 482

第 22 章　文档对象模型 483

22.1　文档对象模型概念详解 483
　　22.1.1　文档对象模型简介 483
　　22.1.2　文档对象的属性 484
　　22.1.3　文档对象的方法 486
22.2　form 对象 488
　　22.2.1　访问表单对象的方法 488
　　22.2.2　表单控件 492
　　22.2.3　制作具备数据检测功能的注册页面 499
22.3　image 对象 503

22.4 链接对象 506
22.5 拓展训练 508
    22.5.1 训练一：使用文档对象模型遍历页面全部图片 508
    22.5.2 训练二：当输入框获取焦点时显示红色，失去焦点后恢复 508
22.6 技术解惑 509
    22.6.1 文档对象模型是什么 509
    22.6.2 文档对象模型与 HTML 标签 509
    22.6.3 使用文档对象模型的注意事项 509

第 23 章 事件响应 510

23.1 事件响应的概念 510
    23.1.1 事件和事件处理程序 510
    23.1.2 HTML 元素常用事件的展示 511
23.2 事件方法的使用 513
23.3 event 对象 514
    23.3.1 event 对象的各种属性 514
    23.3.2 网页监视发生事件的元素 515
    23.3.3 网页检测用户的鼠标信息 516
    23.3.4 网页检测用户的键盘按键信息 518
    23.3.5 鼠标随意拖动网页元素 520
23.4 事件编程访问网页元素 523
    23.4.1 数组方式访问 523
    23.4.2 id 名称和 name 名称访问 525
    23.4.3 HTML 标签名称访问 527
    23.4.4 DOM 节点方法访问 528
23.5 结合 CSS 制作动态页面 531
    23.5.1 让 HTML 元素动起来 531
    23.5.2 通过切换 CSS 给网页换肤 534
    23.5.3 动态添加节点 536
23.6 拓展训练 539
    23.6.1 训练一：使用键盘方向键移动页面的层 539
    23.6.2 训练二：单击按钮为表格添加一行 540
23.7 技术解惑 541
    23.7.1 理解事件 541
    23.7.2 理解事件响应 541

第 4 篇 实战篇

第 24 章 实战——使用微信小程序开发充值应用 543
- 24.1 小程序开发介绍 543
  - 24.1.1 小程序开发前景 543
  - 24.1.2 HTML 5、CSS 3、JavaScript 在小程序中的对应文件 544
  - 24.1.3 网站 HTML 标签与小程序 wxml 组件的异同 544
  - 24.1.4 网站中 JavaScript 与小程序中 JavaScript 的异同 546
  - 24.1.5 wxss 与 CSS 3 的不同之处 546
- 24.2 小程序开发涉及的层次和知识结构 546
  - 24.2.1 第一层：小程序 547
  - 24.2.2 第二层：Web 服务器 547
  - 24.2.3 第三层：数据库 547
  - 24.2.4 第四层：第三方服务 548
- 24.3 小程序开发前的准备工作 548
  - 24.3.1 Web 服务器方面的准备 548
  - 24.3.2 申请开通小程序 548
  - 24.3.3 设置小程序服务器域名 551
- 24.4 安装和使用小程序开发工具 553
  - 24.4.1 下载安装小程序开发工具 554
  - 24.4.2 小程序开发工具介绍 555
- 24.5 实战——充值小程序开发 558
  - 24.5.1 新建充值小程序工程 559
  - 24.5.2 小程序工程目录结构 561
  - 24.5.3 小程序单个页面的结构 563
  - 24.5.4 充值小程序页面开发 565
  - 24.5.5 小程序与 Web 服务器之间如何通信 569

第 25 章 实战——资讯小程序 573
- 25.1 资讯小程序的主要页面 573
- 25.2 资讯小程序单个页面的开发流程 574
- 25.3 新建资讯小程序项目 574
- 25.4 资讯小程序的首页 576
  - 25.4.1 js 脚本从服务器获取数据 577
  - 25.4.2 在 wxml 中展示数据 578
  - 25.4.3 wxss 控制展示效果 581
- 25.5 开发资讯小程序分类页面 582

25.5.1 分类页面 index.js 源代码分析	583
25.5.2 分类页面 index.wxml 源代码分析	584
25.5.3 小程序的模板文件	585
25.5.4 分类页面 index.wxss 源代码分析	586
25.6 开发资讯小程序列表页面	587
25.6.1 列表页面 index.js 源代码分析	588
25.6.2 小程序中使用第三方 js 脚本模块	589
25.6.3 列表页面 index.wxml 源代码分析	590
25.6.4 列表页面 index.wxss 源代码分析	591
25.7 开发资讯小程序内容页面	592
25.7.1 内容页面 index.js 源代码分析	594
25.7.2 内容页面 index.wxml 源代码分析	599
25.7.3 内容页面 index.wxss 源代码分析	600

第1篇 HTML 技术篇

第1章 网页基础知识入门

Internet,中文名称为国际互联网。众所周知,Internet 起源于 1969 年,是由美国国防部授权 ARPANET(高级研究规划署)进行的互联网的试验。当初没有人预料到,在几十年后的今天,互联网会成为全球互通的主要方式。网页是 Internet 的主要组成部分,在本章中读者可以学到很多 Internet 及网页制作方面的基础知识。

1.1 了解 HTML 网页技术

HTML 技术是一切网页技术的基础,只有学好它,才能做出精美的网站。我们平时看到的网页,有静态的,也有动态的。本节会详细阐述网页技术的发展历史,以及动态网页、静态网页、网站等概念的定义。

1.1.1 什么是 HTML 和 HTML 5

HTML(Hyper Text Markup Language),即超文本标记语言。没有基础的读者不要对"语言"有所畏惧,这并不是计算机编程语言,而是由一些命令组成的描述性文本。

HTML 命令用于说明并组织网页上的文字、图形、动画、声音、表格、链接等。网页上的内容都是由 HTML 命令组织起来的,可见 HTML 技术在网页中的重要性。

组织网页元素的 HTML 命令包括在 "< >" 内,这些 HTML 命令也叫 HTML 标签。一般 HTML 标签是成对出现的,被组织的网页元素放在首尾标签内,如你好。但也有少数标签是单个出现的,如
、<img>。

网页文件即采用 HTML 标签组织内容并符合 HTML 规范的文件,一般扩展名为.htm 或.html。

注意:HTML 格式的文件是一种文本文件,里面的内容都是文本。

HTML 的出现由来已久。1993 年,HTML 首次由因特网工程任务组(IETF)以因特网草案的形式发布。接着,HTML 的发展一路高歌:1995 年发布了 2.0 版,1996 年发布了 3.2 版,

1997年发布了4.0版,到1999年12月发布了4.01版。从第3个版本(3.2版)开始,W3C(万维网联盟)开始接手,并负责后续版本的制定工作。

在HTML 4.01之后,W3C的认识发生了倒退,把发展HTML放在了次要的地位,而是把主要注意力转移到了XML和XHTML之上。由于当时正值CSS崛起,设计者们对XHTML的发展也深信不疑。但随着互联网的发展,HTML迫切需要增加一些新的功能,指定新的规范。

为了能继续并深入发展HTML规范,在2004年,一些浏览器厂商联合成立了WHATWG(Web超文本技术工作小组),以推动HTML 5规范。最初,WHATWG的工作内容包含两部分:Web Forms 2.0和Web Apps 1.0。它们都是对HTML的发展并纳入HTML 5的规范之中。Web 2.0也是在那个时候提出来的。

到2006年,W3C组建了新HTML的工作组,非常明智地采纳了WHATWG的意见,于2008年发布了HTML 5的工作草案,直至2014年10月底,HTML 5规范正式定稿。

1.1.2 如何获取网页的源代码

刚刚接触网页制作的读者肯定对网上优秀的网页感兴趣,本节就来学习如何获取这些网页的源代码。网页都是由HTML标签组成的,读者可以直接查看其HTML源代码。查看方法为:打开网页后,用鼠标右键单击页面空白处,在弹出的菜单中选择"查看网页源代码"选项。

注意:读者在操作时,一定要在网页空白处单击鼠标右键。

还有一个查看源代码的办法,即在浏览器菜单栏中单击"查看"→"查看源文件",读者可以马上看到此网页的HTML源代码。系统会调用特殊的浏览器窗口以便于查看HTML源代码,如图1.1所示。

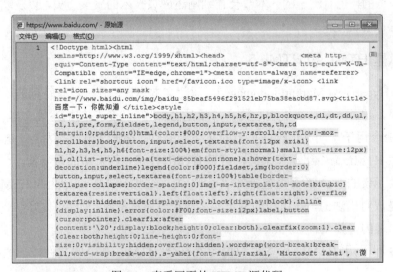

图1.1 查看网页的HTML源代码

如果读者需要保存此网页的HTML源代码,则只需以下几步:
(1)在打开的窗口的菜单栏中单击"文件"。
(2)在弹出的下拉菜单中选择"保存"。

(3)选择保存类型为"HTML 源"或"格式化的 HTML 视图"。
(4)选择保存的路径。

利用优秀网页的源代码作参考,是读者学习网页制作的好方法。

1.1.3 静态网页

在网站设计中,纯粹 HTML(标准通用标记语言下的一个应用)格式的网页通常被称为"静态网页"。

静态网页是标准的 HTML 文件,它的文件扩展名是.htm、.html,文件内包含文本、图像、声音、客户端脚本、ActiveX 控件及 Java 小程序等。

静态网页是网站建设的基础,早期的网站一般都是由静态网页制作的。静态网页是相对于动态网页而言的,是指没有后台数据库、不含程序和不可交互的网页。静态网页更新起来相对比较麻烦,适用于一般更新较少的展示型网站。

容易误解的是,静态页面都是.htm 这类页面。实际上,静态也不是完全静态,也可以出现各种动态的效果,如 GIF 格式的动画、Flash、滚动字幕等。

1.1.4 动态网页

所谓动态网页,是指与静态网页相对的一种网页编程技术。静态网页随着 HTML 代码的生成,页面的内容和显示效果基本上就不会发生变化了——除非你修改页面代码。而动态网页则不然,页面代码虽然没有变,但是显示的内容却是可以随着时间、环境或数据库操作的结果而发生改变的。

值得强调的是,不要将动态网页和页面内容是否有动感混为一谈。这里说的动态网页,与网页上的各种动画、滚动字幕等视觉上的动态效果没有直接关系,动态网页也可以是纯文字内容的,也可以是包含各种动画的内容,这些只是网页具体内容的表现形式,无论网页是否具有动态效果,只要是采用动态网站技术生成的网页,都可以称为动态网页。

总之,动态网页是基本的 HTML 语法规范与 ASP、PHP、JSP 等高级程序设计语言、数据库编程等多种技术的融合,以期实现对网站内容和风格的高效、动态和交互式的管理。因此,从这个意义上来讲,凡是结合 HTML 以外的高级程序设计语言和数据库技术进行的网页编程技术生成的网页,都是动态网页。

1.1.5 网站

网站(Website)是指在因特网上根据一定的规则,使用 HTML(标准通用标记语言下的一个应用)等工具制作的、用于展示特定内容相关网页的集合。比如,在浏览器中输入www.baidu.com,访问的是百度网站,而访问后打开的网页是百度网站的首页。

简单地说,网站是一种沟通工具,人们可以通过网站来发布自己想要公开的资讯,或者利用网站来提供相关的网络服务。人们可以通过网页浏览器来访问网站,获取自己需要的资讯或享受网络服务。

1.2 了解网页技术的工作原理

上一节介绍了网页基本技术，还了解了静态网页、动态网页与网站，那么这些网页与网站是如何运作的呢？本节就来了解静态 HTML 和动态 HTML 的工作流程。

1.2.1 静态 HTML 的工作流程

通过前面的介绍读者可以了解到，静态网页是纯 HTML 页面，用户使用浏览器访问静态页面不需要服务器做额外的解释工作，直接将页面所标记的内容呈现给用户即可。所以，静态 HTML 的工作流程大致分为以下几步：

（1）用户通过浏览器输入要访问的 URL 地址。
（2）浏览器查找域名对应的 IP 地址。
（3）浏览器查找到对应主机的 IP 地址后，与对应主机的 Web 服务器建立连接，通过 HTTP 协议（超文本传输协议）向 Web 服务器发送请求，请求服务器上相应目录下的文件。
（4）Web 服务器收到请求后，在其所管理目录中找到相应文件。如果用户请求的是 HTML 文件，则 Web 服务器找到对应 HTML 文件后，打开 HTML 文件，并将 HTML 代码响应给客户端。
（5）浏览器收到 Web 服务器的响应后，接收并下载服务器端的 HTML 静态代码，然后浏览器解析代码，最终将网页呈现出来。

1.2.2 动态 HTML 的工作流程

相比静态 HTML，动态网页中包含动态技术，所以呈现给用户的页面都是经过动态技术的解析生成相应的静态内容之后再呈现给用户的。所以，动态 HTML 的工作流程相比静态 HTML 多了几个步骤，大致可以分为以下几步：

（1）用户通过浏览器输入要访问的 URL 地址。
（2）浏览器查找域名对应的 IP 地址。
（3）浏览器查找到对应主机的 IP 地址后，与对应主机的 Web 服务器建立连接，通过 HTTP 协议向 Web 服务器发送请求，请求服务器上相应目录下的文件。
（4）Web 服务器收到请求后，在其所管理目录中找到相应文件。若用户请求的是动态页面文件，如 PHP，则 Web 服务器将找到的动态页面文件交给相应的应用服务器（比如 PHP）处理（Web 服务器本身不处理动态页面文件）。
（5）应用服务器接收并打开动态页面，再通过应用服务器将动态页面数据解释生成 HTML 静态代码，并将 HTML 静态代码交还给 Web 服务器，Web 服务器将接收到的 HTML 静态代码输出到客户端浏览器。
（6）浏览器收到 Web 服务器的响应后，接收并下载服务器端的 HTML 静态代码，然后浏览器解析代码，最终将网页呈现出来。

可见，相比静态网页，动态网页多了通过应用服务器将动态页面解析为静态页面的过程，所以通常静态网页会比动态网页加载速度快。

1.3 制作一个完整的 HTML 5 网页

前面两节介绍了一些网页与网站的基础知识，本节就来动手制作一个完整的 HTML 5 网页，其中包括搭建上机练习环境与完成第一个网页两部分。

1.3.1 搭建上机练习环境

要制作 HTML 5 网页，有两样东西必不可少：一个是文本编辑器，用于编写 HTML；另一个是网页浏览器，用来运行 HTML 网页。因为本书所介绍的均为静态 HTML 的知识，所以不用安装专门的 Web 服务器环境，使用系统自带的浏览器直接打开即可。

对于文本编辑器，没有特别要求，甚至可以使用系统自带的记事本。但一些高级的文本编辑器可以大大提高编写效率，如 EditPlus、NotePad++、UltraEdit 等，读者选择一款使用即可。

对于浏览器，建议读者选用最新版的、支持 HTML 5 的浏览器，如 Goole Chrome 等。本章代码均基于 Chrome 浏览器运行。

1.3.2 完成第一个网页

下面用 HTML 完成第一个网页，该网页内容较为简单，除基本的 HTML 标签外，网页内没有其他内容，只显示"Hello World!"一句话。新建一个文本文档，改名为"hello.htm"，输入示例 1-1 所示的代码。

【示例 1-1】第一个网页

```
01  <!DOCTYPE html>
02  <html xmlns="http://www.w3.org/1999/xhtml">
03  <head>
04  <title>第一个网页</title>
05  </head>
06  <body>
07  Hello World!
08  </body>
09  </html>
```

以上代码就是一个标准的 HTML 网页结构，包括<html>、<head>、<body>等部分，关于这些标签的具体内容将在后续章节详细介绍。

运行以上代码（用鼠标右键单击文件，在弹出的菜单中选择"打开方式"→"Google Chrome"），结果如图 1.2 所示。

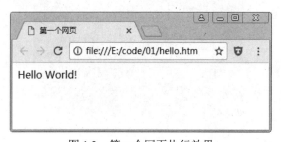

图 1.2 第一个网页执行效果

1.4 技术解惑

1.4.1 HTML 与 HTML 5 是两种网页语言吗

关于 HTML 与 HTML 5，如果读者理解起来有困难，则只需了解 HTML 5 是 HTML 的最新版本，包含许多更先进的功能，使用 HTML 5 可以比 HTML 更简单地实现一些特殊效果，使用户创建网络应用更加容易。

1.4.2 如何区分静态网页与动态网页

静态网页与动态网页是两个很重要的概念，理解起来也会有一定难度。有一种更为直观的方法区分这两者，如果网页的扩展名为.php、.asp、.jsp 等，则通常是动态网页，这些页面需要经过专门的服务器解释执行；而如果网页的扩展名为.htm、.html 等，则很大可能是静态网页。当然，也有部分伪静态网页是用动态网页解释之后生成的 HTML 文件，这些另当别论。

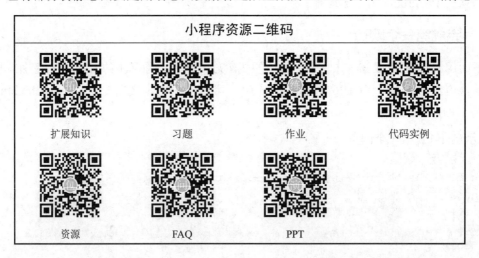

第 2 章 HTML 5 网页的结构

要学习 HTML 5，首先要了解 HTML 5 网页的结构。通过上一章的学习，读者对网页、网站有了一个大概的了解，同时还尝试制作了一个简单的网页，但对于其中的标签却不甚了解。这一章我们就来学习 HTML 5 网页的结构。

2.1 动手解构一个 HTML 5 页面

要学习 HTML 5，最便捷的方法就是分析现成的 HTML 5 页面代码。用户可以使用浏览器浏览知名站点，然后通过查看源代码来获取网页的 HTML 代码。

利用 1.1.2 节所介绍的方法获取网页的源代码，然后就可以分析 HTML 5 页面的编写方法了。这里笔者就不浪费版面截图了，读者可以先浏览代码，然后笔者会逐步给出解读。

2.2 HTML 的基础知识

解构完一个 HTML 5 页面之后，就需要对其中的 HTML 5 代码进行学习。这一节我们来介绍 HTML 的基础知识，其中包括 HTML 的基础语法和 HTML 文档的基本骨架。通过本节的学习，读者会对 HTML 有一个初步的认识。

2.2.1 HTML 的基础语法

区别于 C 语言、Java 语言这类高级语言，HTML 不是编程语言，而是一种描述性的标记语言，用于描述网页中内容的显示方式，比如文字以什么颜色显示等，这些都是利用 HTML 标记来实现的。

HTML 标记以 "<" 与 ">" 来标记。HTML 中的标记按其是否成对出现，可以分为单标记与双标记两类。

单标记是指只有一个标记的 HTML 标记，按标记有无属性值又可以分为无属性值单标记和有属性值单标记。

（1）无属性值单标记是单一型的标记，没有任何属性值。其语法格式如下：

```
<标记名称>
```

最常见的无属性值单标记是
，表示换行符。

（2）有属性值单标记相比无属性值单标记多了属性值，用户可以为其指定各种属性。其语法格式如下：

```
<标记名称 属性="属性值">
```

比如，指定一个宽度为 80%的水平线可以使用以下代码：

```
<hr width="80%"/>
```

双标记是指标记通常成对出现，一个表示标记开始，另一个表示标记结束。其语法格式如下：

```
<标记名称>…</标记名称>
```

无属性值双标记除了标记并没有属性及属性值，比如常见的页面标题标记：

```
<title>页面标题</title>
```

有属性值双标记可以为标记的属性设置各种属性值，如果没有则采用默认值。其语法格式如下：

```
<标记名称属性="属性值">…</标记名称>
```

比如，为页面添加背景颜色就可以使用如下代码：

```
<body bgcolor="red">…</body>
```

其中，<body></body>为双标记，bgcolor 为其属性背景颜色，red 为属性 bgcolor 的属性值。

除普通标记外，HTML 中也可以使用注释。其语法格式如下：

```
<!--注释内容-->
```

HTML 中的注释都放在注释符号"<!-- -->"之中，即以"<!--"开始，以"-->"结束，其中所出现的内容并不会被显示，注释用于对 HTML 代码的解释说明。

2.2.2　HTML 文档的基本骨架

网页通常都是由四对标记来构成文档的骨架的，内容如以下代码所示：

```
<html>
    <head>
        <title>
            标题
        </title>
    </head>
    <body>
        正文
    </body>
</html>
```

以上代码中的<html>、<head>、<title>、<body>标记是构成 HTML 文档的基本骨架，也是 HTML 文档的基本结构。

2.3　HTML 文档中的标签

上一节介绍了 HTML 的基础语法及 HTML 文档的基本骨架，这一节将接上一节的内容，来介绍 HTML 文档中的各种标签。

2.3.1 样本代码 DOCTYPE

首先我们来看样本代码 DOCTYPE，<!DOCTYPE>声明不是 HTML 标签，它是指示 Web 浏览器关于页面使用哪个 HTML 版本进行编写的指令。<!DOCTYPE>声明必须是 HTML 文档的第一行，位于<html>标签之前。

在 HTML 4.01 中，<!DOCTYPE>声明引用 DTD，因为 HTML 4.01 基于 SGML。DTD 规定了标记语言的规则，这样浏览器才能正确地呈现内容。

HTML 5 不基于 SGML，所以不需要引用 DTD。

提示：请始终向 HTML 文档中添加<!DOCTYPE>声明，这样浏览器才能获知文档类型。

在 HTML 4.01 中有 3 种<!DOCTYPE>声明，而在 HTML 5 中只有一种，即：

```
<!DOCTYPE html>
```

2.3.2 开始标签 < html >

<html>标记告知浏览器其自身是一个 HTML 文档。<html>与</html>标签限定了文档的开始点和结束点，在它们之间是文档的头部和主体。

正如前面所介绍的那样，文档的头部由<head>标签定义，而主体由<body>标签定义。<html>…</html>标识网页文件的开始与结束，所有的 HTML 元素都要放在这对标签中。

2.3.3 头部标签和头部标签的对象

<head>标签用于定义文档的头部，它是所有头部元素的容器。<head>中的元素可以引用脚本、指示浏览器在哪里找到样式表、提供元信息等。

文档的头部描述了文档的各种属性和信息，包括文档的标题、在 Web 中的位置及和其他文档的关系等。绝大多数文档头部包含的数据都不会真正作为内容显示给读者。

注意：应该把<head>标签放在文档的开始处，紧跟在<html>后面，并处于<body>标签之前。另外，请记住始终为文档规定标题！

2.3.4 标题标签 < title >

<title>…</title>标识网页文件的标题。浏览器会以特殊的方式来使用标题，并且通常把它放置在浏览器窗口的标题栏或状态栏中。同样，当把文档加入用户的链接列表、收藏夹或书签列表时，标题将成为该文档链接的默认名称。

2.3.5 主体标签 < body >

<body>…</body>标识网页文件的主体部分，body 元素包含文档的所有内容（如文本、超链接、图像、表格和列表等）。所以，用于显示文档内容的文本、图像、表格、超链接等其他所有标签都要放在<body>标签之中。

2.3.6 美化 HTML 文档

HTML 代码文档的编写没有严格的格式化要求，设计人员甚至可以将所有文档写在一行，就像如下代码这样：

```
<html><body><h1>My First Heading</h1><p>My first paragraph.</p></body></html>
```
将以上代码保存为 unfit.htm。

虽然以上代码也能正常被浏览器解析，但这样非常不便于阅读及后期管理。为了使 HTML 文档更容易阅读，同时也为了更容易后期维护，建议读者在书写 HTML 文档时遵循如下几个原则：

（1）一句 HTML 代码占用一行。
（2）采用必要的缩进格式。

上面的代码按这样的原则重新编排后如下所示：

```
<html>
    <head>
        <title></title>
    </head>
    <body>
        <h1>
            My First Heading
        </h1>
        <p>
            My first paragraph.
        </p>
    </body>
</html>
```

将以上代码保存为 fit.htm。

很明显，重新编排后的代码更清晰，结构也更明了，更利于阅读及维护。所以，读者在编写 HTML 代码时要养成良好的书写习惯。

2.4 拓展训练

2.4.1 训练一：制作一个 HTML 网页，包含 HTML 基本标记，页面显示"Hello World!"

【拓展要点：对 HTML 结构的掌握程度】

HTML 网页的基本结构是学习 HTML 最基础的内容，所以一定要熟练掌握。

【代码实现】（略）

2.4.2 训练二：制作一个 HTML 网页，要求在浏览器标题栏中显示"Hello World!"

【拓展要点：对 HTML 文档中<title>标签的掌握程度】

<title>标签是 HTML 文档的<head>标签中最重要的标签，使用该标签可以设置网页的标题，而当用浏览器打开网页时，相应的标题就会显示在浏览器的标题栏中。所以，用户将需要设置的标题内容放置在<title>与</title>之间即可。

【代码实现】

```html
<html>
    <head>
        <title>Hello world!</title>
    </head>
    <body>
    </body>
</html>
```

2.5 技术解惑

2.5.1 HTML 标签需要死记硬背吗

  HTML 作为一种文本标记语言，包含大量的 HTML 标签，在初学阶段，用户不用刻意去记忆种类繁多的标签，只需要知道常用的 HTML 标签，如<html>、<head>、<title>、<body>等即可。其他标签在使用中会大量遇到，用得多了自然就会记住。本书后续章节将陆续为读者介绍更多的 HTML 标签。

2.5.2 HTML 网页的结构中哪些标签是必需的

  理解 HTML 网页的结构对于学习 HTML 至关重要，用户只需了解 HTML 通常包括根标签<html>及根标签中的头部标签<head>与主体标签<body>即可。通常需要在页面载入前就加载的内容，比如 JavaScript 代码、CSS 样式等内容及<meta>元信息放在<head>中，其他需要在页面上显示的内容均放在<body>标签中。

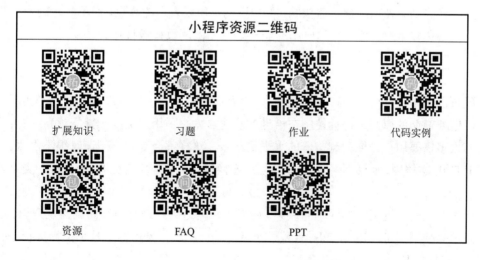

网页中的文本与段落　　视频

第3章 网页中的文本与段落

通过上一章的学习，读者在网页整体结构方面有了比较系统的认识。这一章我们来学习网页中的文本与段落，文本是表达信息的一种重要手段，所以在很多网页中，文字信息占有相当大的比重，比如各种新闻、资讯或网上小说、网络用户留言等，都需要文本作为载体。本章就来详细介绍网页中的文本与段落。

读者不仅希望在网页中表现文字，更希望对网页中的文字进行排版、修饰。本章我们将学习文字的简单排版、修饰、滚动文字及超级链接。超级链接在网站开发中无处不在，是网页中的重点。

3.1 文本的排版格式

排版在使用文本时具有举足轻重的作用，良好、清晰的排版能够使用户快速获取信息。而糟糕的排版格式则会使用户摸不着头脑，不知道网页所要表达的重点，而不尊重用户行为的网站往往会失去更多用户。所以，这一节介绍一些常用的网页排版技巧。

3.1.1 写一行换一行

一般页面文本每行的字数在 35 个左右，没有严格规定，用户可以根据自己的实际情况进行操作，但要遵循的原则是每行控制在恰当的长度。太短了用户需要频繁阅读下一行；反之，一行内容太多需要用户去拖动浏览器的水平滚动条，这样都会令用户阅读时很不舒服。

在 HTML 文档中，可以使用两类标签使文本换行，一类是段落标签<p>，另一类是换行符
。

下面来介绍一下这两者的区别与联系。两者的相同之处是都有换行的属性及意思。区别是
只需单独使用即可，而<p>和</p>是成对使用的。另外，
标签是小换行提示，并不分开各行；<p>标签是大换行，分开各行。

换行标签
是一个没有结尾的标签，HTML 文件中任何位置只要使用了
标签，当文件显示在浏览器中时，该位置之后的文字将显示在下一行，
是起到换行作用的标签。

在一般的文字文件中，只要按下键盘上的"Enter"健便会发生换行，但是在 HTML 文件中按"Enter"键换行是没用的，我们必须用特定的标签
来换行。

接下来再来看看段落标签<p>的使用。由<p>标签所标识的文字，代表同一个段落的文字。在浏览器中，不同段落的文字间除了换行，有时还会以一行空白加以间隔，以便区别出文字的不同段落。其语法格式如下：

```
<p>文字</p>
```

但在一般的应用中，往往只会在要区分为段落的文字后加上一个<p>标签。

下面的代码演示了如何使用
与<p>标签。

【示例 3-1】换行符的使用

```
01  <!--enter.htm-->
02  <!DOCTYPE>
03  <html>
04    <head>
05      <title>换行符的使用</title>
06    </head>
07    <body>
08      下面有一个换行
09      <br>
10      这是个正常行
11      <p>这里有个段落标记</p>
12    </body>
13  </html>
```

【代码解析】以上代码在第 9 行加入了
标签，在第 11 行使用了<p>标签。

执行该代码，浏览效果如图 3.1 所示。

图 3.1　使用换行符

3.1.2　在页面中使用空格

排版的另一个常用技巧就是首行缩进，通常人们习惯在段首行缩进两个字符。这可以通过使用空格来实现。但在使用编辑器编辑 HTML 文档时，输入多个空格会被默认为只有一个空格，这时需要使用特殊的空格符号放置在文本中。

在 HTML 中使用特殊符号" "来表示空格。也就是说，在 HTML 源文档中输入" "，在实际浏览网页时会被显示为空格。

下面的代码演示了如何在文本中使用空格符号来实现首行缩进的效果。

【示例 3-2】在页面中使用空格

```
01  <!--blank.htm-->
02  <!DOCTYPE>
03  <html>
```

```
04    <head>
05      <title>空格的使用</title>
06    </head>
07    <body>
08      下面有一个　普通空格
09      <br>
10      这里有一组      空格
11    </body>
12 </html>
```

【代码解析】以上代码在第 8 行使用了普通空格，在第 10 行使用了一组特殊符号" "来表示空格。

执行该代码，浏览效果如图 3.2 所示。

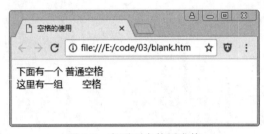

图 3.2　在页面中使用空格

3.1.3　文本的段落要对齐

文本排版的另一个重要原则就是，一系列的文本段落要按照统一的格式对齐。比如，一组段落，如果是左对齐就统一左对齐，如果是居中对齐就统一居中对齐。在 HTML 中为文本设置对齐方式，可以通过为<p>标签设置 align 属性来实现。

align 属性有 3 个可用值，分别为 left、center、right，分别对应左对齐、居中对齐与右对齐。采用不同的对齐方式，会使文本按照不同的位置进行放置。

下面的代码演示了如何为文本段落设置对齐方式。

【示例 3-3】文本段落的对齐

```
01 <!--align.htm-->
02 <!DOCTYPE>
03 <html>
04    <head>
05      <title>文本段落的对齐</title>
06    </head>
07    <body>
08      <p align="left">这里采用左对齐</p>
09      <p align="center">这里采用居中对齐</p>
10      <p align="right">这里采用右对齐</p>
11    </body>
12 </html>
```

【代码解析】以上代码在第 8～10 行分别使用段落标签<p>的 align 属性使段落达到左对齐、居中对齐及右对齐的效果。

执行该代码，浏览效果如图 3.3 所示。

图 3.3　文本段落的对齐

3.2　文本的属性样式

在编辑网页时，为了使页面看起来丰富多彩，可以通过使用不同的标签来修改文本的属性，这样就可以使网页内容达到不同的显示效果。3.1 节的内容是使段落看起来更美观，本节的内容则会使文本自身更丰富，更好地帮助网页制作者将有关信息传达给用户。

3.2.1　不一样的文本字体大小

在浏览网页时，如果网页中的文本字体大小都一样，则会使浏览者感到页面没有重点。如果能为网页标题、二级标题、文本内容设定不同大小的字体，就会使网页内容更醒目。通常的做法是：标题的字体最大，二级标题次之，文本内容字体最小。

设置字体的大小，可以通过<font>标签的 size 属性来实现。

下面的代码演示了如何为不同的文本内容设置不同大小的字体。

【示例 3-4】文本字体大小的设置

```
01  <!--fontsize.htm-->
02  <!DOCTYPE>
03  <html>
04    <head>
05      <title>文本字体大小的设置</title>
06    </head>
07    <body>
08    <p><font size="2">这里是小一些字体</font></p>
09    <p><font size="5">这里是大一些字体</font></p>
10    <p><font size="7">这里是更大的字体</font></p>
11    </body>
12  </html>
```

【代码解析】以上代码在第 8～10 行分别使用<font>标签的 size 属性为文本设置不同大小的字体，其中第 8 行使用的是较小的字体，第 9 行使用的是中等的字体，第 10 行使用的是更大的字体。

执行该代码，浏览效果如图 3.4 所示。

图 3.4 文本字体大小的设置

3.2.2 奇妙的特殊符号

3.1.2 节在介绍空格时曾介绍到在 HTML 中使用 " " 来表示空格。空格在 HTML 中就属于特殊符号，除空格外，还有很多特殊符号需要用特殊内容来表示。HTML 中的常见特殊符号如表 3-1 所示。

表 3-1　HTML 中常用的特殊符号

HTML 源代码	显示结果	描述
&lt;	<	小于号或显示标记
&gt;	>	大于号或显示标记
&amp;	&	可用于显示其他特殊字符
&quot;	"	引号
&reg;	®	已注册
&copy;	©	版权
&trade;	™	商标
		半个空白位
		一个空白位
		不断行的空白

所以，在 HTML 中要使用表 3.1 中的特殊符号，就需要用其相应的内容来替换。

下面的代码演示了特殊符号的使用。

【示例 3-5】特殊符号的使用

```
01  <!--special.htm-->
02  <!DOCTYPE>
03  <html>
04    <head>
05      <title>特殊符号的使用</title>
06    </head>
07    <body>
08      <p>版权所有&copy;版权所有</p>
09      <p>注册商标&trade;</p>
10      <p>&lt;html&gt;标记</p>
11    </body>
12  </html>
```

【代码解析】以上代码在第 8～10 行分别使用特殊符号来显示，其中第 8 行使用的是版权符号©，第 9 行使用的是注册商标符号™，第 10 行使用的是大于、小于符号"<>"。

执行该代码，浏览效果如图 3.5 所示。

图 3.5　特殊符号的使用

3.2.3　给文本加标注

在图书中，如果某篇文章中出现了某个特殊名词需要特殊注解，那么通常会在文字右上角添加编注，然后在页脚部分给出解释。而在网页设计中，设计者可以很方便地为文本添加标注。在 HTML 中为文本添加标注可以通过<acronym>标签来实现。添加标注之后，当用户将鼠标箭头移动到加了标注的文本上时，会以浮动层的样式显示标注的内容。

下面的代码演示了如何为文本添加标注。

【示例 3-6】给文本加标注

```
01  <!--acronym.htm-->
02  <!DOCTYPE>
03  <html>
04    <head>
05      <title>给文本加标注</title>
06    </head>
07    <body>
08      <acronym title="这里是对标注的注解">这里是有标注的内容</acronym>
09    </body>
10  </html>
```

【代码解析】以上代码在第 8 行使用<acronym>标签添加标注，并使用 title 属性显示需要注解的内容。

执行该代码，浏览效果如图 3.6 所示。当鼠标箭头移动到有标注的内容上时，会有浮动层显示注解的内容。

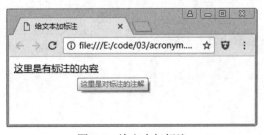

图 3.6　给文本加标注

注意：HTML 5 中不支持<acronym>标签，用户可以使用<abbr>标签来代替，可以达到同样的效果。

3.3 整齐的文本列表

如果要在 HTML 页面中显示一组具有关联性的文本，那么使用文本列表会在文本内容前加上项目符号，这样会使内容看起来整齐划一。而根据列表是否有顺序性，还可以将文本列表分为无序列表与有序列表两种类型。

3.3.1 无序列表

无序列表中的内容没有前后的顺序性，项目符号不是顺序的数值，而只是普通的符号。无序列表的格式如以下代码所示：

```
<ul>
  <li>Coffee</li>
  <li>Tea</li>
  <li>Milk</li>
</ul>
```

其中的标记<ul></ul>是无序列表开始与结束的标记，而中间的<li>是无序列表中的列表项目。如果不使用样式定义，则列表项目前的符号将使用浏览器默认的样式符号。

可以使用 type 属性指定显示的列表样式符号。无序列表<ul>的 type 属性有以下几个可选值：

- disc，该值为<ul>的默认值，显示为一个实心圆。
- circle，该值显示为一个空心圆。
- square，该值显示为一个实心方块。

除了采用系统指定的样式符号，用户还可以使用 CSS 自定义显示的无序列表样式符号。

下面的代码演示了无序列表的使用。

【示例 3-7】无序列表的使用

```
01  <!--ul.htm-->
02  <!DOCTYPE>
03  <html>
04    <head>
05      <title>无序列表的使用</title>
06    </head>
07    <body>
08      <h1>无序列表的使用</h1>
09      <ul>
10        <li>Coffee</li>
11        <li>Tea</li>
12        <li>Milk</li>
13      </ul>
```

```
14    </body>
15  </html>
```

【代码解析】以上代码在第 9～13 行使用<ul>标记插入了一组无序列表。

执行该代码，浏览效果如图 3.7 所示。

图 3.7　无序列表的使用

3.3.2　有序列表

与无序列表不同，有序列表中的内容有前后的顺序性，项目符号使用数值或字母等来表示其前后顺序。有序列表的格式如以下代码所示：

```
<ol>
  <li>Coffee</li>
  <li>Tea</li>
  <li>Milk</li>
</ol>
```

其中的标记<ol></ol>是有序列表开始与结束的标记，而中间的<li>是有序列表中的列表项目。如果不使用样式定义，则列表项目前使用数值来表示其前后顺序。

有序列表的默认起始序号为 1，用户可以使用<ol>的 start 属性来指定有序列表的起始序号。

```
<ol start="30">
  <li>Coffee</li>
  <li>Tea</li>
  <li>Milk</li>
</ol>
```

除了为有序列表设置起始序号，用户还可以使用有序列表的 type 属性来指定有序列表的序号类型。其可用值有如下几个：

- 1，该值为有序列表的默认值，数字有序列表（1、2、3、4）。
- a，该值指定按字母顺序排列有序列表，小写（a、b、c、d）。
- A，该值指定按字母顺序排列有序列表，大写（A、B、C、D）。
- i，该值指定按罗马字母小写顺序排列有序列表（i, ii, iii, iv）。
- I，该值指定按罗马字母大写顺序排列有序列表（I, II, III, IV）。

下面的代码演示了有序列表的使用。

【示例 3-8】有序列表的使用

```
01  <!--ol.htm-->
02  <!DOCTYPE>
```

```
03  <html>
04    <head>
05      <title>有序列表的使用</title>
06    </head>
07    <body>
08      <h1>有序列表的使用</h1>
09      <ol>
10        <li>Coffee</li>
11        <li>Tea</li>
12        <li>Milk</li>
13      </ol>
14    </body>
15  </html>
```

【代码解析】以上代码在第 9～13 行使用<ol>标记插入了一组有序列表。

执行该代码，浏览效果如图 3.8 所示。

图 3.8　有序列表的使用

3.3.3　定义列表

定义列表是一种缩进样式的列表，可以使用定义列表来显示一些术语。定义列表使用标记<dl>来创建列表，在列表中使用<dt>来定义列表的每一行。

与无序列表与有序列表的每行对齐不同，定义列表会添加缩进来展示这个列表，使用<dd>标签来定义缩进行。具体内容如以下代码所示：

```
<dl>
  <dt>计算机</dt>
  <dd>用来计算的仪器 … …</dd>
  <dt>显示器</dt>
  <dd>以视觉方式显示信息的装置 … …</dd>
</dl>
```

下面的代码演示了定义列表的使用。

【示例 3-9】定义列表的使用

```
01  <!--dl.htm-->
02  <!DOCTYPE>
03  <html>
04    <head>
05      <title>定义列表的使用</title>
06    </head>
```

```
07    <body>
08      <h1>定义列表的使用</h1>
09      <dl>
10        <dt>计算机</dt>
11        <dd>用来计算的仪器 ... ...</dd>
12        <dt>显示器</dt>
13        <dd>以视觉方式显示信息的装置 ... ...</dd>
14      </dl>
15    </body>
16  </html>
```

【代码解析】以上代码在第 9～14 行使用<dl>标记插入了一组定义列表。

执行该代码，浏览效果如图 3.9 所示。

图 3.9　定义列表的使用

3.3.4　列表嵌套

列表允许进行嵌套操作，即用户可以在无序列表中嵌套有序列表与定义列表，反之也行。不同的列表之间可以相互嵌套使用。比如，用户在有序列表中嵌套无序列表就可以使用如下代码：

```
<ol>
<li>Coffee</li>
<li>Tea</li>
<li>Milk</li>
  <ul>
    <li>Coffee</li>
    <li>Tea</li>
    <li>Milk</li>
  </ul>
<li>Water</li>
</ol>
```

嵌套中的列表并不会影响有序列表的排序结果，比如以上代码中有序列表第一项为 Coffee，第二项为 Tead，第三项为 Milk，虽然中间加入了无序列表，但其后面的 Water 仍为有序列表的第四项。

下面的代码演示了列表嵌套的使用方法。

【示例 3-10】列表嵌套的使用

```
01  <!--li.htm-->
```

```
02  <!DOCTYPE>
03  <html>
04    <head>
05      <title>列表嵌套的使用</title>
06    </head>
07    <body>
08      <h1>列表嵌套的使用</h1>
09      <ol>
10        <li>Coffee</li>
11        <li>Tea</li>
12        <li>Milk</li>
13        <ul>
14          <li>Coffee</li>
15          <li>Tea</li>
16          <li>Milk</li>
17        </ul>
18        <li>Water</li>
19      </ol>
20    </body>
21  </html>
```

【代码解析】以上代码从第 9 行开始使用一个有序列表<ol>，又从第 13 行开始在有序列表中间嵌套了无序列表<ul>，并在第 18 行又为<ol>列表插入了一条新的有序记录。

执行该代码，浏览效果如图 3.10 所示。

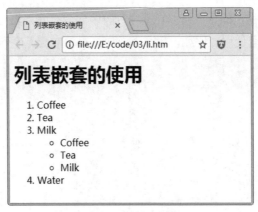

图 3.10　列表嵌套的使用

3.4 拓展训练

3.4.1 训练一：在页面中设置段落对齐方式

【拓展要点：设置段落对齐方式】

在 HTML 页面中设置段落对齐方式，可以通过 align 属性来实现。该属性通常有 3 个值：

left、center、right，分别对应居左对齐、居中对齐与居右对齐。所以，在段落标签<p>中添加 align 属性，并设置相应的值，即可实现相应的对齐方式。

【代码实现】（略）

3.4.2 训练二：在页面中创建有序列表

【拓展要点：使用 HTML 标记创建有序列表】

有序列表用于一组互相有前后顺序关联的内容。其标记为<ol>，每个子项的标记为<li>，使用该标记即可创建有序列表。

【代码实现】

```
<ol>
 <li>打开冰箱门</li>
 <li>把大象放进去</li>
 <li>把冰箱门关上</li>
</ol>
```

3.5 技术解惑

3.5.1 文本段落的对齐方式

文本在使用时根据需要可以设置不同的水平对齐方式，最常用的是居左对齐（如普通文本）及居中对齐（如各种文章标题），而居右对齐使用较少。但用户也可以根据自身需要为文本段落设置不同的对齐方式。

3.5.2 有序列表与无序列表

文本列表用于一组相关文本同时出现的情况，用户可以根据需要选用合适的列表形式。其中，一组文本具有先后的顺序性，使用<ol>标记；而一组文本之间不具有先后的顺序性，使用<ul>标记。

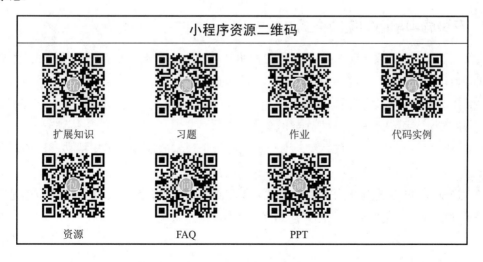

第4章

网页中的图像

如果网页中只有文字，那么必然显得单调乏味；而如果网页能够图文并茂，就会向浏览者传达更多的信息。所以说，图像也是网页中的重要组成部分，如何使用图像就成为制作 HTML 网页的一项重要内容。这一章我们就来学习如何在网页中插入图像，以及如何设置图像的大小、对齐方式等。

4.1 图像的基础知识

在学习如何在 HTML 中使用图像之前，我们需要先了解一些图像的基础知识，如位图、矢量图、图像的分辨率等。本节我们就先来学习一些图像的基础知识。

4.1.1 常用的位图图像

位图是由像素（Pixel）组成的，像素是位图最小的信息单元，存储在图像栅格中。每个像素都具有特定的位置和颜色值。按从左到右、从上到下的顺序来记录图像中每个像素的信息，如像素在屏幕上的位置、像素的颜色等。位图图像质量是由单位长度内像素的多少来决定的。单位长度内像素越多，分辨率越高，图像的效果越好。位图也称为"位图图像""点阵图像""数据图像""数码图像"。

4.1.2 在页面中常用的位图格式

虽然位图都是由像素组成的，但是位图按照其存储方式的不同又有不同的格式，不同的图片格式各自以不同的方式来表示图形信息。常用的格式有：

（1）BMP。这是微软公司自身图形文件自身的点位图格式，比如读者采用 Windows 自带的画图程序绘画，默认生成的就是 BMP 格式的图片。

BMP 格式保存的图像没有失真，由于它保存每个像素的信息，不支持文件压缩，所以文件也比较大。网页制作中很少使用 BMP 格式的图片。

（2）JPEG。JPEG 是与平台无关的格式，支持最高级别的压缩。不过，这种压缩是有损耗的，即压缩比越大，文件越小，图片质量越差。

正因为 JPEG 格式的图片可以选择多种压缩级别，非常灵活，所以使用非常广泛。比如，大多数码相机、智能手机拍照默认的照片存储格式就是 JPEG。

在肉眼无法明显分辨质量损耗的前提下，JPEG 格式的文件大小可以远远小于 BMP 格式，所以 JPEG 格式也广泛应用于网页制作领域。

（3）GIF。GIF 格式以 8 色～256 色存储图片数据。GIF 格式支持透明度、压缩、交错和多图像图片（动画 GIF）。GIF 透明度不是 Alpha 通道透明度，所以不能支持半透明效果。GIF 文件规范的 GIF89a 版本中支持动画 GIF。

也就是说，GIF 格式的特点是颜色数量少，很多情况下图片文件大小可以远远小于 JPEG，而且支持透明度。最有意思的是，GIF 格式支持动画图片数据，所以 GIF 格式非常适合网上传输。

（4）PNG。PNG 格式以任何颜色深度存储图片，它也是与平台无关的格式。PNG 格式也支持透明度及压缩。PNG 格式分为 PNG-8 和 PNG-24，PNG-8 格式类似于 GIF 格式，支持 8 色～256 色；而 PNG-24 格式质量最好，因为该格式压缩不失真并支持透明背景和渐显图像的制作。

4.1.3 矢量图

矢量图，也称为面向对象的图像或绘图图像，在数学上定义为一系列由线连接的点。矢量文件中的图形元素称为对象。每个对象都是一个自成一体的实体，它具有颜色、形状、轮廓、大小和屏幕位置等属性。

矢量图是根据几何特性来绘制图形的，矢量可以是一个点或一条线。矢量图只能靠软件生成，文件占用内在空间较小，因为这种类型的图像文件包含独立的分离图像，可以自由、无限制地重新组合。它的特点是放大后图像不会失真，和分辨率无关，适用于图形设计、文字设计和一些标志设计、版式设计等。

矢量图的主流格式是 CDR 和 AI，还有其他格式，如 SWF 格式、SVG 格式、WMF 文件格式、EMF 文件格式、EPS 文件格式、DXF 文件格式等。

4.1.4 图像的分辨率

图像的分辨率指图像中存储的信息量，是每英寸图像内有多少个像素点。分辨率的单位为 PPI（Pixels Per Inch），通常叫作"像素每英寸"。

图像分辨率的表达方式为"水平像素数×垂直像素数"，也可以用规格代号来表示。

不过需要注意的是，除被叫作图像分辨率外，也可以叫作图像大小、图像尺寸、像素尺寸和记录分辨率。在这里，"大小"和"尺寸"的含义具有双重性，它们既可以指像素的多少（数量大小），又可以指画面的尺寸（边长或面积的大小），因此很容易引起误解。由于在同一显示分辨率的情况下，分辨率越高的图像像素点越多，图像的尺寸和面积也越大，所以往往有人会用图像大小和图像尺寸来表示图像的分辨率。

4.1.5 认识一些网页中常用的 Banner 尺寸

Banner（网站横幅）可以作为网站页面的横幅广告，也可以作为游行活动时用的旗帜，还可以是报纸上的大标题。Banner 主要体现网站的中心意旨,形象鲜明地表达最主要的情感思想或宣传中心。

作为网站的旗帜,实质可以是一幅图片或者一个小动画。而通常都有尺寸要求,这与网页的分辨率有关。网页中常用的 Banner 尺寸有以下几类:

(1) 在分辨率为 800px×600px 的情况下,网页宽度保持在 778px 以内,就不会出现水平滚动条,高度则视版面和内容决定。

(2) 在分辨率为 1024px×768px 的情况下,网页宽度保持在 1002px 以内,就不会出现水平滚动条,高度则视版面和内容决定。

(3) 在 Photoshop 里面做网页可以在 800px×600px 状态下显示全屏,并且页面下方不会出现滚动条,尺寸为 740px×560px 左右。

(4) 一般在分辨率为 800px×600px 的情况下,页面的显示尺寸为 780px×428px;在分辨率为 1024px×768px 的情况下,页面的显示尺寸为 1007px×600px。

除以上几种常用 Banner 尺寸外,网页中还会需要一些其他尺寸的图片,通常用于广告。标准网页广告尺寸规格有以下几类:

- 120px×120px,这种广告规格适用于产品或新闻照片展示。
- 120px×60px,这种广告规格主要用于做 Logo。
- 120px×90px,主要应用于产品演示或大型 Logo。
- 125px×125px,这种规格适用于表现照片效果的图像广告。
- 234px×60px,这种规格适用于框架或左右形式主页的广告链接。
- 392px×72px,主要用于有较多图片展示的广告条,用于页眉或页脚。
- 468px×60px,是应用最为广泛的广告条尺寸,用于页眉或页脚。
- 88px×31px,主要用于网页链接或网站小型 Logo。

4.2 页面中的图像

在网页中使用图像需要使用图像标签<img>将图像插入到网页中,在使用图像时需要注意图像的路径、设置对齐方式及控制图像与文本的距离等事项。这一节我们就来介绍如何在网页中使用图像。

4.2.1 理解图像路径

要想在网页中使用图像,就需要使用<img>标签。该标签必不可少的一个属性就是:src,其指代图像的真实地址。其语法格式如以下代码所示:

```
<img src="1.jpg" width=800px height=600px>
```

以上代码中的 src 就指代图像的路径为与网页所在目录同一目录下的名为 1.jpg 的图片文件。这里的"1.jpg"即当前目录下的图像文件,就是图像的路径。

在网页中插入图片这种外部文件,需要定义文件的引用地址,而引用地址分为绝对路径和相对路径。

- 绝对路径：相对于磁盘（或网址）的位置去定位文件的地址。
- 相对路径：相对于引用文件本身去定位被引用的文件地址。

绝对路径在整体文件迁移时会因为磁盘和顶层目录的改变而找不到文件,相对路径就没有这个问题。

相对路径的定义技巧：

" ./ "表示当前文件所在目录下，比如，"./pic.jpg"表示当前目录下的 pic.jpg 图片，使用时可以省略。

" ../ "表示当前文件所在目录下的上一级目录，比如，"../images/pic.jpg"表示当前目录下的上一级目录下的 images 文件夹中的 pic.jpg 图片。

4.2.2 像编辑文本对齐一样在页面中对齐图片

网页设计者可以像为文本设置对齐方式一样，为图片设置对齐方式。与文本一样，要设置图片的对齐方式可以通过容器的 align 属性来实现。比如，在表格单元格<td>中，设置其 align，然后在单元格中插入图片，图片会根据其 align 属性采用不同的水平对齐方式进行显示。

【示例 4-1】align.htm，为图片设置不同的对齐方式

```
01  <!--align.htm-->
02  <!DOCTYPE>
03  <html>
04    <head>
05      <title>图片的对齐方式</title>
06    </head>
07    <body>
08  <h1>为图片设置对齐方式</h1>
09  <p align="left">这里采用左对齐<img src="1.jpg" height=100px; width=200px;></p>
10  <p align="center">这里采用居中对齐<img src="1.jpg" height=100px; width=200px;></p>
11  <p align="right">这里采用右对齐<img src="1.jpg" height=100px; width=200px;></p>
12    </body>
13  </html>
```

【代码解析】以上代码在第 9、10、11 行分别使用了<p>标签，并设置了 align 属性，同时在<p>标签中使用了文字与图片标签，图片会像文字一样根据其设置的水平对齐方式进行显示。

代码执行结果如图 4.1 所示。

图 4.1　图片在页面中的对齐方式

4.2.3　图像与文本的对齐方式

除与文本采用同样的对齐方式外，在图文混排的网页中，如何处理图像与文本的对齐方式尤其重要。要设置图像与文本的对齐方式，可以通过图像标签<img>的 align 属性来实现。<img>标签的 align 属性定义了图像相对于周围元素的水平和垂直对齐方式，修改 align 属性的值就可以实现不同的对齐方式，其可用值有以下几种。

- absmiddle：图片中间与同一行最大元素中间对齐。
- absbottom：图片下边缘与同一行最大元素下边缘对齐。
- baseline：图片下边缘与第一行文本下边缘对齐。
- bottom：图像下边缘与第一行文本下边缘对齐。
- left：图像沿网页左边缘对齐，文字在图像右边换行。
- middle：图像中间与第一行文本的下边缘对齐。
- notset：未设定对齐方式。
- right：图像沿网页右边缘对齐，文字在图像左边换行。
- texttop：图片上边缘与同一行最高文本上边缘对齐。
- top：图片上边缘与同一行最高元素上边缘对齐。

下面的实例演示了为<img>标签的 align 属性设置不同值的不同结果。

【示例 4-2】align2.htm，图文混排的对齐方式设置

```
01  <!--align2.htm-->
02  <!DOCTYPE>
03  <html>
04    <head>
05      <title>图文混排的对齐方式</title>
06    </head>
07    <body>
```

```
08      <h1>图文混排的对齐方式</h1>
09      <img src="1.jpg" height=100px; align=absmiddle>中部对齐
10      <p>
11     <img src="1.jpg" height=100px; align=top> 顶部对齐
12      </body>
13  </html>
```

【代码解析】以上代码在第 9、11 行分别使用了<img>标签,并设置了 align 属性,其中一个为中部对齐,另一个为顶部对齐,这样图片周围的文字就会根据设置的对齐方式进行显示。

代码执行结果如图 4.2 所示。

图 4.2　图文混排的对齐方式

4.2.4　调整图像与文本的距离

在默认情况下,浏览器会自动选择图像与文本的距离。为了改变这种情况,用户可以使用<p>元素,加上 line-height 的样式来调整图像与文本的距离。

下面通过一个实例来比较一下没有添加样式与添加样式的图像与文本的距离的变化。

【示例 4-3】margin.htm,调整图像与文本的距离

```
01  <!--magrin.htm-->
02  <html>
03  <head>
04  <title>调整图片与文字的距离</title>
05  </head>
06      <body>
07      <h1>调整图片与文字的距离</h1>
08      <img src="1.jpg">
09      <p> 这里有一段文字</p>
10      <img src="1.jpg">
11      <p style="line-height:60px">我是测试文字</p>
12      </body>
13  </html>
```

【代码解析】以上代码在第 9、11 行分别使用了<p>标签,其中前者使用默认行高,后者

使用 line-height 属性设置行高为 60px。经过这样的设置，后者的文字与图片的间距就会更大。

代码执行结果如图 4.3 所示。

图 4.3　调整图像与文本的距离

4.3　让图像更美观

图像添加到网页中采用默认的显示方式，通常比较单一。要想使图像更加美观，有两种途径：一种是在添加图像之前，使用画图工具修改图像，使其更适合网页；另一种是通过 border 属性为图像添加边框。

4.3.1　使用画图工具修改图像

为了使图像更适合网页使用，可以在添加到网页之前对其进行修改。修改图像的工具有简单的，也有复杂的。简单的比如系统自带的画图板工具，就可以对图像进行添加文字说明、旋转、倾斜等操作。复杂的可以使用 Photoshop，其建立在图层的基础之上，可以对图像进行更加复杂的操作。这部分内容已经超出网页制作的范围，这里不做过多介绍，有兴趣的读者可以查阅专门的书籍学习相关内容。

4.3.2　为图像添加边框

为图像添加边框可以使图像看起来更加立体，就像为照片装上相框一样。这可以通过为

<img>标签添加 border 属性来实现。其语法格式如以下代码所示：

```
<img src="1.jpg" border=1px>
```

以上代码为图像 1.jpg 添加了宽度为 1px 的边框。

下面的实例比较了有边框的图像与没有边框的图像的显示效果的不同。

【示例 4-4】border.htm，为图像添加边框

```
01  <!--border.htm-->
02  <html>
03  <head>
04  <title>为图像添加边框</title>
05  </head>
06      <body>
07      <h1>为图像添加边框</h1>
08      <img src="1.jpg">
09      <img src="1.jpg" border=1px>
10      </body>
11  </html>
```

【代码解析】以上代码在第 8、9 行分别使用了<img>标签，其中前者使用默认效果，后者为图像添加了边框，宽度为 1px。

代码执行结果如图 4.4 所示。

图 4.4 有边框的图像与没有边框的图像显示效果对比

4.3.3 独树一帜的水平线

水平线是一种特殊的标记，使用水平线可以将网页内不同的内容区分开来。在不同类的图像之间使用水平线，可以使内容更加清晰。水平线的语法格式如以下代码所示：

```
<hr width=80% size=3px color=red>
```

其中，width 属性指代水平线的宽度，可以使用绝对宽度像素值，也可以使用相对宽度百分比；size 指代水平线的高度。另外，还可以为水平线设置颜色属性。

下面的代码就在两幅图像之间使用了一个水平线元素。

【示例 4-5】hr.htm，使用水平线

```
01  <!--hr.htm-->
```

```
02  <html>
03  <head>
04  <title>使用水平线</title>
05  </head>
06      <body>
07      <h1>使用水平线</h1>
08      <img src="1.jpg">
09      <hr width=80% align=left color=red size=1>
10      <img src="1.jpg">
11      </body>
12  </html>
```

【代码解析】以上代码在第 9 行使用了<hr>标签，即在两个图像之间添加一条水平线。其中，还指定水平线的宽度为页面显示宽度的 80%，水平线采用左对齐，颜色为红色，高度为 1px。

代码执行结果如图 4.5 所示。

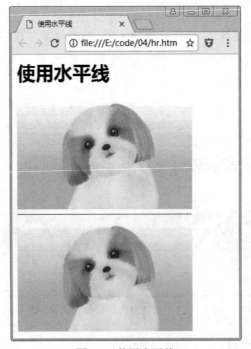

图 4.5 使用水平线

4.4 改变页面的背景

在页面中使用图像，除可以使用<img>标签在页面中插入图像外，还可以将图像作为页面的背景图来使用。在默认情况下，网页的背景是白色的，并且没有图像。使用<body>标签的 background 属性即可改变页面的背景。

下面通过一个实例来演示如何使用背景图像。

【示例4-6】background.htm，使用背景图像

```
01  <!--background.htm-->
02  <html>
03  <head>
04  <title>使用背景图像</title>
05  </head>
06      <body background="1.jpg">
07      <h1>使用背景图像</h1>
08      </body>
09  </html>
```

【代码解析】以上代码在<body>标签中添加了background属性，其所指向的图片将会作为网页的背景图片显示。

代码执行结果如图4.6所示。

注意：默认的网页背景图像都采用平铺的效果，所以在使用网页背景图像时应充分考虑这个方面。

图4.6　使用背景图像

4.5　拓展训练

4.5.1　训练一：在网页中插入图片并设置边框

【拓展要点：对<img>标签的掌握程度】

图片是网页中使用较为广泛的元素，在网页中插入图片可以向用户传递文字无法传递的信息，而且比文字更加直观。在网页中插入图片需要使用<img>标签，并为标签设定必要的 src、width、height 及 border 等属性。

【代码实现】

```
<img src="image.jpg" width=800px height=600px border=1px>
```

4.5.2 训练二：在页面中插入宽度为 800px、高度为 2px、颜色为蓝色的水平线

【拓展要点：对水平线<hr>标签的掌握程度】

在页面中插入水平线可以使用<hr>标签，并为标签设定 width、size 及 color 属性。

【代码实现】

```
<hr width=800px size=2 color=blue>
```

4.6 技术解惑

4.6.1 使用图像的技巧

在网页制作中使用图像有一定的技巧：（1）慎用 BMP 格式，因为 BMP 格式的图像占用空间较多；（2）在保证清晰度需求的前提下，尽量使用压缩比较高的 JPG 格式图像，这样可以减少图像加载时间；（3）PNG 格式也是常用的一种格式，适合网上传输；（4）GIF 动态图不宜帧数过多，过多的帧数将大大增加图像的加载时间，从而造成用户流失。

4.6.2 善用水平线

使用水平线可以将网页内容进行划分，而且水平线相比图片占用资源更少，并且水平线也可以设置颜色效果。所以，在必要时使用水平线代替长条状的图片或长条状的层是很有用的。

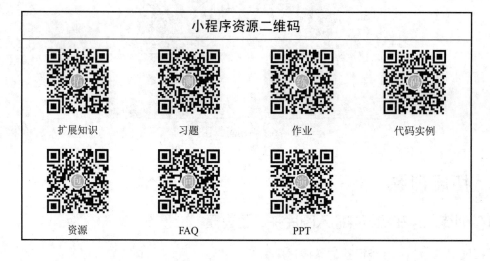

第 5 章 网页中的链接

链接（或者叫超级链接）是构成网页的基本要素，也是搭建网页与网页之间互相联系的桥梁，不同的网页通过各种超链接成了一个有机的整体，才构成了网站。本章我们就来学习网页中的链接，其中包括认识链接、链接的种类、提高页面链接的友好度、在新窗口中显示链接窗口等。

5.1 认识链接

所谓的链接，是指从一个页面指向一个目标的链接关系。这个目标是多种样式的，可以是一个网页，也可以是相同网页的不同位置，甚至可以是一张图片、一个电子邮件地址、一个应用程序。当用户单击已经链接的页面内容时，链接目标将显示在浏览器上，并根据目标的类型来运行。

可以说，在一个大型网站中，网页的链接遍布网站中的每个角落。在通常的门户网站页面中，用户看到的每一行文本、每一张图片，几乎所有的页面内容都是页面链接。

5.1.1 初识页面链接

在 HTML 文档中，使用<a>标签指引页面中链接的目标点，让设计者创建指向目标点的链接。在链接的属性中，代码的写法为：

```
<a href="链接对象的路径">链接锚点对象
</a>
```

用 a 来表示锚点，其源自英文中的 anchor。href 属性的意思是超文本引用，这个属性的值指定了链接的目标。在一个完整的链接语句中包含两部分，即链接锚点对象和链接地址。为了演示页面链接的使用，需要使用两个页面，示例 5-1 所示是一个简单的链接页面，示例 5-2 所示是另一个页面。通过链接的方法，使示例 5-1 的 A 页面跳转到示例 5-2 的 B 页面。

【示例 5-1】link-a.htm，简单的链接网页 1

```
01  <!--link-a.htm-->
02  <html>
03    <head>
04      <title>页面 A </title>
```

```
05    </head>
06    <body>
07      <h1><a href="link-b.htm">单击这里链接到 B 页面</a></h1>
08      <h1>B</h1>
09    </body>
10  </html>
```

【示例 5-2】link-b.htm，简单的链接网页 2

```
01  <!--link-b.htm-->
02  <html>
03    <head>
04      <title>页面 B </title>
05    </head>
06    <body>
07      <h1><a href="link-a.htm">单击这里链接到 A 页面</a></h1>
08      <h1>A</h1>
09    </body>
10  </html>
```

【代码解析】link-a.htm 与 link-b.htm 内容基本一致，都是在第 7 行加入了一个链接，单击链接时会跳转到链接所指定的网页。

使用浏览器打开网页 link-a.htm，其结果如图 5.1 所示。

图 5.1 简单的链接网页

单击"单击这里链接到 B 页面"链接时，页面会跳转到 B 页面；单击"单击这里链接到 A 页面"链接时，页面也会跳转回 A 页面。在 A、B 两个页面的代码中，页面 A 代码中的第 6 行和页面 B 代码中的第 7 行，放入<a>标签中的内容便是链接的锚点对象，如文本"页面 A"和"页面 B"。而在<a>标签中，href 属性下的内容，如 A.html 和 B.html，这两个页面存放的地址即是链接的地址，这两个元素结合在一起便完成了一个链接过程。

5.1.2 理解链接地址

链接地址指的是链接到锚点对象的路径，该路径所指的不仅是一个页面地址，也可能是一个文件地址、一个邮箱地址。那么，对于一个页面的链接，就需要去定位这个链接对象的路径。下面我们来看一个实例。

【示例 5-3】path.htm，链接内容的路径

```
01  <!--path.htm-->
```

```
02  <html>
03    <head>
04      <title>链接内容的路径</title>
05    </head>
06    <body>
07    <h1>链接内容的路径</h1>
08    <h3>
09      <a href="img/1.jpg">小图片</a>
10    </h3>
11    </body>
12  </html>
```

【代码解析】以上代码中第 9 行加入了一个链接，其指向的目标位置是当前目录下的 img 文件夹下的图片文件 1.jpg。

用浏览器打开 path.htm，其结果如图 5.2 所示。

图 5.2　链接内容的路径

单击"小图片"链接时，页面即跳转到图片，而图片则显示在新的页面中。在这个例子中，从图 5.2 中的浏览器地址栏可以看出，以 .htm 为后缀的页面文件"path.htm"放在命名为"code/05"的文件夹下，而页面链接的内容，即 JPEG 文件"1.jpg"，放在"img"文件夹中，而"img"文件夹又放在"code/05"文件夹下，因而页面文件和"img"文件夹属于同一目录下。通过这样层层递推的关系可以令浏览器找到这张图像。

所以，在代码中定义链接对象的路径时，有这样一个规律：所链接的内容，如示例 5-3 中的"1.jpg"，从和页面文件同一目录下的文件夹起开始定义。例如，示例 5-3 中的"path.htm"是页面文件，而"img"文件夹和页面文件属于同一目录下。为了正确引用图像的路径，代码第 7 行中定义图像的路径，就需要从"img"文件夹这个位置开始定义。

5.2　链接的种类

链接的种类很多，使用方法却大同小异，创建一个超链接很容易。事实上，设计者使用到的只有<a>标签而已。虽然链接的使用方法类似，但其展现形式却自由多变，如链接的方式、链接指向何处等。而从使用者的角度来说，最重要的是设计者要保持链接的友好性。

5.2.1 基本的文本链接

文本链接是指链接以文本的形式呈现，文本链接是页面中最常见的链接形式。一般的文本链接中，最初文字上的超链接呈蓝色，文字下方有一条下画线，如果超链接已经被浏览过了，文本的颜色就会发生改变，默认是紫色。设置文本链接时，在文本的段落中直接使用<a>标签。示例 5-4 所示是一个文本链接。

【示例 5-4】text.htm，文本链接

```
01  <!--text.htm-->
02  <html>
03    <head>
04      <title>蝙蝠侠之黑暗骑士</title>
05    </head>
06    <body>
07      <h3>影片《蝙蝠侠之黑暗骑士》</h3>
08      可怕的黑暗渐渐散去的哥谭市，逐渐恢复了往日的平静。犯罪率呈直线下降……
09      凶残的<a href="1.htm">小丑</a>带着他        <!--"小丑"是链接的位置-->
10    </body>
11  </html>
```

【代码解析】以上代码中第 9 行为文字"小丑"加入了一个链接，其指向的目标位置是当前目录下的 1.htm。与前面的链接类似，都是以一个普通的文本作为链接的载体，所以是一个文本链接。

用浏览器执行 text.htm，其结果如图 5.3 所示。当单击文本"小丑"链接时，页面会跳转到链接的页面。

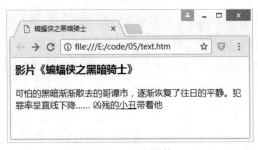

图 5.3　文本链接

5.2.2 基本的图像链接

与文本链接类似，图像链接是以图像来呈现链接的。图像链接的使用频率和文本链接一样高，设置链接的方法与文本链接无异，在引用图片的代码前面先放入<a>标签。代码如下：

```
<a href="…">
  <img src="…">
</a>
```

示例 5-5 所示是一个图像链接。

【示例 5-5】image.htm，图像链接

```
01  <!--image.htm-->
```

```
02  <html>
03    <head>
04      <title>图像的链接</title>
05    </head>
06    <body>
07      <h3>图像的链接</h3>
08      <a href="1.html">              <!--这里链接到目标页面-->
09      <img src="img/1.jpg">          <!--这张图像是链接的位置-->
10      </a>
11    </body>
12  </html>
```

【代码解析】以上代码中第 8～10 行即是对页面文档调用的图像设置链接。与文本链接不同，这里以一张图片作为链接的载体。依照这种方法，对于设置 Flash 文件或是引用其他文件的链接都是一样的。

执行该代码，其结果如图 5.4 所示。

图 5.4　图像链接

此外，有时使用的图片是非正规矩形的，这时图像就会出现边框，如果想去除边框，那么可以在代码中添加代码"border=0"。在这种情况下，代码第 8 行则可以写为"<img src="img/1.jpg" border=0>"。

说明：使用 CSS 样式表修饰图像是一种更好的方法。

5.2.3　把邮箱留给需要联系你的人

<a>标签不仅可以用于网页和网页之间，或者网页和文件之间的链接，还可以链接电子邮箱地址。这是通过网页让使用者和设计者联系的最方便的方法。当然，也可以直接在页面中留下电子邮箱地址，但有时为了突出友好性，更倾向于采用将邮箱链接到页面内容上的方式，使用方法如下：

`<a href="mailto:邮箱地址">链接锚点对象</a>`

mailto 其实就是"mail to"的连写，意思是"把邮件发送到"。在这行代码中，还可以给新邮件填好邮件的主题和正文，这样打开电子邮件程序就填好了收信人的新邮件。下面来看一个实例。

【示例 5-6】 mail.htm，链接邮箱地址

```
01  <!--mail.htm-->
02  <html>
03   <head>
04    <title>使用邮件链接 </title>
05   </head>
06   <body>
07    <h1>使用邮件链接</h1>
08    <h3><a href="mailto:a@b.com">单击这里发送邮件</a></h3>
09   </body>
10  </html>
```

【代码解析】 以上代码中第 8 行使用了一个超链接，其目标为 mailto，即向目标邮箱地址发送邮件的意思。

在浏览器中执行 mail.htm，其结果如图 5.5 所示。当单击"单击这里发送邮件"链接时，系统会自动打开邮件客户端，并且自动填上收件人为：a@b.com。

图 5.5　使用邮件链接

注意：如果浏览者的系统没有安装邮件客户端，则会给使用者带来很大的麻烦。因此，这种使用方法在某些时候也遭到设计者的排斥。

5.2.4　在同一页面中快速查找信息

链接目标除可以设置为其他页面外，还可以链接到当前页面的指定位置。这种情况通常用于导航，目的是使页面的浏览者可以直接跳到自己需要的信息板块上。这在页面内容过多、垂直滚动条过长时显得尤其重要。

由于是在同一页面内实现链接，也就是说，页面链接的路径在同一页面内，所以在 HTML 语言中使用<a>标签中的 id 属性来确定路径位置。通过以下两个步骤可以理解这种代码的用法。

（1）确定链接的锚点对象，不同于页面和外部文件链接的方式，链接的路径由于在同一页面内，这里需要使用"#"来引用同一页面中的内容。代码如下：

```
<a href=#...><a>
```

（2）在页面中设定出链接的目标，使用的就是 id 属性。

```
<a id=...>
```

说明：id 也可以写成 name，区别在于 name 是 HTML 的标准，而 id 是 XHTML 中的标准要求。

id 属性后放入的内容，就是第（1）步中 href 属性下设定好的内容。这样前后呼应，自然就很容易找到位置。下面我们来看一个实例。

【示例 5-7】 name.htm，同一页面内实现链接

```
01  <!--name.htm-->
02  <html>
03   <head>
04    <title>同一页面内实现链接</title>
05   </head>
06   <body>
07    <h1><a name="top">同一页面内实现链接</a></h1>
08    <ul>
09     <li><a href="#1">第一节</a></li>
10     <li><a href="#2">第二节</a></li>
11     <li><a href="#3">第三节</a></li>
12     <li><a href="#4">第四节</a></li>
13     <li><a href="#5">第五节</a></li>
14    </ul>
15  <br><br><br><br><br><br><br><br><br><br><br><br><br>
16  <h3><a name="1">第一节</a><h3>
17  <h3><a href="#top">返回目录</a></h3>
18  <br><br><br><br><br><br><br><br><br><br><br>
19  <h3><a name="2">第二节</a><h3>
20  <h3><a href="#top">返回目录</a></h3>
21  <br><br><br><br><br><br><br><br><br><br><br>
22  <h3><a name="3">第三节</a><h3>
23  <h3><a href="#top">返回目录</a></h3>
24  <br><br><br><br><br><br><br><br><br><br><br>
25  <h3><a name="4">第四节</a><h3>
26  <h3><a href="#top">返回目录</a></h3>
27  <br><br><br><br><br><br><br><br><br><br><br>
28  <h3><a name="5">第五节</a><h3>
29  <h3><a href="#top">返回目录</a></h3>
30  <br><br><br><br><br><br><br><br><br><br><br><br>
31  <br><br><br><br><br><br><br><br><br><br><br>
32  <br><br><br><br><br><br><br><br><br><br><br>
33  </body>
34  </html>
```

【代码解析】 以上代码中第 7 行在页面顶部创建了一个锚点，其 name 为 top，无论在页面何处，当用户单击返回目录的链接时就会回到这里。第 9～13 行创建了一组超链接，其目标分别指向相应的锚点，第 9 行对应第 16 行，第 10 行对应第 19 行，依次类推。当用户单击相应节的链接时，就会跳转到相应的锚点位置。

浏览该页面，结果如图 5.6 所示。

图 5.6　同一页面内的链接

提　示：由于页面太长，当单击目录栏时，页面会跳到相应的目标位置，以方便浏览者阅读页面信息，这是提高页面友好度的一个很好的方法。在这个例子中，注意第 9、10、11、12、13 行和第 16、19、22、25、28 行之间的呼应。

5.3　提高页面链接的友好度

在设置了超链接的文本中，链接的内容都带有下画线，浏览过的字体也都呈现出特定的颜色，始终给人一种千篇一律的感觉，而对于浏览者来说，这是一种不太舒服的感觉。为了解决这些问题，使页面更具有亲和力，设计者总是会用一些新颖的方法去改变链接的状态。

5.3.1　美观链接的状态

链接的状态在页面中是很显眼的一部分，起到的作用举足轻重，而链接的样式是可以通过定义来修改的。在修改之前，首先要搞明白链接的过程，一个链接状态可以分解为以下 4 个步骤：

（1）链接还未被访问。
（2）链接被选中时。
（3）鼠标滑过链接。
（4）链接被访问后。

使用 HTML 标签属性，通过添加 link、alink 和 vlink 来修改超链接文本的颜色。link 属性修改链接未访问时的文本颜色，alink 属性修改链接被选中时的文本颜色，vlink 属性修改链接被访问后的文本颜色。如示例 5-8 所示，使用标签属性来修改链接的文本颜色。

【示例 5-8】color.htm，使用标签属性修改文本链接颜色

```
01  <!--color.htm-->
02  <html>
03    <head>
04      <title>使用标签属性修改文本链接颜色</title>
05    </head>
06    <body  link=teal alink=red vlink=silver>
07      <h3>使用标签属性修改文本链接颜色</h3>
```

```
08        <a href="后退.html">注意文本颜色前后变化</a>
09    </body>
10 </html>
```

【代码解析】以上代码中第 6 行在<body>标签中定义了链接 3 种状态的 3 种颜色，未访问时颜色为 teal，选中的瞬间变成 red，访问过后变成 silver。

浏览该页面，结果如图 5.7 所示，链接的文本前后的颜色发生了改变。

图 5.7　使用标签属性修改文本链接颜色

示例 5-8 是使用 HTML 标签属性来实现的功能，事实上这种旧方法并不值得推荐，更好的方法是使用 CSS。除了结构性的标签无法替代，如<body>、<p>，在表现性的作用上，应该习惯于避免使用标签属性的用法。而且 CSS 可以包含更多的属性修改，实现自由度更大的修饰。接下来，我们从 CSS 的角度来了解如何修改链接状态。

（1）链接还未被访问。

```
a:link {…}
```

（2）链接被选中时。

```
a:active {…}
```

（3）鼠标滑过链接。

```
a:hover {…}
```

（4）链接被访问后。

```
a:visited {…}
```

在{}中通常添加两个基本的属性：color 属性修改文本的颜色，text-decoration 属性选择是否显示下画线。比较常见的用法是，设置未访问时的状态、被访问后的状态和滑过鼠标链接的状态。下面通过一个例子来说明如何使用 CSS 属性修改文本链接颜色。

【示例 5-9】css.htm，使用 CSS 属性修改文本链接颜色

```
01 <!--css.htm-->
02 <html>
03   <head>
04     <title>使用 CSS 属性修改文本链接颜色</title>
05     <style type=text/css>
06       a {color:teal;
07          text-decoration:none        //链接的状态，去除链接的下画线
08         }
09       a:visited {color:silver;
10          text-decoration:none        //被访问后的链接状态
11         }
```

```
12          a:hover {color:red;
13              text-decoration:underline   //滑过链接文本的样式
14              }
15      </style>
16  </head>
17  <body>
18      <h3>使用CSS属性修改文本链接颜色</h3>
19      <a href="后退.html">注意文本颜色前后变化</a>
20  </body>
21  </html>
```

【代码解析】以上代码在第 5~15 行通过 CSS 样式表对链接的状态进行了设定。其中，第 6~8 行设定链接的未访问状态；第 9~11 行设定访问后的链接状态；第 12~14 行设定当鼠标指针滑过链接时的状态。

浏览该页面，其效果如图 5.8 所示。单击前的状态是墨绿色，被访问之后就成了银灰色，而当鼠标滑过链接文本时，显示的状态是红色并带有下画线。

图 5.8　使用 CSS 属性修改文本链接颜色

5.3.2　特殊的链接方式

5.3.1 节介绍了通过使用 CSS 的方法可以去除链接默认的下画线，本节将介绍两种新的方法来改变下画线的样式。首先需要了解两个属性：border-bottom 属性和 padding-bottom 属性。前者的意思是底部边界，后者的意思是底部内边。顾名思义，它们都是用来描述边框性质的属性。那么，这里的原理就是使用边框属性来替换原来的下画线。如示例 5-10 所示，展示了 border-bottom 属性的作用。

【示例 5-10】border.htm，使用 border-bottom 属性替换链接下画线

```
01  <!--border.htm-->
02  <html>
03  <head>
04      <title>特殊的链接方式</title>
05  <style type=text/css>
06      a {
07  text-decoration: none;
08  border-bottom: 5px dotted red;   //改变下画线的样式
09      }
10  </style>
11  </head>
```

```
12  <body>
13      <h3>点状的下画线
14      <p><h3><a href="后退.html">使用"border-bottom"属性替换链接下画线</a>
15  </body>
16  </html>
```

【代码解析】以上代码在第 6～9 行通过 CSS 样式表对链接的状态进行了设定，其中设置底部为 5 像素的红色小点。所以，不难发现，这里是通过大小、形状和颜色来控制边框的形状的。

执行代码，其结果如图 5.9 所示。

这里的 dotted 是"点状"的意思，除此之外，CSS 中还允许其他形状的下画线，如 dashed（虚线）、double（双线）、groove（槽线）、ridge（脊线）、inset（内陷）、outset（外陷），有兴趣的读者可以尝试一下。

图 5.9　点状的下画线

padding-bottom 属性的作用是可以引用自定义图像来制定下画线，技巧在于要排版好下画线和文本的距离，如示例 5-11 所示设计的自定义下画线。

【示例 5-11】padding.htm，替换链接下画线

```
01  <!--padding.htm-->
02  <html>
03  <head>
04      <title>特殊的链接方式</title>
05      <style type=text/css>
06      a {
07      text-decoration: none;              //去除下画线
08      padding-bottom: 15px;               //设置底边边界的位置
09      background: url(img/face.jpg) bottom repeat-x;   //替换为自定义的图像
10      }
11      </style>
12  </head>
13  <body>
14      <h3>使用自定义图像的下画线
15      <p><h3><a href="后退.html">使用"padding-bottom"属性替换链接下画线</a>
16  </body>
17  </html>
```

【代码解析】以上代码在第 6～10 行通过 CSS 样式表对链接的状态进行了设定，其中设置底部为不断在水平方向重复的自定义图像（位于 img/face.jpg）。

浏览该页面，在浏览器中的结果如图 5.10 所示。

图 5.10　使用 padding-bottom 属性替换链接下画线

注意：需要不断调整图像的位置才能设置好下画线，但是在不同的浏览器中可能会产生不同的结果，所以最好不要这样设置下画线。

代码第 8 行中控制了自定义的下画线和文本的距离，如果这个距离控制不当，那么在页面中会显示不完整的图像或者显示不出自定义下画线。代码第 9 行的意思是"图像在 x 方向上重复的内边框"，而使用的这个图像是"face.jpg"。在一些供少儿浏览的充满童趣的网站中可以这样使用，但在正规的网页设计中最好不要这么做，否则会让使用者觉得很不自在。

5.3.3　热点图像区域的链接

所谓热点图像区域，就是指一个图像中的某一区域，那么热点图像区域的链接，自然就是使用这个区域作为超链接，就好像在一张地图上，以其中某一区域作为超链接。所以，在代码中也用到一个形象的标签——<map>标签。<map>标签下，嵌入使用<area>标签表明某一区域，其中用 3 个属性值来确定这个区域，分别是 shape 属性、coords 属性和 href 属性。

- shape 属性：用来确定选区的形状，分别是 rect（矩形）、circle（圆形）和 poly（多边形）。
- coords 属性：用来控制形状的位置，通过坐标来找到这个位置。一般来说，在实际操作中，设计者都会选择借助可视化的编辑页面的软件来实现这一功能，这就省却了花费很多心思在图像上测算具体的坐标值。
- href 属性：就是超链接。

将这些属性运用在一起，具体代码如下：

```
<map id=…>
    <area shape="…" coords="…" href="…">
</map>
```

这里介绍一种借助 Dreamweaver 软件来制作热点图像链接的方法。Dreamweaver 软件的工作界面如图 5.11 所示。

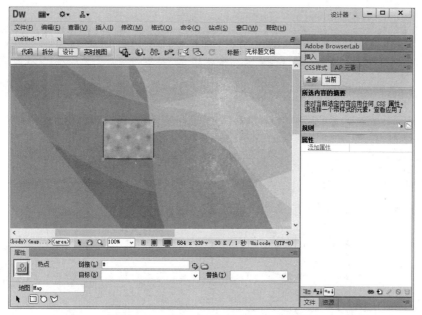

图 5.11　Dreamweaver 软件的工作界面

在 Dreamweaver 软件的标准工作界面中，上部分是代码区，可以在这里写代码，中间是预览页面的地方，最下面是修改一些属性值的面板，右侧是一系列不同的工作面板，在这里并不需要使用到。当使用代码在页面中置入图像以后，单击图 5.11 左下角线框中的图形按钮，Dreamweaver 中便会直观地显示出不同形状热点区域的图标。选中后，在预览页面区域中的图像上绘制需要的形状并放置在需要的位置。设置好以后，代码区域会自动生成<map>标签，这里要修改两个属性。这时在代码区域中可以看到如下代码：

```
01  <img src=img/back.jpg / usemap="#Map">
02  <map id="Map">
03    <area shape="circle" coords="303,265,86" href="#" />
04  </map>
```

在这个默认的代码中，第 2 行中 id 属性下为 Map，该名称可以自行定义。注意，在第 1 行中，引用了这个命名为"Map"的热点区域链接。而在第 3 行的<area>标签中，shape 和 coords 属性已经自动生成。在这个例子中，表示为圆形的选区，位置定义在(303,265)的坐标位置上，尾数"86"代表的是这个圆的半径值，该数值控制圆面积的大小。

shape 属性除了可以设置为 dircle（圆形），还可以设置为 rect（矩形）。如果设置为 rect，coords 的 4 个值分别指代左上角的横坐标、纵坐标与右下角的横坐标、纵坐标。

完整的页面源码如示例 5-12 所示。

【示例 5-12】map.htm，热点图像链接

```
01  <html>
02    <head>
03      <title>借助 Dreamweaver 软件来制作热点图像链接</title>
04    </head>
05    <body>
06      <img src=img/back.jpg border="0" / usemap=#Map>
```

```
07      <map name="Map">
08        <area shape="circle" coords="305,266,43" href="后退.html" />
09        <area shape="rect" coords="246,105,298,135" href="后退.html">
10        <area shape="rect" coords="264,44,293,74" href="后退.html">
11        <area shape="rect" coords="243,16,260,51" href="后退.html">
12        <area shape="rect" coords="23,40,59,74" href="后退.html">
13        <area shape="rect" coords="13,98,59,120" href="后退.html">
14        <area shape="rect" coords="40,132,78,162" href="后退.html">
15      </map>
16    </body>
17 </html>
```

执行以上代码，在浏览器中的结果如图 5.12 所示。

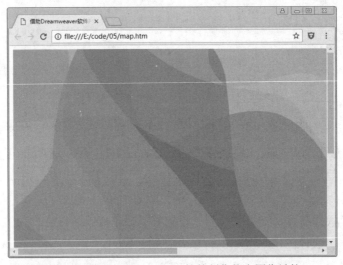

图 5.12　借助 Dreamweaver 软件制作热点图像链接

5.4　在新窗口中显示链接窗口

在先前的所有链接中，页面都是在同一页面中跳转，有时设计者希望链接的页面在新的窗口中打开，这时只要在<a>标签中添加"target=_blank"即可。如示例 5-13 所示，是在新窗口中显示链接窗口的方法。

【示例 5-13】blank.html，在新窗口中显示链接窗口

```
01 <!--blank.htm-->
02 <html>
03   <head>
04     <title>新窗口显示链接窗口</title>
05   </head>
06   <body>
07     <h1>在新窗口中显示链接</h1>
08     <a href="link-a.htm"  target=_blank>新窗口显示链接窗口</a>
09   </body>
10 </html>
```

执行以上代码,在浏览器中的结果如图 5.13 所示。

图 5.13　在新窗口中显示链接窗口

5.5　拓展训练

5.5.1　训练一:在页面中使用图像链接

【拓展要点:对图像链接的掌握程度】

在页面中使用图像链接,与文字链接类似,只需要把<a></a>标签中间的文字换成所需要的图像标签<img>即可。

【代码实现】

```
<a href="target.htm"><img src="1.jpg"></a>
```

5.5.2　训练二:在页面中使用热点图像区域链接

【拓展要点:对热点图像区域链接的掌握程度】

使用热点图像区域链接除了要借助<img>标签,还需要借助<map>与<area>标签,然后还需要对图像部分进行合理布局,以满足在指定区域设置链接的目的。

【代码实现】

```
<img src=1.jpg usemap=#Map>
  <map name="Map">
    <area shape="rect" coords="246,105,298,135" href="后退.html">
    <area shape="rect" coords="264,44,293,74" href="后退.html">
  </map>
```

5.6　技术解惑

5.6.1　合理使用锚点链接

使用锚点链接可以在页面内容较多时,使用户快速定位到需要的位置。这就要求在使用锚点链接前对页面有一个整体的规划,合理设置每个锚点链接。但是不建议页面中有过多的锚点链接。锚点链接通常是在页面内容超过一屏的情况下使用,内容过多必然会造成用户阅读困难,即使使用锚点链接,也会使用户在阅读时无所适从。所以,建议页面内容不超过 3 屏,锚点数量在 3 个左右为宜。

5.6.2　合理使用邮件链接

使用邮件链接会在用户安装有邮件客户端软件时自动将其打开，新建一个新的邮件，并自动填写邮件链接地址为收件人。这种方法看似方便，但也存在一定弊端，特别是在用户没有安装邮件客户端软件时会造成很大不便。所以，建议在技术条件允许的情况下，使用动态的站内系统，比如用户留言或者发送私信等技术代替邮件链接，仅将邮件地址留给用户作为一个联系的备用方案。

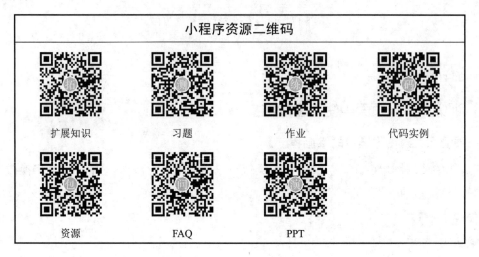

第6章 网页中的表单

在 HTML 中,表单是实现网页与用户互动的重要途径,用户可以通过表单输入或者选择内容,然后通过提交表单,将内容提交到网站的后台,后台处理程序会根据用户在表单中的输入内容,进行相应的操作。比如最常见的用户注册、登录系统,以及留言、评论等操作都需要通过表单来实现。这一章我们就来介绍网页中的表单。

6.1 表单的工作原理

表单的最重要表现就是在客户端接收用户的输入信息,然后将数据提交到网站后台程序来操控这些数据。从技术概念上来说,表单是用来操作 form 对象的,对象是一种基本的数据类型。

6.1.1 <script>标记

使用脚本可以对页面对象进行操作,表单作为一类页面对象同样可以用脚本来操作。下面先来简单介绍一下脚本 script。

JavaScript 程序就是一种常用的脚本语言,其调用类似于 CSS 样式表,可以像嵌入式样式表一样放在<head>标签中,也可以像外联样式表一样通过链接来引用。当放在<head>标签中使用时,需要通过<script>标记,浏览器通过<script>标记获得分析程序的信息,来告诉浏览器使用的是哪种语言的脚本。<script>标记的使用如以下代码所示:

```
<script language="JavaScript">
//这里是脚本代码
</script>
```

如果是通过引用外部 JavaScript 程序,就像链接外联样式表那样,那么代码应该写成:

```
<script type="text/javascript" scr="code.js">
</script>
```

6.1.2 创建表单

创建一个表单与创建一个普通的 html 元素一样,通过使用<form>标签来创建。form 标签中有一些常用的属性,如 name、action、method 等。

- name：即名称，用于为表单域命名。因为在通常的页面，放入的表单很可能不止一个，这时就需要为不同的表单命名不同的名称，以加以区分。JavaScript 也可以通过表单的 name 属性来引用表单中的各种表单。
- action：即动作，用于指定处理表单的后台程序路径、名称。通过<form>标签定义的表单，必须有 action 属性才能将表单中的数据提交出去。
- method：即提交方式，用于指定提交表单的方式，常用的提交方式有 get（默认值）与 post 两种。这两种方式的区别在于，get 方式安全性较差，所有的表单域的值将会直接呈现在地址栏；而 post 方式除只有可见的处理脚本程序外，其他东西都可以隐藏。所以在实际运用时，通常都使用 post 这种处理方式。

一个常见的<form>表单的代码如下所示：

```
<form name="my_form" method="post" action="login.php">
</form>
```

其他的表单元素，如按钮、文本框、单选框、复选框、密码输入框等要放在<form>与</form>之间。

6.1.3 表单域

表单域是用户输入数据的地方，表单域相当于用户给程序下达指令。当然，这种指令下达的方式有很多，常见的有文本输入框、下拉列表等。

表单域可分为 3 个对象，即 input、textarea 和 select，其中大部分类型的表单形式都通过 input 来实现。textarea 与 select 创建一种控制类型。

6.2 通过表单展示不一样的页面

表单中包含多种不同样式、不同功能的提交数据方式。在许多页面中，浏览者已经不断地在使用表单的功能，如注册、登录、留言、评论等。这一节我们就来介绍 HTML 中各种常见的表单域。

6.2.1 input 对象下的多种表单表现形式

通常，在页面中见到的大部分表单的形式都是通过输入标记<input>来实现的，一个简单的样式看上去如以下代码所示：

```
<input type="" name="" value="" size="" maxlength="">
```

- name 属性：表单项的名称，用于区别不同的表单项。
- type 属性：表单项的类型，指定表单项的类型，如文本框、提交按钮、密码输入框等。
- value 属性：表单项的值，比如在按钮上显示的文字或者文本框中的默认值等。
- size 属性：表单项的大小，通常用于设置文本框的长度。
- maxlength 属性：最大的输入长度，用于设置文本框最多能够输入的长度。

从下一小节开始，我们将分别介绍 input 对象下的多种表单，包括文本框、密码框、复选框、单选框、提交按钮、隐藏表单、image 表单、文件上传表单等。

6.2.2 text 文本框的样式表单

单行文本输入框又叫文本框,是最常见的一类表单元素,它用于让用户输入一些简单的内容,如用户名等。其语法格式如以下代码所示:

```
<input type="text" size="20" name="user_name" value="请输入用户名">
```

查看以上代码可以看到,使用文本框的关键就是要将<input>标签的 type 属性设置为"text",然后再按照要求添加其他常用属性就可以了。

下面用一个实例来说明如何使用文本框,并且使用 JavaScript 来获取文本框的值。

【示例 6-1】 text.htm,使用文本框

```
01  <!--text.htm-->
02  <html>
03    <head>
04       <title>使用文本框</title>
05    </head>
06    <body>
07     <script language="javascript">
08      function check()                              //自定义函数
09      {
10          obj=document.getElementById("user_name"); //获取对象
11          if(obj.value=="")                         //如果文本框为空
12          {
13              alert("用户名为空! ");                //弹出提示框
14          }
15          else                                      //如果有内容
16          {
17              alert("您输入的用户名为: "+obj.value); //弹出用户名
18          }
19      }
20     </script>
21     <h1>使用文本框</h1>
22     <form name="my_f">
23       请输入用户名: <input type="text" id="user_name" size=20>
24       <br>
25       <input type="button" value="查看结果" onclick=check()>
26     </form>
27    </body>
28  </html>
```

【代码解析】 以上代码在页面中插入了一个文本框,然后通过一个按钮执行相应的 JavaScript 函数来获取文本框的内容,其中用到了 document 的 getElementById()方法,该方法通过 ID 值来获取页面的各种对象。如果文本框的值为空,则提示输入用户名为空;如果有内容,则通过提示框显示输入的用户名。

执行以上代码,其结果如图 6.1 所示。

图 6.1　使用文本框

6.2.3　password 输入密码的样式表单

密码输入框也是十分常见的一类表单，用户通过该表单可以输入密码。其语法格式如以下代码所示：

```
<input type="password" size="20" name="user_pass">
```

与文本框不同，密码输入框中的内容对用户是不可见的，输入的内容都会以小黑点显示，这样可以在一定程度上保护密码的安全。而且，通常不会为密码输入框设置 value 属性。密码输入框通常在用户注册、登录时输入密码或者在修改密码时输入原始密码与新密码时使用。

下面用一个实例来说明如何使用密码输入框，并且使用 JavaScript 来获取密码输入框的值。

【示例 6-2】password.htm，使用密码输入框

```
01  <!--password.htm-->
02  <html>
03    <head>
04      <title>使用密码框</title>
05    </head>
06    <body>
07      <script language="javascript">
08      function check()                                    //自定义函数
09      {
10          obj=document.getElementById("user_password");   //获取对象
11          if(obj.value=="")                               //如果密码为空
12          {
13              alert("密码为空！");                         //弹出提示框
14          }
15          else                                            //如果密码有内容
16          {
17              alert("您输入的密码为："+obj.value);         //弹出输入密码
18          }
19      }
20      </script>
21      <h1>使用密码框</h1>
22      <form name="my_f">
23          请输入密码：<input type="password" id="user_password" size=20>
24          <br>
25          <input type="button" value="查看结果" onclick=check()>
26      </form>
```

```
27      </body>
28 </html>
```

【代码解析】以上代码在页面中插入了一个密码输入框,然后通过一个按钮执行相应的 JavaScript 函数来获取密码输入框的内容,其获取方法与文本框一样。根据是否输入密码使用提示框显示不同的内容。

执行以上代码,其结果如图 6.2 所示。

图 6.2　使用密码输入框

6.2.4　checkbox 复选框的样式表单

复选框是一种较为特殊的表单元素,它给出一组相关联的选项让用户选择,用户可以从中选出一个或多个选项并提交。其语法格式如以下代码所示:

```
<input type="checkbox" name="my_c" value=1>选项 1
<input type="checkbox" name="my_c" value=2>选项 2
<input type="checkbox" name="my_c" value=3>选项 3
<input type="checkbox" name="my_c" value=4>选项 4
```

查看以上代码可以发现,互相关联的一组复选框有着相同的 name 属性与不同的 value 属性。当用户选择相应选项后,提交时只有被选择的内容才会被提交。

下面用一个实例来说明如何使用复选框,并且使用 JavaScript 来获取复选框的选择项的值。

【示例 6-3】checkbox.htm,使用复选框

```
01 <!--checkbox.htm-->
02 <html>
03   <head>
04     <title>使用复选框</title>
05   </head>
06   <body>
07     <script language="javascript">
08     function select_all()                              //全选函数
09     {
10         var obj=document.getElementsByName("my_c");    //获取对象
11         var obj_l=obj.length;                          //获取对象长度
12         for(i=0;i<obj_l;i++)                           //遍历对象
13         {
14             obj[i].checked=true;                       //选中状态为 true
15         }
16     }
```

```
17      function unselect_all()                              //全不选函数
18      {
19          var obj=document.getElementsByName("my_c");      //获取对象
20          var obj_l=obj.length;                            //获取对象长度
21          for(i=0;i<obj_l;i++)                             //遍历
22          {
23              obj[i].checked=false;                        //选中状态为false
24          }
25      }
26      function check()                                     //检测
27      {
28          var obj=document.getElementsByName("my_c");      //获取对象
29          var obj_l=obj.length;                            //获取对象长度
30          check_value="";                                  //初始值为空
31          for(i=0;i<obj_l;i++)                             //遍历
32          {
33              if(obj[i].checked==true)                     //如果选中
34              {
35                  check_value=check_value+obj[i].value+" "; //获取选中值
36              }
37          }
38          if(check_value=="")                              //如果选中值为空
39          {
40              alert("没有选择任何项")                        //弹出提示框
41          }
42          else                                             //如果内容不为空
43          {
44              alert("选中的内容为："+check_value);           //提示选中内容
45          }
46      }
47    }
48    </script>
49    <h1>请选择你对本站不满意的栏目：</h1>
50    <form name="my_f">
51      <input type="checkbox" name="my_c" value="栏目1">栏目1
52      <input type="checkbox" name="my_c" value="栏目2">栏目2
53      <input type="checkbox" name="my_c" value="栏目3">栏目3
54      <input type="checkbox" name="my_c" value="栏目4">栏目4
55      <input type="checkbox" name="my_c" value="栏目5">栏目5
56      <br>
57      <input type="button" value="全选" onclick=select_all()><input type="button" value="全不选" onclick=unselect_all()><input type="button" value="查看结果" onclick=check()>
58    </form>
59  </body>
60 </html>
```

【代码解析】查看以上代码可以发现，要获取复选框对象需要使用 document.getElementsByName()方法，这样可以获取一组具有相同 name 的对象，而复选框正好符合了这一特性。而每个复选框项都可以看作获取到对象的子元素,可以通过数组引用方式来使用。比如,obj[0]表示第一个,obj[1]表示第二个。获取其是否选中状态时,判断其 checked 属性。被选中的项目,其 checked 属性为 true;没有被选中,则 checked 为 false。通过对复选框的所有选项进行遍历,并对 checked 属性进行操作,就可以模拟全选与全不选状态。然后再获取整个复选框的选中状态。

执行以上代码,其结果如图 6.3 所示。

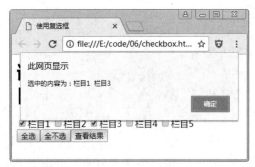

图 6.3 使用复选框

6.2.5 radio 单选框的样式表单

单选框也是一种较为特殊的表单元素,与复选框类似,它也给出一组相关联的选项让用户选择,不过用户只能从一组选项中选出一个选项并提交。其语法格式如以下代码所示:

```
<input type="radio" name="my_r" value=1 checked>选项 1
<input type="radio" name="my_r" value=2>选项 2
<input type="radio" name="my_r" value=3>选项 3
<input type="radio" name="my_r" value=4>选项 4
```

单选框与复选框类似,也是由一组具有相同的 name 属性和不同的 value 属性的元素组成的,不同的是只能同时在一组中选中一个。所以,可以为单选框指定默认值,当一组选项中的其中一个具有 checked 属性时,该选项就为单选框的默认值。

下面用一个实例来说明如何使用单选框,并且使用 JavaScript 来获取单选框的选择项的值。

【示例 6-4】 radio.htm,使用单选框

```
01  <!--radio.htm-->
02  <html>
03    <head>
04      <title>使用单选框</title>
05    </head>
06    <body>
07      <script language="javascript">
08      function check()                                    //检测函数
09      {
10          var obj=document.getElementsByName("my_sex");   //获取对象
11          var obj_l=obj.length;                           //获取长度
12          for(i=0;i<obj_l;i++)                            //遍历对象
13          {
```

```
14              if(obj[i].checked==true)                    //如果选中某项
15              {
16                  alert(obj[i].value);                    //提示选中值
17                  break;                                   //跳出循环
18              }
19          }
20      }
21      </script>
22      <h1>请选择你的性别：</h1>
23      <form name="my_f">
24          <input type="radio" name="my_sex" value="男" checked>男
25          <input type="radio" name="my_sex" value="女">女
26          <br>
27          <input type="button" value="查看结果" onclick=check()>
28      </form>
29   </body>
30  </html>
```

【代码解析】查看以上代码可知，单选框的使用方法与复选框类似，获取时也使用document对象的getElementsByName()方法。获取结果时，只要确定有一个选项其checked为true，就可以跳出循环，因为单选框只可能选中一项。

执行以上代码，其结果如图6.4所示。

图6.4　使用单选框

6.2.6　submit提交数据的样式表单

提交按钮是一种特殊的按钮，其作用是将整个表单中的所有内容提交到表单的action属性指定的后台。其语法格式如以下代码所示：

```
<input type="submit" value="提交">
```

如果<form>中定义有onsubmit()方法，那么提交按钮被按下时会先执行定义的内容，然后再将表单数据提交到网站后台。这种方式用于在提交内容之前先判断提交内容的合法性，这样可以减少网站后台的开支。

下面用一个实例来说明如何使用提交按钮及如何触发onsubmit()方法。

【示例6-5】submit.htm，使用提交按钮

```
01  <!--submit.htm-->
02  <html>
03      <head>
04          <title>使用提交按钮</title>
05      </head>
```

```
06  <body>
07    <script language="javascript">
08      function check()                                //自定义函数
09      {
10          user=document.getElementById("username");   //获取用户名
11          pass=document.getElementById("password");   //获取密码
12          if(user.value=="" || pass.value=="")        //如果两者中有一个为空
13          {
14              alert("请输入用户名或者密码!");           //提示内容
15              return false;
16          }
17      }
18    </script>
19    <h1>使用提交按钮</h1>
20    <form name="my_f" action=# onsubmit = "return check()">
21      输入名称：<input type="text" id="username" size=20>
22      <br>
23      输入密码：<input type="password" id="password" size=20>
24      <br>
25      <input type="submit" value="提交">
26    </form>
27  </body>
28 </html>
```

【代码解析】以上代码在<form>中定义了 onsubmit()方法，所以当用户单击提交按钮 submit 时，会触发该方法，调用提交处理函数 check()。如果用户名或密码二者中有一项为空，就会弹出提示框，并返回 false 中止提交。

执行以上代码，其结果如图 6.5 所示。

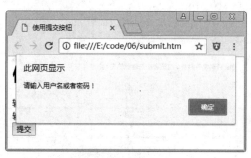

图 6.5　使用提交按钮

6.2.7　hidden 隐藏域的样式表单

隐藏域 hidden 是一种特殊的表单项，其使用方法与文本框类似，语法格式如以下代码所示：
`<input type="hidden" name="my_hide" value="隐藏的内容">`

隐藏域的特殊之处在于，该表单元素对用户是不可见的，即用户无法直观地看到隐藏域的内容，也无法改变它的值。所以通常使用时，都需要为隐藏域设置 value 属性作为其默认值。该表单元素的作用是向服务器后台提交一些不需要用户看到的内容。虽然隐藏域不可见，但同样可以通过 DOM 元素的方法来获取隐藏域的值。

下面用一个实例来说明如何使用隐藏域。

【示例 6-6】hidden.htm，使用隐藏域

```
01  <!--hidden.htm-->
02  <html>
03    <head>
04      <title>使用隐藏域</title>
05    </head>
06    <body>
07      <script language="javascript">
08      function check()                                    //自定义函数
09      {
10          obj=document.getElementById("hide_content");    //获取隐藏表单
11          alert("隐藏的表单内容为: "+obj.value);            //弹出隐藏表单的值
12      }
13      </script>
14      <h1>使用隐藏域</h1>
15      <form name="my_f">
16        <input type="hidden" id="hide_content" value="这里有一些隐藏的内容">
17        <br>
18        <input type="button" value="查看结果" onclick=check()>
19      </form>
20    </body>
21  </html>
```

【代码解析】查看以上代码可以发现，除不可见外，隐藏域的使用与文本框基本类似。执行以上代码，其结果如图 6.6 所示。

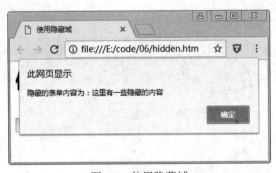

图 6.6　使用隐藏域

6.2.8　image 样式的表单

Image 图像表单比较特殊，该表单与其说是表单元素，不如说是 html 图像的一个变异体。使用该元素，可以在页面中插入一张图片，其语法格式如以下代码所示：

```
<input type="image" src="" width=800 height=600 alt="">
```

以上代码中 src 指向图片的路径，width、height 分别指代显示图片的宽与高。

下面的代码演示了如何使用图像表单。

【示例6-7】 image.htm，使用图像表单

```
01  <!--image.htm-->
02  <html>
03    <head>
04      <title>使用图像表单</title>
05    </head>
06    <body>
07      <script language="javascript">
08      function check()                                    //自定义函数
09      {
10          obj=document.getElementById("my_img");          //获取图像表单对象
11          alert("图像路径为："+obj.src);                    //弹出图像路径
12      }
13      </script>
14      <h1>使用图像表单</h1>
15      <form name="my_f">
16        <input type="image" id="my_img" src="img.jpg" width=300 height=187>
17        <br>
18        <input type="button" value="查看结果" onclick=check()>
19      </form>
20    </body>
21  </html>
```

【代码解析】 以上代码使用了一个图像表单，并指定其 src 属性为当前目录下的名为 img.jpg 的图片文件。

执行以上代码，其结果如图 6.7 所示。

图 6.7 使用图像表单

6.2.9 file 上传文件的样式表单

文件上传表单也是使用较多的一类表单元素，使用文件上传表单可以将本地的文件上传到服务器上。其语法格式如以下代码所示：

```
<input type="file">
```

该表单项只需要指定 type 为 file 即可，不能为 file 表单元素设置 value 默认值属性。下面的代码演示了如何使用文件上传表单。

【示例 6-8】 file.htm，使用文件上传表单

```
01  <!--file.htm-->
02  <html>
03    <head>
04      <title>使用文件上传表单</title>
05    </head>
06    <body>
07      <script language="javascript">
08      function check()                              //自定义函数
09      {
10          obj=document.getElementById("my_file");   //获取文件上传表单对象
11          alert("上传文件为: "+obj.value);           //弹出上传文件的值
12      }
13      </script>
14      <h1>使用文件上传表单</h1>
15      <form name="my_f">
16        <input type="file" id="my_file">
17        <br>
18        <input type="button" value="查看结果" onclick=check()>
19      </form>
20    </body>
21  </html>
```

【代码解析】 以上代码使用了一个文件上传表单，用户单击后面的"浏览"按钮就会打开文件选择对话框，用户可以选定文件。单击"查看结果"，就可以获取上传文件的值。

执行以上代码，其结果如图 6.8 所示。

图 6.8 使用文件上传表单

6.2.10 textarea 对象的表单

6.2.2 节介绍了单行文本输入框，如果用户输入的信息较少，使用单行文本框就比较方便。但如果用户需要输入很多信息，而且内容需要分段，比如对某个商品的评论，或者是大段的留言或者论坛主题内容，单行文本框就很难满足需要，因为单行文本框无法分段，这时就需要使用 textarea 多行文本框。其语法格式如下所示：

```
<textarea id="my_multi" rows=10 cols=30></textarea>
```

要界定多行文本框的大小，需要使用 rows 与 cols 两个属性，其中一个是行，另一个是列，相当于高和宽。如果要为多行文本框设置默认值，则只需要将需要设置的内容放在<textarea>与</textarea>两个标记之间即可。

下面的代码演示了如何使用多行文本框。

【示例6-9】textarea.htm，使用多行文本框

```
01  <!--textarea.htm-->
02  <html>
03    <head>
04      <title>使用多行文本框</title>
05    </head>
06    <body>
07      <script language="javascript">
08       function check()                                    //自定义函数
09       {
10           obj=document.getElementById("my_multi");        //获取多行文本
11           alert("输入的多行文本为: "+obj.value);           //弹出多行文本的值
12       }
13      </script>
14      <h1>使用多行文本框</h1>
15      <form name="my_f">
16        <textarea id="my_multi" rows=10 cols=30></textarea>
17        <br>
18        <input type="button" value="查看结果" onclick=check()>
19      </form>
20    </body>
21  </html>
```

【代码解析】查看以上代码可以看到，多行文本框的使用与单行文本框有所不同，但获取内容方法基本一致。

执行以上代码，其结果如图 6.9 所示。

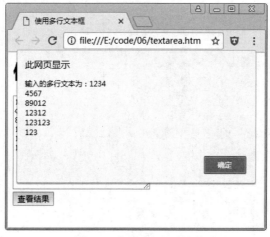

图 6.9　使用多行文本框

6.2.11 select 对象的表单

select 对象即下拉列表框，该表单元素也是让用户从一组选项中进行选择，因为其通常以下拉菜单的样式显示，所以叫下拉列表框。其语法格式如以下代码所示：

```
<select name="my_s" size=1>
<option value=1>1</option>
<option value=2>2</option>
<option value=3>3</option>
<option value=4>4</option>
</select>
```

以上代码中<select>为下拉列表框，其中的每个<option>就为其中的一个选项，其中<option>与</option>之间的值为显示出来的值，而 value 属性则是实际提交的值，所以这两个值通常是一致的。如果要指定某一项为默认值，则将指定的<option>加入 selected 属性即可；如果不使用，则下拉列表框的第一个选项为默认值。

下面用一个实例来说明如何使用下拉列表框。

【示例 6-10】select.htm，使用下拉列表框

```
01  <!--select.htm-->
02  <html>
03    <head>
04      <title>使用下拉列表框</title>
05    </head>
06    <body>
07      <script language="javascript">
08      function check()                           //自定义函数
09      {
10          obj=document.getElementById("my_s");   //获取选择对象
11          alert("你选择的职业为: "+obj.value);    //获取选择对象的选中值
12      }
13      </script>
14      <h1>使用下拉列表框</h1>
15      <form name="my_f">
16        请选择你的职业: <select id="my_s" size=1>
17          <option value="学生">学生</option>
18          <option value="教师">教师</option>
19          <option value="白领">白领</option>
20          <option value="工人">工人</option>
21          <option value="农民">农民</option>
22          <option value="程序猿">程序猿</option>
23        </select>
24        <br>
25        <input type="button" value="查看结果" onclick=check()>
26      </form>
27    </body>
28  </html>
```

【代码解析】查看以上代码可以发现，添加下拉列表框时，使用<option>添加子项，获取

时使用对象的 value 属性来获取。

执行以上代码，其结果如图 6.10 所示。

图 6.10　使用下拉列表框

另外，下拉列表框<select>支持 onchange()方法，即当对象的选择值发生变化时，将调用该方法。可以通过该方法创建诸如二级下拉列表框,即当其中一个下拉列表框的值发生变化时，另一个下拉列表框也会有相应的变化。

6.2.12　表单域集合

表单域的代码是由<fieldset>标签和<legend>标签组合而成的。在默认情况下，<fieldset>标签勾勒出表单域的框形，<legend>标签的对象像标题一样出现在框形的左上角。

下面用一个实例来说明如何使用表单域集合。

【示例 6-11】fieldset.htm，使用表单域集合

```
01  <!--fieldset.htm-->
02  <html>
03    <head>
04      <title>使用表单域集合</title>
05    </head>
06    <body>
07      <h1>使用表单域集合</h1>
08      <form name="my_f">
09       <fieldset>
10        <legend>注册用户</legend>
11        请输入用户名：<input type="text" id="user_name" size=20>
12        <br>
13        <input type="button" value="提交">
14       </fieldset>
15      </form>
16    </body>
17  </html>
```

【代码解析】以上代码在表单<form>中使用了表单域集合<fieldset>与<legend>两个标签。使用表单域集合，可以使用一组表单更加直观地呈现给使用者，便于区分不同的表单集合。

执行以上代码，其结果如图 6.11 所示。

图 6.11　使用表单域集合

6.3　HTML 5 表单的进化

表单在早期的 HTML 中就已经出现，但在 HTML 5 出现以后，表单的使用发生了很大的变化。这一节我们就来介绍一下 HTML 5 表单的进化。

6.3.1　早期的表单发展

早在 20 世纪 90 年代的 HTML 4 规范中，表单功能就已经发展得非常完善。HTML 4 的表单很单纯，支持最基本的数据输入，所有的表单应用都可以使用，时至今日，我们仍然在使用它。

随着 Web 应用的发展，由于表单功能太过简单，所以在处理复杂业务的过程中就显得能力有限，而且还受到网络设备的限制。基于这个原因，出现了基于 XML 的 XHTML 规范，与此同时也出现了 XForms 表单，基于 HTML 4 的表单停止了发展。

XForms 试图突破当前 HTML Forms 模型的一些限制，而且 XForms 的最大特色是包含了客户端验证的功能，避免使用大量的 JavaScript 脚本验证。在当时，XForms 被称为"下一代 Web 表单"。

由于 XForms 是基于 XML 的，因此在一定程度上弱化了标签本身的功能；同时由于其比较灵活，表单也跟着复杂了。因此，其在实际的使用过程中并没有得到广泛发展。

6.3.2　HTML 5 表单的问世

在实际的表单应用中，一些特殊的数据输入需要一个独立的规则，如邮件、网址等，我们都会提供一个特定的格式限定和验证。

由于移动互联网的快速发展，在面向移动设备的时候，通过识别表单类型，可以提供更友好的用户体验，如可以呈现不同的屏幕、键盘等。

HTML 5 的表单，在原有表单的基础上，参照 XForms 的一些验证功能，再结合实际发展的需要，制定了新型的功能性表单，并且支持表单验证。

在做表单处理的时候，最常用的就是表单验证了。一般的验证会写很多冗长的 JavaScript 代码，或者借助一些基于 JavaScript 的验证框架，如目前比较流行的 jQuery 的验证框架。HTML 5 发展了这些表单，针对具有特定规则意义的表单，扩展一些特有的特性，作为表单的原始功能；验证表单的功能，也作为表单本身应具备的功能，原生地被支持。

HTML 5 的表单，无论是在表现方面，还是在功能方面，都非常优越，开发起来可以不用那么复杂。HTML 5 的表单的目的就是让这一切友好的应用变得简单。

6.3.3 当前的支持情况

目前可以这样说，除 IE 8 及以下版本不支持外，几乎所有的主流浏览器的流行版本都提供了对 HTML 5 标准的支持，即 HTML 5 表单可以运行在各大浏览器之上。所以开发者在创建 Web 应用程序时，基本不用考虑 HTML 5 表单的适配问题。

6.3.4 新增的表单输入类型

下面介绍 HTML 5 中新增的表单输入类型。在 HTML 5 中大致增加了以下几类表单输入类型：url、email、range、number、tel、search、color、date 等。这些新增的表单类型不但方便进行表单验证，而且在用户体验方面留下了极大的提升空间。

url 类型的 iput 元素，是专门为输入 url 地址定义的文本框。在验证输入文本的格式时，如果该文本框中的内容不符合 url 地址的格式，则会提示验证错误。该表单类型的使用方法如下：

```
<input type="url" name="webUrl" id="webUrl" value="http://www.baidu.com" />
```

email 类型的 input 元素，是专门为输入 email 地址定义的文本框。在验证输入文本的格式时，如果该文本框中的内容不符合 email 地址的格式，则会提示验证错误。该表单类型的使用方法如下：

```
<input type="email" name="myEmail" id="myEmail" value="yxw740@163.com" />
```

此外，email 类型的 input 元素还有一个 multiple 属性，表示在该文本框中可输入用逗号隔开的多个邮件地址。

range 类型的 input 元素，把输入框显示为滑动条，为某一特定范围内的数值选择器。它还具有 min 和 max 特性，表示选择范围的最小值（默认为 0）和最大值（默认为 100）；另外，它还有 step 特性，表示拖动步长（默认为 1）。该表单类型的显示效果如图 6.12 所示。该表单类型的使用方法如下：

```
<input type="range" name="volume" id="volume" min="0" max="1" step="0.2" />
```

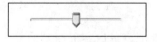

图 6.12 range 类型的外观

number 类型的 input 元素，是专门为输入特定的数字而定义的文本框。与 range 类似，其具有 min、max 和 step 特性，表示允许范围的最小值、最大值和调整步长。该表单类型的显示效果如图 6.13 所示。该表单类型的使用方法如下：

```
<input type="number" name="score" id="score" min="0" max="10" step="0.5" />
```

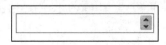

图 6.13 number 类型的外观

tel 类型的 input 元素，是专门为输入电话号码而定义的文本框，没有特殊的验证规则。

search 类型的 input 元素，是专门为输入搜索引擎关键词定义的文本框，没有特殊的验证规则。

color 类型的 input 元素，默认会提供一个颜色选择器，主流浏览器还不支持它。

date 类型的 input 元素，是专门用于输入日期的文本框，默认为带日期选择器的输入框，目前仅 Opera 浏览器支持它。

month、week、time、datetime、datetime-local 类型的 input 元素与 date 类型的 input 元素类似，都会提供一个相应的选择器。其中，month 会提供一个月选择器，week 会提供一个周选择器，time 会提供时间选择器，datetime 会提供完整的日期和时间（包含时区）选择器，datetime-local 也会提供完整的日期和时间（不包括时区）选择器。

6.4 新增表单特性及元素

开发一个用户体验非常好的页面，潜在地需要写大量的代码，而且还需要考虑兼容性问题。使用 HTML 5 表单的某些特性，可以开发出前所未有的页面效果，写更少的代码，并能解决传统开发中碰到的一些问题。

6.4.1 form 特性

通常，从属于表单的元素必须放在表单内部。但是在 HTML 5 中，可以把从属于表单的元素放在任何地方，然后指定该元素的 form 特性值为表单的 id，这样该元素就从属于表单了。form 特性的使用方法如下所示：

```
<input name="name" type="text" form="form1" required />
<form id="form1">
  <input type="submit" value="提交" />
</form>
```

在以上代码中，可输入的 input 元素在表单 form 之外，但由于 input 元素的 form 特性值指定了表单的 id，所以该元素从属于表单。当单击提交按钮时，会验证该从属元素。

6.4.2 formaction 特性

每个表单都会通过 action 特性把表单内容提交到另外一个页面。在 HTML 5 中，为不同的提交按钮分别添加 formaction 特性，该特性会覆盖表单的 action 特性，将表单提交至不同的页面。formaction 特性的使用方法如下所示：

```
<form id="form1" method="post">
  <input name="name" type="text" form="form1" />
  <input type="submit" value="提交到 Page1" formaction="?page=1" />
  <input type="submit" value="提交到 Page2" formaction="?page=2" />
  <input type="submit" value="提交到 Page3" formaction="?page=3" />
  <input type="submit" value="提交" />
</form>
```

以上代码中，添加了 4 个提交按钮，其中前 3 个提交按钮设置了 formaction 特性，提交表单时会优先使用 formaction 特性值作为表单提交的目标页面。

6.4.3 form 其他特性

除前面介绍的 form 特性、formaction 特性外，新增的表单特性还有 formmethod、formenctype、formnovalidate、formtarget。

这 4 个特性的使用方法与 formaction 特性一致，设置在提交按钮上，可以覆盖表单的相关特性。formmethod 特性可覆盖表单的 method 特性；formenctype 特性可覆盖表单的 enctype 特性；formnovalidate 特性可覆盖表单的 novalidate 特性；formtarget 特性可覆盖表单的 target 特性。

6.4.4 placeholder 特性

当用户还没有把焦点定位到输入文本框的时候，可以使用 placeholder 特性向用户提示描述性的信息，当该输入文本框获取焦点时，该提示信息就会消失。该特性的使用方法如下：

```
<input name="name" type="text" placeholder="请输入关键词" />
```

显示效果如图 6.14 所示。

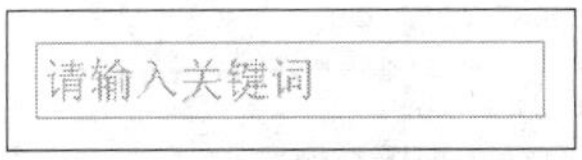

图 6.14　使用 placeholder 特性

placeholder 特性还可用于其他输入类型的 input 元素，如 url、email、number、search、tel 和 password 等。这个特性可以设定表单的默认值。

6.4.5 autofocus 特性

autofocus 特性可用于所有类型的 input 元素，当页面加载完成时，可自动获取焦点。每个页面只允许出现一个有 autofocus 特性的 input 元素。如果为多个 input 元素设置了 autofocus 特性，则相当于未指定该行为。该特性的使用方法如下：

```
<input name="key" type="text" autofocus />
```

关于自动获取焦点的功能，也要防止滥用。如果页面加载缓慢，用户已经做了一部分操作，这时如果焦点发生莫名其妙的转移，那么用户体验是极不友好的。

6.4.6 autocomplete 特性

在 IE 的早期版本中，就已经支持 autocomplete 特性。autocomplete 特性可应用于 form 元素和输入型的 input 元素，用于表单的自动完成。autocomplete 特性会把输入的历史记录下来，当再次输入的时候，会把输入的历史记录显示在一个下拉列表里，以实现自动完成输入。该特性的使用方法如下：

```
<input name="key" type="text" autocomplete="on" />
```

autocomplete 特性有 3 个值，可以指定"on""off"和""（不指定）。不指定值时，使用浏览器的默认设置。由于不同的浏览器默认值不相同,所以当需要使用自动完成功能时,最好显式指定该特性。

6.4.7 list 特性和 datalist 元素

通过组合使用 list 特性和 datalist 元素,可以为某个可输入的 input 元素定义一个选值列表。使用 datalist 元素构造选值列表;设置 input 元素的 list 特性值为 datalist 元素的 id 值,可实现二者的绑定。其使用方法如下:

```
<input name="email" type="email" list="emaillist" />
<datalist id="emaillist">
  <option value="test1@test.com">test1@test.com</option>
  <option value="test2@test.com">test2@test.com</option>
</datalist>
```

在以上代码中,使用 datalist 元素构造了一个选值列表,id 为 emaillist;input 元素通过把 list 特性值设为 emaillist,绑定了该选值列表,运行结果如图 6.15 所示。

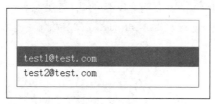

图 6.15 list 特性和 datalist 元素使用示例

6.4.8 keygen 元素

keygen 元素提供了一种安全的方式来验证用户。该元素有密钥生成的功能,当提交表单时,会分别生成一个私人密钥和一个公共密钥。其中,私人密钥保存在客户端,公共密钥则通过网络传输至服务器。这种非对称加密的方式,为网页的数据安全提供了更大的保障。该元素的使用方法如下:

```
<form action="">
  <input type="text" name="name" /><br>
  Encryption:
  <keygen name="security" />    <!-- 加入密钥安全 -->
  <br><input type="submit" />
</form>
```

keygen 元素提供了中级和高级的加密算法,显示的是一个类似 select 元素的下拉框,可以选择加密等级。

6.4.9 output 元素

output 元素用于不同类型的输出,如用于计算结果或脚本的输出等。output 元素必须从属于某个表单,即写在表单的内部。该元素的使用方法如下:

```
<form oninput="x.value=volume.value">
  <input type="range" name="volume" value="50" />
```

```html
  <output name="x"></output>
</form>
```

由于 range 类型的 input 元素表现为一个滑块，不显示数值，所以这时使用 output 元素协助显示其值。

6.5 表单验证 API

HTML 5 为表单验证提供了极大的方便，在验证表单的方式上显得更加灵活。表单验证，首先会基于前面讲解的表单类型的规则进行验证；其次是为表单元素提供了一些用于辅助表单验证的特性；更重要的是，HTML 5 还提供了专门用于表单验证的属性、方法和事件。

6.5.1 与验证有关的表单元素特性

HTML 5 提供了用于辅助表单验证的元素特性。利用这些特性，可以为后续的表单自动验证提供验证依据。下面根据这些新的特性进行讲解。

required 特性设置必选项，一旦为某个表单内部的元素设置了 required 特性，那么此项的值不能为空，否则无法提交表单。以文本输入框为例，只需要添加 required 特性即可，使用方法如下：

```html
<input name="name" type="text" placeholder="Full Name" required />
```

如果该项为空，则无法提交。required 特性可用于大多数输入或选择元素，隐藏的元素除外。

pattern 特性用于为 input 元素定义一个验证模式。该特性值是一个正则表达式，提交时会检查输入的内容是否符合给定的格式，如果输入内容不符合格式，则不能提交。使用方法如下：

```html
<input name="code" type="text" value="" pattern="[0-9]{6}" placeholder="6 位邮政编码" />
```

使用 pattern 特性验证表单非常灵活。例如，前面讲到的 email 类型的 input 元素，使用 pattern 特性完全可以实现相同的验证功能。

min、max 和 step 特性是专门用于指定针对数字或日期限制。min 特性表示允许的最小值；max 特性表示允许的最大值；step 特性表示合法数据的间隔步长。使用方法如下：

```html
<input type="range" name="volume" id="volume" min="0" max="1" step="0.2" />
```

该示例中，最小值是 0，最大值是 1，步长为 0.2，合法的取值有 0、0.2、0.4、0.6、0.8、1。

novalidate 特性用于指定表单或表单内的元素在提交时不验证。如果 form 元素应用 novalidate 特性，则表单中的所有元素在提交时都不再验证。使用方法如下：

```html
<form action="demo_form.asp" novalidate="novalidate">
  <input type="email" name="user_email" />
  <input type="submit" />
</form>
```

6.5.2 表单验证的属性

表单验证的属性均是只读属性，用于获取表单验证的信息。

validity 属性获取表单元素的 ValidityState 对象，该对象包含 8 个方面的验证结果。ValidityState 对象会持续存在，每次获取 validity 属性时，返回的是同一个 ValidityState 对象。以一个 id 特性为"username"的表单元素为例，validity 属性的使用方法如下：

```
var validityState=document.getElementById("username").validity;
```

关于 ValidityState 对象，将在下一节讲解。

willValidate 属性获取一个布尔值，表示表单元素是否需要验证。如果表单元素设置了 required 特性或 pattern 特性，则 willValidate 属性的值为 true，即表单的验证将会执行。仍然以一个 id 特性为"username"的表单元素为例，willValidate 属性的使用方法如下：

```
var willValidate=document.getElementById("username").willValidate;
```

validationMessage 属性获取当前表单元素的错误提示信息。一般设置 reuired 特性的表单元素，其 validationMessage 属性值一般为"请填写此字段"。仍然以一个 id 特性为"username"的表单元素为例，validationMessage 属性的使用方法如下：

```
var validationMessage=document.getElementById("username").validationMessage;
```

此属性为只读属性，不能直接更改。不过，可以使用 setCustomValidity()方法（后面介绍）来改变该值。

6.5.3 ValidityState 对象

ValidityState 对象是通过 validity 属性获取的，该对象有 8 个属性，分别针对 8 个方面的错误验证，属性值均为布尔值。

（1）valueMissing 属性判断必填表单元素的值是否为空。

如果表单元素设置了 required 特性，则为必填项。如果必填项的值为空，就无法通过表单验证，valueMissing 属性会返回 true，否则返回 false。

（2）typeMismatch 属性判断输入值与 type 类型是否不匹配。

HTML 5 新增的表单类型，如 email、number、url 等，都包含一个原始的类型验证。如果用户输入的内容与表单类型不符合，则 typeMismatch 属性会返回 true，否则返回 false。

（3）patternMismatch 属性判断输入值与 pattern 特性的正则是否不匹配。

表单元素可通过 pattern 特性设置正则表达式的验证模式。如果输入的内容不符合验证模式的规则，则 patternMismatch 属性会返回 true，否则返回 false。

（4）tooLong 属性判断输入的内容是否超过了表单元素的 maxLength 特性限定的字符长度。

表单元素可使用 maxLength 特性设置输入内容的最大长度。虽然在输入的时候会限制表单内容的长度，但在某种情况下，如通过程序设置，还是会超出最大长度限制的。如果输入的内容超过了最大长度限制，则 tooLong 属性会返回 true，否则返回 false。

（5）rangeUnderflow 属性判断输入的值是否小于 min 特性的值。

一般用于填写数值的表单元素，都可能会使用 min 特性设置数值范围的最小值。如果输入的数值小于最小值，则 rangeUnderflow 属性会返回 true，否则返回 false。

（6）rangeOverflow 属性判断输入的值是否大于 max 特性的值。

一般用于填写数值的表单元素，也可能会使用 max 特性设置数值范围的最大值。如果输入的数值大于最大值，则 rangeOverflow 属性会返回 true，否则返回 false。

（7）stepMismatch 属性判断输入的值是否不符合 step 特性所推算出的规则。

用于填写数值的表单元素，可能需要同时设置 min、max 和 step 特性，这就限制了输入的值必须是最小值与 step 特性值的倍数之和。比如范围从 0 到 10，step 特性值为 2，因为合法值为该范围内的偶数，所以其他数值均无法通过验证。如果输入值不符合要求，则 stepMismatch 属性会返回 true，否则返回 false。

（8）customError 属性使用自定义的验证错误提示信息。

有时候，不太适合使用浏览器内置的验证错误提示信息，需要自己定义。当输入值不符合语义规则时，会提示自定义的错误提示信息。

通常是使用 setCustomValidity()方法自定义错误提示信息：setCustomValidity(message)会把错误提示信息自定义为 message，此时 customError 的属性值为 true；setCustomValidity("")会清除自定义的错误信息，此时 customError 的属性值为 false。

6.5.4 表单验证的方法

HTML 5 提供了两个用于表单验证的方法，即 checkValidity()方法和 setCustomValidity()方法。checkValidity()方法是显式验证方法。每个表单元素都可以调用 checkValidity()方法（包括 form），它返回一个布尔值，表示是否通过验证。在默认情况下，表单的验证发生在表单提交时，如果使用 checkValidity()方法，则可以在需要的任何地方验证表单。一旦表单元素没有通过验证，则会触发 invalid 事件（该事件在下一节中讲解）。下面通过示例 6-12 了解其使用方法。

【示例 6-12】 validity.htm，使用 checkValidity()方法显式验证表单

```
01  <!--validity.htm-->
02  <!DOCTYPE html>
03  <html>
04  <head>
05  <title>使用 checkValidity()方法显式验证表单</title>
06  <script type="text/javascript">
07  function CheckForm(frm){
08      if(frm.myEmail.checkValidity()){      /* 显式验证邮件 */
09          alert("邮件格式正确！");
10      }else{
11          alert("邮件格式错误！");
12      }
13  }
14  </script>
15  </head>
16  <body>
17  <div>
18      <form action="" method="post">
```

```
19      邮件：
20      <input type="email" name="myEmail" id="myEmail" value="yxw740@163.com" />
21      <br />
22      <input type="submit" value="提交" onclick="return CheckForm(this.form)" />
23    </form>
24  </div>
25  </body>
26  </html>
```

【代码解析】以上代码中，单击"提交"按钮时，会先调用 CheckForm()函数进行验证，再使用浏览器内置的验证功能进行验证。CheckForm()函数包含了 checkValidity()方法的显式验证。在使用 checkValidity()方法进行显式验证时，还会触发所有的结果事件和 UI 触发器，就好象表单提交了一样。

执行以上代码，其结果如图 6.16 所示。

图 6.16 使用 checkValidity()方法验证表单

setCustomValidity()方法用来自定义错误提示信息。当默认的错误提示信息满足不了需求时，可以通过该方法自定义错误提示信息。当通过此方法自定义错误提示信息时，元素的 validationMessage 属性值会更改为定义的错误提示信息，同时 ValidityState 对象的 customError 属性值会变成 true。下面通过示例 6-13 了解其使用方法。

【示例 6-13】setcustom.htm，自定义错误提示信息

```
01  <!--setcustom.htm-->
02  <!DOCTYPE html>
03  <html>
04  <head>
05  <title>自定义错误提示信息</title>
06  <script type="text/javascript">
07  function CheckForm(frm){
08      var name=frm.name;
09      if(name.value==""){
10          name.setCustomValidity("请填写您的姓名！");    /* 自定义错误提示 */
11      }else{
12          name.setCustomValidity("");                  /* 取消自定义错误提示 */
13      }
14  }
15  </script>
16  </head>
```

```
17  <body>
18  <div>
19    <form action="" method="post">
20      姓名：
21      <input id="name" name="name" placeholder="First and Last Name" required />
22      <input type="submit" value="提交" onClick="CheckForm(this.form)" />
23    </form>
24  </div>
25  </body>
26  </html>
```

【代码解析】以上代码中，在提交表单时，如果姓名为空，则自定义一个错误提示信息；如果姓名不为空，则取消自定义错误提示信息。

执行以上代码，其结果如图 6.17 所示。

图 6.17 自定义错误提示信息

6.5.5 表单验证的事件

HTML 5 为我们提供了一个表单验证的事件，即 invalid 事件。

invalid 事件在表单元素未通过验证时触发。无论是提交表单，还是直接调用 checkValidity 方法，只要有表单元素没有通过验证，就会触发 invalid 事件。invalid 事件本身不处理任何事情，我们可以监听该事件，自定义事件处理。下面来看一个例子。

【示例 6-14】invalid.htm，监听 invalid 事件

```
01  <!--invalid.htm-->
02  <!DOCTYPE html>
03  <html>
04  <head>
05  <title>监听 invalid 事件</title>
06  <script type="text/javascript">
07  function invalidHandler(evt){
08      // 获取当前被验证的对象
09      var validity = evt.srcElement.validity;
10      // 检测 ValidityState 对象的 valueMissing 属性
11      if(validity.valueMissing){
12          alert("姓名是必填项，不能为空")
13      }
14      // 如果不需要浏览器默认的错误提示方式，则可以使用下面的方式取消
15      evt.preventDefault();
16  }
17  window.onload=function(){
```

```
18          var name=document.getElementById("name");
19          // 注册监听 invalid 事件
20          name.addEventListener("invalid",invalidHandler,false);
21     }
22   </script>
23 </head>
24 <body>
25 <div>
26   <form action="" method="post">
27     姓名：
28     <input id="name" name="name" placeholder="First and Last Name" required />
29     <input type="submit" value="提交" />
30   </form>
31 </div>
32 </body>
33 </html>
```

【代码解析】以上代码中，在页面初始化时，为姓名输入框添加了一个监听的 invalid 事件。当表单验证不通过时，会触发 invalid 事件，invalid 事件会调用注册到事件里的函数 invalidHandler()，这样就可以在自定义的函数 invalidHandler()中做任何事情了。

执行以上代码，其结果如图 6.18 所示。

图 6.18　监听 invalid 事件

一般情况下，在 invalid 事件处理完成后，还是会触发浏览器默认的错误提示信息的。必要的时候，我们可以屏蔽浏览器后续的错误提示信息，这时可以使用事件的 preventDefault()方法，阻止浏览器的默认行为，并自行处理错误提示信息。

提示：通过使用 invalid 事件，使得表单开发更加灵活。如果需要取消验证，则可以使用前面讲过的 novalidate 特性。

6.6　拓展训练

6.6.1　训练一：在页面中使用下拉菜单表单元素

【拓展要点：对下拉菜单表单的掌握程度】

下拉菜单表单元素是一种特殊的表单元素，要创建下拉菜单需要使用<select>标记，同时还要为下拉菜单设置<option>选项。二者结合就可以构建下拉菜单表单。

【代码实现】

```
<select size=1>
<option value="选项一">选项一</option>
<option value="选项二">选项二</option>
<option value="选项三">选项三</option>
</select>
```

6.6.2 训练二：在页面中使用 email 表单输入元素并设置 autofocus 属性

【拓展要点：对 HTML 5 新增表单类型及特性的掌握程度】

email 是 HTML 5 新增的表单类型，专门用于用户输入电子邮箱地址。autofocus 属性是 HTML 5 新增的表单特性，使用该特性可以实现输入元素自动获取输入焦点的功能。

【代码实现】

```
<input type="email" name="myEmail" id="myEmail" value="yxw740@163.com" /
autofocus />
```

6.7 技术解惑

6.7.1 HTML 5 新增的表单类型有哪些

相比传统的 HTML 中的表单，HTML 5 新增了很多表单类型，这些新增的表单类型会极大地方便用户对于特定内容的输入，如 URL、E-mail、日期时间等。在理解传统表单使用的基础上，熟练掌握这些新增的表单类型，会在实际应用中起到事半功倍的效果。

6.7.2 HTML 5 新增的表单特性有哪些

除了新增表单类型，HTML 5 还为传统表单添加了非常实用的特性，如 placeholder 特性、autofocus 特性、auotcomplete 特性及 list 特性等。这些特性的引入使得代码更加简化，改变了只有使用 JavaScript 才能实现某些效果的状况。而且这些特性会使表单更加炫酷，同时减少了代码量。所以在实际使用中，用户可以根据需要使用这些新增的特性不断满足用户需求，同时也更加方便用户使用。

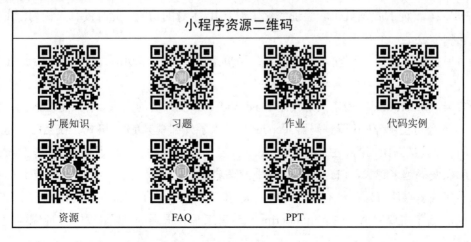

第7章

音频和视频

在 HTML 5 之前，在线的音频和视频都是借助 Flash 或第三方工具实现的，现在 HTML 5 也支持这方面的功能。在一个支持 HTML 5 的浏览器中，不需要安装任何插件就能播放音频和视频。原生地支持音频和视频，为 HTML 5 注入了巨大的发展潜力。本章将介绍 HTML 5 中的两个重要元素——audio 和 video，分别用于实现音频和视频，又称为多媒体。对于这两个元素，HTML 5 为开发者提供了标准的、集成的 API。

7.1 audio 和 video 基础知识

HTML 5 对多媒体的支持是顺势发展，只是目前还没有很完善的规范，各种浏览器的支持也参差不齐。如果想深入理解 HTML 5 的 audio 和 video 元素，那么有必要对其相关的多媒体技术进行一定的了解。

7.1.1 在线多媒体的发展

早在 2000 年，在线视频都是借助第三方工具实现的，如 RealPlayer 和 QuickTime 等，但它们都存在隐私保护问题或兼容性问题。

HTML 规范的发展与浏览器息息相关，当 Microsoft 赢得了 2001 年的浏览器大战时，即停止了对 IE 浏览器功能的改进。而 W3C 也声明 HTML 规范已经"过时"，转而关注 XHTML 和 XHTML 2，严谨的数据规范和验证弱化了 HTML 本身的功能。此时没有人认为，在 HTML 中实现视频播放是一个好主意。

然而根据实际需要，开发人员仍然要在网页上实现多媒体功能，进而转向 Flash 的改进功能。

2002 年，Macromedia 为了满足使用 Flash Video 开发人员的需求，引入了 Sorenson Spark。2003 年，该公司使用 VP 6 编解码器（codec）引入了外部视频 FLV 格式。在当时，这是非常高质量的，并且是高压缩的。由此，使用 Flash 开发的在线视频有了十几年的发展，Flash Player 的安装库也变得越来越大，Flash Video 几乎没有缺点，已经发展成为事实上的 Web 标准。

虽然在线多媒体目前已经有了长足的发展，但还存在一些问题。在读者的网站上放置一个 Flash 视频，通常需要对 Adobe ActionScript 和专有工具有很强的理解能力，才能编码视频和创建播放器控件。一个 Flash 对象的嵌入代码已存在很多年了，就算读者研究很长时间，也不能让它简单多少。

在 HTML 5 之前，在网页中添加音频或视频，最简单、最通用的方法是使用 Flash。传统的音频或视频的实现方式如以下代码所示。

```
<object id="video" height="400" width="600" codebase="http://download.macromedia.com/"
        classid="clsid:d27cdb6e-ae6d-11cf-76b8-444553540000" >
    <param value="myVideoPlayer.swf" name="movie" />
    <param value="true" name="allowFullScreen" />
    <param value="all" name="allowNetworking" />
    <param value="always" name="allowScriptAccess" />
    <param value="opaque" name="wmode" />
    <param value="myVideoFile.flv" name="FlashVars" />
    <embed height="520" width="528" src="mds_player.swf"
        id=" video" wmode="opaque" allowscriptaccess="always" allownetworking="all"
        allowfullscreen="true" swf="myVideoPlayer.swf"
        flashvars="myVideoFile.flv"
        pluginspage="http://www.macromedia.com/go/getflashplayer"
        type="application/x-shockwave-flash" quality="high" />
</object>
```

以上代码不兼容 IE 浏览器，如果要兼容 IE 浏览器，则需要增加同样多的代码。这种实现方式的缺点是代码较长；最重要的是，需要安装 Flash 插件，而并非所有浏览器都拥有同样的插件。

在 HTML 5 中，不但不需要安装其他插件，而且实现还很简单。播放一个视频，只需要一行代码，如：

```
<video src="resources/test.mp4" autoplay></video>
```

可见，在 HTML 5 中，省去了许多不必要的信息。

在 HTML 5 中实现多媒体，不需要知道数据的类型，因为标签已经指明；也不需要设置版本信息，因为不涉及这方面的信息；可以由 CSS 样式表来控制尺寸，因为它们是页面元素。这些原生的优势，是其他任何第三方插件都无法企及的。

7.1.2 多媒体术语

做视频开发，读者需要明白多媒体方面的术语。对于音频和视频，都会涉及两个方面的概念：文件格式和编解码器。

不论是音频还是视频，都只是一个压缩的容器文件。关于视频文件，包含音频轨道、视频轨道和一些元数据（封面、标题、字幕等）。不同视频格式的视频文件，所属的视频容器也不一样。目前比较流行的视频格式如下：

- Audio Video Interleaved（.avi）。
- Flash Video（.flv）。

- MPEG-4（.mp4）。
- Matroska（.mkv）。
- Ogg（.ogv）。

编解码器是一些算法代码，用来处理视频、音频或者其元数据的编码格式。对音频或视频文件进行编码，可使得文件大大缩小，方便在因特网上传输。以下是 HTML 5 音频文件格式及其各自的编解码器。

- MP 3：使用 ACC 音频。
- Wav：使用 Wav 音频。
- Ogg：使用 OggVorbis 音频。

以下是 HTML 5 视频文件格式及其各自的编解码器。

- MP 4：使用 H.264 视频、AAC 音频。
- WebM：使用 VP 8 视频、OggVorbis 音频。
- Ogg：使用 Theora 视频、OggVorbis 音频。

H.264 编解码器被广泛采用，因此读者所使用的大多数编码软件都可以编码一个 MP 4 视频。WebM 是新兴的，但是工具都已经可以使用。Ogg 是开源的，但是还没有广泛使用，因此只有少数几个工具可供其使用。

提示：MP 4 容器、H.264 视频编解码器及 ACC 音频编解码器都是 MPEG LA Group 专利的专有格式。对于个人网站或者仅有少量视频的公司，这不是问题。然而，对于那些有大量视频的公司，要非常注意许可证和费用，因为这可能会影响他们盈亏的底线。MP 4 容器及其编解码器对终端用户通常是免费的。

WebM 和 Ogg 容器、VP 8 和 Theora 视频编解码器，以及 Vorbis 音频编解码器都是在 Berkeley Software Distribution License 授权的、免版费和开放源码的，视频可以无成本制作、分发和观看。然而，传言 VP 8 可能侵害一些 H.264 专利，故总是保持最新更新。

7.1.3 HTML 5 多媒体文件格式

目前的主流浏览器已经实现了对 HTML 5 中的 audio 元素和 video 元素的支持。

目前，audio 元素支持的音频格式是 MP 3、Wav 和 Ogg，在各种主流浏览器中的支持情况如表 7-1 所示。

表 7-1　audio 元素音频格式的支持情况

浏　览　器	Wav	MP 3	Ogg
IE	/	7.0+	/
Firefox	3.5+	/	3.5+
Safari	3.0+	3.0+	/
Chrome		3.0+	3.0+
Opera	10.5+		10.5+

目前，video 元素支持的格式是 MP 4、WebM 和 Ogg，在各种主流浏览器中的支持情况如表 7-2 所示。

表 7-2　video 元素视频格式的支持情况

浏览器	MP 4	WebM	Ogg
IE	7.0+	/	/
Firefox	/	4.0+	3.5+
Safari	3.0+	/	/
Chrome	5.0+	6.0+	5.0+
Opera	/	10.6+	10.5+

另外，Mac 上的 Safari 和 Windows 上的 Internet Explorer 7，将支持任何编解码器已经安装在操作系统上的类型。其他浏览器（如 Firefox、Opera、Chrome）需要具体实现所有视频的编解码器。

7.1.4　功能缺陷及未来趋势

直到现在，仍然不存在完整的音频和视频标准。尽管 HTML 5 提供了音频和视频的规范，但其中所涉及的内容还不够完善。

目前的 HTML 5 视频规范中，还没有比特率切换标准，所以对视频的支持仅限于先全部加载完毕再播放的方式。但流式媒体格式是比较理想的格式，在未来的设计中，肯定会在这方面进行规范。

HTML 5 的媒体受到 HTTP 跨源资源共享的限制。HTML 5 针对跨源资源的共享，提供了专门的规范，这种规范不仅仅局限于音频和视频。

从安全角度讲，浏览器中的脚本控制范围不会超出浏览器之外。如果需要控制全屏操作，那么可能还需要浏览器提供相关的控制功能。

如果在 HTML 5 中对音频或视频进行编程，那么可能还需要实现对字幕的控制。基于流行的字幕格式 SRT 的字幕支持规范（WebSRT）仍在编写中，尚未完全纳入规范。

使用 HTML 5 媒体标签的最大缺点在于缺少通用编解码的支持。随着时间的推移，最终会形成一个通用的、高效的编解码器，到时候多媒体的应用形式会比现在更加丰富。未来的发展趋势，一定是我们所期待的那样，又或许会给我们带来意外的惊喜。

7.2　使用 HTML 5 的 audio 和 video 元素

audio 元素是专门用来在网页中播放网络音频的；video 元素是专门用来在网页中播放视频的。有了这两个元素，就不再需要其他任何插件了，只要浏览器支持 HTML 5 即可。

HTML 5 为 audio 和 video 元素提供的接口，包含了一系列的属性、方法和事件，这些接口可以帮我们完成针对音频和视频的操作。这两个元素在使用方法和形式上都很类似，下面我们就来同时介绍这两个元素。

7.2.1　在页面中加入音频和视频

这两个元素的使用方法都比较简单，首先以 audio 元素为例，只要指定 audio 标签属性 src

的值为一个音频源文件的路径即可，如下所示：

```
<audio src="resources/audio.mp3">
    你的浏览器不支持 audio 元素
</audio>
```

通过这种方法可以把音频数据嵌入到网页上，如果浏览器不支持 HTML 5 的 audio 元素，那么将会显示替代文字"你的浏览器不支持 audio 元素"。这种不兼容的提示与 canvas 标签是一样的，也是 HTML 5 处理不兼容的统一方法。

在网页中使用 video 元素添加视频，与 audio 元素相似，还可以设置 video 元素的尺寸，如下所示：

```
<video src="resources/video.mp4" width="600" height="400">
你的浏览器不支持 video 元素
</video>
```

通过这种方法，即可把视频添加到网页中，浏览器不兼容时显示替代文字"你的浏览器不支持 video 元素"。对于兼容性的处理方法，也可以增加更加丰富的标签内容，或者增加 Flash 的替代方案。

7.2.2 使用 source 元素

由于各种浏览器对音频和视频的编解码器的支持不一样，为了能够在各种浏览器中正常使用，可以提供多个源文件。要实现这一目的，需要使用 source 元素，为 audio 元素或 video 元素提供多个备用多媒体文件，如下所示：

```
<audio src="resources/audio.mp3">
    <source src="song.ogg" type="audio/ogg">
    <source src="song.mp3" type="audio/mpeg">
    你的浏览器不支持 audio 元素
</audio>
```

或

```
<video src="resources/video.mp4" width="600" height="400" controls>
    <source src="movie.ogg" type="video/ogg codes='theora,vorbis'">
    <source src="movie.mp4" type="video/mp4">
    你的浏览器不支持 video 元素
</video>
```

由上面的代码可以看出，我们使用 source 元素替代了 audio 或 video 的标签属性 src。这样，浏览器可以根据自身的播放能力，按照顺序自动选择最佳的源文件进行播放。

此外，source 元素有几个属性：src 属性用于指定媒体文件的 URL 地址；type 属性用于指定媒体文件的类型，属性值为媒体文件的 MIME 类型，该属性值还可以通过 codes 参数指定编码格式。为了提高执行效率，定义详细的 type 属性是必要的。

7.2.3 使用脚本检测浏览器的标签支持情况

也可以使用脚本来判断浏览器是否支持 audio 元素或 video 元素。可以使用脚本动态地创建它，并检测是否存在，脚本如下所示：

```
var support = !!document.createElement("audio").canPlayType;
```

这段脚本会动态创建 audio 元素，然后检查 canPlayType()函数是否存在。通过执行两次逻辑非运算符 "!"，将其结果转化成布尔值，就可以确定音频对象是否创建成功。同样，video 元素也可以这样检查。下面我们来看一个例子。

【示例 7-1】canplaytype.htm，检测浏览器是否支持 audio 元素

```
01  <!DOCTYPEHTML>
02  <html>
03  <head>
04  <title>检测浏览器支持情况</title>
05  <script type="text/javascript">
06  var  support = !!document.createElement("audio").canPlayType;
07  if(support)
08  {
09      alert("您的浏览器支持 audio! ");
10  }
11  else
12  {
13      alert("您的浏览器不支持 audio! ");
14  }
15  </script>
16  </head>
17  <body>
18  </body>
19  </html>
```

【代码解析】以上代码检查函数 canPlayType()是否存在，从而判断浏览器的支持情况。执行以上代码，其结果如图 7.1 所示。

图 7.1　检测浏览器支持情况

7.2.4　audio 和 video 的特性和属性

audio 和 video 的特性（Attributes）是用于网页标签；audio 和 video 的接口属性（Properties）是用于针对多媒体的编程。下面分别介绍。

首先来看元素的标签特性，具有以下属性。

（1）src：源文件特性，用于指定媒体文件的 URL 地址。

（2）autoplay：自动播放特性，表示媒体文件加载后自动播放。该属性在标签中的使用方法如下：

```
<video src="resources/video.mp4" autoplay></video>
```

（3）controls：控制条特性，表示为视频或音频添加自带的播放控制条。控制条中包括播放/暂停、进度条、进度时间和音量控制等。该属性在标签中的使用方法如下：

```
<video src="resources/video.mp4" controls></video>
```

如图 7.2 所示，为 Chrome 浏览器自带的控制条。

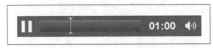

图 7.2　Chrome 自带的播放控制条

（4）loop：循环特性，表示音频或视频循环播放。该属性在标签中的使用方法如下：

```
<video src="resources/video.mp4" controls loop></video>
```

（5）preload：预加载特性，表示页面加载完成后，如何加载视频数据。该特性有 3 个值：none，表示不进行预加载；metadata，表示只加载媒体文件的元数据；auto，表示加载全部视频或音频。默认值为 auto。用法如下：

```
<video src="resources/video.mp4" controls preload="auto"></video>
```

如果设置了 autoplay 属性，则忽略 preload 属性。

（6）poster（video 元素独有的特性）：替代内容属性，用于指定一幅替代图片的 URL 地址。当视频不可用时，会显示该替代图片。用法如下：

```
<video src="resources/video.mp4" controls poster="images/none.jpg"></video>
```

（7）width 和 height（video 元素独有的特性）：宽度和高度特性，用于指定视频的宽度和高度，单位是像素，使用方法如下：

```
<video src="resources/video.mp4" width="600" height="400" controls></video>
```

（8）currentSrc（只读）：获取当前正在播放或已加载的媒体文件的 URL 地址。

（9）videoWidth（只读，video 元素特有属性）：获取视频原始的宽度。

（10）videoHeight（只读，video 元素特有属性）：获取视频原始的高度。

（11）currentTime：获取/设置当前媒体播放位置的时间点，单位为 s（秒）。

（12）startTime（只读）：获取当前媒体播放的开始时间，通常是 0。

（13）duration（只读）：获取整个媒体文件的播放时长，单位为 s（秒）。如果无法获取，则返回 NaN。

（14）volume：获取/设置媒体文件播放时的音量，取值范围为 0.0～0.1。

（15）muted：获取/设置媒体文件播放时是否静音。true 表示静音；false 表示消除静音。

（16）ended（只读）：如果媒体文件已经播放完毕，则返回 true，否则返回 false。

（17）played（只读）：获取已播放媒体的 TimesRanges 对象，该对象内容包括已播放部分的开始时间和结束时间。

（18）paused（只读）：如果媒体文件当前是暂停的或未播放，则返回 true，否则返回 false。

（19）error（只读）：读取媒体文件的错误代码。正常情况下，error 属性值为 null；有错误时，返回 MediaError 对象 code。

code 有 4 个错误状态值，具体内容如下。

① MEDIA_ERR_ABORTED（值为 1）：中止。在媒体资源下载过程中，由于用户操作原因而被中止。

② MEDIA_ERR_NETWORK（值为 2）：网络中断。媒体资源可用，但下载出现网络错误而中止。

③ MEDIA_ERR_DECODE（值为 3）：解码错误。媒体资源可用，但解码时发生了错误。

④ MEDIA_ERR_SRC_NOT_SUPPORTED（值为 4）：不支持格式。媒体格式不被支持。

（20）seeking（只读）：获取浏览器是否正在请求媒体数据。true 表示正在请求，false 表示停止请求。

（21）seekable（只读）：获取媒体资源已请求的 TimesRanges 对象，该对象内容包括已请求部分的开始时间和结束时间。

（22）networkState（只读）：获取媒体资源的加载状态。该状态有 4 个值，具体内容如下。

① NETWORK_EMPTY（值为 0）：加载的初始状态。

② NETWORK_IDLE（值为 1）：已确定编码格式，但尚未建立网络连接。

③ NETWORK_LOADING（值为 2）：媒体文件加载中。

④ NETWORK_NO_SOURCE（值为 3）：没有支持的编码格式，不加载。

（23）buffered（只读）：获取本地缓存的媒体数据的 TimesRanges 对象。TimesRanges 对象可以是一个数组。

（24）readyState（只读）：获取当前媒体播放的就绪状态。该状态有 5 个值，具体内容如下。

① HAVE_NOTHING（值为 0）：还没有获取到媒体文件的任何信息。

② HAVE_METADATA（值为 1）：已获取到媒体文件的元数据。

③ HAVE_CURRENT_DATA（值为 2）：已获取到当前播放位置的数据，但没有下一帧的数据。

④ HAVE_FUTURE_DATA（值为 3）：已获取到当前播放位置的数据，且包含下一帧的数据。

⑤ HAVE_ENOUGH_DATA（值为 4）：已获取足够的媒体数据，可正常播放。

（25）playbackRate：获取/设置媒体当前的播放速率。

（26）defaultPlaybackRate：获取/设置媒体默认的播放速率。

下面通过一个简单的例子来演示接口属性的使用方法。

【示例 7-2】forward.htm，视频播放快进

```
01  <!DOCTYPEHTML>
02  <html>
03  <head>
04  <title>视频播放快进</title>
05  <script type="text/javascript">
06  function Forward(){
07      var el=document.getElementById("myPlayer");
```

```
08         var time=el.currentTime;              /* 获取属性 currentTime */
09         el.currentTime=time+600;              /* 设置属性 currentTime,快进 600s */
10    }
11    </script>
12  </head>
13  <body>
14  <video id="myPlayer" src="resources/video.mp4" width="600" height="400" controls>
15  </video><br />
16  <input type="button" value="快进" onClick="Forward()" />
17  </body>
18  </html>
```

【代码解析】以上代码中,首先通过脚本获取 video 对象的 currentTime,加上 600 秒(10 分钟)后再赋值给对象的 currentTime 属性,即可实现每次快进 10 分钟。由于 currentTime 属性是可读可写的,所以可以给它赋值。

运行结果如图 7.3 所示。

图 7.3　视频播放快进

如果接口属性是只读属性,则只能获取该属性的值,不能给该属性赋值。接口属性不能用于<video>标签中,只能通过脚本访问。

7.2.5　audio 和 video 的方法

HTML 5 为 audio 和 video 元素提供了同样的接口方法,下面一起介绍。

(1) load():加载媒体文件,为播放做准备。通常用于播放前的预加载;还会用于重新加载媒体文件。

(2) play():播放媒体文件。如果视频没有加载,则加载并播放;如果是暂停的,则变为播放,自动把 paused 属性变为 false。

（3）pause()：暂停播放媒体文件。自动把 paused 属性变为 true。
（4）canPlayType()：测试浏览器是否支持指定的媒体类型。该方法的语法如下：

```
canPlayType(<type>)
```

<type>为指定的媒体类型，与 source 元素的 type 参数的指定方法相同。指定方式如"video/mp4"，指定为媒体文件的 MIME 类型。该属性值还可以通过 codes 参数指定编码格式。

该方法可有 3 个返回值：

① 空字符串，表示浏览器不支持指定的媒体类型。

② maybe，表示浏览器可能支持指定的媒体类型。

③ probably，表示浏览器确定支持指定的媒体类型。

下面通过一个简单的例子来演示接口方法的使用。

【示例 7-3】play.htm，播放与暂停

```
01  <!DOCTYPEHTML>
02  <html>
03  <head>
04  <title>播放与暂停</title>
05  <script type="text/javascript">
06  var videoEl=null;
07  function Play(){
08      videoEl.play();   /* 播放视频 */
09  }
10  function Pause(){
11      videoEl.pause();   /* 暂停播放 */
12  }
13  window.onload=function(){
14      videoEl=document.getElementById("myPlayer");
15  }
16  </script>
17  </head>
18  <body>
19  <video id="myPlayer" width="600">
20    <source src="resources/video.mp4" type="video/mp4">
21    你的浏览器不支持 video 元素
22  </video><br>
23  <input type="button" value="播放" onclick="Play()" />
24  <input type="button" value="暂停" onclick="Pause()" />
25  </body>
26  </html>
```

【代码解析】以上代码中，设置了两个按钮，分别控制视频的播放与暂停。播放按钮通过定义的 Play()函数执行视频的接口方法 play()；暂停按钮通过定义的 Pause()函数执行视频的接口方法 pause()，播放和暂停均可使用。

运行结果如图 7.4 所示。

有了这些接口方法和接口属性，如果开发者不喜欢系统自带的控制条，那么可以自己做一个好看的。

图 7.4　播放与暂停

7.2.6　audio 和 video 的事件

HTML 5 还为 audio 和 video 元素提供了一系列的接口事件。在使用 audio 和 video 元素读取或播放媒体文件的时候，会触发一系列的事件，可以用 JavaScript 脚本来捕获这些事件，并作相应的处理。

捕获事件有两种方法：一种是添加事件句柄；另一种是监听。

在页面的 audio 或 video 标签中添加事件句柄，如下所示：

```
<video id="myPlayer" src="resources/video.mp4" width="600" onplay="video_playing()">
</video>
```

然后就可以在函数 video_playing()中添加需要的代码。监听方式如下所示：

```
var videoEl=document.getElementById("myPlayer");
videoEl.addEventListener("play",video_playing);        /* 添加监听事件 */
```

audio 和 video 有如下接口事件。

- play：当执行方法 play()时触发。
- playing：正在播放时触发。
- pause：当执行方法 pause()时触发。
- timeupdate：当播放位置被改变时触发。可能是播放过程中的自然改变，也可能是人为改变。
- ended：当播放结束后停止播放时触发。
- waiting：在等待加载下一帧时触发。
- ratechange：在当前播放速率改变时触发。
- volumechange：在音量改变时触发。
- canplay：以当前播放速率，需要缓冲时触发。
- canplaythrough：以当前播放速率，不需要缓冲时触发。
- durationchange：当播放时长改变时触发。
- loadstart：当浏览器开始在网上寻找数据时触发。

- progress：当浏览器正在获取媒体文件时触发。
- suspend：当浏览器暂停获取媒体文件，且文件获取并没有正常结束时触发。
- abort：当中止获取媒体数据时触发，但这种中止不是由错误引起的。
- error：当获取媒体过程中出错时触发。
- emptied：当所在网络变为初始化状态时触发。
- stalled：在浏览器尝试获取媒体数据失败时触发。
- loadedmetadata：在加载完媒体元数据时触发。
- loadeddata：在加载完当前位置的媒体播放数据时触发。
- seeking：在浏览器正在请求数据时触发。
- seeked：在浏览器停止请求数据时触发。

7.3 练习：做自定义播放工具条

audio 和 video 元素都有一个默认的播放工具条，如果标签设置 controls 属性，那么该播放工具条就会显示出来，使用起来也非常方便。但对于设计者来说，千篇一律的风格总会让人厌倦。本节将尝试做一个自定义播放工具条，读者可以按照自己的风格定义。

7.3.1 案例简介

本节案例要定义一个播放工具条，主要功能包括播放/暂停、快进、慢进、前进、后退、静音、音量等控制。其中，播放和暂停是同一按钮，会根据播放状态变换；快进和慢进会改变播放速度；工具条右侧显示关于速率和时间进度的信息；上面还有一个进度条，以更加友好地显示进度。案例效果图如图 7.5 所示。

图 7.5　自定义播放工具条

7.3.2 网页基本元素

下面我们来看示例 7-4。

【示例 7-4】 自定义播放工具条

```html
<!DOCTYPEHTML>
<html>
<head>
<meta charset="utf-8">
<title>自定义播放工具条</title>
<style type="text/css">
 … / * 样式表省略 */
</style>
</head>
<body>
<video id="myPlayer" src="resources/video.mp4">你的浏览器不支持video元素</video>
<!-- 播放工具条 -->
<div id="controls">
  <div id="bar">          <!-- 进度条 -->
    <div id="progresss"></div>
  </div>
  <div id="slow" class="but" onclick="Slow()">7</div>   <!-- 慢进 -->
  <div id="play" class="but" onclick="Play(this)">4;</div><!-- 播放/暂停 -->
  <div id="fast" class="but" onclick="Fast()">8</div><!-- 快进 -->
  <div id="prev" class="but" onclick="Prev()">7</div><!-- 后退 -->
  <div id="next" class="but" onclick="Next()">:</div><!-- 前进 -->
  <div id="muted" onclick="Muted(this)">X</div><!-- 静音控制 -->
  <div class="volume">
<!-- 音量控制 -->
    <input id="volume" type="range" min="0" max="1" step="0.1" onchange="Volume(this)" />
  </div>
  <div class="info">
<span id="rate">1</span>fps <span id="info"></span>   <!-- 速率和时间进度的信息 -->
  </div>
</div>
</body>
</html>
```

此时,有了样式表的控制,界面外观已经有如图 7.5 所示的界面效果,但还没有播放控制功能。下面我们根据案例的要求逐步添加脚本,以完善播放工具条的功能。

7.3.3 定义全局的视频对象

为了方便调用视频对象,我们把视频对象定义为全局变量,如下面代码所示:

```
<script type="text/javascript">
/* 定义全局视频对象 */
var videoEl=null;
/* 网页加载完毕后,读取视频对象 */
```

```
window.addEventListener("load", function(){
    videoEl=document.getElementById("myPlayer")
});
</script>
```

7.3.4 添加播放/暂停、前进和后退功能

播放和暂停使用同一个按钮。暂停时，播放功能有效，可单击播放视频；播放时，暂停功能有效，可单击暂停播放。前进和后退，仅仅是改变了 currentTime 属性的值。具体代码如下：

```
<script type="text/javascript">
/* 播放/暂停 */
function Play(e){
    if(videoEl.paused){
        videoEl.play();                                            /* 如果暂停，则播放 */
        document.getElementById("play").innerHTML=";"              /* 显示暂停的文字图像 */
    }else{
        videoEl.pause();                                           /* 如果不是暂停，则暂停 */
        document.getElementById("play").innerHTML="4"              /* 显示播放的文字图像 */
    }
}
/* 后退：后退一分钟 */
function Prev(){
    videoEl.currentTime-=60;         /* currentTime 属性减去 60s，即向后倒退一分钟 */
}
/* 前进：前进一分钟 */
function Next(){
    videoEl.currentTime+=60;         /* currentTime 属性增加 60s，即向前前进一分钟 */
}
</script>
```

7.3.5 添加慢进和快进功能

慢进和快进是通过改变速率来实现的。默认速率为 1。当速率小于 1 时，每次改变 0.2 的速率；当速率大于 1 时，每次改变的速率为 1。速率改变后，会在播放工具条中显示出来。具体代码如下：

```
<script type="text/javascript">
/* 慢进：小于等于 1 时，每次只减慢 0.2 的速率；大于 1 时，每次减 1 */
function Slow(){
    if(videoEl.playbackRate<=1)
        videoEl.playbackRate-=0.2;
    else{
        videoEl.playbackRate-=1;
    }
    document.getElementById("rate").innerHTML=fps2fps(videoEl.playbackRate);
/* 显示播放速率 */
}
/* 快进：小于 1 时，每次只加快 0.2 的速率；大于 1 时，每次加 1*/
function Fast(){
```

```
    if(videoEl.playbackRate<1)
        videoEl.playbackRate+=0.2;
    else{
        videoEl.playbackRate+=1;
    }
    document.getElementById("rate").innerHTML=fps2fps(videoEl.playbackRate);
/* 显示播放速率 */
}
/* 速率数值处理 */
function fps2fps(fps){
    if(fps<1)
        return fps.toFixed(1);
    else
        return fps
}
</script>
```

7.3.6 添加静音和音量功能

静音时,音量为 0;不静音时,音量还原为视频的音量。音量是通过拖动滑块来调整的,当拖动滑块时,即触发事件,修改视频的音量。具体代码如下:

```
<script type="text/javascript">
/* 静音 */
function Muted(e){
    if(videoEl.muted){
        videoEl.muted=false;              /* 消除静音 */
        e.innerHTML="X";                  /* 显示声音的文字图标 */
        document.getElementById("volume").value=videoEl.volume; /* 还原音量 */
    }else{
        videoEl.muted=true;               /* 静音 */
        e.innerHTML="x";                  /* 显示静音的文字图标 */
        document.getElementById("volume").value=0;  /* 音量修改为 0 */
    }
}
/* 调整音量 */
function Volume(e){
    videoEl.volume=e.value;               /* 修改音量的值 */
}
</script>
```

7.3.7 添加进度显示功能

网页加载完成后,执行进度处理函数,并把进度处理函数添加至视频对象的 timeupdate 事件中,以便能实时更新进度信息。代码如下:

```
<script type="text/javascript">
/* 进度信息:控制进度条,并显示进度时间 */
function Progresss(){
    var el=document.getElementById("progresss");
    el.style.width = (videoEl.currentTime/videoEl.duration)*720 +"px"
```

```
    document.getElementById("info").innerHTML=s2time(videoEl.currentTime)+"/"+
s2time(videoEl.duration);
}
/* 把秒处理为时间格式 */
function s2time(s){
    var m=parseFloat(s/60).toFixed(0);
    s=parseFloat(s%60).toFixed(0);
    return (m<10?"0"+m:m) +":"+ (s<10?"0"+s:s);
}
/* 网页加载完毕后,把进度处理函数添加至视频对象的 timeupdate 事件中 */
window.addEventListener("load",
function(){videoEl.addEventListener("timeupdate",Progresss)});
/* 给 window.onload 事件添加进度处理函数 */
window.addEventListener("load",Progresss);
</script>
```

至此,播放工具条的功能已经完成。此时,单击播放工具条中的按钮,就能操作播放中的视频。

7.4 拓展训练

7.4.1 训练一:在页面中插入音频格式

【拓展要点:对 audio 元素的掌握程度】

audio 元素是 HTML 5 中新增加的可以向页面中直接插入音频的元素,使用该元素即可实现在页面中插入音频文件。

【代码实现】

```
<audio src="resources/audio.mp3"></audio>
```

7.4.2 训练二:在页面中插入视频格式,并在页面加载完毕后自动播放

【拓展要点:对 video 对象的 autoplay 属性的掌握程序】

使用 video 元素的 autoplay 属性,即可设置视频自动播放,但是该功能在实际中要慎用,因为如果一个页面中同时插入了多个视频文件,且均开启自动播放,则势必会给用户造成一定困扰。

【代码实现】

```
<video src="resources/video.mp4" autoplay></video>
```

7.5 技术解惑

7.5.1 如何使用合适的音频类型

在网络上传播的音频格式宜小不宜大。同样的音频文件在未压缩和压缩之下,差别非常明

显。一首 3 分钟左右的音乐在经过压缩之后采用低音质 128K 或 64K，其大小可以控制在 1M 字节以内；而同样的音乐如果使用高音质，比如 640K，甚至更高，文件大小最大可能会达到 10M 字节左右。所以，建议使用低音质的音频文件。MP 3 格式支持压缩，适合网络传播，而 Wav 格式的音频文件占用空间较大，不适合在网上使用。

7.5.2 在网上使用视频的技巧

随着网络传输速度的提升，视频在网页中的应用越来越多，也越来越广泛，带宽和流量对于网页视频的限制已经不再像以前那么明显。而移动端设备的性能的提升，使得在移动端网页中使用视频也并不显得吃力。而在使用视频时也需要注意：首先，不要自作聪明地设置为自动播放，因为外放的声音常常会让人惊愕；其次，在播放设置上给用户更多的选择权，用户应当能够对他们所查看的视频进行完全控制，无论是播放和暂停，还是音量的大小，都应该在用户的掌控范畴以内；再次，确保可访问性，不能让用户等了很长时间后弹出视频无法播放的提示；最后，还要提供后续步骤，比如用户播放完毕之后，推荐相关视频，或者直接播放下一集等，这样更能吸引用户。

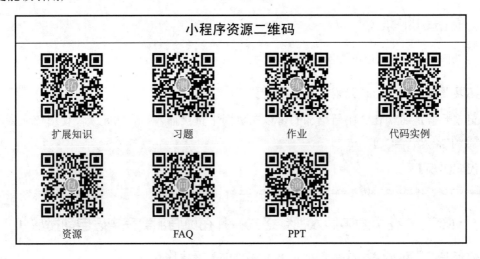

第 8 章

在网页中拖放内容

在 Web 应用中，良好的用户体验是设计师们一直的追求，拖放体验就是其中之一。在 HTML 5 之前，已经可以使用事件 mousedown、mousemove 和 mouseup 巧妙地实现页面内的拖放操作，但是拖放的操作范围还只是局限于浏览器内部。HTML 5 提供的拖放 API，不但能直接实现拖放操作，而且拖放的范围已经超出浏览器的边界；HTML 5 提供的文件 API，支持拖放多个文件并上传。这一革命性的支持，为移动互联网应用进一步铺平道路。本章我们就来深入探讨拖放 API 和文件 API。

8.1 拖放 API

HTML 5 的拖放 API，基本包括 3 个方面：首先，为页面元素提供了拖放特性；其次，为鼠标事件增加了拖放事件；最重要的是，提供了用于存储拖放数据的 DataTransfer 对象。下面我们分 3 个方面进行讲解。

8.1.1 新增的 draggable 特性

draggable 特性用于定义元素是否允许用户拖放，该特性有 3 个可选值：true、false 和 auto。通常，大部分页面元素是不可拖放的，如果要把元素变成可以拖放的，则可以设置 draggable 特性如下：

```
<div draggable="true"> </div>
```

另外，img 元素和 a 元素（需指定 href）默认是可以拖放的。

8.1.2 新增的鼠标拖放事件

为了拖放控制更加具体，HTML 5 提供了 7 个与拖放相关的鼠标响应事件，而这 7 个事件会响应在不同的元素上。下面我们按照响应的时间先后顺序逐个介绍。

- dragstart 事件：开始拖曳时触发的事件，事件的作用对象是被拖曳的元素。
- drag 事件：拖放过程中触发的事件，事件的作用对象是被拖曳的元素。
- dragenter 事件：拖放的元素进入本元素的范围内时触发，事件的作用对象是拖放过程中鼠标经过的元素。

- **dragover** 事件：拖放的元素正在本元素的范围内移动时触发，事件的作用对象是拖放过程中鼠标经过的元素。
- **dragleave** 事件：拖放的元素离开本元素的范围时触发，事件的作用对象是拖放过程中鼠标经过的元素。
- **drop** 事件：拖放的元素被拖放到本元素中时触发，事件的作用对象是拖放的目标元素。
- **dragend** 事件：拖放操作结束时触发，事件的作用对象是被拖曳的元素。

在拖放过程中，我们可以通过触发这 7 个拖放事件来实现页面的灵活控制。

8.1.3　DataTransfer 对象

HTML 5 提供了 DataTransfer 对象，用以支持拖曳数据的存储。使用拖放的目的就是希望在拖放的过程中有数据交换，而 DataTransfer 对象就充当了这种媒介。DataTransfer 对象有其自身的属性和方法，可以完成拖曳数据的各种处理。

- **dropEffect** 属性：设置或获取拖曳操作的类型和要显示的光标类型。如果该操作效果与起初设置的 effectAllowed 效果不符，则拖曳操作失败。可以设置修改，包含这几个值：none、copy、link 和 move。
- **effectAllowed** 属性：设置或获取数据传送操作可应用于该对象的源元素。可以指定值为 none、copy、copyLink、copyMove、link、linkMove、move、all 和 uninitialized。
- **types** 属性：获取在 dragstart 事件触发时为元素存储数据的格式，如果是外部文件的拖曳，则返回 Files。
- **files** 属性：获取存储在 DataTransfer 对象中的正在拖放的文件列表 FileList，可以使用数组的方式去遍历。
- **clearData()** 方法：清除 DataTransfer 对象中存放的数据。语法如下：

```
clearData([sDataFormat])
```

参数说明：[sDataFormat]为可选参数。参数可取值为 Text、URL、File、HTML、Image，即可删除指定格式的数据。如果该参数省略，则清除全部数据。

- **setData()** 方法：向内存中的 DataTransfer 对象添加指定格式的数据。语法如下：

```
setData([sDataFormat], [data])
```

参数说明：[sDataFormat]为数据类型参数，可取值为 Text、URL。[data]为数据、字符串或 URL 地址。

- **getData()** 方法：从内存中的 DataTransfer 对象中获取数据。语法如下：

```
getData([sDataFormat])
```

参数说明：[sDataFormat]为数据类型参数，可取值为 Text、URL。

- **setDragImage()** 方法：设置拖放时跟随鼠标移动的图片。语法如下：

```
setDragImage([imgElement], [x], [y])
```

参数说明：[imgElement]表示图片对象；[x]、[y]分别表示相对于鼠标位置的横坐标和纵坐标。

- addElement()方法：添加一起跟随拖曳的元素，如果你想让某个元素跟随被拖曳元素一同被拖曳，则使用此方法。语法如下：

```
addElement([element])
```

参数说明：[element]表示一起跟随拖曳的元素对象。

8.1.4 练习：拖放元素的内容

下面我们使用前面学习的拖放 API，来实现拖放页面中元素的内容，即把一个页面元素里的内容通过拖放的方式，在另一个元素内进行复制。

拖放的实现我们分四个步骤来介绍。

（1）设计页面元素。在页面中添加两个元素，分别作为拖放的源元素和目标元素，并设置样式表。其中，源元素内部包含文字和图片内容，目标元素的内容为空；源元素设置 draggable 特性值为 true（draggable="true"），表示源元素是可以被拖放的。页面设置如下所示。

```html
<!DOCTYPE html>
<html>
<head>
<meta charset="utf-8">
<title>拖放页面的内容</title>
<style type="text/css">
… /* 样式表省略 */
</style>
</head>
<body>
<!-- 源元素 dragSource -->
<div id="dragSource" draggable="true">拖这里<img src="images/icon6.png" width="75" height="72"></div>
<!-- 目标元素 dropTarget -->
<div id="dropTarget"></div>
</body>
</html>
```

以上代码有两个层，每个层中还使用了相应的样式，其中并无 JavaScript 代码。

（2）为元素添加 ondragstart 监听事件。给拖放的源元素添加 ondragstart 监听事件，事件触发时，把源元素里的内容追加至 dataTransfer 对象中。最后把添加监听事件的处理函数 DragStart()，追加至 window.onload 事件中。

```javascript
<script type="text/javascript">
function DragStart(){
    var source = document.getElementById('dragSource');   /* 拖放源元素 */
    /* 监听 dragstart 事件：作用在源元素上 */
    source.addEventListener('dragstart', function(e) {
        e.dataTransfer.setData('text/plain', e.target.innerHTML);    /* 向 dataTransfer 对象中追加数据 */
        e.dataTransfer.effectAllowed="copy";
    },false);
}
```

```
/* 添加函数 DragStart 值 window.onload 监听事件 */
window.addEventListener('load', DragStart,false);
</script>
```

（3）添加 dragover 监听事件。给拖放的目标元素添加 dragover 监听事件，事件触发时，改变目标元素的样式，并屏蔽浏览器的默认处理事件。最后把添加监听事件的处理函数 DragOver()，追加至 window.onload 事件中。

目标元素的 preventDefault()方法，可以取消浏览器默认处理，否则无法实现拖放。

```
<script type="text/javascript">
function DragOver(){
    var target = document.getElementById('dropTarget');   /* 拖放目标元素 */
    /* 监听 dragover 事件：作用在目标元素上 */
    target.addEventListener('dragover', function(e) {
        this.className="dragover";        /* 鼠标拖放经过时的样式 */
        e.preventDefault();               /* 取消浏览器默认处理 */
    },false);
}
/* 添加函数 DragStart 值 window.onload 监听事件 */
window.addEventListener('load', DragOver,false);
</script>
```

（4）添加 ondrop 监听事件。给拖放的目标元素添加 ondrop 监听事件，事件触发时，获取 dataTransfer 对象中的数据，并追加到目标元素中，同时还原了样式。最后把添加监听事件的处理函数 Drop ()，追加至 window.onload 事件中。

```
<script type="text/javascript">
function Drop(){
    var target = document.getElementById('dropTarget');    /* 拖放目标元素 */
    /* 监听 drop 事件：作用在目标元素上 */
    target.addEventListener('drop', function(e) {
        /* 取得 dataTransfer 对象中的数据 */
        var data=e.dataTransfer.getData('text/plain');
        this.innerHTML += data;
        e.dataTransfer.dropEffect="copy";
        this.className="";     /* 还原样式 */
    },false);
}
/* 添加函数 DragStart 值 window.onload 监听事件 */
window.addEventListener('load', Drop,false);
</script>
```

至此，拖放页面元素的内容已经完成了。此时，可以把源元素中的内容拖放至目标元素中。完整的代码如示例 8-1 所示。

【示例 8-1】drag.htm，拖放页面元素的内容

```
01  <!DOCTYPE html>
02  <html>
03  <head>
04  <title>拖放页面的内容</title>
05  <style type="text/css">
```

```
06  #dragSource{
07    border-width:1px;
08    border-style:solid;
09    border-color:#00ff00;
10    width:140px;
11    height:72px;
12    }
13  #dropTarget{
14    border-width:1px;
15    border-style:solid;
16    border-color:#0000ff;
17    background-color:#ccccff;
18    width:380px;
19    height:300px;
20    }
21  </style>
22  <script type="text/javascript">
23  function DragStart(){
24      var source = document.getElementById('dragSource');   /* 拖放源元素 */
25      /* 监听 dragstart 事件: 作用在源元素上 */
26      source.addEventListener('dragstart', function(e) {
27          /* 向 dataTransfer 对象中追加数据 */
28          e.dataTransfer.setData('text/plain', e.target.innerHTML);
29          e.dataTransfer.effectAllowed="copy";
30      },false);
31  }
32  /* 添加函数 DragStart 值 window.onload 监听事件 */
33  window.addEventListener('load', DragStart,false);
34  function DragOver(){
35      var target = document.getElementById('dropTarget');   /* 拖放目标元素 */
36      /* 监听 dragover 事件: 作用在目标元素上 */
37      target.addEventListener('dragover', function(e) {
38          this.className="dragover";      /* 鼠标拖放经过时的样式 */
39          e.preventDefault();             /* 取消浏览器默认处理 */
40      },false);
41  }
42  /* 添加函数 DragStart 值 window.onload 监听事件 */
43  window.addEventListener('load', DragOver,false);
44  function Drop(){
45      var target = document.getElementById('dropTarget'); /* 拖放目标元素 */
46      /* 监听 drop 事件: 作用在目标元素上 */
47      target.addEventListener('drop', function(e) {
48          /* 取得 dataTransfer 对象中的数据 */
49          var data=e.dataTransfer.getData('text/plain');
50          this.innerHTML += data;
51          e.dataTransfer.dropEffect="copy";
52          this.className="";       /* 还原样式 */
53      },false);
54  }
```

```
55  /* 添加函数 DragStart 值 window.onload 监听事件 */
56  window.addEventListener('load', Drop,false);
57  </script>
58  </head>
59  <body>
he  <!-- 源元素 dragSource -->
60  <div id="dragSource" draggable="true">拖这里<img src="icon.png" width="75"
61ight="72"></div>
62  <!-- 目标元素 dropTarget -->
63  <div id="dropTarget"></div>
64  </body>
65  </html>
```

执行以上代码，其结果如图 8.1 所示。

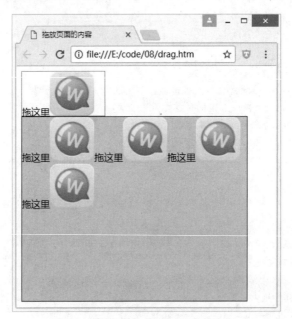

图 8.1　用鼠标拖放页面元素的内容

8.2　文件 API

HTML 5 提供了一个关于文件操作的文件 API，我们可以通过编程的方式选择和访问文件数据，使得从 Web 网页上访问本地文件系统变得十分简单。文件 API 主要涉及 FileList 对象、File 对象、Blob 对象和 FileReader 接口。

8.2.1　新增的标签特性

HTML 5 仍然沿用传统的文件上传方式，借助 file 类型的表单元素来实现文件的上传。与之前不同的是，HTML 5 为 file 类型的表单元素新增了 multiple 特性和 accept 特性。

multiple 特性，可允许同时选择多个上传文件。在 HTML 5 之前，file 类型的表单元素只允许选择一个上传文件。而在 HTML 5 中，可借助 multiple 特性同时选择多个上传文件。multiple

特性的使用方法如下：
```
<input type="file" multiple />
```
同时选择多个上传文件，得到的是一个 FileList 对象，该对象是一个 File 对象的列表。关于这两个对象，会在下一节讲述。

accept 特性，规定了可通过文件上传提交的文件类型。HTML 5 规范企图使用 accept 特性限制文件上传只能接受指定的文件类型，但目前各个主流浏览器并没有做这样的限制，仅实现了在打开文件窗口时，默认选择指定的文件类型。accept 特性的使用方法如下：
```
<input type="file" accept="image/gif" />
```
这行代码说明只接受 gif 格式的图片，但在实际使用中，在选择上传文件时，默认仅显示 gif 格式的文件。当然也可以选择其他类型的文件进行上传，没有实际限制。

8.2.2 FileList 对象与 File 对象

当用户在 file 类型的表单元素中同时选择多个文件时，可通过编程的方式获得一个文件列表，即 FileList 对象。FileList 对象里的每一个文件又是一个 File 对象。

FileList 对象是 File 对象的一个集合，可使用数组的方式遍历 FileList 对象里的每一个 File 对象。下面通过实例来演示这两个对象之间的关系。

【示例 8-2】 filelist.htm，遍历 FileList 对象

```
01  <!DOCTYPE html>
02  <html>
03  <head>
04  <meta charset="utf-8">
05  <title>遍历 FileList 对象</title>
06  <script type="text/javascript">
07  function ShowFiles(){
08      var fileList=document.getElementById("files").files; /* 获取 FileList 对象 */
09      var msg=document.getElementById("msg");
10      var file;
11      for(var i=0;i<fileList.length;i++){
12          file=fileList[i];                  /* 获取单个 File 对象 */
13          msg.innerHTML+=file.name+";<br />";
14      }
15  }
16  </script>
17  </head>
18  <body>
19  <form action="" method="post">
20      <input type="file" id="files" multiple />  <!-- 可选择多个文件 -->
21      <input type="button" value="显示文件" onclick="ShowFiles()" />
22      <p id="msg"></p>
23  </form>
24  </body>
25  </html>
```

【代码解析】 在以上代码中，设置 file 类型的表单元素的 multiple 特性可选择多个文件，

可获取 FileList 对象。单击"显示文件"按钮，会执行函数 ShowFiles()，并把 FileList 对象内的所有 File 对象名称显示出来。

执行以上代码，其结果如图 8.2 所示。

图 8.2　遍历 FileList 对象

8.2.3　Blob 对象

Blob 对象，代表原始二进制数据，通过 Blob 对象的 slice()方法，可以访问里面的字节数据。Blob 对象还有两个属性，即 size 和 type。

- size 属性：表示 Blob 对象的字节长度。Blob 对象的二进制数据，可借助 FileReader 接口读取。如果 Blob 对象没有字节数，则 size 属性为 0。
- type 属性：表示 Blob 对象的 MIME 类型，如果是未知类型，则返回一个空字符串。使用 type 属性获取文件的 MIME 类型，可以更加精确地确定文件的类型，从而避免因更改文件的扩展名而造成的文件类型的误判。
- slice()方法：使用 slice()方法可以实现文件的切割，并返回一个新的 Blob 对象。

File 对象继承了 Blob 对象，所以 Blob 对象的属性和方法，File 对象也可以使用。File 对象可以像 Blob 对象一样去使用 size 属性和 type 属性。下面的例子通过使用这两个属性来获取上传文件的基本数据信息。

【示例 8-3】blob.htm，获取文件的大小和类型

```
01  <!DOCTYPE html>
02  <html>
03  <head>
04  <title>获取文件的大小和类型</title>
05  <script type="text/javascript">
06  function ShowType(){
07      var files=document.getElementById("files").files;     /* 获取 FileList 对象 */
08      var msg=document.getElementById("msg");
09      var file;
10      var con="";
11      for(var i=0;i<files.length;i++){
12          file=files[i];                                    /* 获取单个 File 对象 */
13          con+="文件名称："+file.name+";<br />";
14          con+="字节长度："+file.size+";<br />";
```

```
15            con+="文件类型: "+file.type+";<br />";
16        }
17     msg.innerHTML=con;              //将结果显示到指定层
18  }
19  </script>
20  </head>
21  <body>
22  <form action="" method="post">
23    <input type="file" id="files" multiple accept="image/*" />
24    <input type="button" value="显示文件数据" onclick="ShowType()" />
25    <div id="msg"></p>
26  </form>
27  </body>
28  </html>
```

【代码解析】在示例 8-3 中，遍历每个上传 File 对象，并输出每个 File 对象的文件名称（name 属性）、文件大小（size 属性）和文件类型（type 属性）。当然，我们还可以根据获取的文件大小和文件类型做一些判断或限制。

执行以上代码，其结果如图 8.3 所示。

图 8.3　获取文件的信息

8.2.4　FileReader 接口

FileReader 接口，提供了一些读取文件的方法与一个包含读取结果的事件模型。作为 File API 的一部分，FileReader 接口主要是把文件读入内存，并读取文件中的数据。

由于部分早期版本的浏览器没有实现 FileReader 接口，所以在使用 FileReader 接口之前，有必要检测一下浏览器的支持情况。检测方法如下：

```
if(typeof FileReader == "undefined"){
    alert("浏览器未实现FileReader接口");
}else{
    var reader = new FileReader();
}
```

FileReader 接口拥有 3 个属性，分别用于返回读取文件的状态、数据和读取时发生的错误。

（1）readyState 属性（只读）：获取读取文件的状态。该状态有 3 个值，具体如下。
- EMPTY（值为 0）：表示新的 FileReader 接口已经构建，且没有调用任何读取方法时的默认状态。
- LOADING（值为 1）：表示有读取文件的方法正在读取 File 对象或 Blob 对象，且没有错误发生。
- DONE（值为 2）：表示读取文件结束。可能整个 File 对象或 Blob 对象已经完全读入内存中，或者在文件读取的过程中出现错误，或者在读取过程中使用了 abort()方法强行中断。

（2）result 属性（只读）：获取已经读取的文件数据。如果是图片，则返回 base64 格式的图片数据。

（3）error 属性（只读）：获取读取文件过程中出现的错误。该错误包含 4 种类型，具体如下。
- NotFoundError：找不到读取的资源文件。FileReader 接口会返回 NotFoundError 错误，同时读取文件的方法也会抛出 NotFoundError 错误异常。
- SecurityError：发生安全错误。FileReader 接口会返回 SecurityError 错误，同时读取文件的方法也会抛出 SecurityError 错误异常。
- NotReadableError：无法读取的错误。FileReader 接口会返回 NotReadableError 错误，同时读取文件的方法也会抛出 NotReadableError 错误异常。
- EncodingError：编码限制的错误。通常是数据的 URL 表示的网址长度受到限制。

FileReader 接口拥有 5 个方法，其中 4 个用于读取文件，1 个用来中断读取过程。

（1）readAsArrayBuffer()方法：将文件读取为数组缓冲区。该方法的语法如下：

```
readAsArrayBuffer( <blob> );
```

参数说明：<blob>表示一个 Blob 对象的文件。readAsArrayBuffer()方法就是把该 Blob 对象的文件读取为数组缓冲区。

（2）readAsBinaryString ()方法：将文件读取为二进制字符串。该方法的语法如下：

```
readAsBinaryString( <blob> );
```

参数说明：<blob>表示一个 Blob 对象的文件。readAsBinaryString()方法就是把该 Blob 对象的文件读取为二进制字符串。

（3）readAsText ()方法：将文件读取为文本。该方法的语法如下：

```
readAsText ( <blob> , <encoding> );
```

参数说明：<blob>表示一个 Blob 对象的文件。readAsText()方法就是把该 Blob 对象的文件读取为文本。<encoding>表示文本的编码方式，默认值为 UTF-8。

（4）readAsDataURL ()方法：将文件读取为 DataURL 字符串。该方法的语法如下：

```
readAsDataURL ( <blob> );
```

参数说明：<blob>表示一个 Blob 对象的文件。readAsDataURL()方法就是把该 Blob 对象的文件读取为 DataURL 字符串。

（5）abort()方法：用于中断读取操作。该方法的语法如下（该方法没有参数）：
```
abort();
```

FileReader 接口拥有 6 个事件，具体如下。

- loadstart 事件：开始读取数据时触发的事件。
- progress 事件：正在读取数据时触发的事件。
- load 事件：成功完成数据读取时触发的事件。
- abort 事件：中断读取数据时触发的事件。
- error 事件：读取数据发生错误时触发的事件。
- loadend 事件：结束读取数据时触发的事件，数据读取可能成功，也可能失败。

下面我们通过一个例子来演示一下 FileReader 接口的 4 个读取文件的方法。

【示例 8-4】 FileReader 接口的方法示例

```
01  <!DOCTYPE html>
02  <html>
03  <head>
04  <meta charset="utf-8">
05  <title>FileReader 接口的方法示例</title>
06  <script type="text/javascript">
07  // 读取文件
08  function ReadAs(action){
09      var blob=document.getElementById("files").files[0];
10      if(blob){
11          var reader = new FileReader();       /* 声明接口对象 */
12          // 根据参数 action，选择读取文件的方法
13          switch (action.toLowerCase()){
14              case "binarystring":
15                  reader.readAsBinaryString(blob);   /* 将文件读取为二进制字符串 */
16                  break;
17              case "arraybuffer":
18                  reader.readAsArrayBuffer(blob);    /* 将文件读取为数组缓冲区 */
19                  break;
20              case "text":
21                  reader.readAsText(blob);           /* 将文件读取为文本 */
22                  break;
23              case "dataurl":
24                  reader.readAsDataURL(blob);        /* 将文件读取为 DataURL 数据 */
25                  break;
26          }
27          reader.onload=function(e){
28              // 访问 FileReader 的接口属性 result，把读取到内存里的内容获取出来
29              var result = this.result;
30              // 如果是图像文件，且读取为 DataURL 数据，那么就显示为图片
31              if(/image\/\w+/.test(blob.type) && action.toLowerCase()=="dataurl"){
32                  document.getElementById("result").innerHTML = "<img src='" + result + "' />";
```

```
33              }else{
34                  document.getElementById("result").innerHTML = result;
35              }
36          }
37      }
38 }
39 </script>
40 </head>
41 <body>
42 <form action="" method="post">
43   <input type="file" id="files" multiple accept="image/*" />
44   <input type="button" value="读取为数组缓存区" onclick="ReadAs('ArrayBuffer')" />
45   <input type="button" value="读取为二进制" onclick="ReadAs('BinaryString')" />
46   <input type="button" value="读取为文本" onclick="ReadAs('Text')" />
47   <input type="button" value="读取为图像" onclick="ReadAs('DataURL')" />
48   <p id="result"></p>
49 </form>
50 </body>
51 </html>
```

【代码解析】在示例 8-4 中，使用 ReadAs()函数读取 file 类型的表单元素选择的文件。在 ReadAs()函数中，通过参数 action 的值，选择不同的读取方法，分别实现了 FileReader 接口 4 个读取文件的方法。在页面按钮中，我们通过传递不同的 action 参数，响应不同的读取文件的方法。

执行以上代码，其结果如图 8.4 所示。

图 8.4 使用 FileReader 接口读取文件

如图 8.4 所示，选择一个图片文件，然后单击各个按钮，页面会根据读取文件的方法不同，显示不同形式的内容。

FileReader 接口提供了 6 个事件，下面我们通过一个例子来查看各个事件的响应顺序。

【示例 8-5】filereader.htm，FileReader 接口的事件响应顺序

```
01 <!DOCTYPE html>
02 <html>
03 <head>
04 <meta charset="utf-8">
05 <title>FileReader 接口的事件响应顺序</title>
```

```
06  <script type="text/javascript">
07      var blob=document.getElementById("files").files[0];
08      var message = document.getElementById("message");
09      var reader = new FileReader();        /* 声明接口对象 */
10      // 添加 loadstart 事件
11      reader.onloadstart=function(e){
12          message.innerHTML+= "Event:loadstart;<br />";
13      }
14      // 添加 progress 事件
15      reader.onprogress=function(e){
16          message.innerHTML+= "Event:progress;<br />";
17      }
18      // 添加 load 事件
19      reader.onload=function(e){
20          message.innerHTML+= "Event:load;<br />";
21      }
22      // 添加 abort 事件
23      reader.onabort=function(e){
24          message.innerHTML+= "Event:abort;<br />";
25      }
26      // 添加 error 事件
27      reader.onerror=function(e){
28          message.innerHTML+= "Event:error;<br />";
29      }
30      // 添加 loadend 事件
31      reader.onloadend=function(e){
32          message.innerHTML+= "Event:loadend;<br />";
33      }
34      reader.readAsDataURL(blob);        /* 读取文件至内存 */
35  }</script>
36  </head>
37  <body>
38  <form action="" method="post">
39    <input type="file" id="files" multiple accept="image/*" />
40    <input type="button" value="读取文件" onclick="FileReaderEvent()" />
41    <p id="message"></p>
42  </form>
43  </body>
44  </html>
```

【代码解析】以上代码中，为 FileReader 接口对象添加了所有的事件（6个事件），每个事件的处理仅仅是输出事件的名称。如图 8.5 所示，当选择好文件，并单击"读取文件"按钮时，页面会按照 FileReader 接口事件的响应顺序执行各个事件的输出。

图 8.5 fileReader 接口事件响应顺序

8.3 练习：把图片拖入浏览器

在 HTML 5 之前，很难实现超出浏览器边界的事情，如把计算机中的文件拖入浏览器。本节我们就用前面学习的拖放 API 和文件 API 来做这样的事情。

8.3.1 案例简介

本节案例是把计算机中的图片拖入浏览器的网页中的指定区域并显示出来。接下来，我们就一步一步地实现这个功能。

8.3.2 设计网页基本元素

在页面中设计一个 div 元素，id 特性为 dropTarget，用于容纳拖进来的图片，作为一个图片容器。针对此容器，在页面中添加基本的样式表，如下所示。

```html
<!DOCTYPE html>
<html>
<head>
<meta charset="utf-8">
<title>把图片拖入浏览器</title>
<style type="text/css">
#dropTarget {
    width:300px;
    height:300px;
    margin:10px 0 0 0;
    border:1px solid #015EAC;
}
#dropTarget img {
    width:100px;
    height:60px;
    margin:5px;
}
</style>
</head>
<body>
<div>把图片拖放到下面的方框。</div>
<div id="dropTarget"></div>
```

```
</body>
</html>
```

8.3.3 基本函数的实现

首先定义一个全局的变量，表示图片容器的对象，方便各个函数访问。这里还定义了一个用于拖放的 drop 事件处理函数 dropHandle()和加载单个文件的函数 loadImg()，用于对拖放进来的图片文件进行处理。代码如下：

```
<script type="text/javascript">
// 定义目标元素的变量
var target;
// drop 事件处理函数
function dropHandle(e) {
    var fileList = e.dataTransfer.files,    /*获取拖曳的文件*/
    fileType;
    // 遍历拖曳的文件
    for(var i=0;i<fileList.length;i++){
        fileType = fileList[i].type;
        if (fileType.indexOf('image') == -1) {
            alert('请拖曳图片');
            return;
        }
        // 加载单个文件
        loadImg(fileList[i]);
    }
}
// 加载指定的图片文件,并追加至 target 对象的元素中
function loadImg(file){
    // 声明接口对象
    var reader = new FileReader();
    // 添加 load 事件处理
    reader.onload = function(e) {
        var oImg = document.createElement('img');
        oImg.src = this.result;    /* 获取读取的文件数据 */
        target.appendChild(oImg);
    }
    // 读取文件
    reader.readAsDataURL(file);
}
</script>
```

8.3.4 页面加载处理

页面加载完成后，获取 target 目标容器，用于存放拖放进来的图片。给 target 容器添加 dragover 事件处理和 drop 事件处理，其中 drop 事件处理函数就是前面的脚本函数 dropHandle()。代码如下：

```
<script type="text/javascript">
```

```
window.onload = function() {
    // 获取目标元素
    target = document.getElementById('dropTarget');
    // 给目标元素添加 dragover 事件处理
    target.addEventListener('dragover', function(e) {
        e.preventDefault();
    }, false);
    // 给目标元素添加 drop 事件处理，处理函数为 dropHandle()
    target.addEventListener('drop', dropHandle, false);
}
</script>
```

至此，文件拖放功能已经完全实现。执行代码，就可以直接把计算机里的图片文件拖入该页面的容器中。

8.4 拓展训练

8.4.1 训练一：使用文件选择框可以一次选取多个文件

【拓展要点：文件上传标签 multiple 特性的使用】

传统的文件上传标签一次只允许用户选取一个文件，要上传多个文件，只能通过添加多个文件上传标签实现。在 HTML 5 中，为文件上传标签添加了 mulitple 特性，使用此特性即可实现一次上传多个文件。

【代码实现】（略）

8.4.2 训练二：在网页中设置一个层是可以拖动的

【拓展要点：层标签 draggable 特性的使用】

HTML 5 中为层标签<div>添加了一个有用的特性——draggable。使用该特性，即可激活层的可拖动状态，用户就可以用鼠标拖动层。

【代码实现】
```
<div draggable="true"> </div>
```

8.5 技术解惑

8.5.1 理解拖放 API 与文件 API

本章主要讲解了 HTML 5 的拖放 API 和文件 API，重点讲解了拖放 API 中的用于拖曳数据存储的 DataTransfer 对象和文件 API 中用于读取文件的 FileReader 接口，而对于 File 对象和 Blob 对象也应该熟练掌握。然而，本章的重点也是本章的难点，不论是 DataTransfer 对象还是 FileReader 接口，都提供了各自的属性、方法和事件，需要多加熟悉。而 Blob 对象也不容易理解，也是本章的难点。

8.5.2 如何使用 FlieList 对象

当用户为文件上传表单设置了 multiple 时，就可以一次上传多个文件，而同时将返回 FileList 对象。FileList 对象是 File 对象的一个集合，可使用数组的方式遍历 FileList 对象里的每一个 File 对象。所以，用户要将 FileList 对象看成一组 File 对象，可以用数组的方式来调用其中每一项的内容。

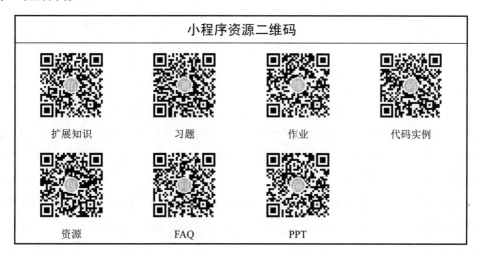

网页的本地存储　　视频

第9章 网页的本地存储

随着 Web 应用的发展,需要在用户本地浏览器存储更多的应用数据,传统使用 cookie 存储的方案已经不能满足发展的需求,而使用服务器端存储的方案则是一种无奈的选择。HTML 5 的 Web Storage API 是一个理想的解决方案,不仅可以在客户端存储更多的数据,而且可以实现数据在多个页面中共享,甚至是同步。如果存储复杂的数据,则可以借助 Web SQL Database API 来实现,可以使用 SQL 语句完成复杂数据的存储与查询。本章将详细讲解这两个本地存储方案。

9.1 本地存储对象——Web Storage

本节主要讲解 Web Storage API 的属性、方法和事件,以及利用此接口实现数据的存储和存储数据在不同页面间的通信等内容。

9.1.1 Web Storage 简介

Web Storage 的诞生与 cookie 功能的不足有很大关系,下面我们就这方面的问题进行深入探讨。

在了解 Web Storage 之前,先来介绍一下 cookie。对于 Web 开发者来说,都会记得 cookie 在客户端存储数据方面的优越表现,甚至至今仍将其作为主要的客户端存储在使用。

cookie 可用于在程序间传递少量的数据,对于 Web 应用来说,它是一个在服务器和客户端之间来回传送文本值的内置机制,服务器可以根据 cookie 来追踪用户在不同页面的访问信息。正因为其卓越的表现,在目前的 Web 应用中,cookie 得到了最为广泛的应用。

尽管如此,cookie 仍然有很多不尽如人意的地方,主要表现在以下方面。
- 大小的限制:cookie 的大小被限制在 4KB。在 Web 的富应用环境中,不能接受文件或邮件那样的大数据。
- 带宽的限制:只要有涉及 cookie 的请求,cookie 数据都会在服务器和浏览器间来回传送。这样无论访问哪个页面,cookie 数据都会消耗网络的带宽。
- 安全风险:由于 cookie 会频繁在网络中传送,而且数据在网络上是可见的,所以在未加密的情况下是有安全风险的。

- 操作复杂：在客户端的浏览器中，使用 JavaScript 操作 cookie 数据是比较复杂的。但是服务器端可以很方便地操作 cookie 数据。

以上方面的不足，算是 cookie 的缺点，但也是其优点，这要看在什么样的环境下干什么用。一般在浏览器富应用环境下，仅仅使用 cookie 是不足的。但对于较小的数据，且需要在服务器端和客户端频繁传送时，使用 cookie 的意义更大。

Web Storage 可以在客户端保存大量的数据，而且通过其提供的接口，访问数据也非常方便。然而，Web Storage 的诞生并不是为了替代 cookie；相反，是为了弥补 cookie 在本地存储中表现的不足。

Web Storage 本地存储的优势主要表现在以下几个方面。

- 存储容量：提供更大的存储容量。在 Firefox、Chrome、Safari 和 Opera 中，每个网域为 5MB；在 IE 8 及以上，则每个网域为 10MB。
- 零带宽：Web Storage 中的数据仅仅是存储在本地的，不会与服务器发生任何交互行为，所以不存在网络带宽的占用问题。
- 编程接口：Web Storage 提供了一套丰富的编程接口，使得数据操作更加方便。
- 独立的存储空间：每个域（包括子域）都有独立的存储空间，各个存储空间是完全独立的，因此不会造成数据的混乱。

由此可见，Web Storage 并不能完全替代 cookie，cookie 能做的事情 Web Storage 并不一定能做到，如服务器可以访问 cookie 数据，但是不能访问 Web Storage 数据。所以，Web Storage 和 cookie 是相互补充的，各自在不同的方面发挥作用。

沿着移动互联网发展的路线，浏览器端的富应用是一种必然的趋势，而 Web Storage 作为完全的浏览器客户端的本地存储，将发挥越来越重要的作用。

9.1.2 sessionStorage 和 localStorage

首先来看一下 sessionStorage 和 localStorage 的区别。Web Storage 本地存储包括 sessionStorage（会话存储）和 localStorage（本地存储）。熟悉 Web 编程的人员第一次接触 Web Storage 时，会很自然地与 session 和 cookie 去对应。不同的是，cookie 和 session 完全是服务器端可以操作的数据，但是 sessionStorage 和 localStorage 则完全是浏览器客户端操作的数据。

sessionStorage 和 localStorage 完全继承同一个 Storage API，所以 sessionStorage 和 localStorage 的编程接口是一样的，后面内容会着重讲解编程接口 Storage API。

sessionStorage 和 localStorage 的主要区别在于数据存储的时间范围和页面范围，如表 9-1 所示。

表 9-1　sessionStorage 和 localStorage 的区别

sessionStorage	localStorage
数据会保存到存储它的窗口或标签关闭时	数据的生命周期比窗口或浏览器的生命周期长
数据只在构建它们的窗口或标签内可见	数据可被同源的每个窗口或标签共享

在 HTML 5 的各项特性中，Web Storage 的浏览器支持度是比较好的。目前，所有的主流浏览器都在一定程度上支持 Web Storage。因而，Web Storage 成为 Web 应用中很安全的 API

之一。尽管如此，还是需要检查浏览器是否支持 Web Storage，因为在某种情况下可能会导致浏览器不能使用 Web Storage 功能。下面我们来看示例 9-1。

【示例 9-1】 support.htm，检测浏览器是否支持 Web Storage

```
01  <!--support.htm-->
02  <!DOCTYPEHTML>
03  <html>
04  <head>
05  <title>检测浏览器支持情况</title>
06  <script type="text/javascript">
07  function CheckStorageSupport(){
08      // 检测 sessionStorage
09      if(window.sessionStorage){
10          console.log("浏览器支持 sessionStorage 特性!");
11      }else{
12          console.log("浏览器不支持 sessionStorage 特性!");
13      }
14      // 检测 localStorage
15      if(window.localStorage){
16          console.log("浏览器支持 localStorage 特性!");
17      }else{
18          console.log("浏览器不支持 localStorage 特性!");
19      }
20  }
21  window.addEventListener("load",CheckStorageSupport,false);
22  </script>
23  </head>
24  <body>
25  </body>
26  </html>
```

【代码解析】 以上代码分别判断浏览器是否支持 sessionStorage 和 localStorage，然后在控制台输出结果。用户可以在控制台中查看输出内容，以判断浏览器是否支持相应的本地存储机制。

代码执行结果如图 9.1 所示。

图 9.1 在控制台显示的检测结果

提示：使用 console.log() 方法，可以把调试的内容输出到浏览器的控制台。

9.1.3 设置和获取 Storage 数据

sessionStorage 和 localStorage 作为 Windows 的特性，完全继承 Storage API，它们提供的操作数据的方法完全相同。下面以 sessionStorage 特性为例进行讲解。

保存数据到 sessionStorage。sessionStorage 保存数据的完整语法如下：

```
window.sessionStorage.setItem("key","value");
```

参数说明："key"为字符串表示的"键"，"value"为字符串表示的"值"，setItem()表示保存数据的方法。

从 sessionStorage 中获取数据时，如果知道保存到 sessionStorage 中的"键"，就可以获取对应的"值"。sessionStorage 获取数据的完整语法如下：

```
value = window.sessionStorage.getItem("key");
```

参数说明："key"和"value"分别表示"键"和"值"，与保存数据的键/值对应。getItem()为获取数据的方法。

设置和获取数据的其他写法，对于访问 Storage 对象还有更简单的方法，根据键/值的配对关系直接在 sessionStorage 对象上设置和获取数据，可完全避免调用 setItem()和 getItem()方法。

保存数据的方法也可写成：

```
window.sessionStorage.key = "value";
```

或

```
window.sessionStorage["key"] = "value";
```

获取数据的方法更加直接，可写成：

```
value = window.sessionStorage.key;
```

或

```
value = window.sessionStorage["key"];
```

这种灵活的使用方法给编程带来极大的灵活性。当然，对于 localStorage 来说，也同样具有上述设置数据和获取数据的方法。

下面通过一个例子来说明如何使用 sessionStorage 和 localStorage。

【示例 9-2】storage.htm，使用 sessionStorage 和 localStorage

```
01  <!--storage.htm-->
02  <!DOCTYPEHTML>
03  <html>
04  <head>
05  <title>设置和获取存储数据</title>
06  <script type="text/javascript">
07  function Test(){
08      // 在 localStorage 中存储的 localKey 的值为"localValue"
09      window.localStorage.setItem("localKey","localValue");
10      // 获取存储在 localStorage 中的 localKey 的值，并输出到控制台
11      console.log(window.localStorage.getItem("localKey"));
12      // 在 sessionStorage 中存储的 sessionKey 的值为"sessionValue"
13      window.sessionStorage.setItem("sessionKey","sessionValue");
14      // 获取存储在 sessionStorage 中的 sessionKey 的值，并输出到控制台
```

```
15        console.log(window.sessionStorage.getItem("sessionKey"));
16  }
17  window.addEventListener("load",Test,false);
18  </script>
19  </head>
20  <body>
21  </body>
22  </html>
```

【代码解析】以上代码使用对象的 setItem()方法为数据设置值，再通过 getItem()方法获取相应的值，并在控制台中输出相应内容。

执行以上代码，结果如图 9.2 所示。

图 9.2　在控制台中显示的输出结果

关于我们在 localStorage 和 sessionStorage 中存储的数据，可借助浏览器本身的功能进行查看，如在 Chrome 浏览器中，可在资源面板中查看存储的数据，如图 9.3 所示。

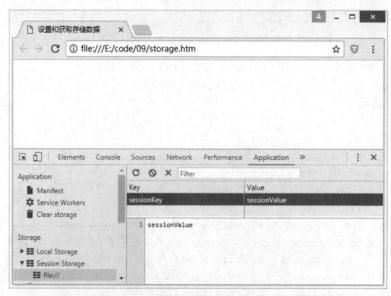

图 9.3　在 Chrome 浏览器的资源面板中查看存储的数据

9.1.4 Storage API 的属性和方法

在上一节中我们学习了使用 setItem()方法存储数据，使用 getItem()方法获取数据，这些方法都来源于它们所继承的 Storage API。

Storage 接口的主要属性与方法如以下代码所示。

```
interface Storage {
  readonly attribute unsigned long length;
  DOMString? key(unsigned long index);
  getter DOMString getItem(DOMString key);
  setter creator void setItem(DOMString key, DOMString value);
  deleter void removeItem(DOMString key);
  void clear();
};
```

以上代码中，显示了接口中所有的属性和方法，下面进行详细介绍。

- length 属性：表示当前 Storage 对象中存储的键/值对的数量。Storage 对象是同源的，length 属性只能反映同源的键/值对数量。
- key(index)方法：获取指定位置的键。一般用于遍历某个 Storage 对象中所有的键，然后通过键来取相应的值。参数 index 为从 0 开始的索引，最后一个索引是 length-1。
- getItem(key)方法：根据键返回相应的数据值。如果该键值存在，则返回值，否则返回 null。
- setItem(key,value)方法：将数据存入指定键对应的位置。如果对应的键值已经存在，则更新它。
- removeItem(key)方法：从存储对象中，移除指定的键/值对。如果该键/值对存在，则移除它，否则不执行任何操作。
- clear()方法：清除 Storage 对象中所有的数据。如果 Storage 对象是空的，则不执行任何操作。

在使用 sessionStorage 和 localStorage 时，以上的属性和方法都可以使用，但需要注意其影响范围。

下面通过一个例子来了解 Storage 接口的应用，以 sessionStorage 为例进行介绍。

【示例 9-3】 save.htm，使用 Storage 对象保存页面内容

```
01  <!--save.htm-->
02  <!DOCTYPE html>
03  <html>
04  <head>
05  <title>使用 Storage 对象保存页面内容</title>
06  <script type="text/javascript">
07  // 保存数据到 sessionStorage
08  function SaveStorage(frm){
09      var storage = window.sessionStorage;
10      storage.setItem("name",frm.name.value);
11      storage.setItem("age",frm.age.value);
12      storage.setItem("email",frm.email.value);
```

```
13          storage.setItem("phone",frm.phone.value);
14          alert("保存成功!");
15  }
16  // 遍历并显示sessionStorage中的数据
17  function Show(){
18      var storage = window.sessionStorage;
19      var result="";
20      for(var i=0;i<storage.length;i++){
21          var key = storage.key(i);              /* 获取键key */
22          var value = storage.getItem(key);      /* 通过键key获取值value */
23          result += key + ":" + value + "; ";
24      }
25      /* 在指定的地方显示获取的存储内容 */
26      document.getElementById("formdata").innerHTML = result;
27  }
28  </script>
29  </head>
30  <body>
31  <form id="form1" name="form1" method="post" action="">
32    <table width="100%" border="1" bordercolor="#CCCCCC" cellpadding="3" cellspacing="0">
33      <tr>
34        <td>姓名</td>
35        <td><input type="text" name="name" id="name" /></td>
36      </tr>
37      <tr>
38        <td>年龄</td>
39        <td><input type="text" name="age" id="age" /></td>
40      </tr>
41      <tr>
42        <td>Email</td>
43        <td><input type="text" name="email" id="email" /></td>
44      </tr>
45      <tr>
46        <td>电话</td>
47        <td><input type="text" name="phone" id="phone" /></td>
48      </tr>
49      <tr>
50        <td></td>
51        <td><input type="button" value="保存" onclick="SaveStorage(this.form)" />
52          <input type="button" value="显示" onclick="Show()" /></td>
53      </tr>
54    </table>
55  </form>
56  <div id="formdata"></div>
57  </body>
58  </html>
```

【代码解析】在示例 9-3 中，有两个脚本处理函数 SaveStorage()和 Show()，分别用于保存数据和显示数据。其中，保存数据仅使用了 setItem()方法，显示数据则根据索引遍历"键"，并根据"键"获取对应的"值"，使用了 key()方法和 getItem()方法。

运行结果如图 9.4 所示。

图 9.4　Storage 对象保存的页面内容 1

9.1.5　存储 JSON 对象的数据

虽然使用 Web Storage 可以保存任意的键/值对数据，但是一些浏览器把数据限定为字符串类型，而且对于一些复杂结构的数据，似乎管理起来比较混乱。例如示例 9-4 中，如果要保存多个人的数据，就会变得不易于管理。

不过对于复杂结构的数据，可以使用现代浏览器都支持的 JSON 对象来处理，这也为我们提供了一种可行的解决方案。

首先可以序列化 JSON 格式的数据。由于 Storage 是以字符串保存数据的，所以在保存 JSON 格式的数据之前，需要把 JSON 格式的数据转换为字符串，称之为序列化。可以使用 JSON.stringify()序列化 JSON 格式的数据为字符串数据，使用方法如下：

```
var stringData = JSON.stringify(jsonObject);
```

把 JSON 格式的数据对象 jsonObject 序列化为字符串数据 stringData。

另外，还可以把数据反序列化为 JSON 格式。对于存储在 Storage 中的数据，如果以 JSON 格式对象的方式去访问，就需要把字符串数据转换为 JSON 格式的数据，称之为反序列化。可以使用 JSON.parse()反序列化字符串数据为 JSON 格式的数据，使用方法如下：

```
var jsonObject = JSON.parse(stringData);
```

把字符串数据 stringData 反序列化为 JSON 格式的数据对象 jsonObject。

提示： 反序列化字符串为 JSON 格式的数据，也可以使用 eval()函数。但 eval()函数是把任意的字符串转换为脚本，有很大的安全隐患。而 JSON.parse()只反序列化 JSON 格式的字符串数据，如果字符串数据不符合 JSON 数据格式，则会产生错误，同时也降低了安全隐患。但在执行效率方面，eval()函数要快很多。

下面我们更改一下示例 9-3 中的脚本代码，存储 JSON 格式的数据，每次单击"保存"按钮均会增加一个键/值对，每个键的值都包含一次的保存数据。修改后的 JavaScript 代码如下所示。

【示例 9-4】 json.htm,使用 Storage 对象存储 JSON 格式的数据

```
01  <!--json.htm-->
02  <!DOCTYPE html>
03  <html>
04  <head>
05  <title>使用 Storage 对象保存 JSON 内容</title>
06  <script type="text/javascript">
07  var flag = 1;
08   window.sessionStorage.clear();
09  // 保存数据到 sessionStorage
10  function SaveStorage(frm){
11      // 使用表单数据建立 JSON 对象
12      var jsonObject = new Object();
13      jsonObject.name = frm.name.value;
14      jsonObject.age = frm.age.value;
15      jsonObject.email = frm.email.value;
16      // 序列化 JSON 对象为字符串数据
17      var stringData = JSON.stringify(jsonObject);
18      // 存储字符串数据至 Storage
19      var storage = window.sessionStorage;
20      storage.setItem("key"+flag,stringData);
21      // 改变键标识
22      flag++;
23  }
24  // 遍历并显示 sessionStorage 中的数据
25  function Show(){
26      var storage = window.sessionStorage;
27      var result = "";
28      for(var i=0;i<storage.length;i++){
29          var key = storage.key(i);              /* 获取键 key */
30          var stringData = storage.getItem(key);  /* 通过键 key 获取值 stringData */
31          var jsonObject = JSON.parse(stringData); /* 反序列化字符串为 JSON 对象 */
32          // 操作 JSON 对象,并显示存储的内容
33          result += "姓名:"+ jsonObject.name+"; 年龄:"+ jsonObject.age+"; 邮件:"+ jsonObject.email+"<br>";
34      }
35      /* 在指定的地方显示获取的存储内容 */
36      document.getElementById("formdata").innerHTML = result;
37  }
38  </script>
39  </head>
40  <body>
41  <form id="form1" name="form1" method="post" action="">
42    <table width="100%" border="1" bordercolor="#CCCCCC" cellpadding="3" cellspacing="0">
43      <tr>
44        <td>姓名</td>
45        <td><input type="text" name="name" id="name" /></td>
```

```
46        </tr>
47        <tr>
48          <td>年龄</td>
49          <td><input type="text" name="age" id="age" /></td>
50        </tr>
51        <tr>
52          <td>Email</td>
53          <td><input type="text" name="email" id="email" /></td>
54        </tr>
55        <tr>
56          <td>电话</td>
57          <td><input type="text" name="phone" id="phone" /></td>
58        </tr>
59        <tr>
60          <td></td>
61          <td><input type="button" value="保存" onclick="SaveStorage(this.form)" />
62            <input type="button" value="显示" onclick="Show()" /></td>
63        </tr>
64      </table>
65    </form>
66    <div id="formdata"></div>
67  </body>
68 </html>
```

【代码解析】以上代码中，保存数据时，先使用表单内容建立一个 JSON 对象，然后序列化 JSON 对象为字符串数据，保存至 Storage。显示数据时，遍历所有存储的数据，并把读取的数据反序列化为一个 JSON 对象，然后对该对象进行操作。

运行结果如图 9.5 所示。

图 9.5　Storage 对象保存的页面内容 2

显然，借助 JSON 对象来保存数据，可以把复杂的数据变得简单而有效。

9.1.6 Storage API 的事件

有时候，会存在多个网页或标签页同时访问存储的数据的情况。为保证修改的数据能够及时反馈到另一个页面，HTML 5 在 Web Storage 内建立了一套事件通知机制，在数据更新时触发。无论监听的窗口是否存储过该数据，只要与执行存储的窗口是同源的，都会触发 Web Storage 事件。

像下面这样，添加监听事件后，即可接受同源窗口的 Storage 事件：

```
window.addEventListener("storage",EventHandle,true);
```

storage 是添加的监听事件，本节主要就是讲这个监听事件。只要是同源的 Storage 事件发生（包括 sessionStorage 和 localStorage），都能够因数据更新而触发事件。Storage 事件的接口如以下代码所示。

```
interface StorageEvent : Event {
  readonly attribute DOMString key;
  readonly attribute DOMString? oldValue;
  readonly attribute DOMString? newValue;
  readonly attribute DOMString url;
  readonly attribute Storage? storageArea;
};
```

StorageEvent 对象在事件触发时，会传递给事件处理程序，其包含与存储变化有关的所有必要信息。

- key 属性：包含存储中被更新或删除的键。
- oldValue 属性：包含更新前键对应的数据。如果是新添加的数据，则 oldValue 属性值为 null。
- newValue 属性：包含更新后的数据。如果是被删除的数据，则 newValue 属性值为 null。
- url 属性：指向 Storage 事件的发生源。
- storageArea 属性：该属性是一个引用，指向值发生改变的 localStorage 或 sessionStorage。这样，处理程序可以方便地查询到 Storage 中的当前值，或者基于其他 Storage 执行其他操作。

9.1.7 练习：在两个窗口中实现通信

当给其中一个页面添加 Storage 事件的时候，如果同源的另一个页面更改了存储的 Storage 数据，就会触发 Storage 事件，我们可以根据此事件获取最新的存储数据或执行其他操作。

下面来看一个窗口通信示例。在窗口 1 中改变 Storage 数据，可在窗口 2 中获取数据并实时更新。

【示例 9-5】savedata.htm，窗口通信 Page1

```
01  <!--savedata.htm-->
02  <!DOCTYPE html>
03  <html>
04  <head>
05  <title>窗口通信 Page1</title>
```

```
06  <script type="text/javascript">
07  function SaveStorage(frm){
08      // 保存数据到 localStorage
09      window.localStorage.name=document.getElementById("name").value;
10  }
11  </script>
12  </head>
13  <body>
14  姓名<input type="text" name="name" id="name" />
15  <input type="button" value="保存" onclick="SaveStorage(this.form)" />
16  </body>
17  </html>
```

【代码解析】以上代码中，会把输入表单里的姓名保存到 localStorage 中，并且可以随时更改存储的值。

【示例 9-6】showdata.htm，窗口通信 Page2

```
01  <!--showdata.htm-->
02  <!DOCTYPE html>
03  <html>
04  <head>
05  <title>窗口通信 Page2</title>
06  <script type="text/javascript">
07  function EventHandle (e){
08      var storage = window.localStorage;
09      var result = "";
10      result+="<br />姓名:"+storage.name;
11      result+="<br />key:"+e.key;
12      result+="<br />oldValue:"+e.oldValue;
13      result+="<br />newValue:"+e.newValue;
14      result+="<br />url:"+e.url;
15      result+="<br />storageArea:"+JSON.stringify(e.storageArea);
16      /* 在指定的地方显示获取的存储内容 */
17      document.getElementById("formdata").innerHTML = result;
18  }
19  // 添加监听事件 storage
20  window.addEventListener("storage",EventHandle,true);
21  </script>
22  </head>
23  <body>
24  <div id="formdata"></div>
25  </body>
26  </html>
```

【代码解析】以上代码中，注册了 Storage 事件的监听，当存储在 localStorage 中的数据发生改变时，会触发 Page2 中的 Storage 事件，并执行函数 EventHandle()，把保存在 localStorage 里的数据显示出来。

分别执行以上两段代码，结果如图 9.6 所示，当修改第一个页面中的姓名时，第二个页面中的内容会即时发生改变。

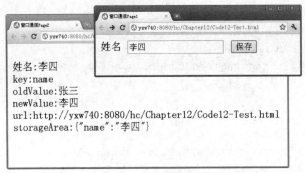

图 9.6　窗口通信

说明：通过 Storage 实现的窗口通信，可以实现多个窗口的数据同步。即使是后台异步获取数据并更新 Storage 存储数据，也同样可以利用此事件完成数据的即时同步。

9.2　本地数据库——Web SQL Database

为了进一步加强客户端的存储能力，HTML 5 引入了本地数据库的概念。但 HTML 5 的数据库 API 的具体细节仍在完善，其中 Web SQL Database 就是数据库方案之一。实际上，Web SQL Database 并不包含在 HTML 5 规范之中，它是一个独立的规范，引入了使用 SQL 操作客户端数据库的 API。最新版本的 Chrome、Safari 和 Opera 浏览器都已经实现了对其的支持。

9.2.1　Web SQL Database 简介

Web SQL Database 规范使用的是 SQLite 数据库，它允许应用程序通过一个异步的 JavaScript 接口访问数据库。虽然 Web SQL Database 不属于 HTML 5 规范，而且 HTML 5 最终也不会选择它，但其对于移动领域是非常有用的，因为在任何情况下，SQL API 在数据库中的数据处理能力都是无法比拟的。

SQLite 是一款轻型的数据库，遵循 ACID 的关系型数据库管理系统。它是嵌入式的，占用资源非常少。在跨平台方面，它能够支持 Windows、Linux 等主流操作系统；同时能够跟很多程序语言结合，如 C#、PHP、Java、JavaScript 等；另外，它还包含 ODBC 接口。在处理速度方面也非常可观。

Web SQL Database 规范中定义了 3 个核心的方法，具体如下。

- openDatabase()方法：使用现有的数据库或新建数据库来创建数据库对象。
- transaction()方法：允许我们控制事务的提交或回滚。
- executeSql()方法：用于执行真实的 SQL 查询。

提示：在下面内容的介绍中，会涉及很多 SQL 语句，如果对 SQL 不熟悉，那么在继续学习本章下面的内容之前，最好先学习一下 SQL 的相关知识。

9.2.2　操作 Web SQL 数据库

操作数据库首先需要打开数据库。openDatabase()方法可以打开一个已经存在的数据库，

如果数据库不存在,它还可以创建数据库。创建并打开数据库的语法如下:
```
var db = openDatabase("TestDB", "1.0","测试数据库",2*1024*1024, creationCallback);
```
　　说明:该方式有五个参数,第一个参数表示数据库名称;第二个参数表示版本号;第三个参数表示数据库的描述,第四个参数表示数据库的大小,第五个参数表示创建回调函数。其中第五个参数是可选的。

　　数据库的操作,是对表中记录的操作,所以还需要创建数据表。transaction()方法可以进行事务处理;executeSql()方法可以执行 SQL 语句。可以同时使用这两个方法,在事务中处理 SQL 语句。创建数据表的方法如下:
```
db.transaction(function (tx){
    tx.executeSql('CREATE TABLE IF NOT EXISTS UserName (id unique, Name)');
});
```
　　说明:使用 transaction()方法传递给回调函数的 tx 是一个 transaction 对象,使用 transaction 对象的 executeSql()方法可以执行 SQL 语句。这里的 SQL 语句就是创建数据表的命令。

　　与创建数据表一样,插入数据也使用 transaction()方法和 executeSql()方法,仅仅是 SQL 语句不同。我们使用插入数据的 SQL 语句执行数据的插入操作。添加数据至数据表的方法如下:
```
db.transaction(function (tx){
    tx.executeSql('INSERT INTO UserName (id, Name) VALUES (1, "张三")');
    tx.executeSql('INSERT INTO UserName (id, Name) VALUES (2, "李四")');
});
```
　　说明:两个包含 INSERT INTO 命令的 SQL 语句,表示插入数据,将会在本地数据库 TestDB 中的 UserName 表中添加两条数据。

　　如果要读取数据表中的数据,那么仍然使用 transaction()方法和 executeSql()方法,使用查询 SQL 语句,并在 executeSql()方法中添加匿名的回调处理函数。
```
db.transaction(function (tx){
    tx.executeSql('SELECT * FROM UserName',[],function(tx,results){
        var len = results.rows.length;
        for (var i=0;i<len;i++){
            console.log(results.rows.item(i).Name);
        }
    }, null);
});
```
　　说明:executeSql()方法中执行了包含 SELECT 命令的 SQL 语句,表示查询,将从本地数据库 TestDB 中的 UserName 表中查询信息。查询出来的结果会传递给匿名的回调函数,我们可以在回调函数中处理查询的结果,如控制台输出结果。

9.2.3　练习:基本的数据库操作

　　本节我们将使用 Web SQL 数据库实现数据的存储,并实现针对数据库的添加、更新、删除和查询等基本操作。

　　本节要设计一个简易的管理页面,可以查询 Web SQL 数据库中的数据,包含一个填写姓名的表单,以及一个查询按钮;一个添加按钮,可以添加数据。如果单击列表中的"编辑",

则表单会针对该项进行编辑更新。实际效果如图 9.7 所示。

图 9.7 数据库操作示例

设计的页面主要包括以下几个方面：用于填写姓名的输入框、能自动切换添加/更新的按钮、一个查询按钮。表单下面是显示列表的区域。页面按钮的 click 事件处理函数会在后面实现。我们来看示例 9-7。

【示例 9-7】sql.htm，本地数据库操作页面

```
01  <!DOCTYPE HTML>
02  <html>
03  <head>
04  <title>本地数据库访问示例</title>
05  <style type="text/css">
06  ......   <!-- 省略样式表 -->
07  </style>
08  </head>
09  <body>
10  <form>
11      <input id="id" name="id" type="hidden" />
12      <input id="name" name="name" type="text" placeholder="请输入姓名" />
13      <input type="button" id="Submit" name="Submit" value="添加" onclick="Insert()" />
14      <input type="button" value="查询" onclick="Query()" />
15  </form>
16  <ul id="msg" name="msg">
17  </ul>
18  </body>
19  </html>
```

页面加载时初始化，做两个处理操作。首先打开数据库，如果数据库不存在，则创建数据库；然后，确保数据表存在，如果不存在，则创建数据表。

```
<script type="text/javascript">
/* 打开数据库,如果不存在则创建 */
var db = openDatabase("TestDB", "1.0","测试数据库",2*1024*1024);
/* 创建/打开数据表,如果存在则不创建 */
db.transaction(function (tx){
    tx.executeSql('CREATE TABLE IF NOT EXISTS UserName (id unique, Name)');
});
</script>
```

查询按钮的 click 事件处理函数 Query()，可根据关键词来查询数据库中的数据，其中关键词来源于表单中的姓名输入框。

另外，初始化表单处理函数主要应用于两个方面：一是编辑信息时，把其中的内容初始化至表单中，"添加"按钮变为"更新"按钮；二是保存数据和删除数据后，初始化表单内容为空，并把按钮初始化为"添加"。

```javascript
<script type="text/javascript">
/* 查询数据 */
function Query(){
    var name = document.getElementById("name");
    db.transaction(function (tx){
        tx.executeSql('SELECT * FROM UserName where Name like"%'+ name.value +'%" ORDER BY id DESC',[],function(tx,results){
            var len = results.rows.length;
            var msg="";
            for(var i=0;i<len;i++){
                msg += "<li>&middot; ";
                msg += "<span>" + results.rows.item(i).Name + "</span>";
                msg += " <a href='###' onclick=\"SetForm('"+ results.rows.item(i).id +"','"+ results.rows.item(i).Name +"')\">编辑</a>";
                msg += " <a href='###' onclick='Delete("+ results.rows.item(i).id +")'>删除</a>";
                msg += "</li>";
            }
            document.getElementById("msg").innerHTML = msg;
        }, null);
    });
}
/* 初始化表单 */
function SetForm(id,name){
    if(id){
        document.getElementById("id").value=id;
        document.getElementById("name").value=name;
        document.getElementById("Submit").onclick=function(){Update();}
        document.getElementById("Submit").value="更新";
    }else{
        document.getElementById("id").value="";
        document.getElementById("name").value="";
        document.getElementById("Submit").onclick=function(){Insert();}
        document.getElementById("Submit").value="添加";
    }
}
</script>
```

插入数据库中的数据必须包含编号（id）和姓名（name）两方面的信息。添加处理函数 Insert() 只能从用户提交页面获取姓名，而编号则需要查询数据库以获取可用的最小值。最后保存数据，并在保存数据的 executeSql() 方法中添加保存成功的匿名回调函数，初始化表单并显示所有信息。

更新处理函数 Update()，可以从表单获取编号（id）和姓名（name）两方面的信息，所以可以直接操作数据库更新信息，并添加同样的保存成功的匿名回调函数。

删除处理函数 Delete(id)，传递了一个编号（id），通过编号可以直接删除数据表中的记录。

所有操作的实现代码如下：

```javascript
<script type="text/javascript">
/* 添加数据 */
function Insert(){
    var name = document.getElementById("name");
    if(name.value == "")return; /* 没有值，则不处理 */
    var maxid;
    /* 获取可用的最小 id 值 */
    db.transaction(function (tx){
        tx.executeSql('SELECT id FROM UserName ORDER BY id DESC',[],function(tx,result){
            if(result.rows.length){
                maxid = parseInt(result.rows.item(0).id) + 1;
            }else{
                maxid = 1;
            }
        }, null);
    });
    /* 添加一条数据，并更新显示 */
    db.transaction(function(tx){
        tx.executeSql('INSERT INTO UserName (id, Name) VALUES ('+ maxid +', "'+ name.value +'")',[],function(tx,result){
            SetForm();
            Query();
        });
    });
}
/* 更新数据 */
function Update(){
    db.transaction(function(tx){
        var id = document.getElementById("id");
        var name = document.getElementById("name");
        console.log(name.value);
        tx.executeSql('Update UserName Set Name = "'+ name.value +'" where id='+ id.value,[],function(tx,result){
            SetForm();
            Query();
        });
    });
}
/* 删除数据 */
function Delete(id){
    db.transaction(function(tx){
        tx.executeSql('Delete From UserName where id='+ id,[],function(tx,result){
```

```
            SetForm();
            Query();
        });
    });
}
</script>
```

至此，与数据有关的基本操作已经完成，将以上 4 个部分整合为 sql.htm，执行代码就可以在运行的页面上实现数据的添加、修改、删除和查询。

9.3 拓展训练

9.3.1 训练一：保存并读取 Storage 数据

【拓展要点：Storage 数据的设置与获取方法】

使用 localStorage 对象的 setItem()方法可以为对象设置键/值对数据，而使用 getItem()方法加指定键就可以获取该键对应的值。

【代码实现】

```
function SaveStorage(){
    var storage = window.sessionStorage;
    storage.setItem("key", value);
}
function Show(){
    var storage = window.sessionStorage;
    var result="";
    for(var i=0;i<storage.length;i++){
        var key = storage.key(i);
        var value = storage.getItem(key);
        result += key + ":" + value + "; ";
    }
}
```

9.3.2 训练二：使用 Web SQL 数据库向名称为 User 的表中插入一条记录

【拓展要点：Web SQL 数据库的使用技巧】

使用 Web SQL 数据库的 executeSql()方法，可以执行 SQL 语句。向指定表中插入记录，可以通过 INSERT INTO 方法来实现。

【代码实现】

```
/* 打开数据库，如果不存在则创建 */
var db = openDatabase("TestDB", "1.0","测试数据库",2*1024*1024);
/* 创建/打开数据表，如果存在则不创建 */
db.transaction(function (tx){
    tx.executeSql('CREATE TABLE IF NOT EXISTS User(ID unique, NAME,PASS)');
});
db.transaction(function(tx){
```

```
    tx.executeSql('INSERT INTO User (ID, NAME,PASS) VALUES (1,my_name,123)');
});
```

9.4 技术解惑

9.4.1 理解本地存储对象

本章主要讲解了 HTML 5 的本地存储的概念，包括 HTML 5 的 Web Storage 和独立规范的 Web SQL 数据库。其中重点讲解了 Web Storage 接口的方法和事件，并利用 Web Storage 事件实现窗口间的数据通信。另外，还重点讲解了 JSON 对象，以扩展 Storage 对象存储的复杂性。本章中比较难的部分是对 Storage 编程接口的理解及其与 sessionStorage 和 localStorage 的关系。

9.4.2 如何使用本地数据库

Web SQL 数据库对于很少接触数据库的前端工程师来说，是一个很大的挑战。Web SQL 的做法类似于关系型数据库，如 MySQL、SQLite 等。所以 Web SQL 操作的核心是执行需要功能的 SQL 语句，常用的 SQL 语句包括插入记录、修改记录、删除记录、读取记录等。而如果是复杂的操作，比如各种限制条件查询、查询结果合并、联合查询等，则需要更多专门的 SQL 知识。限于篇幅，这里不做过多介绍，有兴趣的读者可以阅读专门的书籍学习。

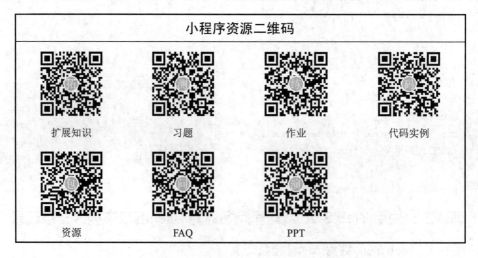

第10章

绘制图形

绘制图形有很多种方法，可以借助 Flash 实现，也可以使用 SVG 和 VML 来绘图。本章将学习一种新的绘图方法——使用 Canvas 元素，它是基于 HTML 5 原生的绘图功能。使用 Canvas 元素不但可以绘制图形，还可以实现动画。它方便了使用 JavaScript 脚本的前端开发人员，寥寥数行代码，就可以在 Canvas 元素中实现各种图像及动画。本章将要介绍如何使用 Canvas 元素来绘制一些简单的图形。

10.1 认识 Canvas

HTML 5 的 Canvas 元素有一套绘图 API（接口函数），自成体系。JavaScript 就是通过调用这些绘图 API 来实现绘制图形和动画功能的。

10.1.1 Canvas 的历史

在 HTML 5 以前的标准中有一个缺陷，就是不能直接动态地在 HTML 页面中绘制图形。若要在页面中实现绘图，要么非常复杂（使用大量的 JavaScript 代码），要么需要借助第三方工具（如 Flash、SVG、VML 等）。这种做法无疑是把问题复杂化了。随着互联网应用的不断发展，页面绘图使用得越来越多。在未来的发展趋势中，也需要 HTML 自己完成绘图功能。Canvas 元素应运而生。

Canvas 元素是为客户端矢量图形而设计的。它自己没有行为，却把一个绘图 API 展现给客户端 JavaScript 以使脚本能够把想绘制的东西都绘制到一块画布上。Canvas 的概念最初由苹果公司提出，并在 Safari 1.3 Web 浏览器中首次引入。随后 Firefox 1.5 和 Opera 9 两款浏览器都开始支持 Canvas 绘图。目前 IE 9 也已经支持这项功能。Canvas 的标准化的努力由一个 Web 浏览器厂商的非正式协会在推进，目前它已经成为 HTML 5 草案中一个正式的标签。

10.1.2 Canvas 和 SVG 及 VML 之间的差异

Canvas 有一个基于 JavaScript 的绘图 API，而 SVG 和 VML 使用一个 XML 文档来描述绘图。Canvas 与 SVG 和 VML 的实现方式不同，但在实现上可以相互模拟。Canvas 有自己的优势，由于不存储文档对象，性能较好。但若要移除画布里的图形元素，往往需要擦掉绘图重新绘制它。

10.2 Canvas 基本知识

在网页上使用 Canvas 元素，像使用其他 HTML 标签一样简单，利用 JavaScript 脚本调用绘图 API 就可以绘制各种图形。Canvas 拥有多种绘制路径、矩形、圆形、字符及添加图像的方法，还能实现动画。下面，还是让我们从最简单的开始吧。

10.2.1 构建 Canvas 元素

Canvas 元素是以标签的形式应用到 HTML 页面中的。在 HTML 页面中放入如下代码即可：
```
<canvas></canvas>
```
不过，Canvas 元素毕竟是新东西，很多旧的浏览器都不支持。为了提升用户体验，可以提供替代文字放在 Canvas 标签中。例如：
```
<canvas>你的浏览器不支持该功能！</canvas>
```
当浏览器不支持 Canvas 元素时，标签里的文字就会显示出来。与其他 HTML 标签一样，Canvas 标签有一些共同的属性：
```
<canvas id="canva" width="200" height="200">你的浏览器不支持该功能！</canvas>
```
其中，id 属性决定了 Canvas 标签的唯一性，方便查找。width 和 height 属性分别决定了 Canvas 的宽和高，其数值代表 Canvas 标签内包含多少像素。

Canvas 标签可以像其他标签一样应用 CSS 样式表。如果在头部的样式表中添加如下样式，那么该页面中的 Canvas 标签将有一个边框。
```
canvas{
    border:1px solid #ccc;
}
```
下面我们来看示例 10-1。

【示例 10-1】 canvas.htm，在页面中构建 Canvas 元素
```
01  <!DOCTYPEHTML>
02  <html>
03  <head>
04  <meta charset="utf-10">
05  <title>Canvas 标签使用</title>
06  <style type="text/css">
07  canvas{
08  border:1px solid #ccc;  /* 设置 Canvas 标签的边框样式*/
09  }
10  </style>
11  </head>
12  <body>
13  <canvas id="canva" width="200" height="200">你的浏览器不支持该功能！</canvas>
14  </body>
15  </html>
```

【代码解析】以上代码在第 13 行插入了一个 Canvas 元素，如果浏览器不支持该元素，就会有相应的文字提示。

运行结果如图 10.1 和图 10.2 所示。

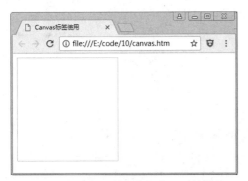

图 10.1　Canvas 在浏览器中显示的效果

图 10.2　浏览器不支持 Canvas 时显示的效果

提示：也可以使用 CSS 样式来控制 Canvas 的宽和高，但 Canvas 内部的像素点还是根据 Canvas 自身的 width 和 height 属性确定，默认宽为 300 像素，高为 150 像素。用 CSS 设置 Canvas 尺寸，只能体现 Canvas 占用的页面空间，而 Canvas 内部的绘图像素仍由 width 和 height 属性来决定，这样会导致整个 Canvas 内部的图像变形。

10.2.2　使用 JavaScript 实现绘图的流程

Canvas 元素本身是没有绘图能力的，所有的绘制工作必须在 JavaScript 内部完成。前面讲过，Canvas 元素提供了一套绘图 API。在开始绘图之前，先要获取 Canvas 元素的对象，再获取一个绘图上下文，接下来就可以使用绘图 API 中丰富的功能了。

获取 Canvas 对象。在绘图之前，首先需要从页面中获取 Canvas 对象，通常使用 document 对象的 getElementById()方法获取。例如，以下代码就是获取 id 为"canvas"的 Canvas 对象。

```
var canvas=document.getElementById("canvas");
```

开发者还可以使用通过标签名称来获取对象的 getElementsByTagName()方法。

创建二维的绘图上下文对象。Canvas 对象包含不同类型的绘图 API，还需要使用 getContext()方法来获取接下来要使用的绘图上下文对象。代码如下：

```
var context=canvas.getContext("2d");
```

getContext 对象是内建的 HTML 5 对象，拥有多种绘制路径、矩形、圆形、字符及添加图像的方法。参数为"2d"，说明接下来绘制的是一个二维图形。

在 Canvas 上绘制文字。设置绘制文字的字体样式、颜色和对齐方式，然后将文字"囧"绘制在中央位置。代码如下：

```
//设置字体样式、颜色及对齐方式
context.font="910px 黑体";
context.fillStyle="#036";
context.textAlign="center";
//绘制文字
context.fillText("囧",100,120,200);
```

font 属性设置了字体样式；fillStyle 属性设置了字体颜色；textAlign 属性设置了对齐方式；fillText()方法用填充的方式在 Canvas 上绘制了文字。

我们来看示例 10-2。

【示例 10-2】jiong.htm，使用 JavaScript 代码绘制"囧"字

```
01  <!DOCTYPE HTML>
02  <html>
03  <head>
04  <title>Canvas 标签使用</title>
05  <style type="text/css">
06  canvas{
07      border:1px solid #ccc;
08  }
09  </style>
10  <script type="text/javascript">
11  function DrawText(){
12      var canvas=document.getElementById("canvas");
13      var context=canvas.getContext("2d");
14      //设置字体样式、颜色及对齐方式
15      context.font="90px 黑体";
16      context.fillStyle="#036";
17      context.textAlign="center";
18      //执行绘制
19      context.fillText("囧",100,120,200);
20  }
21  window.addEventListener("load", DrawText,true);
22  </script>
23  </head>
24  <body style="text-align:center">
25  <canvas id="canvas" width="200" height="200">你的浏览器不支持该功能！</canvas>
26  </body>
27  </html>
```

【代码解析】以上代码在第 11～20 行创建了一个自定义函数，该函数的作用就是获取 Canvas 对象，然后进行绘制操作。绘制内容为使用 fillText()方法，在画布上绘制文字。

运行结果如图 10.3 所示。

图 10.3 在 Canvas 中绘制的文字"囧"

"囙"字绘制出来了，这是不同于以往的实现方法，是一个很好的开始。当然，这种绘制方式完全借助了绘图 API。

10.3 使用 Canvas 绘图

本节将深入学习使用绘图 API。在接下来的内容中，将逐个演绎 Canvas 的绘图功能。

10.3.1 绘制矩形

矩形属于一种特殊而又普遍使用的图形。矩形的宽和高，确定了图形的样子。再给予一个绘制起始坐标，就可以确定其位置。这样，整个矩形就确定下来了。下面详细讲解矩形的绘制。绘图 API 为绘制矩形提供了两个专用的方法：strokeRect()和 fillRect()，可分别用于绘制矩形边框和填充矩形区域。通常在绘制之前，需要先设置样式，然后才能进行绘制。

设置样式。关于矩形可以设置的属性有：边框颜色、边框宽度、填充的颜色等。绘图 API 提供了几个属性可以设置这些样式，属性说明如表 10-1 所示。

表 10-1 常用属性

属 性	取 值	说 明
strokeStyle	符合 CSS 规范的颜色值及对象	设置线条的颜色
lineWidth	数字	设置线条宽度，默认宽度为 1，单位是像素
fillStyle	符合 CSS 规范的颜色值	设置区域或文字的填充颜色

其中，strokeStyle 可设置矩形边框的颜色，lineWidth 可设置边框宽度，fillStyle 可设置填充颜色。

绘制矩形边框需要使用 strokeRect()方法。其语法如下：

```
strokeRect(x,y,width,height);
```

其中，width 表示矩形的宽度，height 表示矩形的高度，x 和 y 分别是矩形起点的横坐标和纵坐标。例如，以下代码以(50,50)为起点绘制一个宽度为 150 像素、高度为 100 像素的矩形。

```
context.strokeRect(50,50,150,100);
```

这里仅仅绘制了矩形的边框，且边框的颜色和宽度由属性 strokeStyle 和 lineWidth 来指定。

填充矩形区域需要使用 fillRect()方法。其语法如下：

```
fillRect(x,y,width,height);
```

该方法的参数和 strokeRect()方法的参数是一样的，用以确定矩形的位置及大小。例如，以下代码以(50,50)为起点绘制一个宽度为 150 像素、高度为 100 像素的矩形。

```
context.fillRect(50,50,150,100);
```

这里填充了一个矩形区域，且填充的颜色由属性 fillStyle 来指定。

下面我们来看一个例子。

【示例 10-3】rect.htm，绘制一个黄色的矩形，边框为黑色

```
01  <!DOCTYPE HTML>
02  <html>
03  <head>
```

```
04  <title>绘制一个黄色的矩形,边框为黑色</title>
05  <style type="text/css">
06  canvas {
07      border:1px solid #000;
08  }
09  </style>
10  <script type="text/javascript">
11  function DrawRect(){
12      var canvas=document.getElementById("canvas");
13      var context = canvas.getContext("2d");
14      //绘制矩形边框
15      context.strokeStyle="#000";                //设置边框颜色
16      context.lineWidth=1;                       //指定边框宽度
17      context.strokeRect(50,50,150,100);         //绘制矩形边框
18      //填充矩形形状
19      context.fillStyle="#f90";                  //设置填充颜色
20      context.fillRect(50,50,150,100);           //填充矩形区域
21  }
22  window.addEventListener("load",DrawRect,true);
23  </script>
24  </head>
25  <body style="overflow:hidden">
26  <canvas id="canvas" width="400" height="300">你的浏览器不支持该功能!</canvas>
27  </body>
28  </html>
```

【代码解析】在绘制矩形的过程中,strokeRect()方法是用来绘制边框的,fillRect()方法是用来填充区域的,而且各自都指定了矩形区域。它们是两个不同的绘图方法,是两个绘制过程。在这两个绘制过程中,设置了同样位置和同样大小的矩形,看起来像是在矩形框里填充了相应的颜色。

运行结果如图 10.4 所示。

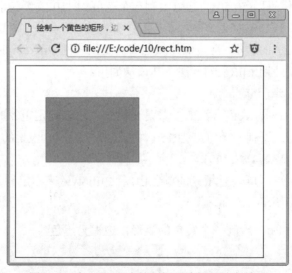

图 10.4　在 Canvas 中绘制矩形边框及填充效果

除了本节介绍的两个与矩形有关的方法（绘制矩形边框和填充矩形区域），还有一个方法——clearRect()。执行该方法，将会擦除指定的矩形区域，使其变为透明的。使用方法如下：
`context.clearRect (x,y,width,height);`

该方法中的 4 个参数请参考 strokeRect()方法和 fillRect()方法，代表的意义一样。加入代码如下：
`context.clearRect (60,60,100,50);`

将 rect.htm 进行修改，运行结果如图 10.5 所示。

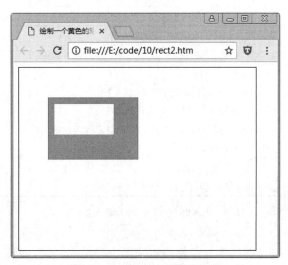

图 10.5　Canvas 中的擦除效果

提示：本节绘制矩形使用了两种绘图方式，分别是绘制线条和填充区域。绘制线条，无论是绘制矩形还是其他图形，都是类似的用法，有共同的属性设置。填充区域，也有共同的属性设置，如属性 fillStyle，在其他填充方式中也需要用到这个属性。

10.3.2　使用路径

路径就是预先构建的图像轮廓。它由一个或多个直线段或曲线段组成，可以是开放的，也可以是闭合的。路径在很多绘图工具或方法中都会使用，如 Photoshop 中的路径。路径会在实际绘图前勾勒出图形的轮廓，这样就可以绘制复杂的图形。

在 Canvas 中，所有基本图形都是以路径为基础的，我们通常会调用 lineTo()、rect()、arc()等方法来设置一些路径。在最后使用 fill()或 stroke()方法进行绘制边框或填充区域时，都是参照这个路径来进行的。使用路径绘图基本上分 3 个步骤：

- 创建绘图路径。
- 设置绘图样式。
- 绘制图形。

与上一节绘制矩形的方法进行对比，这里多了创建绘图路径的步骤。绘图 API 为创建路径提供了很多宝贵的方法，下面进行详细讲解。

创建绘图路径经常会用到两个方法——beginPath()和 closePath()，分别表示开始一个新的路径和关闭当前的路径。首先，使用 beginPath() 方法创建一个新的路径。该路径是以一组子路径的形式储存的，它们共同构成一个图形。每次调用 beginPath() 方法，都会产生一个新的子路径。语法如下所示：

`context.beginPath();`

其次，可以使用多种设置路径的方法。绘图 API 提供了丰富的路径方法，如表 10-2 所示。

表 10-2　常用的路径方法

方　　法	参　　数	说　　明
moveTo(x,y)	x 和 y 确定了起始坐标	绘图开始的坐标
lineTo(x,y)	x 和 y 确定了直线路径的目标坐标	绘制直线到目标坐标
arc(x, y, radius, startAngle, endAngle, counterclockwise)	x 和 y 描述弧的圆形的圆心的坐标；radius 描述弧所在圆形的半径；startAngle 描述圆弧的开始点的角度；endAngle 描述圆弧的结束点的角度；counterclockwise 描述方向，逆时针方向为 true，顺时针方向为 false	使用一个中心点和半径，为一个画布的当前路径添加一条弧线。圆形为弧形的特例
rect(x,y,width,height)	x 和 y 描述矩形起点坐标；width 和 height 描述矩形的宽和高	矩形路径方法

最后，使用 closePath() 方法关闭当前路径。语法如下：

`context.closePath();`

它会尝试用直线连接当前端点与起始端点来闭合当前路径，但如果当前路径已经闭合或者只有一个点，则什么都不做。

设置绘图样式包括边框样式和填充样式。其形式如下：

（1）使用 strokeStyle 属性设置矩形边框的颜色，如设置边框颜色为黑色：

`context.strokeStyle="#000";`

（2）使用 lineWidth 属性设置边框宽度，如设置边框宽度为 3 像素：

`context.lineWidth=3;`

（3）使用 fillStyle 属性设置填充颜色，如设置填充颜色为橘黄色：

`context.fillStyle="#f90";`

路径和样式都设置好后，就可以调用方法 stroke() 绘制边框，或调用方法 fill() 填充区域。

```
context.stroke();        //绘制边框
context.fill();          //填充区域
```

这时，图形才实际绘制到了 Canvas 上。

下面我们来看一个例子。

【示例 10-4】path.htm，绘制一个圆形和矩形叠加的图形

```
01  <!DOCTYPE HTML>
02  <html>
03  <head>
04  <title>绘制一个叠加图形</title>
05  <style type="text/css">
06  canvas {
```

```
07          border:1px solid #000;
08      }
09   </style>
10   <script type="text/javascript">
11   function Draw(){
12       var canvas=document.getElementById("canvas");
13       var context = canvas.getContext("2d");
14       // 创建绘图路径
15       context.beginPath();                         // 创建一个新的路径
16       context.arc(150,100,50,0,Math.PI*2,true);    // 圆形路径
17       context.rect(50,50,100,100);                 // 矩形路径
18       context.closePath();
19       // 设置样式
20       context.strokeStyle="#000";                  // 设置边框颜色
21       context.lineWidth=3;                         // 设置边框宽度
22       context.fillStyle="#f90";                    // 设置填充颜色
23       // 填充矩形形状
24       context.stroke();                            // 绘制边框
25       context.fill();                              // 填充区域
26   }
27   window.addEventListener("load",Draw,true);
28   </script>
29   </head>
30   <body style="overflow:hidden">
31   <canvas id="canvas" width="400" height="300">你的浏览器不支持该功能！</canvas>
32   </body>
33   </html>
```

【代码解析】在创建路径的过程中，分别使用 arc()方法和 rect()方法创建了一个圆形和一个矩形，并且其中重叠的部分为空白。最后调用方法 stroke()和方法 fill()完成了边框的绘制及区域填充。

运行结果如图 10.6 所示。

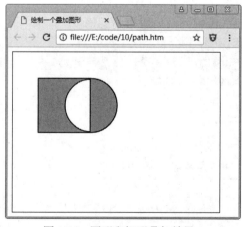

图 10.6　圆形和矩形叠加效果 1

现在理解一下重叠的空白部分。修改一下圆形路径的参数，如下所示：

```
context.arc(100,100,30,0,Math.PI*2,true);            // 圆形路径
```

运行结果如图 10.7 所示。

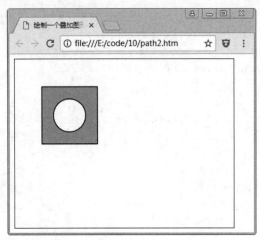

图 10.7　圆形和矩形叠加效果 2

从图 10.7 中更容易理解，填充的部分为矩形和圆形之间的区域，而这部分区域正是路径所确定的区域。那么就可以这样理解，当两个图形路径重叠时，重叠区域则被排除在路径确定的区域之外。

在创建子路径的 3 个步骤中，展示的是一个标准的子路径创建过程。在绘制复杂的图形时，标准化的方法有利于代码的规范和管理。

1. beginPath()方法的作用

使用 beginPath()方法，可以新建一个子路径，接下来的绘制都是针对该子路径进行的。如果不使用该方法，那么设置的路径和前面的路径设置默认为同一个路径设置。在接下来的绘制中，前面设置的路径会被重复绘制。

为了体现重复绘制的区别，接下来会使用半透明的颜色样式设置。下面就使用路径绘图的方法分别绘制两个圆形，填充为半透明的颜色，代码如示例 10-5 所示。

【示例 10-5】path2.htm，绘制两个半透明的圆形

```
function Draw(){
    var canvas=document.getElementById("canvas");
    var context = canvas.getContext("2d");

    // 绘制第一个圆形
    context.beginPath();
    context.arc(150,100,50,0,Math.PI*2,true);
    context.fillStyle="rgba(255,135,0,0.4)";
    context.fill();

    // 绘制第二个圆形
    context.beginPath();
    context.arc(170,120,50,0,Math.PI*2,true);
    context.fillStyle="rgba(255,135,0,0.4)";
```

```
    context.fill();
}
```

运行结果如图 10.8 所示。如果去掉示例 10-5 中的 beginPath()方法，则运行结果如图 10.9 所示。

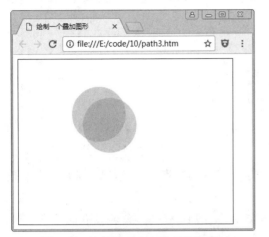

图 10.8 绘制的两个半透明的圆形 1

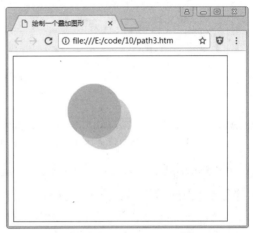

图 10.9 绘制的两个半透明的圆形 2

【代码解析】在图 10.8 中，通过两个子路径绘制了两个圆形，两个圆形重叠部分的颜色叠加显示。在图 10.9 中，去除了 beginPath()方法，绘制图形时就不再创建子路径，第一个圆形在执行过程中将被填充两次。所以，按照规范的绘制方法，可以防止绘图混乱。不过在某种情况下，也许正好可以利用这一特性。

2．closePath()方法的作用

closePath()方法是用来闭合路径的。如果前面设置的路径是开放的，closePath()方法就会自动用直线连接终点和起点。同样，使用路径绘图的方法绘制两条直线，使用 moveTo(x,y)方法设置当前坐标位置，使用 lineTo(x,y)方法为当前子路径添加一条直线，代码如示例 10-6 所示。

【示例 10-6】path3.htm，绘制两条直线

```
function DrawLine(){
    var canvas=document.getElementById("canvas");
    var context = canvas.getContext("2d");
    // 创建绘制过程
    context.beginPath();
    context.moveTo(50,50);
    context.lineTo(120,120);
    context.lineTo(120,60);
    context.closePath();
    context.strokeStyle ="#000";
    // 执行绘制
    context.stroke();
}
```

运行结果如图 10.10 所示。如果去掉示例 10-6 中的 closePath()方法，则运行结果如图 10.11 所示。

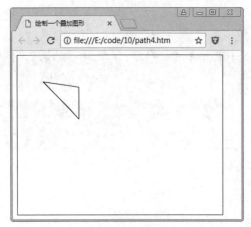
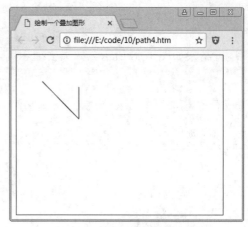

图 10.10　绘制两条直线（闭合路径）　　　图 10.11　绘制两条直线（开放路径）

【代码解析】closePath()方法会自动用一条直线连接路径的起点和终点，以完成路径的闭合。如果需要绘制一个开放的路径，就不要使用它了。

提示：closePath()方法习惯放在路径设置的最后一步，切勿认为是路径设置的结束。因为在此之后，还可以继续设置路径。

10.3.3　图形组合

通常，会把一个图形绘制在另一个图形之上，可称之为图形组合。默认的情况是，上面的图形会覆盖下面的图形，这是因为图形组合默认设置了"source-over"。

在 Canvas 中，可通过属性 globalCompositeOperation 来设置如何在画布上组合颜色，共有 12 种组合类型。语法如下：

```
globalCompositeOperation= [value];
```

参数说明：参数 value 的合法值有 12 个，决定了 12 种图形组合类型，默认值是"source-over"。12 种组合类型如表 10-3 所示。

表 10-3　组合类型值的含义

值	含　义
copy	只绘制新图形，删除其他所有内容
darker	在图形重叠的地方，颜色由两个颜色值相减后决定
destination-atop	已有的内容只在它和新的图形重叠的地方保留。新图形绘制于内容之后
destination-in	在新图形及已有画布重叠的地方，已有内容都保留。所有其他内容成为透明的
destination-out	在已有内容和新图形不重叠的地方，已有内容保留。所有其他内容成为透明的
destination-over	新图形绘制于已有内容的后面
lighter	在图形重叠的地方，颜色由两种颜色值的加值来决定
source-atop	只有在新图形和已有内容重叠的地方，才绘制新图形
source-in	在新图形及已有内容重叠的地方，才绘制新图形。所有其他内容成为透明的
source-out	只有在和已有图形不重叠的地方，才绘制新图形
source-over	新图形绘制于已有图形的顶部。这是默认的行为
xor	在重叠和正常绘制的其他地方，图形都成为透明的

下面我们来看一个图形组合的例子。

【示例 10-7】source.htm，多样化的图形组合

```
01  <!DOCTYPE HTML>
02  <html>
03  <head>
04  <title>绘制组合图形</title>
05  <style type="text/css">
06  canvas {
07      border:1px solid #000;
08  }
09  </style>
10  <script type="text/javascript">
11  function Draw(){
12      var canvas=document.getElementById("canvas");
13      var context = canvas.getContext("2d");
14      // source-over
15      context.globalCompositeOperation = "source-over";
16      RectArc(context);
17      // lighter
18      context.globalCompositeOperation = "lighter";
19      context.translate(90,0);
20      RectArc(context);
21      // xor
22      context.globalCompositeOperation = "xor";
23      context.translate(-90,90);
24      RectArc(context);
25      // destination-over
26      context.globalCompositeOperation = "destination-over";
27      context.translate(90,0);
28      RectArc(context);
29  }
30  // 绘制组合图形
31  function RectArc(context){
32      context.beginPath();
33      context.rect(10,10,50,50);
34      context.fillStyle = "#F90";
35      context.fill();
36      context.beginPath();
37      context.arc(60,60,30,0,Math.PI*2,true);
38      context.fillStyle = "#0f0";
39      context.fill();
40  }
41  window.addEventListener("load",Draw,true);
42  </script>
43  </head>
44  <body style="overflow:hidden">
45  <canvas id="canvas" width="400" height="300">你的浏览器不支持该功能！</canvas>
46  </body>
47  </html>
```

【代码解析】函数 RectArc(context)是用来绘制组合图形的，使用方法 translate()移动不同的位置，连续绘制了 4 种组合图形：source-over、lighter、xor、destination-over。

运行结果如图 10.12 所示。

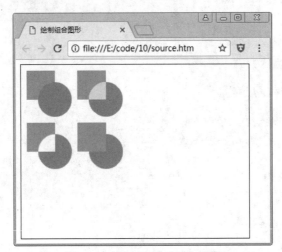

图 10.12　圆形和矩形叠加效果

提示：关于图 10.12 中的图形组合方式，应参照表 10-3 中的描述。在示例 10-7 中列出的 4 种组合方式，在各个浏览器中的效果基本一致，而其他图形组合方式在各个浏览器中都有不同程度的偏差或不一致。虽然这是一个很好的功能，但在实际开发中应考虑不同浏览器的兼容性。

10.3.4　绘制曲线

在实际的绘图中，曲线是常用的一种绘图形式。我们在设置路径的时候，需要使用一些曲线方法来勾勒出曲线路径，以完成曲线的绘制。在 Canvas 中，绘图 API 提供了多种曲线绘制方法，主要有 arc()、arcTo()、quadraticCurveTo()、bezierCurveTo()等。

1. 使用中心点和半径绘制弧线——arc()方法

在上节内容中，我们已经在应用 arc()方法绘制圆形了。该方法为，使用中心点和半径，为一个画布的当前路径添加一条弧线。语法如下：

```
arc(x, y, radius, startAngle,endAngle, counterclockwise);
```

参数说明：x 和 y 描述弧所在圆形的圆心坐标。radius 描述弧所在圆形的半径。startAngle 描述圆弧的开始点的角度。endAngle 描述圆弧的结束点的角度。Counterclockwise 描述方向，逆时针方向为 true，顺时针方向为 false。

如图 10.13 所示，圆心由参数 x 和 y 来确定，半径由参数 radius 确定，圆弧的开始点的角度 startAngle 和结束点的角度 endAngle 如图 10.13 中的箭头标注，体现的是一个逆时针方向的绘制。其中，沿着 x 轴正半轴的三点钟方向的角度为 0。

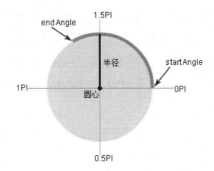

图 10.13 arc()方法绘制弧线原理解析图

下面我们来看一个例子。

【示例 10-8】arc.htm，使用 arc()方法绘制一条弧线

```
01  <!DOCTYPE HTML>
02  <html>
03  <head>
04  <title>绘制弧线</title>
05  <style type="text/css">
06  canvas {
07      border:1px solid #000;
08  }
09  </style>
10  <script type="text/javascript">
11  function Draw(){
12      var canvas=document.getElementById("canvas");
13      var context = canvas.getContext("2d");
14      // 先绘制一个灰色的圆形
15      context.beginPath();
16      // 绘制一个圆心为(150,100)，半径为 50 的圆形
17      context.arc(150,100,50,0,Math.PI*2,true);
18      context.fillStyle="rgba(0,0,0,0.1)";      // 设置填充为黑色，透明度为 0.1
19      context.fill();                            // 填充 arc()方法确定的区域
20      // 再绘制一条圆弧，宽 5 像素，线条颜色为橘黄色
21      context.beginPath();
22      // 绘制一个圆心为(150,100)，半径为 50 的圆弧
23      context.arc(150,100,50,0,(-Math.PI*2/3),true);
24      context.strokeStyle="rgba(255,135,0,1)";  // 设置边框颜色为橘黄色
25      context.lineWidth=5;                       // 设置边框宽度为 5 像素
26      context.stroke();                          // 绘制 arc()方法确定的区域边框
27  }
28  window.addEventListener("load",Draw,true);
29  </script>
30  </head>
31  <body style="overflow:hidden">
32  <canvas id="canvas" width="400" height="300">你的浏览器不支持该功能！</canvas>
33  </body>
34  </html>
```

【代码解析】为了更好地说明问题，同时绘制一个灰色的圆形，圆形的圆心坐标和半径与弧线相同，弧线的线条宽 5 像素，线条颜色为橘黄色。在绘制弧线的时候，仅用 arc()方法就可以完成路径的设置，与其他路径的绘制一样，需要先设置填充样式或边框样式，最后执行填充或绘制。绘制弧线，不依赖于绘制起点，即不需要使用 moveTo()方法来确定绘制起点。

运行结果如图 10.14 所示。

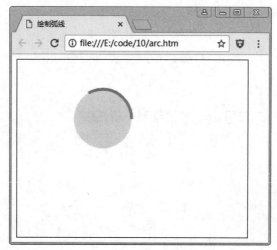

图 10.14　使用 arc()方法绘制一条橘黄色的弧线

2. 使用辅助线绘制弧线——arcTo()方法

arcTo()方法使用切线的方法绘制弧线，使用两个目标点和一个半径，为当前的子路径添加一条弧线。与 arc()方法相比，二者都是绘制弧线，但绘制思路及侧重点不一样。语法如下：

```
arcTo(x1, y1, x2, y2, radius);
```

参数说明：x1 和 y1 描述了一个坐标点，用 P1 表示。x2 和 y2 描述了另一个坐标点，用 P2 表示。radius 描述弧的圆形的半径。如图 10.15 所示，有一个绘制的起点（当前位置），通常会使用 moveTo()方法来指定。P1 点由参数 x1 和 y1 确定。P2 点由参数 x2 和 y2 确定。半径由参数 radius 确定。

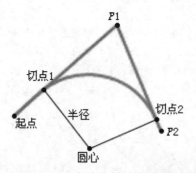

图 10.15　arcTo()方法绘制弧线原理解析图

添加给路径的圆弧是具有指定 radius 的圆的一部分。圆弧有一个点与起点到 P1 的线段相切（如图 10.15 所示的切点 1），还有一个点与从 P1 到 P2 的线段相切（如图 10.15 所示的切点 2）。这两个切点就是圆弧的起点和终点，圆弧绘制的方向就是连接这两个点的最短圆弧的方向。

从某种意义上讲，使用 arcTo()方法绘制圆弧借助了两条辅助线。下面使用 arcTo()方法来绘制一条弧线，代码如示例 10-9 所示。

【示例 10-9】arcto.htm，使用 arcTo()方法绘制一条弧线

```
01  <!DOCTYPE HTML>
02  <html>
03  <head>
04  <title>绘制弧线</title>
05  <style type="text/css">
06  canvas {
07      border:1px solid #000;
08  }
09  </style>
10  <script type="text/javascript">
11  function Draw(){
12      var canvas=document.getElementById("canvas");
13      var context = canvas.getContext("2d");
14      // 先绘制灰色的辅助线段，宽 2 像素
15      context.beginPath();                          // 添加第一个子路径
16      context.moveTo(100,120);                      // 确定当前位置，即绘图起始位置
17      context.lineTo(150,60);                       // 到 P1 点的直线
18      context.lineTo(1100,130);                     // 到 P2 点的直线
19      context.strokeStyle="rgba(0,0,0,0.4)";        // 线框颜色为黑色，透明度为 0.4
20      context.lineWidth=2;                          // 线框宽度为 2 像素
21      context.stroke();
22      // 再绘制一条圆弧，宽 2 像素，线条颜色为橘黄色
23      context.beginPath();                          // 添加第二个子路径
24      context.moveTo(100,120);                      // 确定当前位置，与第一个子路径一致
25      context.arcTo(150, 60, 1100, 130, 50);        // arcTo()方法确定弧线轮廓
26      context.strokeStyle="rgba(255,135,0,1)";      // 线框颜色为橘黄色
27      context.stroke();
28  }
29  window.addEventListener("load",Draw,true);
30  </script>
31  </head>
32  <body style="overflow:hidden">
33  <canvas id="canvas" width="400" height="300">你的浏览器不支持该功能！</canvas>
34  </body>
35  </html>
```

【代码解析】由于该绘制弧线的方法是通过与辅助线段相切来完成的，所以将与弧线相切的辅助线段也绘制出来。在绘制弧线的时候，先通过 moveTo()方法确定绘制起点。该起点与圆弧的第一个切点会连接起来。

运行结果如图 10.16 所示。

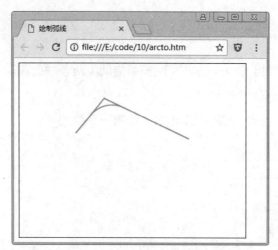

图 10.16　使用 arcTo()方法绘制一条橘黄色的弧线

3．绘制二次样条曲线——quadraticCurveTo()方法

二次样条曲线是曲线的一种，Canvas 绘图 API 专门提供了此曲线的绘制方法。quadraticCurveTo()方法为当前的子路径添加一条二次样条曲线。语法如下：

```
quadraticCurveTo(cpX, cpY,x,y);
```

参数说明：cpX 和 cpY 描述了控制点的坐标；x 和 y 描述了曲线的终点坐标。

如图 10.17 所示，起点即当前位置，控制点由参数 cpX、cpY 确定，终点由参数 x、y 确定。这条橘黄色的曲线就是从起点连接到终点的，而控制点可以控制起点和终点之间的曲线的形状。

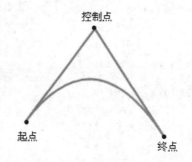

图 10.17　二次样条曲线原理解析图

下面使用 quadraticCurveTo()方法来绘制一条曲线，代码如示例 10-10 所示。

【示例 10-10】quadratic.htm，绘制二次样条曲线

```
01  <!DOCTYPE HTML>
02  <html>
03  <head>
04  <title>绘制弧线</title>
05  <style type="text/css">
06  canvas {
07      border:1px solid #000;
08  }
09  </style>
```

```
10 <script type="text/javascript">
11 function Draw(){
12     var canvas=document.getElementById("canvas");
13     var context = canvas.getContext("2d");
14     // 先绘制灰色的辅助线段，宽3像素
15     context.beginPath();                       // 添加第一个子路径
16     context.moveTo(100,200);                   // 确定当前位置，即绘图起始位置
17     context.lineTo(200,50);                    // 直线连接控制点
18     context.lineTo(300,200);                   // 直线连接终点
19     context.strokeStyle="rgba(0,0,0,0.4)";     // 线框颜色为黑色，透明度为0.4
20     context.lineWidth=3;
21     context.stroke();
22     // 再绘制一条曲线，宽3像素，线条颜色为橘黄色
23     context.beginPath();                       // 添加第二个子路径
24     context.moveTo(100, 200);                  // 确定当前位置，与第一个子路径一致
25     context.quadraticCurveTo(200, 50, 300, 200);   // 确定曲线轮廓
26     context.lineWidth = 3;
27     context.strokeStyle="rgba(255,135,0,1)";   // 线框颜色为橘黄色
28     context.stroke();
29 }
30 window.addEventListener("load",Draw,true);
31 </script>
32 </head>
33 <body style="overflow:hidden">
34 <canvas id="canvas" width="400" height="300">你的浏览器不支持该功能！</canvas>
35 </body>
36 </html>
```

【代码解析】由于该方法使用了两个坐标点，所以这里我们也将这些点用直线连接起来，以辅助我们理解。在绘制曲线的时候，先通过 moveTo() 方法确定绘制起点。如图 10.18 所示的橘黄色部分为绘制的曲线部分，连接了曲线的起点和终点。曲线的弯曲形状，由控制点控制。

运行结果如图 10.18 所示。

图 10.18　绘制的二次样条曲线

提示：样条曲线是数学中的概念，已超出我们的研究范围，有兴趣的读者可以去研究一下。

4．绘制贝济埃曲线——bezierCurveTo()方法

贝济埃曲线，又称贝兹曲线或贝塞尔曲线，是应用于二维图形应用程序的数学曲线。Canvas 绘图 API 也提供了贝济埃曲线的绘制方法——bezierCurveTo()。与二次样条曲线相比，贝济埃曲线使用了两个控制点，以至于读者可以创建更复杂的曲线图形。语法如下：

```
bezierCurveTo(cp1X, cp1Y, cp2X, cp2Y,x,y);
```

参数说明：cp1X、cp1Y 描述了第一个控制点的坐标，cp2X、cp2Y 描述了第二个控制点的坐标，x、y 描述了曲线的终点坐标。

如图 10.19 所示，起点即当前位置，控制点 1 由参数 cp1X、cp1Y 确定，控制点 2 由参数 cp2X、cp2Y 确定，终点由参数 x、y 确定。这条橘黄色的曲线就是从起点连接到终点，两个控制点联合控制曲线的形状。

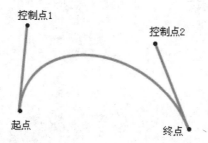

图 10.19　贝济埃曲线原理解析图

下面我们来绘制一条贝济埃曲线，代码如示例 10-11 所示。

【示例 10-11】 bezier.htm，绘制贝济埃曲线

```
01  <!DOCTYPE HTML>
02  <html>
03  <head>
04  <title>绘制弧线</title>
05  <style type="text/css">
06  canvas {
07      border:1px solid #000;
08  }
09  </style>
10  <script type="text/javascript">
11  function Draw(){
12      var canvas=document.getElementById("canvas");
13      var context = canvas.getContext("2d");
14      // 先绘制灰色的辅助线段，宽2像素
15      context.beginPath();                      // 添加第一个子路径
16      context.moveTo(100,200);                  // 确定当前位置，即绘图起始位置
17      context.lineTo(110,100);                  // 直线连接控制点
18      context.moveTo(260,100);                  // 移动当前位置
```

```
19        context.lineTo(300,200);                    // 直线连接终点
20        context.strokeStyle="rgba(0,0,0,0.4)";      // 线框颜色为黑色，透明度为 0.4
21        context.lineWidth=3;
22        context.stroke();
23        // 再绘制一条曲线，宽 3 像素，线条颜色为橘黄色
24        context.beginPath();                        // 添加第二个子路径
25        context.moveTo(100, 200);                   // 确定当前位置，与第一个子路径一致
26        context.bezierCurveTo(110, 100, 260, 100, 300, 200);    // 确定曲线轮廓
27        context.lineWidth = 3;
28        context.strokeStyle="rgba(255,135,0,1)";    // 线框颜色为橘黄色
29        context.stroke();
30    }
31    window.addEventListener("load",Draw,true);
32    </script>
33    </head>
34    <body style="overflow:hidden">
35    <canvas id="canvas" width="400" height="300">你的浏览器不支持该功能！</canvas>
36    </body>
37    </html>
```

【代码解析】在绘制辅助线的时候，连接了起点和第一个控制点、第二个控制点和终点。图 10.20 所示的橘黄色线条部分为绘制的曲线部分，连接了曲线的起点和终点。曲线的弯曲形状，由两个控制点共同控制。

运行结果如图 10.20 所示。

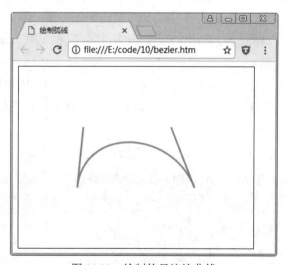

图 10.20　绘制的贝济埃曲线

提示：关于贝济埃曲线的变形原理，已超出我们的研究范围。在这里，只要搞明白如何绘制贝济埃曲线即可。

10.3.5　使用图像

有的时候，可能需要借助一些现有的图片，以便绘图更加灵活和方便。在 Canvas 中，绘图 API 提供了插入图像的方法，只需几行代码就能将图像绘制到画布上。使用 drawImage() 方

法可将图像添加到 Canvas 画布中，即绘制一幅图像。使用该方法时，根据参数个数不同有 3 种不同的使用方法。

（1）把整个图像复制到画布，将其放置到指定点的左上角，并且将每个图像像素映射成画布坐标系统的一个单元。语法如下：

```
drawImage(image, x, y)
```

参数说明：image 表示所要绘制的图像对象；x、y 表示要绘制的图像的左上角的位置。

（2）把整个图像复制到画布，但是允许用画布单位来指定想要的图像的宽度和高度。语法如下：

```
drawImage(image, x, y, width, height)
```

参数说明：image 表示所要绘制的图像对象；x、y 表示要绘制的图像的左上角的位置；width、height 表示图像所应该绘制的尺寸，指定这些参数使得图像可以缩放。

（3）此方法是完全通用的，它允许指定图像的任何矩形区域并复制它，对画布中的任何位置都可进行任意缩放。语法如下：

```
drawImage(image, sourceX, sourceY, sourceWidth, sourceHeight, destX, destY, destWidth, destHeight)
```

参数说明：image 表示所要绘制的图像对象；sourceX、sourceY 表示图像将要被绘制的区域的左上角，这些整数参数用图像像素来度量；sourceWidth、sourceHeight 表示图像所要绘制区域的大小，用图像像素表示；destX、destY 表示所要绘制的图像区域的左上角的画布坐标；destWidth、destHeight 表示图像区域所要绘制的画布大小。

以上 3 种方法中的参数 image，都表示所要绘制的图像对象，必须是 Image 对象或 Canvas 元素。一个 Image 对象能够表示文档中的一个<img>标记或者使用 Image()构造函数所创建的一个屏幕外图像。

3 种方法中，第一种方法参数最少，所以最简单，但实现的功能有限；第二种方法复杂一些，但功能仍然受限；第三种方法参数最多、最复杂，能对图像进行剪裁等操作。在绘图时，根据实际需要，可以从以上 3 种方法中自由选择。

下面我们来看一个例子，分别使用 3 种方法插入图像，代码如示例 10-12 所示。

【示例 10-12】 image.htm，使用 3 种方法插入图像

```
01  <!DOCTYPE HTML>
02  <html>
03  <head>
04  <title>绘制图像</title>
05  <style type="text/css">
06  canvas {
07      border:1px solid #000;
08  }
09  </style>
10  <script type="text/javascript">
11  function Draw(){
12      var canvas=document.getElementById("canvas");   // 获取 Canvas 对象
13      var context = canvas.getContext("2d");          // 获取 2d 上下文绘图对象
```

```
14      var newImg = new Image();              // 使用 Image()构造函数创建图像对象
15      newImg.src= "img.jpg";                 // 指定图像的文件地址
16      newImg.onload=function(){
17        context.drawImage(newImg,0,0);       // 从左上角开始绘制图像
18        // 从指定坐标开始绘制图像,并设置图像的宽和高
19        context.drawImage(newImg,250,100,150,200);
20        // 剪裁一部分图像放在左上角,并稍微放大
21        context.drawImage(newImg,90,100,100,100,0,0,120,120);
22      }
23    }
24  window.addEventListener("load",Draw,true);
25  </script>
26  </head>
27  <body style="overflow:hidden">
28  <canvas id="canvas" width="400" height="300">你的浏览器不支持该功能!</canvas>
29  </body>
30  </html>
```

【代码解析】在示例 10-12 中,使用了 3 种插入图像的方法。由于参数的个数及表示的意义不同,所以可以灵活运用其特性,选择使用。绘制图像的代码之所以包含在 onload 处理函数中,是因为图像本身需要时间加载,在加载完成之前,图像是不能被绘制的。

运行结果如图 10.21 所示。

图 10.21　使用 3 种方法插入图像

图 10.21 中的图像,满画布的图像是用第一种方法绘制的;右下角的图像是用第二种方法绘制的;左上角的图像是用第三种方法绘制的。

提示:在插入图像之前,需考虑图像加载的时间。如果图像没加载完成就已经执行了 drawImage()方法,则不会显示任何图片。在示例 10-12 中,为图像对象添加了 onload 处理函数,以保证在图像加载完成后执行 drawImage()方法。

10.3.6　剪裁区域

在路径绘图中,我们使用了两大绘图方法,即用于绘制线条的 stroke()方法和用于填充区域的 fill()方法。关于路径的处理,还有一种方法,即剪裁方法 clip()。

说起剪裁，大多数人会想到剪裁图片，即保留图片的一部分。但是剪裁的实现方法是另一种思维。

比如在火车上，乘客会通过车窗欣赏外面的风景，但会受到车窗的限制，只能看很小的一块区域。外面的风景好比画布，车窗就好比一个剪裁区域，无论画布里的风景如何绘制，却只能在剪裁区域里表现出来，剪裁区域外是没有任何变化的。也可以理解为，在接下来的绘图中，都是在剪裁区域里进行的。

而剪裁区域是通过路径来确定的。和绘制线条的方法和填充区域的方法一样，剪裁区域也需要预先确定绘图路径，再执行剪裁路径方法 clip()，这样就确定了剪裁区域。剪裁区域的语法如下：

```
clip();
```

该方法没有参数，在设置路径之后执行。

下面我们来看一个例子，代码如示例 10-13 所示。

【示例 10-13】 clip.htm，使用剪裁区域绘图

```
01  <!DOCTYPE HTML>
02  <html>
03  <head>
04  <title>绘制剪裁</title>
05  <style type="text/css">
06  canvas {
07      border:1px solid #000;
08  }
09  </style>
10  <script type="text/javascript">
11  function Draw(){
12      var canvas=document.getElementById("canvas");
13      var context = canvas.getContext("2d");
14      var newImg = new Image();
15      newImg.src= "back.jpg";
16      newImg.onload=function(){
17          // 设置一个圆形的剪裁区域
18          ArcClip(context);
19          // 从左上角开始绘制图像
20          context.drawImage(newImg,0,0);
21          // 设置全局半透明
22          context.globalAlpha=0.6;
23          // 使用路径绘制矩形
24          FillRect(context);
25      }
26  }
27  // 设置一个圆形的剪裁区域
28  function ArcClip(context){
29      context.beginPath();
30      context.arc(150,150,100,0,Math.PI*2,true);  // 设置一个圆形的绘图路径
31      context.clip();                             // 剪裁区域
```

```
32    }
33    // 使用路径绘制矩形
34    function FillRect(context){
35        context.beginPath();
36        context.rect(150,150,90,90);
37        context.fillStyle="#f90";
38        context.fill();
39    }
40    window.addEventListener("load",Draw,true);
41    </script>
42    </head>
43    <body style="overflow:hidden">
44    <canvas id="canvas" width="400" height="300">你的浏览器不支持该功能！</canvas>
45    </body>
46    </html>
```

【代码解析】在绘制图像之前，使用方法 ArcClip(context)设置一个圆形的剪裁区域。先设置一个圆形的绘图路径，再调用 clip()方法，即完成了区域的剪裁。其次绘制图像，把加载的图像从画布的左上角开始绘制。可以看到，只在剪裁区域里有绘制。最后，使用路径的方法绘制了矩形，并填充半透明的颜色，也只在剪裁区域内有绘制。

运行结果如图 10.22 所示。

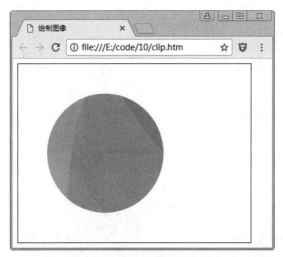

图 10.22 使用剪裁区域绘图 1

这说明剪裁之后的任何绘制都局限在剪裁区域内部。如果想取消剪裁区域，则可以在剪裁区域前先调用 save()方法保存当前上下文状态，在绘制完剪裁图像之后，再调用 restore()方法恢复之前保存的上下文状态，这样就去除了剪裁区域，在接下来的绘图中就不会被剪裁区域局限了。

把 Draw()函数做一下改动，如示例 10-14 所示。

【示例 10-14】cancel.htm，取消剪裁区域

```
01    <!DOCTYPE HTML>
02    <html>
```

```html
03 <head>
04 <title>绘制剪裁</title>
05 <style type="text/css">
06 canvas {
07     border:1px solid #000;
08 }
09 </style>
10 <script type="text/javascript">
11 function Draw(){
12     var canvas=document.getElementById("canvas");
13     var context = canvas.getContext("2d");
14     var newImg = new Image();
15     newImg.src= "back.jpg";
16     newImg.onload=function(){
17         // 保存当前状态
18         context.save();
19         // 设置一个圆形的剪裁区域
20         ArcClip(context);
21         // 从左上角开始绘制图像
22         context.drawImage(newImg,0,0);
23         // 恢复被保存的状态
24         context.restore();
25         // 设置全局半透明
26         context.globalAlpha=0.6;
27         // 使用路径绘制矩形
28         FillRect(context);
29     }
30 }
31 function ArcClip(context){
32     context.beginPath();
33     context.arc(150,150,100,0,Math.PI*2,true);    // 设置一个圆形的绘图路径
34     context.clip();                                // 剪裁区域
35 }
36 // 使用路径绘制矩形
37 function FillRect(context){
38     context.beginPath();
39     context.rect(150,150,90,90);
40     context.fillStyle="#f90";
41     context.fill();
42 }
43 window.addEventListener("load",Draw,true);
44 </script>
45 </head>
46 <body style="overflow:hidden">
47 <canvas id="canvas" width="400" height="300">你的浏览器不支持该功能!</canvas>
48 </body>
49 </html>
```

【代码解析】在剪裁区域之前,调用了 save()方法保存当前上下文状态;在剪裁区域内绘

制了图像之后，调用了 restore()方法恢复了上下文状态，即剪裁区域之前的状态。所以，在接下来的绘图中不再受剪裁区域限制。

运行结果如图 10.23 所示。

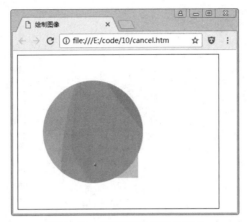

图 10.23　使用剪裁区域绘图 2

提示：关于方法 save()和方法 restore()，将在后面的章节中详细介绍。

10.3.7　绘制渐变

渐变是一种很普遍的视觉形象，能带来视觉上的舒适感。在 Canvas 中，绘图 API 提供了两个原生的渐变方法，包括线性渐变和径向渐变。渐变，在颜色集上使用逐步抽样的算法，可以应用在描边样式和填充样式中。使用渐变需要三个步骤：首先是创建渐变对象；其次是设置渐变颜色和过渡方式；最后将渐变对象赋值给填充样式或描边样式。

绘图 API 提供了两种渐变的创建方法：创建线性渐变的 createLinearGradient()方法和创建径向渐变的 createRadialGradient()方法。

线性渐变，是指起始点和结束点之间线性地插入颜色值。创建线性渐变的语法如下：

`createLinearGradient(xStart, yStart, xEnd, yEnd);`

参数说明：xStart、yStart 表示渐变的起始点的坐标；xEnd、yEnd 表示渐变的结束点的坐标。返回一个渐变对象。

径向渐变，是指两个指定圆的圆周之间放射性地插入颜色值。创建径向渐变的语法如下：

`createLinearGradient(xStart, yStart, radiusStart, xEnd, yEnd, radiusEnd);`

参数说明：xStart、yStart 表示开始圆的圆心坐标；radiusStart 表示开始圆的半径；xEnd、yEnd 表示结束圆的圆心坐标；radiusEnd 表示结束圆的半径。返回一个渐变对象 gradient。

设置渐变颜色，需要在渐变对象上使用 addColorStop()方法，在渐变中的某一点添加一个颜色变化。语法如下：

`addColorStop(offset, color);`

参数说明：offset 是一个范围在 0.0～1.0 的浮点值，表示渐变的开始点和结束点之间的一部分。offset 为 0，对应开始点；offset 为 1，对应结束点。color 是一个颜色值，表示在指定 offset 显示的颜色。

描边样式 strokeStyle 和填充样式 fillStyle 的值，都可以使用渐变对象。当样式被赋值为渐变对象时，绘制出来的描边和填充都会有渐变效果。

下面我们绘制一个线性渐变的矩形，代码如示例 10-15 所示。

【示例 10-15】grad.htm，绘制线性渐变的矩形

```
01  <!DOCTYPE HTML>
02  <html>
03  <head>
04  <title>绘制渐变</title>
05  <style type="text/css">
06  canvas {
07      border:1px solid #000;
08  }
09  </style>
10  <script type="text/javascript">
11  function Draw(){
12      var canvas=document.getElementById("canvas");
13      var context = canvas.getContext("2d");
14      // 创建渐变对象：线性渐变
15      var grd=context.createLinearGradient(0,0,300,0);
16      // 设置渐变颜色及方式
17      grd.addColorStop(0,"#f90");
18      grd.addColorStop(1,"#0f0");
19      // 将填充样式设置为线性渐变对象
20      context.fillStyle=grd;
21      context.fillRect(0,0,300,100);
22  }
23  window.addEventListener("load",Draw,true);
24  </script>
25  </head>
26  <body style="overflow:hidden">
27  <canvas id="canvas" width="400" height="300">你的浏览器不支持该功能！</canvas>
28  </body>
29  </html>
```

【代码解析】在示例 10-15 中，按照使用渐变的三个步骤，绘制了线性渐变的矩形。如图 10.24 所示，起始点到结束点的渐变为橘黄色到绿色；起始点到结束点可以确定一条线段，渐变会沿着该线段的垂直方向扩展。设置渐变颜色及过渡方式环节，可以使用 addColorStop()方法，以便实现更多颜色的线性渐变。

运行结果如图 10.24 所示。

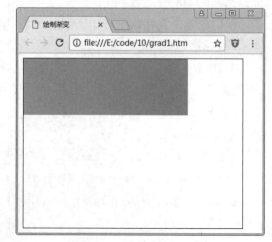

图 10.24　线性渐变的矩形

下面我们绘制一个径向渐变的圆形。

【示例 10-16】grad2.htm，绘制径向渐变的圆形

```
01  <!DOCTYPE HTML>
02  <html>
03  <head>
04  <title>绘制渐变</title>
05  <style type="text/css">
06  canvas {
07      border:1px solid #000;
08  }
09  </style>
10  <script type="text/javascript">
11  function Draw(){
12      var canvas=document.getElementById("canvas");
13      var context = canvas.getContext("2d");
14      // 创建渐变对象：径向渐变
15      var grd=context.createRadialGradient(50,50,0,100,100,90);
16      // 设置渐变颜色及方式
17      grd.addColorStop(0,"#0f0");
18      grd.addColorStop(1,"#f90");
19      // 将填充样式设置为径向渐变对象
20      context.fillStyle=grd;
21      context.beginPath();
22      context.arc(100,100,90,0,Math.PI*2,true);
23      context.fill();
24  }
25  window.addEventListener("load",Draw,true);
26  </script>
27  </head>
28  <body style="overflow:hidden">
29  <canvas id="canvas" width="400" height="300">你的浏览器不支持该功能！</canvas>
30  </body>
31  </html>
```

【代码解析】在示例 10-16 中，起始圆的半径为 0，即为一个点。图 10.25 所示即为起始圆圆周到结束圆圆周之间的径向渐变。设置渐变颜色及过渡方式，也可以使用 addColorStop()方法，以便实现更多颜色的径向渐变。

运行结果如图 10.25 所示。

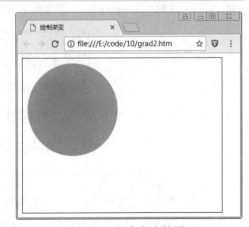

图 10.25　径向渐变的圆形

10.3.8　描边属性

在前面章节中已经使用过边框样式（描边样式），相信读者已不再陌生。本节将详细讲解描边过程中使用的各种属性。

描边的过程也是绘制线条的过程，绘制出来的图像是有一定宽度的带有颜色的线条。描边常用的属性，除属性 lineWidth 和属性 strokeStyle 外，还包括线条的末端控制属性 lineCap、线条之间的连接属性 lineJoin 和 miterLimit。

（1）线条宽度属性 lineWidth：描述了画笔（绘制线条）操作的线条宽度，并且这个属性必须大于 0.0。较宽的线条在路径上居中。语法如下：

`lineWidth = [value];`

参数说明：参数 value 为数字，单位为像素，默认为 1。如图 10.26 所示，是 value 值分别为 10、16、20 的使用效果。

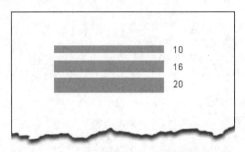

图 10.26 属性 lineWidth 的宽度效果

（2）线条样式属性 strokeStyle：描述了画笔（绘制线条）操作的线条样式。该样式可以设置为颜色、渐变和模式。语法如下：

`strokeStyle= [value];`

参数说明：参数 value 可以设置为字符串表示的颜色，也可以是一个渐变对象，还可以是模式对象。

提示：属性 strokeStyle 和属性 fillStyle 分别用于绘制线条和绘制区域，它们可以接受的值的范围是一样的：颜色、渐变和模式。关于模式将在下节讲述。

（3）线条末端控制属性 lineCap：描述了指定线条的末端如何绘制。语法如下：

`lineCap = [value];`

参数说明：参数 value 的合法值是 butt、round 和 square。默认值是 butt。如图 10.27 所示，是 value 值分别为 butt、round 和 square 的使用效果。

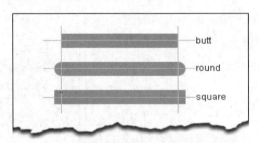

图 10.27 属性 lineCap 各属性值的效果

当线条具有一定的宽度时，才能表现出各种值的差异。

- **butt**：定义了线段没有线帽。线条的末端是平直的，而且和线条的方向正交，这条线段在其端点之外没有扩展。

- round：定义了线段的末端为一个半圆形的线帽，半圆的直径等于线段的宽度，并且线段在端点之外扩展了线段宽度的一半。
- square：定义了线段的末端为一个矩形的线帽。这个值和 butt 有着同样的形状效果，但是线段扩展了自己宽度的一半。

（4）线条的连接属性 lineJoin：描述了两条线条的连接方式。语法如下：

`lineJoin = [value];`

参数说明：参数 value 的合法值是 round、bevel 和 miter。默认值是 miter。如图 10.28 所示，是 value 值分别为 round、bevel 和 miter 的使用效果。

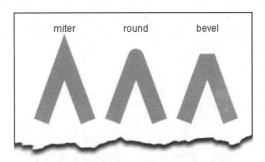

图 10.28　属性 lineJoin 各属性值的效果

当一个路径包含了线段或曲线相交的交点时，lineJoin 属性可以表现这些交点的连接方式。不过只有当线条较宽时，才能表现出不同连接方式的差异。

- miter：定义了两条线段的外边缘一直延伸到它们相交。当两条线段以一个锐角相交时，连接的地方可能会延伸到很长。
- round：定义了两条线段的外边缘应该和一个填充的弧接合，这个弧的直径等于线段的宽度。
- bevel：定义了两条线段的外边缘应该和一个填充的三角形相交。

（5）扩展的线条连接属性 miterLimit：进一步描述了如何绘制两条线段的交点。语法如下：

`miterLimit= [value];`

参数说明：参数 value 为数值。

当宽线条的 lineJoin 属性为 miter 时，并且两条线段以锐角相交，连接的地方可能会相当长。miterLimit 属性可以为该延伸的长度设置一个上限。这个属性表示延伸的长度和线条长度的比值。默认是 10，表示延伸的长度不应该超过线条宽度的 10 倍。如果延伸的长度超过这个长度，就变成斜角了。当属性 lineJoin 的值为 round 或 bevel 时，属性 miterLimit 是无效的。

10.3.9　模式

模式是一个抽象的概念，描述的是一种规律。在 Canvas 中，通常会为贴图图像创建一个模式，用于描边样式和填充样式，可以绘制出带图案的边框和背景图。在 Canvas 中，模式是一个对象，使用 createPattern()方法可以为贴图图像创建一个模式，语法如下：

`createPattern(image, repetitionStyle)`

参数说明：image 描述了一个贴图图像，可以是一个图像对象，也可以是一个 Canvas 对象。repetitionStyle 描述了该贴图图像的循环平铺方式，有 4 个值，分别为 repeat、repeat-x、repeat-y 和 no-repeat。repeat 表示图像在各个方向上循环平铺；repeat-x 表示图像在横向上循环平铺；repeat-y 表示图像在纵向上循环平铺；no-repeat 表示图像只使用一次，不平铺。

下面我们来看一个例子，代码如示例 10-17 所示。

【示例 10-17】 pattern.htm，用贴图模式填充矩形

```
01  <!DOCTYPE HTML>
02  <html>
03  <head>
04  <title>绘制贴图</title>
05  <style type="text/css">
06  canvas {
07      border:1px solid #000;
08  }
09  </style>
10  <script type="text/javascript">
11  function Draw(){
12      var canvas=document.getElementById("canvas");
13      var context = canvas.getContext("2d");
14      var img = new Image();                    // 使用 Image()构造函数创建图像对象
15      img.src = '../images/flower.gif';         // 指定图像的文件地址
16      img.onload = function(){
17          // 创建一个贴图模式，循环平铺图像
18          var ptrn = context.createPattern(img,'repeat');
19          context.fillStyle = ptrn;             // 设置填充样式为贴图模式
20          context.fillRect(0,0,300,200);        // 填充矩形
21      }
22  }
23  window.addEventListener("load",Draw,true);
24  </script>
25  </head>
26  <body style="overflow:hidden">
27  <canvas id="canvas" width="400" height="300">你的浏览器不支持该功能！</canvas>
28  </body>
29  </html>
```

【代码解析】 使用贴图模式的代码包含在 onload 处理函数中，因为图像本身需要时间加载，在加载完成之前，创建出来的贴图模式是无效的。贴图模式也可以用于描边样式。

运行结果如图 10.29 所示。

提示： 模式可用于背景的绘制，使用方法与 CSS 中的背景样式很相像。其中，循环平铺方式 repeat-x、repeat-y 在部分浏览器中支持得不是很好，如 Firefox。

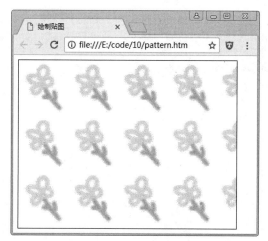

图 10.29　使用贴图模式填充的矩形

10.3.10　变换

在绘制图形的过程中，如果一种形状的图形要绘制多次，那么显然会增加复杂性。Canvas 绘图 API 提供了多种变换方法，为实现复杂的绘图操作提供了便捷的方法。常见的变换方法包括平移、缩放、旋转和变形等。

在默认情况下，Canvas 的坐标空间以左上角(0,0)作为原点，x 值向右增加，y 值向下增加，坐标空间中的一个单位通常转换为像素。也就是说，坐标空间默认包含了一些基本属性。所以，可以把变换理解为改变了坐标空间的一些属性设置。

接下来，我们通过案例来讲解图像的变换。

（1）移动变换，是将整个坐标系统设置一定的偏移数量，绘制出来的图像也会跟着偏移。为坐标系统添加水平的和垂直的偏移实现移动。语法如下：

```
translate(dx,dy);
```

参数说明：dx 为水平方向上的偏移量；dy 为垂直方向上的偏移量。添加偏移后，会将偏移量附加在后续的所有坐标点。

下面我们看来一个例子，使用移动的方法，将绘制的圆形脸谱移动到合适的位置，代码如示例 10-18 所示。

【示例 10-18】tran1.htm，绘制一个圆形脸谱

```
01  <!DOCTYPE HTML>
02  <html>
03  <head>
04  <title>变换</title>
05  <style type="text/css">
06  canvas {
07      border:1px solid #000;
08  }
09  </style>
10  <script type="text/javascript">
11  function Draw(){
```

```
12      var canvas=document.getElementById("canvas");
13      var context = canvas.getContext("2d");
14      // 设置移动偏移量
15 context.translate(200,120);
16      // 绘制一个圆形脸谱
17      ArcFace (context);
18 }
19 function ArcFace(context){
20      // 绘制一个圆形边框
21      context.beginPath();
22      context.arc(0,0,90,0,Math.PI*2,true);
23      context.lineWidth=5;
24      context.strokeStyle="#f90";
25      context.stroke();
26      // 绘制一个脸谱
27      context.beginPath();
28      context.moveTo(-30,-30);
29      context.lineTo(-30,-20);
30      context.moveTo(30,-30);
31      context.lineTo(30,-20);
32      context.moveTo(-20,30);
33      context.bezierCurveTo(-20, 44, 20, 30, 30, 20);
34      context.strokeStyle="#000";
35      context.lineWidth=10;
36      context.lineCap="round";
37      context.stroke();
38 }
39 window.addEventListener("load",Draw,true);
40 </script>
41 </head>
42 <body style="overflow:hidden">
43 <canvas id="canvas" width="400" height="300">你的浏览器不支持该功能！</canvas>
44 </body>
45 </html>
```

【代码解析】使用函数 ArcFace()绘制一个圆形脸谱的图像。该图像是以原点为中心绘制的，由于在绘图开始之前，已经将坐标系统进行了偏移设置，所以绘制的所有坐标都会进行相应的坐标偏移。其值，在 x 坐标方向上的偏移量为 200，在 y 坐标方向上的偏移量为 120。

运行结果如图 10.30 所示。

如果需要调整图像的位置，则只需调整坐标系统的偏移量即可，不用再在新的位置重新绘图，很直观地实现了图像的移动。

（2）缩放变换，是将整个坐标系统设置一对缩放因子，绘制出来的图像会相应地缩放。为坐标系添加一个缩放变换，设置独立的水平和垂直缩放因子实现图像的缩放。语法如下：

```
scale (sx,sy);
```

参数说明：sx 为水平方向上的缩放因子；sy 为垂直方向上的缩放因子。sx 和 sy 为大于 0 的数字，当其值大于 1 时，为放大图像；小于 1 时，为缩小图像。

使用缩放的方法，可以将绘制的圆形脸谱变换成椭圆形脸谱，代码如示例10-19所示。

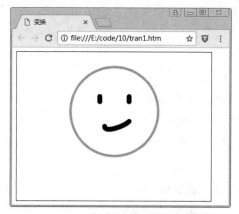

图10.30　绘制的圆形脸谱

【示例10-19】tran2.htm，将圆形脸谱变换成椭圆形脸谱

```
function Draw(){
    var canvas=document.getElementById("canvas");
    var context = canvas.getContext("2d");
context.translate(200,120);
// 缩放图像，在水平方向和垂直方向设置不同的缩放因子
    context.scale(0.6,0.4);
    // 绘制一个圆形脸谱
    ArcFace (context);
}
```

【代码解析】在示例10-19中，使用函数ArcFace()绘制的仍然是一个圆形脸谱。在绘制之前，为坐标系统添加了缩放变换，在x坐标方向上缩小为实际的0.6倍，在y坐标方向上缩小为实际的0.4倍。缩放后平移到适当的位置，圆形脸谱就变成了椭圆形脸谱。

运行结果如图10.31所示。

图10.31　缩放后的椭圆形脸谱

提示：示例10-19中使用的函数ArcFace()即是示例10-18中的函数ArcFace()，所以不再重复列出代码。

通过缩放变换，可以改变图像在水平方向和垂直方向上的比例，丰富图像的表现。

（3）旋转变换，是将整个坐标系统设置一个旋转的弧度，绘制出来的图像会相应地旋转。为坐标系统指定一个旋转的弧度，绘制出来的图像也会相应地旋转，即实现了图像的旋转变换。语法如下：

`rotate(angle);`

参数说明：angle 为旋转的量，用弧度表示。正值表示顺时针方向旋转，负值表示逆时针方向旋转。旋转的中心点为坐标系统的原点。

提示：这里的旋转量是用弧度表示的，如需把角度转换为弧度，请乘以 Math.PI 并除以 1100。

使用旋转的方法，可以将绘制的椭圆形脸谱进行倾斜，代码如示例 10-20 所示。

【示例 10-20】tran3.htm，将椭圆形脸谱进行倾斜

```
function Draw(){
    var canvas=document.getElementById("canvas");
    var context = canvas.getContext("2d");
    context.translate(200,120);
    // 旋转图像，顺时针旋转 30 度
    context.rotate(Math.PI/6);
    context.scale(0.6,0.4);
    // 绘制一个圆形脸谱
    ArcFace (context);
}
```

【代码解析】在示例 10-20 中，使用函数 ArcFace()绘制的仍然是一个圆形脸谱。在绘制之前，为坐标系统添加了旋转变换，向顺时针方向旋转 30 度，旋转后的脸谱倾斜了。

运行结果如图 10.32 所示。

图 10.32　旋转后的脸谱

（4）通过使用矩阵，可以让图形变形更加复杂。在默认绘图的坐标系统中，事实上存在一个默认的矩阵，当我们对这个矩阵进行修改时，就会造成图形的变形。矩阵变形的语法如下：

`transform(m11,m12,m21,m22,dx,dy);`

参数说明：该方法中的 6 个参数，组成一个变形矩阵，与当前矩阵进行乘法运算，形成新的矩阵系统。该变形矩阵的形式如下：

```
m11    m21    dx
m12    m22    dy
0      0      1
```

关于详细的矩阵变形原理，需要掌握矩阵的相关知识，具体可参考数学及图形学相关资料。不过这里可以先通过几个特例了解其大概的使用方法。

前面已经讲过 3 种变换，分别是移动、缩放和旋转。这些变换相对容易理解，其实都可看作矩阵变形的特例。

- 移动 translate(dx,dy)，也可以使用 transform(1,0,0,1,dx,dy)或 transform(0,1,1,0,dx,dy)来实现。
- 缩放 scale(sx,sy)，也可以使用 transform(sx,0,0,sy,0,0)或 transform(0,sy,sx,0,0,0)来实现。
- 旋转 rotate(A)，也可以使用 transform(cosA,sinA,-sinA,cosA,0,0)或 transform(-sinA,cosA,cosA,sinA,0,0)来实现。

当然，也可以通过 transform()方法实现更加复杂的变形，可以参考数学及图形学相关资料，这里不再详细讲解。

说明：所有的变换都是以原点为基点进行的，所以绘制的图像最好以原点为中心，然后再进行变换，否则图像位置会变得难以控制。

10.3.11 使用文本

在 Canvas 中，也可以绘制文本。可以使用填充的方法绘制，也可以使用描边的方法绘制，并且在绘制文本之前，还可以设置文本的字体样式和对齐方式。绘制文本有两个方法，分别是填充绘制方法 fillText()和描边绘制方法 strokeText()。语法如下：

```
fillText(text,x,y,maxwidth);
strokeText(text,x,y,maxwidth);
```

参数说明：参数 text 表示要绘制的文本；参数 x 表示绘制文字的起点横坐标；参数 y 表示绘制文本的起点纵坐标；参数 maxwidth 为可选参数，表示显示文本的最大宽度，可以防止文本溢出。

在绘制文本之前，可以先对文本进行样式设置。绘图 API 提供了专门用于设置文本样式的属性，可以设置文本的字体、大小等，类似于 CSS 的字体属性。也可以设置对齐方式，包括水平方向对齐和垂直方向对齐。文本相关属性如表 10-4 所示。

表 10-4 文本属性

属性	值	说明
font	CSS 字体样式字符串	设置字体样式
textAlign	start | end | left | right | center	设置水平对齐方式，默认为 start
textBaseline	top | hanging | middle | alphabetic | ideographic | bottom	设置垂直对齐方式，默认为 alphabetic

下面我们来看一个绘制文本的例子，代码如示例 10-21 所示。

【示例 10-21】text.htm，绘制文本

```
01  <!DOCTYPE HTML>
02  <html>
03  <head>
04  <title>绘制文字</title>
05  <style type="text/css">
06  canvas {
07      border:1px solid #000;
08  }
09  </style>
10  <script type="text/javascript">
11  function Draw(){
12      var canvas=document.getElementById("canvas");
13      var context = canvas.getContext("2d");
14      // 以填充方式绘制文本
15      context.fillStyle="#f90";
16      context.font="bold 36px impact";
17      context.fillText("Hello World!",10,50);
18      // 以描边方式绘制文本
19      context.strokeStyle="#f90";
20      context.font="bold italic 36px impact";
21      context.strokeText("Hello World!",10,100);
22  }
23  window.addEventListener("load",Draw,true);
24  </script>
25  </head>
26  <body style="overflow:hidden">
27  <canvas id="canvas" width="400" height="300">你的浏览器不支持该功能！</canvas>
28  </body>
29  </html>
```

【代码解析】在示例 10-21 中，font 属性设置了文本样式：字体为 impact、加粗效果为 bold、文字大小为 30px、倾斜效果为 italic。其填充样式仍然使用 fillStyle 来设置，描边样式仍然使用 strokeStyle 来设置。

运行结果如图 10.33 所示。

图 10.33　绘制的文本

有时候需要知道绘制的文本宽度，以方便布局。绘图 API 提供了 measureText()方法，用来获取文本的宽度。语法如下：

```
measureText (text);
```

参数说明：参数 text 表示所要绘制的文本。该方法会返回一个 TextMetrics 对象，表示文本的空间度量。可以通过该对象的 width 属性获取文本的宽度。

下面我们来看一个例子，代码如示例 10-22 所示。

【示例 10-22】text2.htm，度量文本的绘制

```
function Draw(){
    var canvas=document.getElementById("canvas");
    var context = canvas.getContext("2d");
    var txt="Hello World!";
    // 以填充方式绘制文本
    context.fillStyle="#f90";
    context.font="bold 30px impact";
    // 根据已经设置的文本样式度量文本
    var tm=context.measureText(txt);
    context.fillText(txt,10,50);
    context.fillText(tm.width,tm.width+15,50);
    // 以描边方式绘制文本
    context.strokeStyle="#f90";
    context.font="bold italic 36px impact";
    // 根据已经设置的文本样式度量文本
    tm=context.measureText(txt);
    context.strokeText(txt,10,100);
    context.strokeText(tm.width,tm.width+15,100);
}
```

【代码解析】度量文本是以当前设置的文本样式为基础的，文本样式确定以后，即可获取文本的度量，不需要等待文本绘制完成后再去度量。

运行结果如图 10.34 所示。

图 10.34　度量文本的绘制

10.3.12 阴影效果

阴影效果可以增加图像的立体感。为图像添加阴影效果，可利用绘图 API 提供的绘制阴影的属性。阴影属性不会单独去绘制阴影，只需要在绘制任何图像之前添加阴影属性，就能绘制出带有阴影效果的图像。设置阴影的属性有 4 个，如表 10-5 所示。

表 10-5 阴影属性

属　　性	值	说　　明
shadowColor	符合 CSS 规范的颜色值	可以使用半透明颜色
shadowOffsetX	数值	阴影的横向位移量，向右为正，向左为负
shadowOffsetY	数值	阴影的纵向位移量，向下为正，向上为负
shadowBlur	数值	高斯模糊，值越大，阴影边缘越模糊

下面我们来看一个例子，代码如示例 10-23 所示。

【示例 10-23】 shadow.htm，为文字和图形添加阴影效果

```
01  <!DOCTYPE HTML>
02  <html>
03  <head>
04  <title>绘制阴影</title>
05  <style type="text/css">
06  canvas {
07      border:1px solid #000;
08  }
09  </style>
10  <script type="text/javascript">
11  function Draw(){
12      var canvas=document.getElementById("canvas");
13      var context = canvas.getContext("2d");
14      // 设置阴影属性
15      context.shadowColor="#666";
16      context.shadowOffsetX=5;
17      context.shadowOffsetY=5;
18      context.shadowBlur=5.5;
19      // 绘制文本
20      context.fillStyle="#f90";
21      context.font="bold 36px impact";
22      context.fillText("Hello World!",10,50);
23      // 用路径绘制图形
24      context.fillStyle="#f90";
25      context.arc(100,100,30,0,Math.PI*2,false);
26      context.fill();
27  }
28  window.addEventListener("load",Draw,true);
29  </script>
30  </head>
31  <body style="overflow:hidden">
32  <canvas id="canvas" width="400" height="300">你的浏览器不支持该功能！</canvas>
```

```
33      </body>
34  </html>
```

【代码解析】在示例 10-23 中，在绘制文本和图形之前设置了阴影属性，其后绘制的文本和图形均附带阴影效果。

运行结果如图 10.35 所示。

图 10.35　文字和图形的阴影效果

提示：阴影属性可以应用于任何绘制的图像中，也包括图片。

10.3.13　状态的保存与恢复

在"剪裁区域"一节中，介绍了去除剪裁区域的方法，就是通过保存和恢复绘图状态来实现的。在绘图过程中，绘图状态可能会不断改变，如果某个状态需要多次使用，那么可以保存这个状态，待需要时，再把这个状态恢复。

绘图 API 提供了状态保存方法 save()和状态恢复方法 restore()，分别用于绘图状态的保存与恢复。使用方法比较简单，语法如下：

```
save();
restore();
```

状态的保存和恢复是通过数据栈进行的。当调用 save()方法时，当前的状态会保存到一个数据栈里；当调用 restore()方法时，会取出最后一次保存到数据栈里的数据，即恢复最后一次保存的状态。

提示：栈是一种数据结构，是按照后进先出的原则来存储数据的。这好比打开一个箱子，先拿出最上面的东西，也就是最后放进去的东西，遵循后进先出的原则。

其中，绘图的状态由以下几个因素确定。

（1）坐标系统的变换：平移、缩放、旋转和矩阵变形。

（2）绘图 API 提供的所有属性：globalAlpha、globalCompositeOperation、strokeStyle、fillStyle、lineWidth、lineCap、lineJoin、miterLimit、font、textAlign、textBaseline、shadowOffsetX、shadowOffsetY、shadowBlur、shadowColor 等。

（3）剪裁的区域。

状态包含的内容局限于以上几点，至于当前绘制出来的图形或路径，不属于状态内容，也不会被保存或恢复。

我们来看一个例子，代码如示例 10-24 所示。

【示例 10-24】save.htm，状态的保存与恢复

```
01  <!DOCTYPE HTML>
02  <html>
03  <head>
04  <title>绘制阴影</title>
05  <style type="text/css">
06  canvas {
07      border:1px solid #000;
08  }
09  </style>
10  <script type="text/javascript">
11  function Draw(){
12      var canvas=document.getElementById("canvas");
13      var context = canvas.getContext("2d");
14      // 设置填充颜色为绿色
15      context.fillStyle = "#0f0";
16      // 保存状态
17      context.save();
18      // 设置新的填充颜色为橘黄色
19      context.fillStyle = "#F90";
20      // 填充一个矩形区域
21      context.beginPath();
22      context.rect(10,10,90,90);
23      context.fill();
24      // 恢复状态
25      context.restore();
26      // 填充一个圆形区域
27      context.beginPath();
28      context.arc(100,100,50,0,Math.PI*2,true);
29      context.fill();
30  }
31  window.addEventListener("load",Draw,true);
32  </script>
33  </head>
34  <body style="overflow:hidden">
35  <canvas id="canvas" width="400" height="300">你的浏览器不支持该功能！</canvas>
36  </body>
37  </html>
```

【代码解析】在示例 10-24 中，首先将属性 fillStyle 设置为绿色，并调用 save()方法保存状态；其次将属性 fillStyle 设置为橘黄色，并填充了矩形；最后调用了 restore()方法恢复状态，并填充了一个圆形，圆形被填充为绿色。

运行结果如图 10.36 所示。

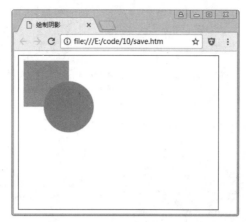

图 10.36　状态的保存与恢复

提示：状态的保存与恢复，是用来保存和恢复当时绘图的状态环境，保存状态之后绘制出来的图形不会因为状态的恢复而消失，即恢复的不是绘制的内容，请准确理解。

10.3.14　操作像素

在 Canvas 中，绘图 API 还提供了像素级的操作方法，分别是 createImageData()、getImageData() 和 putImageData()。使用这些方法，可以直接操作底层的像素数据。这里还使用了一个图像数据对象 ImageData。

在处理像素数据的过程中，ImageData 对象作为一种处理媒介，保存了可以操作的图像像素数据。细致的图像操作，就是在对象 ImageData 中进行的。

ImageData 对象有 3 个属性：width、height 和 data。其中，width 表示每行有多少个像素；height 表示有多少行像素；data 是一个一维数组，保存了所有像素的颜色值，按照从左到右、从上到下的顺序依次存储。

关于颜色值，每个像素的颜色值包含 4 个数字，分别代表红、绿、蓝和透明度，取值范围均为 0～255。

获取图像数据的方法 getImageData() 从 Canvas 上下文中获取图像数据。语法如下：

`getImageData(sx,sy,sw,sh);`

参数说明：该方法有 4 个参数。sx、sy 分别表示所获取区域的起点横坐标和起点纵坐标；sw、sh 分别表示所获取区域的宽度和高度。返回的结果是一个 ImageData 对象。

绘制图像数据方法 putImageData() 将处理好的图像数据绘制到 Canvas 中。语法如下：

`getImageData(imagedata,dx,dy[,dirtyX,dirtyY,dirtyWidth,dirtyHeight]);`

参数说明：该方法有 3 个必需参数和 4 个可选参数。imagedata 为 ImageData 对象，包含了图像数据；dx、dy 分别表示绘制的起点横坐标和起点纵坐标；可选参数 dirtyX、dirtyY、dirtyWidth 和 dirtyHeight 确定了一个以 dx 和 dy 为坐标原点的矩形，分别表示矩形的起点横坐标、起点纵坐标、宽度和高度。如果加上这 4 个参数，那么绘制的图像仅限制在该矩形范围内，类似一个剪裁区域。

使用创建图像数据的方法 createImageData()直接创建一组空的图像数据。语法如下：
`createImageData(sw,sh);`

参数说明：该方法有两个参数。sw 表示图像数据的宽度；sh 表示图像数据的高度。创建的结果是返回一个 ImageData 对象。

提示：并不是所有浏览器都实现了 createImageData()，所以使用的时候要注意把握。

下面我们来看一个例子，代码如示例 10-25 所示。

【示例 10-25】 imagedata.htm，图像底片效果

```
01  <!DOCTYPE HTML>
02  <html>
03  <head>
04  <title>操作像素</title>
05  <style type="text/css">
06  canvas {
07      border:1px solid #000;
08  }
09  </style>
10  <script type="text/javascript">
11  function Draw(){
12      var canvas=document.getElementById("canvas");
13      var context = canvas.getContext("2d");
14      var newImg = new Image();
15      newImg.src= "img.jpg";
16      newImg.onload=function(){
17          context.drawImage(newImg,0,0,400,300);
18          context.save();
19          // 获取图像数据
20          var imageData = context.getImageData(0, 0, 400, 300);
21          // 修改 ImageData 对象的 data 数据，处理为反向
22          for(var i=0,n=imageData.data.length;i<n;i+=4){
23              // 红色部分
24              imageData.data[i+0] =255-imageData.data[i+0];
25              // 绿色部分
26              imageData.data[i+1] =255-imageData.data[i+1];
27              // 蓝色部分
28              imageData.data[i+2] =255-imageData.data[i+2];
29          }
30          // 绘制该图像数据
31          context.putImageData(imageData,200,150);
32      }
33  }
34  window.addEventListener("load",Draw,true);
35  </script>
36  </head>
37  <body style="overflow:hidden">
38  <canvas id="canvas" width="400" height="300">你的浏览器不支持该功能！</canvas>
39  </body>
40  </html>
```

【代码解析】在示例 10-25 中实现底片效果分了 3 个步骤。首先，获取整个图像；其次，对图像中的每个像素进行反向处理；最后，将图像数据再次绘制到指定的位置。

运行结果如图 10.37 所示。

图 10.37　图像的底片效果

提示：示例 10-25 在本地直接调试，可能出错。这是由于 JavaScript 的同源策略对 context.getImageData 的影响。该策略是基于浏览器的安全，擅自禁用该策略可能会造成安全隐患。你可以在本地建立一个站点，将该示例放在站点中运行。

直接操作像素，通过 ImageData 可以完成很多功能。除了上面实现的底片效果，还可以实现图像滤镜、数学可视化（如分形和其他特效）等效果。

10.4　在 Canvas 中实现动画

在 Canvas 中，除了一些常规的绘图，还能开发一些动画，甚至是游戏。而这一切动画的实现，除了充分利用 Canvas 绘图 API，还需要 JavaScript 的鼎力相助。

在 Canvas 中，动画是通过将一系列连续的画面按顺序呈现来实现的。而这些连续的画面是即时绘制出来的，为了使动画更加流畅，可能在很短的时间内重新绘制很多次。动画的大致实现流程可以分以下几个步骤：

（1）清空画布。
（2）改变绘图状态，包括坐标系统变换、各种属性的修改等。
（3）重新绘制图形。
（4）回到第一步。

在上面几个步骤的轮回中，需要将绘制动作放在一个定时器里。JavaScript 提供了两个定时器方法，分别是 setInterval(code,millisec) 和 setTimeout(code,millisec)。关于这两个方法，读者可以去查阅 JavaScript 相关资料，这里不再讲解。

为了方便绘制图像，可能需要频繁修改绘图的状态，及时保存和恢复状态可以让你方便许多。

下面我们就利用学过的绘图 API 知识来绘制一个简单的碰碰球。在这个示例中，球在画布中不停地移动,当碰到边缘时,改变球的颜色,并弹回继续移动,如此循环下去。同时给出开始和暂停按钮,以便在 Canvas 画布之外实现控制。最终效果将如图 10.38 所示。

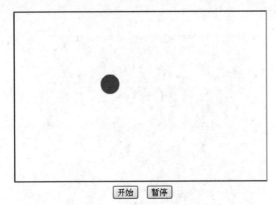

图 10.38　碰碰球动画应用

下面我们就一步一步地来实现它。

当球碰到上边缘时,会变成红色;当球碰到右边缘时,会变成橘黄色;当球碰到下边缘时,会变成绿色;当球碰到左边缘时,会变成蓝色。为方便视觉识别,下面会将画布的四个边框设置成对应的颜色,并设置 2 像素的宽度,以便更加醒目。这个环节我们用 CSS 来实现,代码如示例 10-26 所示。

【示例 10-26】animation.htm,碰碰球的 Canvas 元素

```
<!DOCTYPE HTML>
<html>
<head>
<meta charset="utf-10">
<title>canvas 动画--碰碰球</title>
<style type="text/css">
canvas {
    border-top:2px solid #f00;
    border-right:2px solid #f90;
    border-left:2px solid blue;
    border-bottom:2px solid green;
}
</style>
<script type="text/javascript">
// 此处添加 JavaScript 代码
</script>
</head>
<body>
<div align="center">
<canvas id="canvas" width="400" height="300">你的浏览器不支持该功能!</canvas><br />
<input onclick="animation.start()" value="开始" type="button">
<input onclick="animation.pause()" value="暂停" type="button"></div>
</body>
</html>
```

接下来,开始在头部添加 JavaScript 代码。首先定义一个动画对象,并为该对象添加一些属性。这里的属性是根据应用需要自定义的,主要包括定时器、x 方向偏移量、y 方向偏移量、x 方向移动步长、y 方向移动步长、圆形半径、圆形的填充颜色及动画的间隔时间(毫秒),代码如示例 10-27 所示。

【示例 10-27】 animation.htm,定义动画对象并添加系列属性

```
// 定义一个动画对象
var animation={};
// 为该对象添加属性
// 添加定时器
animation.interval=null;
// 移动变换 x 方向的偏移量
animation.x=100;
// 移动变换 y 方向的偏移量
animation.y=50;
// x 方向的移动步长
animation.xstep=2;
// y 方向的移动步长
animation.ystep=2;
// 圆形半径
animation.radius=15;
// 填充圆形的颜色
animation.color="red";
// 动画间隔时间:毫秒
animation.delay=10;
```

为动画对象添加 update()方法。该方法用来更新偏移量 x 和 y,以及填充的颜色值 color。因为该方法和上面添加的属性同属于动画对象 animation,所以在 update()方法中可以通过 this 来引用 animation 的各个属性。

update()方法会检测各个边缘,并在球碰到边缘的时候改变其颜色。该方法有两个参数:width 和 height,分别为画布的宽和高。代码如示例 10-28 所示。

【示例 10-28】 animation.htm,为动画对象添加 update()方法

```
// 更新偏移量 x 和 y
animation.update=function(width,height){
    // 改变 x 坐标
    this.x+=this.xstep;
    this.y+=this.ystep;
    // 左边缘检测
    if(this.x<this.radius){
        this.x=this.radius;
        this.xstep=-this.xstep;
        this.color="blue";
    }
    // 右边缘检测
    if((this.x+this.radius)>width){
        this.x=width-this.radius;
```

```
        this.xstep=-this.xstep;
        this.color="#f90";
    }
    // 上边缘检测
    if(this.y<this.radius){
        this.y=this.radius;
        this.ystep=-this.ystep;
        this.color="red";
    }
    // 下边缘检测
    if((this.y+this.radius)>height){
        this.y=height-this.radius;
        this.ystep=-this.ystep;
        this.color="green";
    }
};
```

接下来添加一个绘图方法 draw()。在绘图之前，会先清空画布，再调用 animation 对象的 update()方法来更新动画属性。也就是前面提到的制作动画的第一步和第二步，清空画布和改变绘图状态。

在清空画布之前，先对状态进行保存；绘制完成后，会及时恢复绘图状态，为下一次绘图做好准备。

圆形的填充样式设置为动画对象的 color 属性，而 color 属性在边缘检测的时候是会被改变的。绘图方法如示例 10-29 所示。

【示例 10-29】animation.htm，为动画对象添加 draw()方法

```
// 绘制图形
animation.draw=function(){
    var canvas=document.getElementById("canvas");
    var width=canvas.getAttribute("width");
    var height=canvas.getAttribute("height");
    var context=canvas.getContext("2d");
    // 保存状态
    context.save();
    // 清空画布
    context.clearRect(0,0,width,height);
    // 更新坐标
    this.update(width,height);
    // 填充颜色
    context.fillStyle=this.color;
    // 移动坐标
    context.translate(this.x,this.y);
    // 重新绘制
    context.beginPath();
    context.arc(0,0,this.radius,0,Math.PI*2,true);
    context.fill();
    // 恢复状态
    context.restore();
};
```

接下来，定义一个动画开始的方法 start()和一个动画暂停的方法 pause()，分别用在"开始"按钮和"暂停"按钮上。

在 start()方法中，使用 setInterval()方法把绘画方法添加到定时器里。在添加定时器之前，先做一个停止动画的操作，防止连续单击"开始"按钮，从而造成定时器效果的累加。pause()方法的作用是暂停动画，清除定时器。

动画的开始与暂停方法的使用，如示例 10-30 所示。

【示例 10-30】animation.htm，动画的开始与暂停方法

```
// 暂停动画
animation.pause=function(){
    clearInterval(this.interval);
};
// 开始动画
animation.start =function(){
    // 停止动画
    this.pause();
    // 开始动画
    this.interval = setInterval("animation.draw()",this.delay);
};
```

最后，将 animation.start()方法应用于"开始"按钮的 onclick 事件；将 animation.pause()方法应用于"暂停"按钮的 onclick 事件。应用代码如示例 10-26 所示。

此时运行代码，通过操作"开始"按钮和"暂停"按钮，可以看到令人惊奇的动画效果。如果你想让图像变得更加复杂，那么可以修改绘图方法 animation.draw()。

在 Canvas 里实现动画并不难，总共 100 来行代码，而且不需要借助任何插件就能实现动画效果。这里只是一个简单的动画，对于更高级、更复杂的应用，Canvas 也能实现。

10.5 拓展训练

10.5.1 训练一：使用 Canvas 绘制矩形

【拓展要点：strokeRect()方法的使用】

使用 Canvas 绘制矩形是最基本的绘图操作，这里需要用到 strokeRect()方法，另外还需要使用对象的 strokeStyle 属性与 lineWidth 属性。

【代码实现】

```
var canvas=document.getElementById("canvas");
var context = canvas.getContext("2d");
context.strokeStyle="#000";              //设置边框颜色
context.lineWidth=1;                     //指定边框宽度
context.strokeRect(50,50,150,100);       //绘制矩形边框
```

10.5.2 训练二：使用 Canvas 绘制阴影效果

【拓展要点：shadow 相关属性的使用】

阴影属性不会单独绘制阴影，只需要在绘制任何图像之前添加阴影属性，就能绘制出带有阴影效果的图像。相关的 4 个属性分别为：shadowColor、shadowOffsetX、shadowOffextY、shadowBlur，在绘制图形前正确设置这 4 个属性，即可实现阴影效果。

【代码实现】

```
var canvas=document.getElementById("canvas");
var context = canvas.getContext("2d");
// 设置阴影属性
context.shadowColor="#666";
context.shadowOffsetX=5;
context.shadowOffsetY=5;
context.shadowBlur=5.5;
// 绘制文本
context.fillStyle="#f90";
context.font="bold 36px impact";
context.fillText("Hello World!",10,50);
```

10.6 技术解惑

10.6.1 理解 Canvas 对象

本章全面讲解了 Canvas 绘图的各种方法，重点讲解了路径、曲线、图像、渐变、模式和像素操作等绘图方法。其中，曲线成形原理涉及较深的数学知识，不容易理解；剪裁区域和模式比较抽象，也比较重要，需要多练习、多琢磨；关于像素，涉及数据的底层操作，也是一个难点。Canvas 绘图是 HTML 5 中一个相当重要的应用，在绘图的基础上不仅可以制作动画，还可以开发游戏。

10.6.2 使用 JavaScript 实现绘图

虽然 Canvas 具有强大的功能，但还是要认识到 Canvas 元素本身是没有绘图能力的，所有的绘制工作必须在 JavaScript 内部完成。这就要求用户要熟练掌握使用 JavaScript 获取 Canvas 元素的对象、获取画布、在画布上进行绘图操作等。熟练掌握了以上内容，绘制不同的图形只是引用不同的 API 而已。

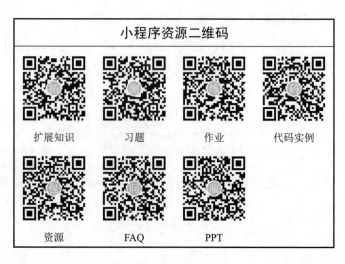

第 2 篇　CSS 技术篇

第 11 章　CSS 基础知识入门

使用 CSS 样式表对网页进行美化是现代网页制作常用的手段，所以学习 CSS 样式表是一个 Web 前端开发人员的必修课。从本章开始，我们将用 7 个章节来学习 CSS 3，其中包括 CSS 基础、美化文本背景、多种布局方式及动画与渐变等。通过这些内容的学习，将使读者深入领会 CSS 样式表这一网页美化利器，使以后的 Web 开发工作更加得心应手。

11.1　什么是 CSS

在学习 CSS 之前，首先要了解什么是 CSS，这一节我们就来解决这一关键性问题。

CSS（层叠样式表），是一种用来表现 HTML 或 XML 等文件样式的计算机语言。CSS 不仅可以静态地修饰网页，还可以配合各种脚本语言动态地对网页各元素进行格式化。有 3 种方法可以在站点网页上使用样式表：外部样式表、内部样式表和内联样式表。

CSS 具有精简代码、降低重构难度、提升网页访问速度、利于 SEO（搜索引擎优化）优化等优势，能够对网页中元素位置的排版进行像素级精确控制，几乎支持所有的字体、字号样式，拥有对网页对象和模型样式编辑的能力。

11.2　CSS 的写法

了解了什么是 CSS，下面我们就要学习如何书写 CSS。这一节来介绍 CSS 的写法，按照应用 CSS 的步骤，需要以下几步：基本的样式表、使用类 class 和标志 id 链接样式表、创建选择器及应用 CSS 样式表。下面就分别来介绍。

11.2.1　基本的样式表的写法

CSS 的本质是一种描述样式的计算机语言，所以其也有特定的写法格式。基本的样式表的写法如以下代码所示：

```
<style type="text/css">
h1 {font-size:12px}
h1 {font-family: "宋体"}
h1 {font-weight: normal;}
h1 {color: #000000}
h2 {font-size:14px}
h2 {font-family: "宋体"}
h2 {font-weight: normal;}
h2 {color: #000000}
h3 {font-size:24px}
h3 {font-weight: 1;}
h3 {color: #000000}
body {
      margin-top: 1px; /*上边距*/
      margin-bottom: 1px; /*下边距*/
}
</style>
```

基本的 CSS 以标记<style type="text/css">开始，以标记</style>结束，通过标记告知浏览器这两个标记中间部分为 CSS 样式。中间的 CSS 样式部分包括名称及大括号内部的具体样式。

一个基本的样式表由选择器、属性及属性值组成。比如：

```
h1 {font-size:12px}
```

其中，h1 表示选择器；font-size 是属性，这里表示的是定义字号大小；12px 是属性值，这里表示定义的字号大小为 12px。font-size:12px 将属性与属性值结合在一起，称为声明语句。

以上 h1 的样式表示：其字体大小为 12px，字体默认为宋体，颜色为黑色。

同一个选择器的声明语句可以有很多句，多句声明语句可以进行合并，所以以上样式中的 h1 可以合并为如下代码：

```
<style type="text/css">
h1 {font-size:12px; font-family: "宋体";font-weight: normal;color: #000000}
</style>
```

合并之后同一名称的不同声明语句都放在一个大括号内，不同样式之间用";"进行分割，这样原本四行的代码就可以精简为一行。

11.2.2 使用类 class 和标志 id 链接样式表

一个定义好的样式表创建之后，需要确定它所作用的页面内容，这时就需要通过类 class 和标志 id 来进行定位。其中 id 通常是唯一的，而 class 则通常为一组，所以通过 id 与 class 可以确定 CSS 的作用范围。

在 CSS 中，类选择器在一个半角英文句点"."之前，而 id 则在半角英文井号"#"之前，如以下代码所示：

```
#top { background-color: #ccc; padding: 1em }/*ID top*/
.intro { color: red; font-weight: bold; }/*类 intro*/
```

下面的代码演示了如何使用类 class 和标志 id 确认样式的作用范围。

【示例 11-1】 class.htm，样式 class 与 id 的区别

```
01  <html>
02    <head>
03      <title>class 和 id 的区别</title>
04      <style type="text/css">
05      .my_class{
06      border:1px solid #ff0000;
07      font-size:20px;}
08      #my_id{background-color:#ffcccc;
09      font-size:30px;}
10      </style>
11    </head>
12    <body>
13      <h3>style 样式中 class 与 id 的区别</h3>
14      <div id="my_id">这里拥有唯一 id </div>
15      <div class="my_class">这里有共同的 class </div>
16      <div class="my_class">这里有共同的 class </div>
17      <div class="my_class">这里有共同的 class </div>
18      <div class="my_class">这里有共同的 class </div>
19    </body>
20  </html>
```

【代码解析】以上代码使用了两个 CSS 样式，一个是类 my_class，另一个是 id my_id。其中样式 my_class 可以用到所有 class 为 my_class 的对象；而样式 my_id 只能用于 id 为 my_id 的对象。二者最明显的区别就是类 class 可以用于多个对象，而 id 样式只能用于唯一的对象。

执行以上代码，其结果如图 11.1 所示。

图 11.1　样式 class 与 id 的区别

11.2.3　创建选择器

选择器指定了样式将被应用于页面中的哪些内容，前面介绍的 class 和 id 都属于选择器的一种。主要的选择器除 class 与 id 外，还有 HTML 选择器，包括扩展在内，CSS 中有以下几类选择器。

（1）HTML 选择器。这类选择器不加任何特殊符号，比如：

```
h1 {font-size:12px}
```

在以上代码中，所有 h1 标记中的内容将使用上述声明语句表示的样式。

（2）派生选择器。依据元素在其位置的上下文关系来定义样式，可以使标记更加简洁。在 CSS 1 中，通过这种方式来应用规则的选择器被称为上下文选择器（Contextual Selector），这是由于它们依赖于上下文关系来应用或避免某项规则。在 CSS 2 中，它们被称为派生选择器，但无论怎么称呼它们，它们的作用都是相同的。

派生选择器允许我们根据文档的上下文关系来确定某个标签的样式。通过合理地使用派生选择器，我们可以使 HTML 代码变得更加整洁。比如：

```
li strong {
    font-style: italic;
    font-weight: normal;
}
```

以上代码表示 li 标记中的 strong 标记将使用上述声明语句所表示的样式。

（3）id 选择器。id 选择器可以为标有特定 id 的 HTML 元素指定特定的样式。id 选择器以"#"来定义。比如：

```
#red {color:red;}
#green {color:green;}
```

在以上代码中，id 属性为 red 的 p 元素显示为红色，而 id 属性为 green 的 p 元素显示为绿色。

（4）class 选择器。在 CSS 中，class 选择器以一个点号显示：

```
.center {text-align: center}
```

在以上代码中，所有拥有 center 类的 HTML 元素均为居中格式。

（5）分组选择器。我们可以对选择器进行分组，这样被分组的选择器就可以分享相同的声明。用逗号将需要分组的选择器分开。在下面的例子中，我们对所有的标题元素进行了分组。所有的标题元素都是绿色的。

```
h1,h2,h3,h4,h5,h6 {
  color: green;
}
```

（6）伪类和伪类选择器。CSS 伪类用于向某些选择器添加特殊的效果。

伪类的语法如以下代码所示：

```
selector : pseudo-class {property: value}
```

CSS 类也可与伪类搭配使用。比如：

```
selector.class : pseudo-class {property: value}
```

锚伪类即超链接伪类，在支持 CSS 的浏览器中，链接的不同状态都可以不同的方式显示。这些状态包括活动状态、已被访问状态、未被访问状态和鼠标悬停状态。

```
a:link {color: #FF0000}        /* 未访问的链接 */
a:visited {color: #00FF00}     /* 已访问的链接 */
a:hover {color: #FF00FF}       /* 鼠标移动到链接上 */
a:active {color: #0000FF}      /* 选定的链接 */
```

CSS 中的伪类如表 11-1 所示。

表 11-1 CSS 中的伪类

伪　　类	作　　用
:active	将样式添加到被激活的元素中
:focus	将样式添加到被选中的元素中
:hover	当鼠标悬浮在页面对象上时,向页面对象添加样式
:link	将样式添加到未被访问的链接中
:visited	将样式添加到已被访问的链接中
:first-child	将样式添加到页面对象的第一个子元素中
:lang	允许设计者定义指定页面中所使用的语言

11.2.4 应用 CSS 样式表

应用 CSS 样式表到 HTML 页面中与将 CSS 样式表绑定到 HTML 页面中的对象是两个不同的概念。比如上一小节介绍的是通过不同的选择器将样式表绑定到 HTML 页面中的对象。但是,它们都是使用同一种方法应用 CSS 样式表到 HTML 页面中,这种方法称之为嵌入样式表。在 CSS 中应用 CSS 样式表的方法有 4 种,除嵌入样式表外,还包括内联样式表、外联样式表和多重样式表。

(1) 嵌入式样式表,是指使用<style>标签将 CSS 样式表放入<head>标签内。这种用法的好处在于页面的表现性和结构性能得到很好的分离。

(2) 内联样式表,又被认为是行内 CSS,即通过使用标签的 style 属性来引用声明语句,放在页面结构性标签的后面,如以下代码所示:

```
<p style="color:#ff0000;margin-left:20px">页面内容</p>
```

但在设计页面时,这种方法应尽量少用,因为这种方法不能将页面表现和页面结构很好地分离,通常在不得已的情况下用作补充使用。

(3) 外联样式表,是一个单独的扩展名为 CSS 的样式表文件,将特定的样式表放到单独的样式文件中,这样可以在多个页面中使用。通常情况是使用<link>标签调用外联样式表,如以下代码所示:

```
<link rel="stylesheett" type="text/css" href="style.css" />
```

下面的实例演示了如何使用外联样式表。

【示例 11-2】css.htm,使用外联样式表

```
01  <html>
02    <head>
03      <title>使用外联样式表</title>
04      <link rel="stylesheet" type="text/css" href="style.css" />
05    </head>
06    <body>
07      <h3>style 样式中 class 与 id 的区别</h3>
08      <div id="my_id">这里拥有唯一 id </div>
09      <div class="my_class">这里有共同的 class </div>
10      <div class="my_class">这里有共同的 class </div>
11      <div class="my_class">这里有共同的 class </div>
```

```
12        <div class="my_class">这里有共同的class </div>
13    </body>
14  </html>
```

【代码解析】以上代码使用了外联样式表 style.css。当页面运行时，会载入外联样式表文件。

下面还要创建外联样式表文件：style.css，其内容如以下代码所示：

```
01  .my_class
02  {
03  border:1px solid #ff0000;
04  font-size:20px;
05  }
06  #my_id{
07  background-color:#ffcccc;
08  font-size:30px;
09  }
```

【代码解析】以上样式表文件定义了两个 css.htm 页面中所需要的样式。这样，页面中的内容就会以 CSS 文件中指定的样式显示。

执行 css.htm，其显示结果与图 11.1 类似，即外联的样式跟页面内部样式有相同的显示结果。

除了可以使用<link>标签引用外部文件，还可以在<style>标签中使用"@import"来应用外联样式表，使用方法如以下代码所示：

```
<style type="text/css">
@import url("style.css");
</style>
```

（4）多重样式表。如果在使用样式表时出现多种样式表，那么各个样式表之间会存在先后顺序问题。通常来说，当多个样式表作用于同一个页面对象时，离这个页面对象最近的样式表起决定作用。但是，行内样式表始终处于最高级别。

11.3 用 CSS 来修饰页面文本

前面章节介绍了文本与段落如何排版，而在本章学习了 CSS 的使用之后，使用 CSS 来修饰页面的文本将会使页面文本更加丰富多彩，相当于为设计者打开了一扇新世界的大门，使文本可以变换出奇妙的样式。

11.3.1 修饰页面文本字体

字体对于表现文本内容具有举足轻重的作用，如表现狂放的内容适合使用草书；而表现古香古色的内容则适合使用隶书等。CSS 中使用 font-family 属性来定义字体的样式。只不过，原则上浏览器只支持系统中默认的字体。如果设计者希望使用自定义字体，则需要确认用户计算机上装有要求的字体。设计者也可以上传指定字体供用户下载安装，以实现想要达到的效果。

11.3.2 文本的字号

CSS 使用 font-size 属性来改变文本字体的大小。在规定字体大小的时候，最常见的有 3 种方法或者叫度量，分别是 px、em 与%。
- 像素单位 px：使用像素直接定义字体的大小，属于绝对单位，无论在哪种显示器中，字体都使用绝对的像素大小来显示。
- 字体大小 em：是一种相对大小。
- 字体百分比%：也是一种相对大小。

11.3.3 文本段落行高

可以使用 CSS 样式中的 line-height 属性对文本段落的行高进行设定。line-height 的单位与 font-size 的单位类似，也有 px、em 与% 3 种设定方法。1em 和 100%代表正常行距，所以用 em 和%表示行距也是比较好的选择。而 px 仍然表示像素的绝对高度。

11.3.4 禁止文本自动换行

浏览器的默认设定是，当文本内容超过一行时会自动换行。这种行为有其优点也存在不足。优点是可以让页面内显示更多内容，但内容随着浏览器的大小自动换行也会令人眼花缭乱。所以，可以使用 CSS 样式中的 white-space 属性禁止文本自动换行。

11.4 给页面对象添加颜色

颜色的使用在 CSS 中占有很重要的地位，对不同的内容使用适当的颜色，或者一个页面使用醒目的配色方案会使页面更具亲和力。CSS 中关于颜色的属性有 color 和 background-color 两个，其中 color 属性指对象的前景色，而 background-color 则修改对象的背景色。

下列代码演示了如何使用 CSS 为页面对象添加颜色。

【示例 11-3】color.htm，为页面对象添加颜色

```
01  <html>
02    <head>
03      <title>为页面对象添加颜色</title>
04      <style type="text/css">
05      #my_id{
06          background-color:#ffcccc;
07          font-size:40px;
08          color:#0000ff;
09          width:400px;
10          height:200px;
11          border:solid;
12          border-width:1px;
13          border-color:#ff0000;
14      }
15      </style>
```

```
16      </head>
17      <body>
18          <h3>为页面对象添加颜色</h3>
19          <div id="my_id">这里是需要显示的内容</div>
20      </body>
21  </html>
```

【代码解析】在以上代码定义的样式中使用了 color 与 background-color 两个属性，使用这两个属性可以为对象添加颜色与背景色。

执行以上代码，其执行结果如图 11.2 所示。

图 11.2　为页面对象添加颜色

11.5　CSS 3 的发展

CSS 3 是 CSS 技术的升级版本，CSS 3 语言开发是朝着模块化方向发展的。以前的规范作为一个模块实在是太庞大，而且比较复杂，所以把它分解为一些小模块，更多新的模块也被加入进来。这些模块包括：盒子模型、列表模块、超链接方式、语言模块、背景和边框、文字特效、多栏布局等。

11.5.1　模块化的发展

CSS 3 遵循的是模块化开发。发布时间并不是一个时间点，而是一个时间段。
- 2002 年 5 月 15 日发布 CSS 3 Line 模块，该模块定义了文本行模型。
- 2002 年 11 月 7 日发布 CSS 3 Lists 模块，该模块定义了列表相关样式。
- 2002 年 11 月 7 日发布 CSS 3 Border 模块，新增背景边框功能，后被合并到背景模块中。
- 2003 年 5 月 14 日发布 CSS 3 Generated and Replace Content 模块，该模块定义 CSS 3 生成及更换内容功能。
- 2003 年 8 月 13 日发布 CSS 3 Presentation Levels 模块，该模块定义了演示效果功能。
- 2003 年 8 月 13 日发布 CSS 3 Syntax 模块，该模块重新定义了 CSS 语法规则。
- 2004 年 2 月 24 日发布 CSS 3 Hyperlink Presenation 模块，该模块重新定义了超链接的表示规则。

- 2004 年 12 月 6 日发布 CSS 3 Speech 模块，该模块定义了"语音"样式规则。
- 2005 年 12 月 15 日发布 CSS 3 Cascading and inheritance 模块，该模块重新定义了 CSS 层叠和继承规则。
- 2007 年 8 月 9 日发布 CSS 3 Basic box 模块，该模块定义了 CSS 的基本盒子模型。
- 2007 年 9 月 5 日发布 CSS 3 Grid Positioning 模块，该模块定义了 CSS 的网格定义规则。
- 2009 年 3 月 20 日发布 CSS 3 Animations 模块，该模块定义了 CSS 3 的动画模型。
- 2009 年 3 月 20 日发布 CSS 3 3D Transforms 模块，该模块定义了 CSS 3 3D 转换模型。
- 2009 年 6 月 18 日发布 CSS 3 Fonts 模块，该模块定义了 CSS 字体模型。
- 2009 年 7 月 23 日发布 CSS 3 Image Value 模块，该模块定义了图像内容显示模型。
- 2009 年 7 月 23 日发布 CSS 3 Flexible Box Layout 模块，该模块定义了灵活的框布局模块。
- 2009 年 8 月 4 日发布 CSS 3 视图模块。
- 2009 年 12 月 1 日发布 CSS 3 Transitions 模块，该模块定义了动画过渡效果。
- 2009 年 12 月 1 日发布 CSS 3 2D Transforms 模块，该模块定义了 CSS 3 2D 转换模型。
- 2010 年 4 月 29 日发布 CSS 3 Template Layout 模块，该模块定义了模板布局模型。
- 2010 年 4 月 29 日发布 CSS 3 Generated Content For Page Media 模块，该模块定义了分页媒体内容模型。
- 2010 年 10 月 5 日发布 CSS 3 Text 模块，该模块定义了文本模型。
- 2010 年 10 月 5 日发布 CSS 3 Background and Borders 模块，该模块重新定义了边框和背景模型。

……

11.5.2 浏览器支持情况

目前主流浏览器的新版本均已提供了对 CSS 3 大部分模块的支持。

11.5.3 CSS 3 新特性预览

相比以前版本的 CSS，CSS 3 提供了很多功能强大的新特性，可以使网页实现一些更加炫酷的效果。

1．强大的 CSS 选择器

以前用户通常用 class、id 或 tagname 来选择 HTML 元素，而 CSS 3 的选择器强大到难以置信。使用 CSS 3 可以减少标签中 class 和 id 的数量；从而更方便维护样式表，更好地实现结构与表现的分离。11.6 节将专门介绍 CSS 3 中增加的选择器功能。

2．圆角效果

以前做圆角通常使用背景图片，或烦琐的元素拼凑，现在使用 CSS 3 中的 border-radius 属性就可以帮用户轻松搞定。比如：

```
border-radius:30px;
```

以上代码将为拥有边框的元素添加圆角边框效果。

3. 块阴影与文字阴影

在 CSS 3 中使用 box-shadow 属性就可以对任意 DIV 和文字增加投影效果。比如：

```
box-shadow: 10px 10px 5px #888888;
```

以上代码将为对象添加水平方向、垂直方向的阴影效果。

4. 新的颜色制式和透明设定

CSS 3 支持更多的颜色和更广泛的颜色定义。比如新颜色，CSS 3 支持 HSL、CMYK、HSLA 及 RGBA 等。

5. 个性化字体

在 CSS 2 中，网页上的字体依赖用户的客户端，如果没有安装相应字体，就不会显示相应的字体效果。而在 CSS 3 中，使用 @font-face 即可轻松实现定制字体（开放的网络字体类型，如果客户端没有该字体，则可以使用服务器端的字体）。

6. 渐变效果

以前只能用 Photoshop 做出图片渐变效果，而现在可以用 CSS 3 中的 Linear Gradients 属性实现线性渐变效果。

7. 多背景图

CSS 3 还支持为一个元素添加多层背景图片。

8. 边框背景图

使用 CSS 3 的 border-image 属性即可实现边框应用背景图片的效果。

9. 变形处理

可以使用 CSS 3 对 HTML 元素进行旋转、缩放、倾斜、移动，甚至是以前只能用 JavaScript 才能实现的强大动画。

10. 多栏布局

可以让用户不使用多个 div 标签就能实现多栏布局。浏览器解释这个属性并生成多栏，让文本实现多栏结构。

11. 盒子阴影

可以更方便地为对象添加阴影效果，使对象看起来更加立体。

12. 倒影效果

使用 CSS 3 的 box-reflect 属性可以实现更多的倒影效果。比如：

```
box-reflect: below;
```

以上代码将为对象添加向下的倒影效果。

13. 媒体查询

使用 CSS 3 的媒体查询可以实现针对不同屏幕分辨率应用不同的样式。

11.6 CSS 3 增加的选择器功能

相对于老版的 CSS，CSS 3 中增加了新的选择器，其中包括属性选择器、结构伪类选择器、UI 元素状态伪类选择器、伪元素选择器等。这一节我们就来介绍这些 CSS 3 中增加的选择器功能。

11.6.1 属性选择器

属性选择器类似于老版 CSS 中的 class 选择器，有所区别的是，属性选择器可以为拥有指定属性的 HTML 元素设置样式，而不仅限于 class 和 id 属性。其语法结构如下：

```
[title]
{
color:red;
}
```

以上代码为所有含有 title 属性的元素设置样式。

```
[title=W3School]
{
border:5px solid blue;
}
```

以上代码为所有含有 title 属性且属性的值为 W3School 的元素设置样式。

除了以上几种写法，属性选择器还支持以下几种写法。

- [attribute~=value]：用于选取属性值中包含指定词汇的元素。
- [attribute|=value]：用于选取带有以指定值开头的属性值的元素，该值必须是整个单词。
- [attribute^=value]：匹配属性值以指定值开头的每个元素。
- [attribute$=value]：匹配属性值以指定值结尾的每个元素。
- [attribute*=value]：匹配属性值中包含指定值的每个元素。

使用加强的属性选择器可以实现更加灵活的元素选择。

11.6.2 结构伪类选择器

伪类选择器：CSS 中已经定义好的选择器，不能随便取名。常用的伪类选择器是使用在 a 元素上的几种，如 a:link、a:visited、a:hover、a:active 等。除了用于超链接的选择器，CSS 3 中其他几类结构伪类选择器如表 11-2 所示。

表 11-2 结构伪类选择器

选择器	功能描述
E:first-child	作为父元素的第一个子元素的元素 E，与 E:nth-child(1) 等同
E:last-child	作为父元素的最后一个元素的元素 E，与 E:nth-lat-child(1) 等同
E:root	匹配 E 元素所在文档的根元素。在 HTML 文档中，根元素始终是 html，此时该选择器与 html 类型选择器匹配的内容相同
E F:nth-child(n)	选择父元素 E 的第 n 个子元素 F，其中 n 可以是整数(1、2、3)、关键字（even、odd），也可以是公式（$2n+1$、$-n+5$），而且 n 的起始值为 1，不是 0

续表

选 择 器	功能描述
E F:nth-last-child(n)	选择父元素的倒数第 n 个子元素。次选择器与 E F:nth-child(n)选择器计算顺序刚好相反，但是使用方法都是一样的，其中:nth-last-child(1)始终匹配的是最后一个元素，与:last-child 等同
E:nth-of-type(n)	选择父元素内具有指定类型的第 n 个 E 元素
E:nth-last-of-type(n)	选择父元素内具有指定类型的倒数第 n 个 E 元素
E:first-of-type	选择父元素内具有指定类型的第一个 E 元素，与 E:nth-of-type(1)等同
E:only-child	选择父元素只包含一个子元素，且该子元素匹配 E 元素
E:only-of-type	选择父元素只包含一个同类型的子元素，且该子元素匹配 E 元素
E:empty	选择没有子元素的元素，且该元素不包含任何文本节点

结构伪类选择器中，有 4 个伪类选择器接受参数 n，分别是:nth-child(n)、:nth-last-child(n)、:nth-of-type(n)、:nth-last-of-type(n)。

在实际应用中，这个参数可以是整数（1、2、3、4）、关键字（even、odd），也可以是公式（2n+1，-n+5），但无论是整数、关键字还是公式，最终其值都是从 1 开始的，而不是 0。换句话说，当上述 4 个伪类选择器中的参数 n 的值为 0（或负值）时，选择器将选择不到任何元素。

11.6.3　UI 元素状态伪类选择器

UI 元素状态伪类选择器指的是"UI 元素状态"这方面的伪类选择器。

在 CSS 3 中，新增的常用 UI 元素状态伪类选择器如下。

- E:focus：指定元素获得光标焦点时使用的样式。
- E:checked：选择 E 元素中所有被选中的元素。
- E::selection：改变 E 元素中被选择的网页文本的显示效果。
- E:enabled：选择 E 元素中所有"可用"元素。
- E:disabled：选择 E 元素中所有"不可用"元素。
- E:read-write：选择 E 元素中所有"可读写"元素。
- E:read-only：选择 E 元素中所有"只读"元素。
- E::before：在 E 元素之前插入内容。
- E:after：在 E 元素之后插入内容。

11.6.4　伪元素选择器

伪元素选择器并不是针对真正的元素使用的选择器，而是针对 CSS 中已经定义好的伪元素使用的选择器。

CSS 中有如下 4 种伪元素选择器。

- first-line：为某个元素的第一行文字使用样式。
- first-letter：为某个元素中的文字的首字母或第一个字使用样式。
- before：在某个元素之前插入一些内容。
- after：在某个元素之后插入一些内容。

使用方法如下：

选择器：伪元素{样式}

下面通过一个实例来说明如何使用伪元素选择器。

【示例 11-4】element.htm,使用伪元素选择器

```
01  <html>
02    <head>
03      <title>使用伪元素选择器</title>
04      <style type="text/css">
05      #my_id:first-line{
06          font-size:40px;
07          color:#0000ff;
08          }
09      </style>
10    </head>
11    <body>
12      <h3>使用伪元素选择器</h3>
13      <div id="my_id">
14      这里是需要显示的内容<p>
15      这里是第二行需要显示的内容<p>
16      这里是第三行需要显示的内容</div>
17    </body>
18  </html>
```

【代码解析】以上代码在普通的 id 选择器后跟了伪元素选择器 first-line,该选择器指定符合 id 为 my_id 的第一行,即仅为第一行添加样式。

执行以上代码,其结果如图 11.3 所示。

图 11.3 使用伪元素选择器

11.7 拓展训练

11.7.1 训练一:用 CSS 为页面中的 my_c 类添加样式

【拓展要点:CSS 中类 class 选择器的使用】

class 是 HTML 元素的重要属性,不同元素或同一组元素可以设置为相同的 class,然后再使用 CSS 中的类选择器"."与样式,就可以为指定的类设置同样的样式。

【代码实现】

```
<style type="text/css">
```

```
.my_c{
border:1px solid #ff0000;
font-size:20px;}
</style>
```

11.7.2 训练二：用 CSS 为页面中的输入框在获取焦点时设置样式

【拓展要点：CSS 3 中的元素状态伪类选择器 E:focus 的使用】

CSS 3 中新增加了元素状态伪类选择器，使用该类选择器可以为元素的不同状态设置不同的样式。其中 E:focus 选择器即指代当元素获取焦点时的状态，使用该选择器，再加指定状态，即可为元素在获取焦点时设置指定样式。

【代码实现】

```
<style type="text/css">
input:focus{
border:1px solid #ff0000;
font-size:20px;
background-color:#cccccc;}
</style>
```

11.8 技术解惑

11.8.1 理解 CSS 的基本语法

CSS 的基本语法就是一条或多条声明，每条声明由一个属性和一个值组成。属性（Property）是你希望设置的样式属性（Style Attribute）。每个属性都有一个值。属性和值被冒号分开。

如果要定义不止一个声明，则需要用分号将每个声明分开，因为分号在英语中是一个分隔符号，不是结束符号。然而，大多数有经验的设计师会在每条声明的末尾都加上分号，这么做的好处是，当你从现有的规则中增减声明时，会尽可能地减少出错的可能性。

11.8.2 掌握各种常用选择器的使用

使用选择器，可为指定的某一个或者某一类元素设置统一样式。常用的选择器有类选择器、id 选择器及 HTML 选择器等，这些选择器一定要熟练掌握。另外，CSS 3 新增的属性选择器、结构伪类选择器、UI 元素状态伪类选择器及伪元素选择器，读者也要尽可能地去掌握。

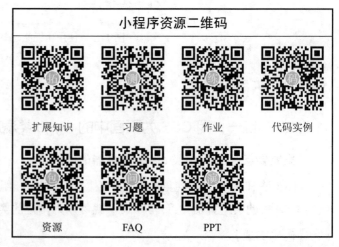

第12章

美化文本与背景

在制作网页时,经常会围绕文本、背景和边框几个方面进行样式表设置。但在 CSS 2 中,当涉及阴影、圆角、多重背景等效果时,常常因为不能实现,转而寻求其他办法;在颜色选择及半透明颜色使用方面也极为不便。而这些问题,在 CSS 3 中都有便捷的解决方案。CSS 3 在原有版本的基础上,扩充了一些非常实用的属性和颜色方案。本章将对这些扩充的内容进行详细讲解。

12.1 文本与字体

在网页设计中,丰富的文本修饰效果不但可以增添网页的趣味性,而且看起来也更加舒服。在 CSS 3 中,在文本修饰方面,可以给其增加阴影、描边和发光等效果;在排版方面,可以对溢出及换行进行良好的控制;甚至是特殊少见的字体,也能在客户端显示良好。下面我们逐步讲解。

12.1.1 多样化的文本阴影——text-shadow 属性

在网页设计中,常常会通过给文本添加阴影、描边和发光等效果,来实现更加丰富的视觉表现。CSS 3 中的阴影属性 text-shadow,不但可以给文本添加阴影,还可以实现文本的描边和发光效果。

阴影属性 text-shadow 的使用语法如下:

```
text-shadow: length || lenth || opacity || color
```

参数及取值说明:

- length 是由浮点数字和长度单位组成的长度值,可以为负值。两个 length 分别表示阴影在水平方向和垂直方向上相对于文字本身的偏移距离。
- opacity 是由浮点数字和长度单位组成的长度值,不可以为负值,表示阴影效果模糊作用的距离。该值可以省略,表示模糊作用距离为 0,即没有模糊效果。
- color 是颜色值,表示阴影的颜色。

文本的阴影、描边和发光等效果,就是这些参数不同组合的结果。

提示:到目前为止,text-shadow 属性已获得所有浏览器厂商的新版本浏览器的支持,不过在旧的 IE 8 及以下版本中,是无法支持该属性的。

下面我们通过一个例子来看一下 text-shadow 属性的使用，为橘黄色文字设置深灰色阴影。其中阴影在水平方向和垂直方向上的距离均为 5px，模糊作用距离为 12px，阴影颜色为深灰色。

【示例 12-1】shadow.htm，为文字设置深灰色阴影

```
01  <!--shadow.htm-->
02  <!DOCTYPE HTML>
03  <html>
04  <head>
05  <title>文字阴影</title>
06  <style type="text/css">
07  p {
08      font-family:Verdana, Geneva, sans-serif;
09      font-weight:bold;
10      font-size:56px;
11      color:#f90;
12      text-shadow:5px 5px 12px #121212;                    /* 添加文字阴影 */
13  }
14  </style>
15  <body>
16  <p>阴影属性<br />
17    text-shadow</p>
18  </body>
19  </html>
```

【代码解析】在示例 12-1 中，为属性 text-shadow 设置了向右下的阴影效果，颜色为深灰色。

运行结果如图 12.1 所示。

如果偏移值为负数，则表示阴影向左或向上偏移。比如，修改 text-shadow 属性值如下：

```
text-shadow:-5px -5px 12px #00f;
```

运行结果如图 12.2 所示。

图 12.1　向右下方向的阴影效果

图 12.2　向左上方向的阴影效果

还可以为阴影属性同时设置两种及两种以上的阴影效果。比如，修改 text-shadow 属性值如下：

```
text-shadow:-5px -5px 12px #00f,
5px 5px 12px #121212;
```

运行结果如图 12.3 所示。

图 12.3　同时存在两种阴影效果

我们可以利用 text-shadow 属性的特性，同时在上下左右四个方向为文字设置多个阴影，且不设置模糊作用距离（默认没有模糊效果），这样就可以实现文本的描边效果。下面我们来看一个例子。

【示例 12-2】shadow4.htm，为文字设置描边效果

```
01  <!--shadow4.htm-->
02  <!DOCTYPE HTML>
03  <html>
04  <head>
05  <title>文字描边</title>
06  <style type="text/css">
07  p {
08      padding:50px;
09      font-family:Verdana, Geneva, sans-serif;
10      font-weight:bold;
11      font-size:56px;
12      background-color:#CCC;
13      color:#ddd;
14      text-shadow:-1px 0 #121212,      /* 向左阴影 */
15             0 -1px #121212,           /* 向上阴影 */
16             1px 0 #121212,            /* 向右阴影 */
17             0 1px #121212;            /* 向下阴影 */
18  }
19  </style>
20  <body>
21  <p>阴影属性<br />
22    text-shadow</p>
23  </body>
24  </html>
```

【代码解析】在示例 12-2 中，为 text-shadow 属性在四个方向上分别设置了 1 像素的阴影，且没有模糊效果，组合起来就实现了描边效果。

运行结果如图 12.4 所示。

图 12.4　文字描边效果

当然，为了表现更加丰富，每个方向上的阴影的颜色可以有不同的设置。比如，把向左和向上的阴影颜色改为白色，文字就会有凸起的效果。修改 text-shadow 属性为：

```
text-shadow:-1px 0 #FFF,            /* 向左阴影 */
    0 -1px #FFF,                    /* 向上阴影 */
    1px 0 #121212,                  /* 向右阴影 */
    0 1px #121212;                  /* 向下阴影 */
```

运行结果如图 12.5 所示。

再如，将向右和向下的阴影颜色设置为白色，文字就会有凹陷的效果。修改 text-shadow 属性为：

```
text-shadow:-1px 0 #121212,         /* 向左阴影 */
    0 -1px #121212,                 /* 向上阴影 */
    1px 0 #FFF,                     /* 向右阴影 */
    0 1px #FFF;                     /* 向下阴影 */
```

运行结果如图 12.6 所示。

图 12.5　文字的凸起效果

图 12.6　文字的凹陷效果

我们也可以利用 text-shadow 属性的特性，不设置水平和垂直的偏移距离，仅设置模糊作用距离，通过修改模糊值来实现不同强度的发光效果。下面来看一个例子。

【示例 12-3】light.htm，为文字设置发光效果

```
01  <!--light.htm-->
02  <!DOCTYPE HTML>
03  <html>
04  <head>
05  <title>文字发光</title>
06  <style type="text/css">
07  p {
08      padding:50px;
09      font-family:Verdana, Geneva, sans-serif;
10      font-weight:bold;
11      font-size:46px;
12      background-color:#121212;
13      color:#f90;
14      text-shadow:0 0 10px #fff;         /* 没有偏移的模糊设置 */
15  }
16  </style>
17  <body>
18  <p>阴影属性<br />
19    text-shadow</p>
20  </body>
21  </html>
```

【代码解析】在示例 12-3 中，text-shadow 属性在水平方向和垂直方向的偏移距离均为 0，仅设置模糊效果，加上深灰色背景的衬托，就有了发光的效果。

运行结果如图 12.7 所示。

图 12.7　发光的文字

提示：虽然通过 text-shadow 属性的渲染可以让网页变得更加丰富和生动，但不建议整个页面都充斥着这样的效果，因为这会使网页变得凌乱。对于设计良好的网页，如果包含阴影、描边和发光等效果，则可以通过该属性轻松实现。为了使 text-shadow 属性能够兼容多种内核的旧的浏览器，通常会针对不同的浏览器去写：-moz-text-shadow 对应 Gecko 内核的浏览器，

如火狐；-webkit-text-shadow 对应 Webkit 内核的浏览器，如 Chrome 和 Safari 等。随着浏览器的版本更新，阴影属性已获得浏览器最新版本的支持，不需要再加前缀。

12.1.2 溢出文本处理——text-overflow 属性

一个布局良好的页面，会限制列表结构的宽度。如果遇到文本过长，则会导致文本溢出，打乱页面的整体布局，需要截断显示。为了显示更加友好，CSS 3 新增了溢出文本处理的属性 text-overflow。text-overflow 属性的语法如下：

```
text-overflow : clip | ellipsis | ellipsis-word
```

取值说明：值 clip 表示直接裁切溢出的文本；值 ellipsis 表示文本溢出时，显示省略标记（...），省略标记代替最后一个字符；值 ellipsis-word 也表示文本溢出时，显示省略标记（...），与值 ellipsis 不同的是，省略标记代替的是最后一个词。

下面我们来看一个例子。

【示例 12-4】 overflow.htm，溢出文本省略标记

```
01  <!--overflow.htm-->
02  <!DOCTYPE HTML>
03  <html>
04  <head>
05  <title>溢出文本处理</title>
06  <style type="text/css">
07  li {
08      list-style:none;
09      line-height:22px;
10      font-size:14px;
11      border-bottom:1px solid #ccc;
12      width:220px;                        /* 设置宽度 */
13      overflow:hidden;                    /* 溢出内容设为隐藏 */
14      white-space:nowrap;                 /* 强制文本单行显示 */
15      text-overflow:ellipsis;             /* 设置溢出文本显示为省略标记 */
16  }
17  </style>
18  <body>
19  <ul>
20    <li>第一行的内容</li>
21    <li>这是第二行的内容，这是第二行的内容，这是第二行的内容，</li>
22    <li>第三行的内容，第三行的内容</li>
23    <li>这是第四行的内容，这是第四行的内容，这是第四行的内容，</li>
24    <li>第五行的内容，第五行的内容，第五行的内容</li>
25  </ul>
26  </body>
27  </html>
```

【代码解析】 在示例 12-4 中，仅设置 text-overflow 属性是不够的，必须设置文本外围的宽度、溢出内容为隐藏（overflow:hidden）、强制文本单行显示（white-space:nowrap），这样设置的 text-overflow 属性的值 ellipsis 才能显示为省略标记的效果。

运行结果如图 12.8 所示。

图 12.8 文本溢出处理

提示：在兼容性方面，Firefox 和早期的 Opera 不支持该属性，其他浏览器均支持。

12.1.3 文字对齐——word-wrap 和 word-break 属性

一个布局很好的页面，也常常会因为换行而导致整个页面参差不齐。CSS 3 采用了 IE 发展的 word-wrap 属性和 word-break 属性，这两个属性在 IE 中一直被支持。

word-wrap 属性，设置或检索当前行超过指定容器的边界时是否断开转行。其语法如下：

```
word-wrap : normal | break-word
```

取值说明：值 normal 为默认的连续文本换行，允许内容超出边界；值 break-word 表示内容将在边界内换行，如果需要，词内换行（word-break）也会发生。

下面我们来看一个例子。

【示例 12-5】 wrap.htm，网址的边界换行

```
01  <!--wrap.htm-->
02  <!DOCTYPE HTML>
03  <html>
04  <head>
05  <title>边界换行</title>
06  <style type="text/css">
07  p {
08      font-family:Verdana, Geneva, sans-serif;
09      border:1px solid #CCC;
10      padding:10px;
11      width:220px;
12      font-size:12px;
13      word-wrap:normal;           /* 设置换行属性 */
14  }
15  </style>
16  <body>
17  <p> CSS 3 is completely backwards compatible, so you will not have to change existing designs. Browsers will always support CSS 2. http://www.w3schools.com/css3/css3_intro.asp </p>
18  <p>CSS 3 是完全向后兼容的，所以你不必改变现有的设计。浏览器将始终支持 CSS 2。http://www.w3schools.com/css3/css3_intro.asp</p>
19  </body>
20  </html>
```

【代码解析】在示例 12-5 中，设置 word-wrap 属性的值为 normal，当连续的文本（如网址）过长时，会超出边界显示。

运行结果如图 12.9 所示。

如果 word-wrap 属性的值为 break-word，则网址不会超出边界。修改 word-wrap 属性值如下：

`word-wrap:break-word;`   /* 设置换行属性为 break-word */

运行结果如图 12.10 所示。

图 12.9　超出边界的网址　　　　　　　　图 12.10　边界内换行的网址

word-break 属性，设置或检索对象内文本的字内换行行为，尤其在出现多种语言时。对于中文，应该使用 break-all。其语法如下：

`word-break : normal | break-all | keep-all`

取值说明：值 normal，依照亚洲语言和非亚洲语言的文本规则，允许在字内换行；值 break-all，该行为与亚洲语言的 normal 相同，也允许非亚洲语言文本行的任意字内断开，该值适合包含一些非亚洲文本的亚洲文本；值 keep-all，与所有非亚洲语言的 normal 相同，对于中文、韩文、日文，不允许字断开，适合包含少量亚洲文本的非亚洲文本。

该属性的值与使用的语言有关系。下面就通过一个例子了解其区别。

【示例 12-6】break.htm，文字内换行

```
01  <!--break.htm-->
02  <!DOCTYPE HTML>
03  <html>
04  <head>
05  <title>文字内换行</title>
06  <style type="text/css">
07  p {
08      font-family:Verdana, Geneva, sans-serif;
09      border:1px solid #CCC;
10      padding:10px;
11      width:220px;
12      font-size:12px;
13      word-break: break-all;          /* 设置换行属性 */
14  }
15  </style>
16  <body>
```

```
17  <p> CSS 3 is completely backwards compatible, so you will not have to change
existing designs. Browsers will always support CSS 2. http://www.w3schools.com/
css3/css3_intro.asp </p>
18  <p>CSS 3 是完全向后兼容的，所以你不必改变现有的设计。浏览器将始终支持 CSS 2。http://
www.w3schools.com/css3/css3_intro.asp</p>
19  </body>
20  </html>
```

【代码解析】在示例 12-6 中，将 word-break 属性的值设为 break-all。运行结果如图 12.11 所示，将文字拆分并换行。

图 12.11　文字内换行

如果将属性 word-break 的值设为 normal，则换行结果将如图 12.9 所示。如果将其属性的值设为 keep-all，在本示例中，换行结果也将如图 12.9 所示。

12.1.4　使用服务器端的字体——@font-face 规则

CSS 的字体样式通常会受到客户端的限制，只有客户端安装了该字体，样式才能正确显示。如果使用的不是常用的字体，那么对于没有安装该字体的用户而言，是看不到真正的文字样式的。因此，设计师会避免使用不常用的字体，更不敢使用艺术字体。

为了弥补这个缺陷，CSS 3 新增了字体自定义功能，通过@font-face 规则来引用互联网任一服务器中存在的字体。这样在设计页面的时候，就不会因字体稀缺而受限制。

@font-face 能够加载服务器端的字体文件，让客户端显示客户端所没有安装的字体。其语法规则如下：

```
@font-face: {属性：取值;}
```

属性及取值如下：
- font-family：设置文本的字体名称。
- font-style：设置文本样式。
- font-variant：设置文本是否大小写。
- font-weight：设置文本的粗细。
- font-stretch：设置文本是否横向拉伸变形。
- font-size：设置文本字体大小。

- src:设置自定义字体的相对路径或绝对路径,可包含 format 信息。此属性只能在 @font-face 规则里使用。

其中,font-family 的属性值是用来声明字体名称的,该名称可被当作字体引用;src 也是必要的属性,用于指定字体文件的路径。其他属性,则是选择性使用的。

提示:对于@font-face 的兼容性,主要是字体 format 的问题。因为不同的浏览器对字体格式支持是不一致的,各种版本的浏览器支持的字体格式有所区别。TurcTpe(.ttf)格式的字体对应的 format 属性为 truetype;OpenType(.otf)格式的字体对应的 format 属性为 opentype;Embedded Open Type(.eot)格式的字体对应的 format 属性为 eot。

下面来看一个例子。

【示例 12-7】font-face.htm,使用服务器端的字体

```
01  <!--font-face.htm-->
02  <!DOCTYPE HTML>
03  <html>
04  <head>
05  <title>@font-face 规则</title>
06  <style type="text/css">
07  @font-face {
08      font-family: myfont;                    /* 声明字体名称 */
09      src:url(HEMIHEAD.TTF) format("truetype"); /* 指定字体文件路径 */
10  }
11  p {
12      font-family:myfont;                     /* 使用声明的字体名称定义字体样式 */
13      font-size:126px;
14  color:#f90;
15  }
16  </style>
17  <body>
18  <p>Hemi Head</p>
19  </body>
20  </html>
```

【代码解析】在示例 12-7 中,在@font-face 规则里,通过 font-family 属性声明了字体名称 myfont,并通过 src 指定了字体文件的 url 相对地址。在接下来的样式设置中,就可以通过名称 myfont 来引用字体定义的规则。该示例展示的字体名称为"Hemi Head 426"。

运行结果如图 12.12 所示。

图 12.12 服务器端的字体

通过@font-face 规则使用服务器端的字体，为网页设计者们提供了更大的自由空间。服务器端的字体可以根据需要，不受限制地选择，甚至是艺术字体。

提示：通过@font-face 规则使用服务器端的字体，不建议应用于中文网站。因为中文的字体文件都是几 MB 到十几 MB，这么大的字体文件会严重影响网页的加载速度。如果是少量的特殊字体，则建议使用图片来代替。而英文的字体文件只有几十 KB，非常适合使用@font-face 规则。

如果客户端安装的字体非常丰富，包含了服务器端提供的字体，那么出于性能的考虑，我们会尽可能地选择客户端的字体，以避免字体文件在网络传输中造成的性能损失。可以将规则中 src 属性的值通过 local()来指定本地系统的字体。利用 src 属性可以同时指定多个地址的特性，我们将示例 12-7 修改如下。

【示例 12-8】server.htm，同时定义客户端和服务器端的字体

```
01  <!--server.htm-->
02  <!DOCTYPE HTML>
03  <html>
04  <head>
05  <title>@font-face规则</title>
06  <style type="text/css">
07  @font-face {
08      font-family: myfont;                        /* 声明字体名称 */
09      src:local("Hemi Head 426"),                 /* 指向客户端本地系统字体 */
10          url(Supersou.ttf) format("truetype");   /* 指向服务器端的字体文件 */
11  }
12  p {
13      font-family:myfont;                         /* 使用声明的字体名称定义字体样式 */
14      font-size:36px;
15      color:#f90;
16  }
17  </style>
18  <body>
19  <p>@font-face</p>
20  </body>
21  </html>
```

【代码解析】在示例 12-8 中，@font-face 规则里的 src 属性同时指定了客户端系统中的字体和服务器端提供的字体文件。当客户端存在字体"Hemi Head 426"时，显示结果如图 12.13 所示；当客户端不存在该字体时，则使用服务器端提供的字体"Supersoulfighter"，显示结果如图 12.14 所示。本示例为了说明问题，选择了两种不同的字体。

运行结果如图 12.13 和图 12.14 所示。

图 12.13　显示客户端字体　　　　　　图 12.14　显示服务器端字体

12.1.5　练习：使用丰富的文字样式

前面学习的文本阴影属性，使文本的修饰更加灵活；而使用@font-face规则，使得选择的字体几乎不受限制。对于服务器端提供的字体，也可以使用阴影、颜色、粗体、斜体等样式表进行修饰。文字样式相比之前丰富了很多。下面就结合学过的文字样式，对文字进行多方面的修饰。

【示例12-9】multi.htm，唐诗《游子吟》

```
01  <!--multi.htm-->
02  <!DOCTYPE HTML>
03  <html>
04  <head>
05  <title>唐诗《游子吟》</title>
06  <style type="text/css">
07  @font-face {
08    font-family: myfont;                              /* 声明字体名称 */
09    src:url(../font/maozedong.ttf) format("truetype");/* 指向服务器端的字体文件 */
10  }
11  body {
12      padding:0 40px;
13  }
14  h1 {
15      float:right;
16      width:20px;
17      margin:0 0 0 10px;
18      padding:0;
19      font-family:myfont;                             /* 使用声明的字体名称定义字体样式 */
20      font-size:33px;                                 /* 大小 */
21      color:#f90;                                     /* 颜色 */
22      text-shadow:12px 12px 12px #121212;             /* 阴影 */
23      word-wrap:break-word;                           /* 边界换行，逗号可在行的开始位置*/
24  }
25  p {
26      float:right;
27      width:20px;
28      padding:0;
29      margin:0 20px 0 0;
30      line-height:33px;
31      font-family:myfont;                             /* 使用声明的字体名称定义字体样式 */
32      font-size:30px;                                 /* 大小 */
```

```
33      color:#f90;                      /* 颜色 */
34      text-shadow:0 0 1px #fff;        /* 白色阴影，消除锯齿 */
35      word-wrap:break-word;            /* 边界换行，逗号可在行的开始位置 */
36  }
37  footer {
38      float:right;
39      width:20px;
40      padding-top:80px;
41      font-family:myfont;              /* 使用声明的字体名称定义字体样式 */
42      font-size:30px;                  /* 大小 */
43      color:#f90;                      /* 颜色 */
44      text-shadow:0 0 12px #333;       /* 阴影 */
45      margin-right:3px;
46  }
47  </style>
48  <body>
49  <h1>游子吟</h1>
50  <p>慈母手中线，</p>
51  <p>游子身上衣。</p>
52  <p>临行密密缝，</p>
53  <p>意恐迟迟归。</p>
54  <p>谁言寸草心，</p>
55  <p>报得三春晖？</p>
56  <footer>孟郊</footer>
57  </body>
58  </html>
```

【代码解析】在传统的文字修饰方面，为了突出某个文字，只能使用加粗和斜体。在示例12-9中，使用了阴影属性修饰标题为阴影效果，修饰作者名称为发光效果。字体使用的是服务器指定路径下的"草檀斋毛泽东字体"文件。排版方面是模拟的，边界换行属性word-wrap的值为break-word，即允许逗号在行的开始位置。

运行结果如图12.15所示。

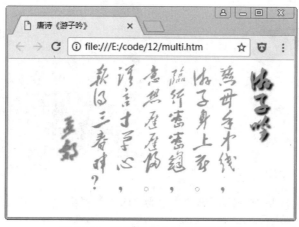

图12.15 经过修饰的服务器端字体

12.2 色彩模式和不透明度

在 CSS 3 之前，我们通常使用的颜色都属于 RGB 色彩模式，而且颜色本身也不能设置透明度。CSS 3 不但新增了 HSL 色彩模式，还增加了颜色本身的不透明设置和单独的不透明属性。这两个色彩模式及不透明设置，在整个 HTML 5 框架内都适用。本节对新增的色彩模式及不透明设置进行讲解。

12.2.1 HSL 色彩模式

HSL 色彩模式是 CSS 3 新增的色彩模式，是工业界的一种颜色标准。通过色调（Hue）、饱和度（Saturation）、亮度（Lightness）三个颜色通道的变化及它们相互之间的叠加来得到各式各样的颜色，这给颜色和色调的选择提供了充足的余地。这个标准几乎包括人类视力所能感知的所有颜色，是目前运用广泛的颜色系统之一。

在 CSS 3 中，HSL 色彩模式的表示语法如下：

```
hsl(<length>, <percentage>, <percentage>)
```

参数及取值说明：

- <length>表示色调（Hue），衍生于色盘，可以取任意值。其中该值除以 1260 所得的余数：0 为红色，60 为黄色，120 为绿色，180 为青色，240 为蓝色，1200 为洋红色，如图 12.16 所示的色盘模型。
- <percentage>表示饱和度（Saturation），表示色调确定的颜色的浓度，即鲜艳程度。值为百分比，范围为 0%～100%。0%表示灰度，没有颜色；100%说明最鲜艳。
- <percentage>表示颜色的明亮度（Lightness）。值为百分比，范围为 0%～100%。0%最暗，50%为均值，100%最亮。

HSL 色彩模式中的色调、饱和度和亮度可用一个圆柱体的空间模型来模拟，圆柱里的每个点都代表一个颜色值，如图 12.17 所示的 HSL 空间模型。

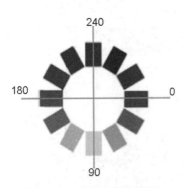
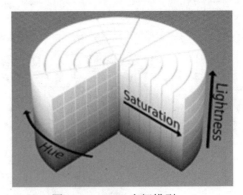

图 12.16　色调的色盘模型　　　　图 12.17　HSL 空间模型

网页设计中的配色也是有规律可循的。利用 HSL 色彩模式，首先确定网页的主色调，即确定 HSL 的色调值；然后通过调整饱和度和亮度，即可在同一色系中选择颜色。这样颜色搭配不会太离谱，整体上也有统一的感觉。

下面来看一个例子。

【示例 12-10】 red.htm,主色调为红色的配色方案表

```
01  <!--red.htm-->
02  <!DOCTYPE HTML>
03  <html>
04  <head>
05  <title>配色方案表</title>
06  <style type="text/css">
07  .hsl {
08      height:20px;
09      border:1px solid #f00;
10      padding:10px;
11      height:170px;
12      background-color:hsl(0, 0%, 90%);    /* 使用HSL模式的颜色值 */
13      color:hsl(0, 100%, 50%);             /* 使用HSL模式的颜色值 */
14      font-size:12px;
15      text-align:center;
16      line-height:25px;
17      width:320px;
18  }
19  ul {
20      width:320px;
21      margin:0;
22      padding:10px 0;
23      border-top:1px solid #ccc;
24  }
25  li {
26      float:left;
27      margin:1px 0 0 1px;
28      width:50px;
29      height:15px;
30      list-style:none;
31      font-size:12px;
32      line-height:15px;
33  }
34  /* 第一行 */
35  li:nth-child(8) {background-color:hsl(0, 100%, 100%);}
36  li:nth-child(9) {background-color:hsl(0, 75%, 100%);}
37  li:nth-child(10) {background-color:hsl(0, 50%, 100%);}
38  li:nth-child(11) {background-color:hsl(0, 25%, 100%);}
39  li:nth-child(12) {background-color:hsl(0, 0%, 100%);}
40  /* 第二行 */
41  li:nth-child(14) {background-color:hsl(0, 100%, 75%);}
42  li:nth-child(15) {background-color:hsl(0, 75%, 75%);}
43  li:nth-child(16) {background-color:hsl(0, 50%, 75%);}
44  li:nth-child(17) {background-color:hsl(0, 25%, 75%);}
45  li:nth-child(18) {background-color:hsl(0, 0%, 75%);}
46  /* 第三行 */
47  li:nth-child(20) {background-color:hsl(0, 100%, 50%);}
```

```
48  li:nth-child(21) {background-color:hsl(0, 75%, 50%);}
49  li:nth-child(22) {background-color:hsl(0, 50%, 50%);}
50  li:nth-child(23) {background-color:hsl(0, 25%, 50%);}
51  li:nth-child(24) {background-color:hsl(0, 0%, 50%);}
52  /* 第四行 */
53  li:nth-child(26) {background-color:hsl(0, 100%, 25%);}
54  li:nth-child(27) {background-color:hsl(0, 75%, 25%);}
55  li:nth-child(28) {background-color:hsl(0, 50%, 25%);}
56  li:nth-child(29) {background-color:hsl(0, 25%, 25%);}
57  li:nth-child(30) {background-color:hsl(0, 0%, 25%);}
58  /* 第五行 */
59  li:nth-child(32) {background-color:hsl(0, 100%, 0%);}
60  li:nth-child(33) {background-color:hsl(0, 75%, 0%);}
61  li:nth-child(34) {background-color:hsl(0, 50%, 0%);}
62  li:nth-child(35) {background-color:hsl(0, 25%, 0%);}
63  li:nth-child(36) {background-color:hsl(0, 0%, 0%);}
64  </style>
65  <body>
66  <div class="hsl">
67    <div>色调：0 红色</div>
68    <div>竖向：亮度；横向：饱和度</div>
69    <ul>
70    <li></li> <li>100%</li> <li>712%</li> <li>50%</li> <li>25%</li> <li>0%</li>
71  <li>100%</li> <li></li> <li></li> <li></li> <li></li> <li></li>
72  <li>75%</li> <li></li> <li></li> <li></li> <li></li> <li></li>
73    <li>50%</li> <li></li> <li></li> <li></li> <li></li> <li></li>
74    <li>25%</li> <li></li> <li></li> <li></li> <li></li> <li></li>
75    <li>0%</li> <li></li> <li></li> <li></li> <li></li> <li></li>
76    </ul>
77  </div>
78  </body>
79  </html>
```

【代码解析】在示例 12-10 中，在所有有背景的格子中，色调均为 0，即主色调为红色。饱和度和亮度的变化，都是基于红色色调而改变颜色，这样搭配的颜色方案是非常和谐的。当然，这里的颜色不够详细，你可以调整饱和度和亮度，调出满意的颜色。

运行结果如图 12.18 所示。

图 12.18　主色调为红色的配色方案表

根据这个原理,我们可以对每种色调进行同样的饱和度和亮度的调整,这样的网页整体上不会很花哨。

提示: 本节讲述的 HSL 色彩模式,很多人应该是第一次接触。也许在你的知识领域里遇到过 HSB 色彩模式,在 HSB 中,H(Hues)表示色相,S(Saturation)表示饱和度,B(Brightness)表示发光亮度。但这是两种完全不同的色彩模式,HSB 色彩模式暂时不能用于 CSS,请勿混淆。

12.2.2　HSLA 色彩模式

HSLA 色彩模式是 HSL 色彩模式的延伸,在色调、饱和度和亮度 3 个要素的基础上增加了不透明的参数。使用 HSLA 色彩模式,可以设计多种方式的透明效果。

HSLA 色彩模式的表示语法如下:

```
hsla(<length>, <percentage>, <percentage>,<alpha>)
```

参数及取值说明:前三个参数与 HSL 色彩模式的含义及用法完全相同;<alpha>表示不透明度,取值为 0~1。取值为 1 时,与 HSL 色彩模式效果相同。

使用 HSLA 色彩模式为背景的页面元素,显示为半透明效果,我们来看一个例子。

【示例 12-11】 hsla.htm,HSLA 半透明效果

```
01  <!--hsla.htm-->
02  <!DOCTYPE HTML>
03  <html>
04  <head>
05  <title>HSLA半透明效果</title>
06  <style type="text/css">
07  ul {
08      list-style:none;
09      margin:10px;
10      padding:0;
11      background:url(charactor.png) 10px 0 no-repeat;
12  }
13  li {height:20px;}
14  li:nth-child(1) {background:hsla(40, 50%, 50%, 0.1);}
15  li:nth-child(2) {background:hsla(40, 50%, 50%, 0.2);}
16  li:nth-child(3) {background:hsla(40, 50%, 50%, 0.3);}
17  li:nth-child(4) {background:hsla(40, 50%, 50%, 0.4);}
18  li:nth-child(5) {background:hsla(40, 50%, 50%, 0.5);}
19  li:nth-child(6) {background:hsla(40, 50%, 50%, 0.6);}
20  li:nth-child(7) {background:hsla(40, 50%, 50%, 0.7);}
21  li:nth-child(8) {background:hsla(40, 50%, 50%, 0.8);}
22  li:nth-child(9) {background:hsla(40, 50%, 50%, 0.9);}
23  li:nth-child(10) {background:hsla(40, 50%, 50%, 1);}
24  </style>
25  <body>
26  <ul>
27      <li></li><li></li><li></li><li></li><li></li>
```

```
28    <li></li><li></li><li></li><li></li><li></li>
29   </ul>
30  </body>
31 </html>
```

【代码解析】在示例 12-11 中，为了衬托透明度，外框 ul 元素设置了一个文字背景图，li 元素里的背景颜色的不透明度逐步增加。随着颜色的不透明度加深，背景图片显示得越来越模糊。

运行结果如图 12.19 所示。

图 12.19　HSLA 半透明效果

12.2.3　RGBA 色彩模式

RGBA 色彩模式是 RGB 色彩模式的延伸，在红、绿、蓝三原色的基础上增加了不透明度参数。使用 HSLA 色彩模式，也可以设计多种方式的透明效果。

RGBA 色彩模式的表示语法如下：

`rgba(<red>, <green>, <blue>,<alpha>)`

参数及取值说明：前三个参数<red>、<green>、<blue>分别表示红色值、绿色值、蓝色值各自的取值。取值范围可以是正整数 0～255，也可以是百分数值范围 0.0%～100.0%。但百分数值在有些浏览器中不支持，所以谨慎使用。<alpha>表示不透明度，取值为 0～1。取值为 1 时，与 RGB 色彩模式效果相同。

使用 RGBA 色彩模式为背景的页面元素，显示为半透明效果。与 HSLA 色彩模式用法很类似，所以我们直接改编示例 12-11 中的样式表，代码如下：

【示例 12-12】rgba.htm，RGBA 半透明效果

```
<style type="text/css">
ul {
    list-style:none;
    margin:10px;
    padding:0;
    background:url(../images/charactor.png) 10px 0 no-repeat;
}
li {height:20px;}
```

```
li:nth-child(1) {background:rgba(255, 1512, 0, 0.1);}
li:nth-child(2) {background:rgba(255, 1512, 0, 0.2);}
li:nth-child(12) {background:rgba(255, 1512, 0, 0.12);}
li:nth-child(4) {background:rgba(255, 1512, 0, 0.4);}
li:nth-child(5) {background:rgba(255, 1512, 0, 0.5);}
li:nth-child(6) {background:rgba(255, 1512, 0, 0.6);}
li:nth-child(7) {background:rgba(255, 1512, 0, 0.7);}
li:nth-child(8) {background:rgba(255, 1512, 0, 0.8);}
li:nth-child(9) {background:rgba(255, 1512, 0, 0.9);}
li:nth-child(10) {background:rgba(255, 1512, 0, 1);}
</style>
```

【代码解析】在示例 12-12 中，为了衬托透明度，外框 ul 元素也设置了一个文字背景图，li 元素里的背景颜色的不透明度逐步增加。随着颜色的不透明度加深，背景图片显示得越来越模糊。

运行结果如图 12.20 所示。

图 12.20　RGBA 半透明效果

12.2.4　不透明属性 opacity

在 CSS 3 中，除了 HSLA 和 RGBA 两种色彩模式可以设置半透明效果，还有专门的不透明属性 opacity 可以设置半透明效果。该属性可以应用于任何页面元素中。

opacity 属性的语法如下：

```
opacity : <alpha> | inherit
```

参数及取值说明：

- <alpha>表示不透明度，取值为 0～1。默认为 1，表示完全不透明；0 表示完全透明。
- inherit，该值为继承，表示继承父元素的不透明度。

提示：在 IE 8 及以前的浏览器版本中，透明效果使用 filter 来设置：filter:alpha(opacity=<value>)，<value>的取值范围与 opacity 属性的<alpha>相同。

使用 opacity 属性，可针对某个页面元素设置半透明效果。我们来看一个例子。

【示例 12-13】opacity.htm，图片的半透明效果

```
01  <!--opacity.htm-->
02  <!DOCTYPE HTML>
```

```
03  <html>
04  <head>
05  <title>半透明效果</title>
06  <style type="text/css">
07  ul {
08      list-style:none;
09      margin:10px;
10      padding:0;
11      background:url(charactor.png);
12      height:160px;
13  }
14  li {
15      float:left;
16      margin:5px;
17      width:200px;
18      height:150px;
19  }
20  li:nth-child(1) {opacity:0.5;}
21  li:nth-child(2) {opacity:0.8; }
22  </style>
23  <body>
24  <ul>
25    <li><img src="bird.png" alt="鸟" /></li>
26    <li><img src="bird.png" alt="鸟" /></li>
27    <li><img src="bird.png" alt="鸟" /></li>
28  </ul>
29  </body>
30  </html>
```

【代码解析】在示例 12-13 中，为了展示半透明效果，在 ul 元素中设置了文字背景图；我们在三个 li 元素内都添加了图片，并针对 li 元素分别设置了不同的 opacity 属性值。由图 12.21 可知，li 元素内部的图片内容也应用了半透明效果。

运行结果如图 12.21 所示。

图 12.21　图片的半透明效果

提示：opacity 属性的不透明度，可以应用于各个页面元素及其内部的内容。

12.2.5 练习：设置半透明的遮蔽层

半透明的遮蔽层是网页中常用的表现形式。常常为了突出弹出层的内容，需要一个半透明的遮蔽层来遮挡页面的其他内容，以增强用户体验。下面就用学过的不透明度来实现图片的预览。

【示例 12-14】 alpha.htm，半透明的遮蔽层

```
01  <!--alpha.htm-->
02  <!DOCTYPE HTML>
03  <html>
04  <head>
05  <title>半透明的遮蔽层</title>
06  <style type="text/css">
07  ul {
08      list-style:none;
09      margin:10px;
10      padding:0;
11      height:160px;
12  }
13  li {
14      float:left;
15      margin:5px;
16      width:100px;
17      height:80px;
18  }
19  li img {
20      width:100px;
21      height:80px;
22      opacity:0.5;                    /* 列表图片的不透明度设置为 0.5 */
23      cursor:pointer;
24  }
25  li img:hover {
26      opacity:1;                      /* 列表图片的不透明度设置为 1 */
27  }
28  .bg {
29      position:absolute;
30      background-color:hsla(0, 0%, 50%, 0.5);/* 遮蔽层的背景设置为不透明度为0.5的黑色 */
31      top:0;
32      left:0;
33  }
34  .box {
35      position:absolute;
36      top:130px;
37      left:150px;
38      z-index:99;
39      border-radius:4px;
40      padding:5px;
41      background-color:#fff;
```

```css
42        line-height:20px;
43        font-size:12px;
44        color:#666;
45        font-weight:bold;
46    }
47    .box a {
48        display:block;
49        position:absolute;
50        z-index:100;
51        top:-8px;
52        left:398px;
53        border-radius:9px;
54        border:2px solid #e4e4e4;
55        background-color:#bbb;
56        line-height:14px;
57        width:14px;
58        text-align:center;
59        font-family:Arial, Helvetica, sans-serif;
60        font-size:14px;
61        color:#FFF;
62        text-decoration:none;
63    }
64    .box img {
65        width:400px;
66        height:300px;
67    }
68    </style>
69    <script type="text/javascript">
70        // 打开图片预览
71        function popbox(obj){
72            // 创建半透明的遮蔽层
73            document.body.style.overflow="hidden";
74            var w = window.innerWidth;
75            var h = window.innerHeight;
76            var bgdiv = document.createElement("div");
77            bgdiv.style.width = w + "px";
78            bgdiv.style.height = h + "px";
79            bgdiv.className = "bg";
80            bgdiv.id = "bg";
81            document.body.appendChild(bgdiv);
82            // 创建图片预览层
83            var box = document.createElement("div");
84            box.id = "floatbox";
85            box.className = "box";
86            box.innerHTML="<a href='javascript:closebox()'>&times;</a>";
87            box.innerHTML+="<img src="+ obj.src+" />";
88            if(obj.alt){
89                box.innerHTML+="<div>"+ obj.alt+"</div>";
90            }
```

```
91              // 图片预览的居中定位
92              box.style.left=(w-400)/2+"px";
93              box.style.top=(h-300)/2+"px";
94              document.body.appendChild(box);
95          }
96          // 关闭图片预览
97          function closebox(){
98              document.body.style.overflow="";
99              var bg=document.getElementById("bg");
100             bg.parentNode.removeChild(bg);
101             var box=document.getElementById("floatbox");
102             box.parentNode.removeChild(box);
103         }
104 </script>
105 <body>
106 <ul>
107     <li><img src="f1.jpg"  alt="歼10战斗机" onclick="popbox(this)" /></li>
108     <li><img src="f2.jpg"  alt="米格战斗机" onclick="popbox(this)" /></li>
109     <li><img src="f3.jpg"  alt="黑鹰战机" onclick="popbox(this)" /></li>
110 </ul>
111 </body>
112 </html>
```

【代码解析】在示例12-14中，设置了列表图片的不透明度为0.5，鼠标滑过图片，不透明度变为1，即图片变得清晰；把遮蔽层的CSS类样式（.bg）的背景颜色指定为带不透明度设置的颜色，从而实现半透明效果。该类样式会在图片函数popbox()中调用。

运行结果如图12.22所示。

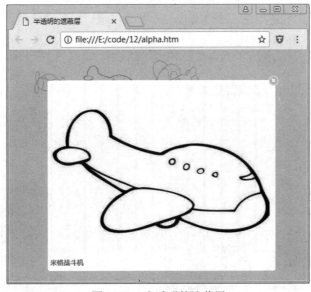

图12.22　半透明的遮蔽层

12.3 背景

在布局和美化网页方面，常常离不开对背景的设置。在传统的 CSS 背景设计中，由于功能的局限性，设计师的灵感难以尽情发挥。为了让背景设计更加灵活，CSS 3 增强了原有背景属性的功能，并增添了一些新的背景属性，从而可以在同一元素内叠加多个背景图像，还可以对背景图像的原点位置、显示区域和大小等进行调整和控制。

12.3.1 在元素里定义多个背景图片

在 CSS 3 中，可以对一个元素应用一个或多个图片作为背景。代码和 CSS 2 中的一样，只需用逗号将各个图片区别开即可。第一个声明的图片定位在元素顶部，其他图片依次在其下方排列。

定义页面元素的背景，语法如下：

```
Background : [background-image] | [background-origin] | [background-clip] | [background-repeat]
| [background-size] | [background-position]
```

参数及取值说明：

- <background-image>，指定或检索对象的背景图像。
- <background-origin>，指定背景的原点位置，属于新增的属性。
- <background-clip>，指定背景的显示区域，属于新增的属性。
- <background-repeat>，设置或检索对象的背景图像是否及如何重复铺排。
- <background-size>，指定背景图片的大小，属于新增的属性。
- <background-position>，设置或检索对象的背景图像位置。

如果定义多重背景图像，则用逗号隔开各个背景图像。如果直接使用子属性定义，那么各个子属性也用逗号对应依次隔开。

下面通过一个例子来展示多重背景的定义方法。

【示例 12-15】bg.htm，多重背景效果

```
01  <!--bg.htm-->
02  <!DOCTYPE HTML>
03  <html>
04  <head>
05  <title>多重背景</title>
06  <style type="text/css">
07  body{
08      background:url(bg1.png) 120px 110px no-repeat,
09              url(bg2.png) 400px 10px no-repeat,
10              url(bg3.png) no-repeat;
11  }
12  </style>
13  <body>
14  </body>
15  </html>
```

【代码解析】在示例 12-15 中，设置了三个图片背景，中间用逗号隔开，均不重复铺排。写在前面的背景图像会显示在上面，写在后面的背景图像则显示在下面。

由于 background 属性是由众多子属性组成的，所以示例 12-15 中的样式也可以写为：

```
body{
    background-image : url(bg1.png) , url(bg2.png) , url(bg3.png);
    background-position : 120px 110px , 400px 10px , 0 0;
    background-repeat : no-repeat , no-repeat , no-repeat;
}
```

运行结果如图 12.23 所示。

图 12.23　多重背景合成效果

12.3.2　指定背景的原点位置

CSS 3 的新增属性 background-origin，用来指定背景图像的原点位置。在默认情况下，属性 background-position 总是以元素边框以内的左上角为坐标原点进行背景图像定位。使用 background-origin 属性可以对该原点位置进行调整。

background-origin 属性的语法如下：

```
background-origin: border-box | padding-box | content-box
```

取值说明：

- border-box，原点位置为边框（border）区域的开始位置。
- padding-box，原点位置为内边距（padding）区域的开始位置。
- content-box，原点位置为内容（content）区域的开始位置。

可见，该原点位置的指定不是直接给出原点坐标，而是根据盒模型的结构来确定，这对网页背景的布局有一定的优势。盒模型结构如图 12.24 所示。

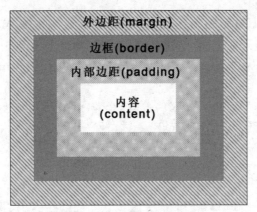

图 12.24 盒模型结构图

提示：在之前的部分浏览器中，background-origin 属性的取值可以为 border、padding 和 content，但是不建议使用。因为不符合最新的 CSS 3 规范，而且对于主流浏览器来说，符合规范的取值支持更加良好。

下面通过示例 12-16 来对比学习 background-origin 属性的各个值的应用效果。

【示例 12-16】 origin.htm，背景的原点位置

```
01  <!--origin.htm-->
02  <!DOCTYPE HTML>
03  <html>
04  <title>背景的原点位置</title>
05  <style type="text/css">
06  div {
07      padding:50px;                              /* 设置内边距为 50px */
08      border:50px solid rgba(255, 1512, 0, 0.6); /* 设置边框宽度为 50px */
09      height:100px;
10      width:200px;
11      color:#fff;
12      font-size:24px;
13      font-weight:bold;
14      text-shadow:2px 0 1px #f00,-2px 0 1px #f00,
15              0 2px 1px #f00, 0 -2px 1px #f00;
16      background-image:url(back.png);            /* 设置背景图像 */
17      background-position:0 0;                   /* 背景图像起始位置为原点 */
18      background-repeat:no-repeat;               /* 背景图像不平铺 */
19      -webkit-background-origin:border-box;      /* 原点为边框的开始（WebKit）*/
20      -moz-background-origin:border-box;         /* 原点为边框的开始（moz）*/
21      background-origin:border-box;              /* 原点为边框的开始 */
22  }
23  </style>
24  <body>
25  <div>内容从这里开始</div>
26  </body>
27  </html>
```

【代码解析】 在示例 12-16 中，设置了背景的起始点为原点，背景开始的位置即为原点位

置；为了表现原点从边框开始，这里设置了宽度为 50px 的边框，且边框颜色为半透明，便于看见边框下的背景。对于属性 background-origin，由于兼容性问题，需要针对多种浏览器内核分别写一个。为了突出内容边界的位置，该示例也添加了文字样式。如图 12.25 所示，背景图片是从边框内开始的，原点位置即为边框左上角位置。

运行结果如图 12.25 所示。

图 12.25　原点为边框的开始

下面我们将属性 background-origin 的值分别修改为 padding-box 或 content-box：

```
-webkit-background-origin:padding-box;      /* 原点为内边距的开始（WebKit）*/
-moz-background-origin: padding-box;        /* 原点为内边距的开始（moz）*/
background-origin: padding-box;             /* 原点为内边距的开始 */
```
或
```
-webkit-background-origin: content-box;     /* 原点为内容的开始（WebKit）*/
-moz-background-origin: content-box;        /* 原点为内容的开始（moz）*/
background-origin: content-box;             /* 原点为内容的开始 */
```

运行结果分别如图 12.26 和图 12.27 所示。

图 12.26　原点为内边距的开始　　　　图 12.27　原点为内容的开始

说明：在默认情况下，背景从边框开始显示。在调整属性 background-origin 的值时，背景图像的左上角位置发生了变化，如图 12.26 和图 12.27 所示，右下方的背景仍然会显示在边框区域或内边距区域。

12.3.3 指定背景的显示区域

CSS 3 的新增属性 background-clip，用来指定背景的显示区域。在支持 CSS 3 的环境中，背景的显示区域是包含元素边框在内的，但在实际使用中，或许仅在内容区域显示背景。在 CSS 3 中，可以使用属性 background-clip 来修改显示区域。

属性 background-clip 的语法如下：

```
background-clip: border-box | padding-box | content-box
```

取值说明：

- border-box，背景从边框（border）开始显示。
- padding-box，背景从内边距（padding）开始显示。
- content-box，背景仅在内容（content）区域显示。

可见，该属性的使用方法与属性 background-origin 一样，其值也是根据盒模型结构来确定的。这两个属性常常会结合起来使用，以达到对背景的灵活控制。

提示：在之前的部分浏览器中，background-clip 属性的取值可以为 border、padding 和 content，但是不建议使用。因为不符合最新的 CSS 3 规范，而且对于主流浏览器来说，符合规范的取值支持更加良好。

下面通过示例 12-17 来对比学习 background-clip 属性的各个值的应用效果。

【示例 12-17】 clip.htm，背景的显示区域

```
01  <!--clip.htm-->
02  <!DOCTYPE HTML>
03  <html>
04  <head>
05  <title>背景的显示区域</title>
06  <style type="text/css">
07  div {
08      padding:50px;                                    /* 设置内边距为 50px */
09      border:50px solid rgba(255, 1512, 0, 0.6);       /* 设置边框宽度为 50px */
10      height:100px;
11      width:200px;
12      color:#fff;
13      font-size:24px;
14      font-weight:bold;
15      text-shadow:2px 0 1px #f00,
16          -2px 0 1px #f00,
17          0 2px 1px #f00,
18          0 -2px 1px #f00;
19      background-image:url(back.jpg);                  /* 设置背景图像 */
20      background-position:0 0;                         /* 背景图像起始位置为原点 */
21      background-repeat:no-repeat;                     /* 背景图像不平铺 */
22      -webkit-background-origin:border-box;            /* 原点从边框开始（WebKit）*/
```

```
23        -moz-background-origin:border-box;      /* 原点从边框开始（moz）*/
24        background-origin:border-box;           /* 原点从边框开始 */
25
26        -webkit-background-clip:border-box;     /* 背景从边框开始显示（WebKit）*/
27        -moz-background-clip:border-box;        /* 背景从边框开始显示（moz）*/
28        background-clip:border-box;             /* 背景从边框开始显示 */
29    }
30    </style>
31    <body>
32    <div>内容从这里开始</div>
33    </body>
34    </html>
```

【代码解析】示例 12-17 与示例 12-16 基本类似。在示例 12-17 中，设置了背景的起始点为原点，背景开始的原点位置为边框的开始位置；同样设置了半透明边框，以便于观察；内容区域也添加了文字样式。由图 12.28 可知，背景从边框（border）内开始显示。

图 12.28　背景从边框开始显示

同样的方法，我们将属性 background-clip 的值分别修改为 padding-box 或 content-box：

```
-webkit-background-clip:padding-box;            /* 背景从内边距开始显示（WebKit）*/
-moz-background-clip: padding-box;              /* 背景从内边距开始显示（moz）*/
background-clip: padding-box;                   /* 背景从内边距开始显示 */
```

或

```
-webkit-background-clip: content-box;           /* 背景仅在内容区域显示（WebKit）*/
-moz-background-clip: content-box;              /* 背景仅在内容区域显示（moz）*/
background-clip: content-box;                   /* 背景仅在内容区域显示 */
```

运行结果分别如图 12.29 和图 12.30 所示。

图 12.29 背景从内边距开始显示

图 12.30 背景仅在内容区域显示

说明：如图 12.29 和图 12.30 所示，由于背景显示区域的限制，背景图像被剪裁了，所以该显示区域也叫剪裁区域，属性 background-clip 也叫背景剪裁属性。该示例也使用了 background-origin 属性，以设置图像的起始位置。这两个属性常常会一起使用。

12.3.4 指定背景图像的大小

CSS 3 的新增属性 background-size，用来指定背景图像的大小。在传统的 CSS 设计中，背景图像的大小是不可以改变的，通常会把同样的图片做成不同的尺寸，以适应不同大小的背景区域。在 CSS 3 中，通过 background-size 属性，可以用多种方式来指定背景图像的大小，以适应不同情况下的需要。

属性 background-size 的语法如下：

```
background-size : [ <length> | <percentage> | auto ]{1,2} | cover | contain
```

取值说明：

- <length>，由浮点数字和单位标识符组成的长度值，不可为负值。
- <percentage>，取值为 0%～100%，是基于背景图像的父元素的百分比。
- cover，保持背景图像本身的宽高比例，将图像缩放到正好完全覆盖所定义的背景区域。
- contain，保持背景图像本身的宽高比例，将图像缩放到正好适应所定义的背景区域。

background-size 属性可以使用<length>或<percentage>来设置背景图片的高度和宽度。第一个值设置宽度，第二个值设置高度；如果只给出一个值，则第二个值设置为 auto。

注意：<length>是直接指定背景图像的宽和高；<percentage>是基于背景图像的父元素尺寸的百分比来确定背景图像的宽和高，其中父元素的计算尺寸包含父元素的内边距，不包括边框。

background-size 属性的使用方法比较灵活，下面我们通过示例来说明。

【示例 12-18】bg-size.htm，不同尺寸的多重背景图像

```
01  <!--bg-size.htm-->
02  <!DOCTYPE HTML>
03  <html>
04  <head>
```

```
05  <title>不同尺寸的多重背景图像</title>
06  <style type="text/css">
07  div {
08      margin:10px;
09      padding:50px;
10      border:1px solid #000;
11      height:220px;
12      width:400px;
13      background-repeat:no-repeat;
14      background-image:url(back.png)         /* 最前面背景图像 */
15                      ,url(back.png)         /* 中间背景图像 */
16                      ,url(back.png);        /* 最后面背景图像 */
17      background-size:30% 30%                /* 最前面背景图像尺寸 */
18                     ,60% 60%                /* 中间背景图像尺寸 */
19                     ,100% 100%;             /* 最后面背景图像尺寸 */
20  }
21  </style>
22  <body>
23  <div></div>
24  </body>
25  </html>
```

【代码解析】在示例 12-18 中，设置三个图片相同的背景图像，然后分别设置尺寸。这里是使用百分比数值来设定背景图像大小的。如图 12.31 所示，背景图像会根据设置的图像大小分别显示。

图 12.31　不同尺寸的多重背景图像

值 cover 与值 contain 意思非常相近，为避免混淆，这里通过一个例子来说明它们之间的异同。

【示例 12-19】cover.htm，值 cover 与值 contain

```
01  <!--cover.htm-->
02  <!DOCTYPE HTML>
03  <html>
```

```
04  <head>
05  <title>值 cover 与值 contain</title>
06  <style type="text/css">
07  div {
08      margin:10px;
09      padding:50px;
10      border:1px solid #000;
11      height:150px;
12      width:400px;
13      background-repeat:no-repeat;
14      background-image:url(back.jpg);        /* 背景图像 */
15      background-size:cover;                 /* 值 cover */
16  }
17  </style>
18  <body>
19  <div></div>
20  </body>
21  </html>
```

运行结果如图 12.32 所示。

图 12.32　图像覆盖整个背景区域

将属性 background-size 的值设置为 contain，更改如下：

```
background-size: contain;                      /* 值 contain*/
```

其运行结果如图 12.33 所示。

【代码解析】在示例 12-19 中，背景图像都产生了缩放。不同的是，当属性 background-size 的值为 cover 时，背景图像按比例缩放，直至覆盖整个背景区域，但可能会剪裁掉部分图像，如图 12.32 所示。当属性 background-size 的值为 contain 时，背景图像会完全显示出来，但可能不会完全覆盖背景区域，如图 12.33 所示。

图 12.33　图像未覆盖整个背景区域

12.3.5　练习：设计信纸的效果

本节就用学过的背景样式知识，实现信纸的效果。仍然使用多重背景的方法，把多个图片同时作为背景来显示，以实现信纸的效果。

本节案例中，将会使用 6 张图片作为背景图像素材。其中信纸的四个角各有一张背景图片，而信纸本身具有沙砾效果的背景和横线背景，如图 12.34 所示。

图 12.34　设计信纸的背景素材

【示例 12-20】page.htm，信纸的效果

```
01  <!--page.htm-->
02  <!DOCTYPE HTML>
03  <html>
```

```css
04  <head>
05  <title>信纸效果</title>
06  <style type="text/css">
07  div {
08      padding:25px;
09      border:10px solid rgba(204, 204, 51, 0.8);
10      height:300px;
11      width:220px;
12      font-size:12px;
13      line-height:22px;
14      background-image:url(line.png),      /* 第一个背景：横线 */
15                      url(l-t.png),        /* 第二个背景：左上角背景 */
16                      url(r-t.png),        /* 第三个背景：右上角背景 */
17                      url(l-b.png),        /* 第四个背景：左下角背景 */
18                      url(r-b.png),        /* 第五个背景：右下角背景 */
19                      url(page.png);       /* 第六个背景：纹理背景 */
20      background-repeat:repeat,            /* 第一个背景：平铺 */
21                      no-repeat,           /* 第二个背景：不平铺*/
22                      no-repeat,           /* 第三个背景：不平铺*/
23                      no-repeat,           /* 第四个背景：不平铺*/
24                      no-repeat,           /* 第五个背景：不平铺*/
25                      repeat;              /* 第六个背景：平铺*/
26      background-position:left top,        /* 第一个背景：左上*/
27                      left top,            /* 第二个背景：左上*/
28                      right top,           /* 第三个背景：右上*/
29                      left bottom,         /* 第四个背景：左下*/
30                      right bottom,        /* 第五个背景：右下*/
31                      left top;            /* 第六个背景：左上*/
32      background-size: 40px 80px,          /* 第一个背景：固定尺寸*/
33                      20%,                 /* 第二个背景：宽为父元素20%的大小，高自动*/
34                      20%,                 /* 第三个背景：宽为父元素20%的大小，高自动*/
35                      20%,                 /* 第四个背景：宽为父元素20%的大小，高自动*/
36                      20%,                 /* 第五个背景：宽为父元素20%的大小，高自动*/
37                      20%;                 /* 第六个背景：宽为父元素20%的大小，高自动*/
38      background-origin: content-box,      /* 第一个背景：原点为内容区域开始 */
39                      border-box,          /* 第二个背景：原点为边框区域开始 */
40                      border-box,          /* 第三个背景：原点为边框区域开始 */
41                      border-box,          /* 第四个背景：原点为边框区域开始 */
42                      border-box,          /* 第五个背景：原点为边框区域开始 */
43                      padding-box;         /* 第六个背景：原点为内边距区域开始 */
44      background-clip: content-box,        /* 第一个背景：背景仅在内容区域显示 */
45                      border-box,          /* 第二个背景：背景从边框区域开始显示 */
46                      border-box,          /* 第三个背景：背景从边框区域开始显示*/
47                      border-box,          /* 第四个背景：背景从边框区域开始显示*/
48                      border-box,          /* 第五个背景：背景从边框区域开始显示*/
49                      padding-box;         /* 第六个背景：背景从内边距区域开始显示*/
50  }
51  div h1 {
52      margin:0;
```

```
53        padding:0;
54        font-size:14px;
55    }
56    div p {
57        margin:0;
58        padding:0;
59        text-indent:2em;
60    }
61    </style>
62    <body>
63    <div>
64      <h1>致加西亚的一封信</h1>
65      <p>在所有与古巴有关的事情中，有一个人常常令我无法忘怀。</p>
66      <p>美西战争爆发以后，美国必须马上与西班牙反抗军首领加西亚将军取得联系。加西亚将军隐藏在古巴辽阔的崇山峻岭中——没有人知道确切的地点，因而无法送信给他。但是，美国总统必须尽快地与他建立合作关系。怎么办呢？</p>
67      <p>有人对总统推荐说：&ldquo;有一个名叫罗文的人，如果有人能找到加西亚将军，那个人一定就是他。&rdquo; </p>
68      <p>......</p>
69    </div>
70    </body>
71    </html>
```

【代码解析】在示例 12-20 中，同时设置了 6 张背景图片。为了能灵活地控制这些背景图片，每个属性的设置都用逗号间隔成 6 部分，以达到分别控制各个背景图像的目的。在该示例中，同时使用了属性 background-size、属性 background-origin 和属性 background-clip，足见新增属性的强大与便利。

运行结果如图 12.35 所示。

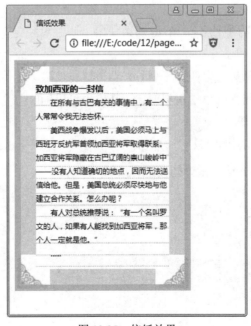

图 12.35　信纸效果

12.4 边框

在网页设计中，边框是常用的美化手法之一。在 CSS 3 之前，页面边框比较单调，只能设置边框的粗细程度和边框颜色，如果想使边框的效果更加丰富，那么只能事先设计好边框图片，然后使用背景或直接插入图片的方式来实现。在 CSS 3 中，通过样式表设置，可以直接实现诸如圆角边框、图像边框和多色边框等效果。这对前端开发人员来说，无疑是一件可喜的事情。

12.4.1 设计圆角边框——border-radius 属性

边框在网页里几乎随处可见，同时也说明边框非常重要。border-radius 属性为 CSS 3 的新增属性，用来设计边框的圆角。

border-radius 属性的语法如下：

```
border-radius : none | <length>{1,4} [ / <length>{1,4} ]
```

取值说明：

- none，默认值，表示元素没有圆角。
- <length>，由浮点数字和单位标识符组成的长度值，不可为负值。该值分两组，每组可以有 1~4 个值。第一组为水平半径，第二组为垂直半径，如果第二组省略，则默认等于第一组的值。

border-radius 属性又针对边框的四个角，派生出四个子属性：

- border-top-left-radius，定义左上角的圆角。
- border-top-right-radius，定义右上角的圆角。
- border-bottom-left-radius，定义左下角的圆角。
- border-bottom-right-radius，定义右下角的圆角。

如果边框的四个圆角的半径各不相同，那么使用子属性单独定义每个圆角是一个直接有效的方法。

border-radius 属性本身又包含四个子属性，当为该属性赋一组值的时候，将遵循 CSS 的赋值规则。从 border-radius 属性的语法可以看出，其值也可以同时包含 2 个值、3 个值或 4 个值，多个值的情况用空格间隔开。

下面来看一个示例。该示例中只有一个 div 元素，使用 border-radius 属性把边框美化成圆角。

【示例 12-21】radius.htm，设计圆角边框

```
01  <!--raidus.htm-->
02  <!DOCTYPE HTML>
03  <html>
04  <head>
05  <title>边框圆角属性border-radius</title>
06  <style type="text/css">
07  div {
08      width:200px;
09      height:80px;
```

```
10      background-color:# fe0;
11      border: 10px solid #f90;         /* 宽度为 10px 的边框 */
12      border-radius:20px;              /* 边框的圆角半径为 20px */
13  }
14  </style>
15  <body>
16  <div></div>
17  </body>
18  </html>
```

【代码解析】在示例 12-21 中，设置了一个宽度为 10px 的边框。仅仅添加了 border-radius 属性，并赋值为 20px，就把边框的四个角变成了半径为 20px 的圆角。边框的圆角参照图 12.36，20px 的圆角半径为边框的外边半径，内边半径仅为 10px。

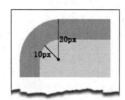

图 12.36　边框的宽度小于圆角半径

运行结果如图 12.37 所示。

如果边框的宽度大于或等于圆角半径，则边框内部将不再是圆角，如图 12.38 所示。

 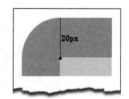

图 12.37　圆角边框　　　　　　　　图 12.38　边框的宽度大于或等于圆角半径

虽然 border-radius 属性是与边框有关的属性，但是在不设置边框的情况下，如果该块元素有背景，则把背景的四个角定义为圆角。去除样式表中的边框样式，如下所示：

```
<style type="text/css">
div {
   width:200px;
   height:80px;
   background-color:# fe0;
   border-radius:20px;                  /* 边框的圆角半径为 20px */
}
</style>
```

运行结果如图 12.39 所示。

图 12.39 没有边框的圆角背景

遵循 CSS 赋值规则，border-radius 属性可以被赋值为 2 个值的集合参数，则第一个值表示左上角和右下角的圆角半径，第二个值表示右上角和左下角的圆角半径。例如，调整样式表如下：

```
<style type="text/css">
div {
    width:200px;
    height:80px;
    background-color:# fe0;
    border: 10px solid #f90;              /* 宽度为 10px 的边框 */
    border-radius:20px 40px;              /* 边框的圆角半径为 20px */
}
</style>
```

运行结果如图 12.40 所示。

图 12.40 2 个参数的赋值

同样，把 border-radius 属性赋值为 3 个值的集合参数，则第一个值表示左上角的圆角半径，第二个值表示右上角和左下角的圆角半径，第三个值表示右下角的圆角半径。例如，调整样式表如下：

```
<style type="text/css">
div {
    width:200px;
    height:80px;
    background-color:# fe0;
    border: 10px solid #f90;              /* 宽度为 10px 的边框 */
    border-radius:20px 40px 30px;         /* 边框的圆角半径为 20px */
}
</style>
```

运行结果如图 12.41 所示。

图 12.41　3 个参数的赋值

同样，把 border-radius 属性赋值为 4 个值的集合参数，则第一个值表示左上角的圆角半径，第二个值表示右上角的圆角半径，第三个值表示右下角的圆角半径，第四个值表示左下角的圆角半径。例如，调整样式表如下：

```
<style type="text/css">
div {
    width:200px;
    height:80px;
    background-color:# fe0;
    border: 10px solid #f90;              /* 宽度为10px 的边框 */
    border-radius:20px 10px 30px 40px;    /* 边框的圆角半径为20px */
}
</style>
```

运行结果如图 12.42 所示。

图 12.42　4 个参数的赋值

当然也可以使用 border-radius 属性的四个子属性来设计圆角边框。例如，我们把 border-radius 属性赋值为 4 个值的集合参数，改成子属性的实现方法，调整样式表如下：

```
<style type="text/css">
div {
    width:200px;
    height:80px;
    background-color:# fe0;
    border: 10px solid #f90;                    /* 宽度为10px 的边框 */
    border-top-left-radius:20px;                /* 左上角的圆角半径为20px */
    border-top-right-radius:10px;               /* 右上角的圆角半径为10px */
    border-bottom-right-radius:30px;            /* 右下角的圆角半径为30px */
    border-bottom-left-radius:40px;             /* 左下角的圆角半径为40px */
}
</style>
```

运行结果同样如图 12.42 所示。

border-radius 属性还可以为边框的圆角同时指定两组半径值：第一组的值表示圆角的水平半径，第二组的值表示圆角的垂直半径，如图 12.43 所示。第一组和第二组的半径值用"/"隔开。

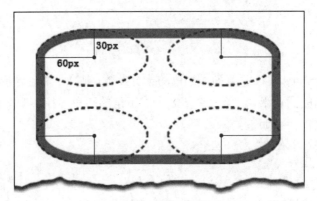

图 12.43　水平半径和垂直半径

如果半径只有一组，则默认为垂直半径等于水平半径，表示这个圆角是一个 1/4 的圆；如果圆角的水平半径和垂直半径任一为 0，则这个角就变成直角了。下面一起来看一个例子。

【示例 12-22】radius-t.htm，两组半径的圆角

```
01  <!--raidus-t.htm-->
02  <!DOCTYPE HTML>
03  <html>
04  <head>
05  <title>两组半径的圆角</title>
06  <style type="text/css">
07  div {
08      width:200px;
09      height:80px;
10      background-color:#fe0;
11      border: 10px solid #f90;        /* 宽度为10px的边框 */
12      border-radius:20px/40px;        /* 斜线间隔的两组半径 */
13  }
14  </style>
15  <body>
16  <div></div>
17  </body>
18  </html>
```

【代码解析】在示例 12-22 中，添加 border-radius 属性并赋值为"20px/40px"。该值由斜线间隔，代表圆角的两组半径（水平半径和垂直半径）。此时边框的每个圆角都是一个 1/4 的椭圆。

运行结果如图 12.44 所示。

图 12.44　两组半径的圆角

当然，也可以给 border-radius 属性赋值为两组四个值。第一组的四个值分别表示左上角、右上角、右下角、左下角圆角的水平半径，第二组的四个值分别表示左上角、右上角、右下角、左下角圆角的垂直半径。调整样式表如下：

```
<style type="text/css">
div {
    width:200px;
    height:80px;
    background-color:#fe0;
    border: 10px solid #f90;                        /* 宽度为10px的边框 */
    border-radius: 20px 30px 40px 50px/30px 40px 10px 0;  /* 斜线间隔的两组半径 */
}
</style>
```

【代码解析】在设置第二组半径时，将边框左下角圆角的垂直半径设置为 0，则边框的左下角为直角。根据 CSS 的赋值规则，也可以给 border-radius 属性赋值为两组两个值或两组三个值。

运行结果如图 12.45 所示。

图 12.45　两组四个值半径的圆角

提示：值得一提的是，border-radius 属性所派生的四个子属性不能使用两组半径的方法赋值，期待未来能够获得支持。

12.4.2　设计图像边框——border-image 属性

在 CSS 3 之前，图像不能直接应用于边框，设计者们通常把边框的每个角或每条边单独做一张图，并转而使用背景图像的方式，模拟实现边框，这与边框本身的属性没有一点关系。针对这种曲折烦琐的实现方法，CSS 3 中新增了 border-image 属性，专门用于图像边框的处理。它的强大之处更在于能够灵活地分割图像，并应用于边框。

border-image 属性的语法如下:

```
border-image : none | <image> [ <number> | <percentage>]{1,4} [ / <border-width>{1,4} ] [ stretch | repeat | round ]{0,2}
```

取值说明:
- none,默认值,表示边框没有背景图。
- <image>,使用绝对或相对 URL 地址指定图像源。
- <number>,裁切边框图像大小;属性值没有单位,默认单位为像素。
- <percentage>,裁切边框图像大小,使用百分比表示。
- <border-width>,由浮点数字和单位标识符组成的长度值,不可为负值,用于设置边框宽度。
- stretch、repeat、round,分别表示拉伸、重复、平铺,其中默认值为 stretch。

border-image 属性是一个复合属性。根据边框方位的不同,其可派生出 8 个特定方位的子属性:
- border-top-image,定义上边框的图像。
- border-right-image,定义右边框的图像。
- border-bottom-image,定义下边框的图像。
- border-left-image,定义左边框的图像。
- border-top-left-image,定义左上角边框的图像。
- border-top-right-image,定义右上角边框的图像。
- border-bottom-left-image,定义左下角边框的图像。
- border-bottom-right-image,定义右下角边框的图像。

根据边框图像的处理功能,border-image 属性又可派生出以下几个子属性:
- border-image-source,定义边框的图像源,使用绝对或相对 URL 地址。
- border-image-slice,定义边框图像的切片,设置图像的边界向内的偏移长度。
- border-image-repeat,定义边框图像的展现方式:拉伸、重复、平铺。
- border-image-width,定义图像边框的宽度,也可使用 border-width 属性实现相同的功能。
- border-image-outset,定义边框图像的偏移位置。

border-image 属性的语法中的<number>或<percentage>都可用于定义边框图像的切片;也可以使用子属性 border-image-slice 来定义边框图像的切片,但子属性 border-image-slice 没有获得任何主流浏览器的支持。

关于 border-image 属性及其子属性 border-image-slice 定义的切片,我们基于图 12.46 所示的边框图像素材,说明如下:
- 切片可使用<number>或<percentage>值定义实现,定义出 9 个切片进行边框图像渲染。
- <number>为数值,没有单位,默认单位为像素。
- <percentage>为百分比值,该百分比是相对于图像而言的。
- 只要定义四个数值或百分比值,就会从图像的边界分别在上、右、下、左四个方向内偏移相应的长度(图 12.47 所示的红色箭头),即可形成四条直线(图 12.47 所示的红色虚线)。通过这四条直线,可以确定 9 个切片。

- 属性会在四个方向上设置向内偏移的长度,它遵循 CSS 方位规则,按照上、右、下、左的顺时针方向逐个赋值。当然,两个值和三个值的,都会按照统一的方位规则去解释。
- 在 9 个切片中,四个角上的切片会直接显示;四个边上的切片,则可以设置拉伸、平铺等显示方式;中间的切片会以元素背景形式显示,其显示方式与四个边上的切片保持一致。所有的切片都会根据边框的宽度与切片宽度的比例进行缩放。

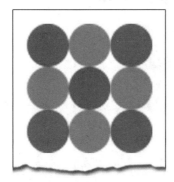
图 12.46 边框图像素材

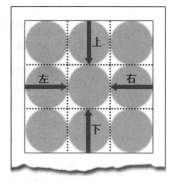
图 12.47 边框图像切片

下面通过示例来了解图像边框的设计方法,并理解边框图像的切片原理。这里使用图 12.46 所示的边框图像素材,图像尺寸为 90px×90px,图像中的每个圆圈的外切矩形尺寸均为 120px×120px。

【示例 12-23】imageborder.htm,设计图像边框

```
01  <!--imageborder.htm-->
02  <!DOCTYPE HTML>
03  <html>
04  <head>
05  <title>设计图像边框</title>
06  <style type="text/css">
07  div {
08      width:300px;
09      height:150px;
10      -webkit-border-image:url(border.png) 30/30px;   /* 兼容 WebKit 内核 */
11      -moz-border-image:url(border.png) 30/30px;      /* 兼容 Gecko 内核 */
12      -o-border-image:url(border.png) 30/30px;        /* 兼容 Presto 内核 */
13      border-image:url(border.png) 30px/30px;         /* 标准用法 */
14  }
15  </style>
16  <body>
17  <div></div>
18  </body>
19  </html>
```

【代码解析】在示例 12-23 中,仅 border-image 属性即可实现图像边框,并根据不同的浏览器内核给出兼容性的用法。该示例中,设置一个内偏移量值为 30px,图像会在四个方向均

以 30px 的内偏移量分割成 9 个相等的切片，各为一个圆圈图形。如图 12.48 所示，四个角直接显示相应的切片，而四个边上的切片拉伸显示，中间的切片也以背景的形式拉伸显示。因为在不设置显示方式的时候，默认值为 stretch，即拉伸显示。

运行结果如图 12.48 所示。

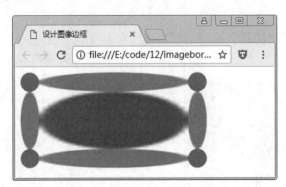

图 12.48　设计的图像边框

遵循 CSS 赋值的方位规则：设置一个偏移值（A）时，图像的四个方位的内偏移值均为该值（A）；设置两个偏移值（A、B）时，图像的上、右、下、左四个方位的内偏移值分别为 A、B、A、B；设置三个偏移值（A、B、C）时，图像的上、右、下、左四个方位的内偏移值分别为 A、B、C、B；设置四个偏移值（A、B、C、D）时，图像的上、右、下、左四个方位的内偏移值分别为 A、B、C、D。同样，边框的宽度也遵循这个规则。

所以，示例 12-23 中的样式表也可以是如下写法：

```
<style type="text/css">
div {
    width:200px;
    height:80px;
    /* 兼容 WebKit 内核 */
    -webkit-border-image:url(../images/borderimage.png) 120 120 120 120/120px;
    /* 兼容 Gecko 内核 */
    -moz-border-image:url(../images/borderimage.png) 120 120 120 120/120px;
    /* 兼容 Presto 内核 */
    -o-border-image:url(../images/borderimage.png) 120 120 120 120/120px;
    /* 标准用法 */
    border-image:url(../images/borderimage.png) 120 120 120 120/120px;
}
</style>
```

运行结果不变，如图 12.48 所示。很显然，我们可以把每个方位的内偏移设为不同的值，以调整图像的切片。

例如，我们设置两个不相等的偏移值，产生不同尺寸的切片。调整样式表如下：

```
<style type="text/css">
div {
    width:300px;
    height:150px;
    -webkit-border-image:url(border.png) 40 30/30px;         /* 兼容 WebKit 内核 */
```

```
    -moz-border-image:url(border.png) 40 30/30px;        /* 兼容 Gecko 内核 */
    -o-border-image:url(border.png) 40 30/30px;          /* 兼容 Presto 内核 */
    border-image:url(border.png) 40 30px/30px;           /* 标准用法 */
}
</style>
```

运行结果如图 12.49 所示，图像的切片如图 12.50 所示。

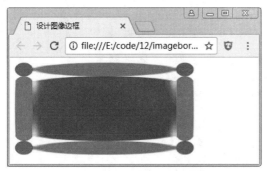 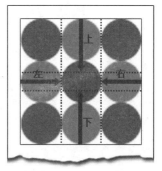

图 12.49　切片尺寸不等的图像边框　　　　图 12.50　图像的切片

当上下两个方位的内偏移值之和大于或等于图像高度，且左右两个方位的内偏移值之和也大于或等于图像的宽度时，只有四个角能获得切片，并根据尺寸缩放大小。调整样式表如下：

```
<style type="text/css">
div {
    width:300px;
    height:150px;
    -webkit-border-image:url(border.png) 60 70 50 30/30px; /* 兼容 WebKit 内核 */
    -moz-border-image:url(border.png) 60 70 50 30/30px;    /* 兼容 Gecko 内核 */
    -o-border-image:url(border.png) 60 70 50 30/30px;      /* 兼容 Presto 内核 */
    border-image:url(border.png) 60 70 50 30px/30px;       /* 标准用法 */
}
</style>
```

运行结果如图 12.51 所示。

图 12.51　仅四个角有切片图像的边框

如果上下两个方位的内偏移值都大于或等于图像的高度，且左右两个方位的内偏移值也都大于或等于图像的宽度，那么四个角能获得完整图像的切片。调整样式表如下：

```
<style type="text/css">
div {
```

```
    width:300px;
    height:150px;
    -webkit-border-image:url(border.png)   90 100 120 120/30px;  /* 兼容 WebKit 内核 */
    -moz-border-image:url(border.png)   90 100 120   120/30px;   /* 兼容 Gecko 内核 */
    -o-border-image:url(border.png)   90 100 120   120/30px;     /* 兼容 Presto 内核 */
    border-image:url(border.png)   90 100 120   120px/30px;      /* 标准用法 */
}
</style>
```

运行结果如图 12.52 所示。

图 12.52　整个图像作为切片的边框

边框图像切片的显示方式对应的子属性为 border-image-repeat，包含 3 个值：stretch、repeat、round，分别表示拉伸、重复、平铺，其中默认值为 stretch。下面我们来看一个例子。

【示例 12-24】repeat.htm，边框图像重复显示

```
01  <!--repeat.htm-->
02  <!DOCTYPE HTML>
03  <html>
04  <head>
05  <title>图像显示方式</title>
06  <style type="text/css">
07  div {
08      width:300px;
09      height:150px;
10      -webkit-border-image:url(border.png)   30/30px repeat;  /* 兼容 WebKit 内核 */
11      -moz-border-image:url(border.png)   30/30px repeat;     /* 兼容 Gecko 内核 */
12      -o-border-image:url(border.png)   30/30px repeat;       /* 兼容 Presto 内核 */
13      border-image:url(border.png)   30px/30px repeat;        /* 标准用法 */
14  }
15  </style>
16  <body>
17  <div></div>
18  </body>
19  </html>
```

【代码解析】在示例 12-24 中，指定了边框图像的显示方式为重复（repeat），则四个边框的图像重复显示，且重复过程中会保持所属切片的长宽比例不变。如图 12.53 所示，切片从边框的中间开始向周围重复平铺，在边缘区域可能会被部分隐藏，不能显示完整的切片。

运行结果如图 12.53 所示。

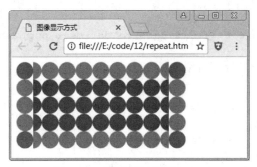

图 12.53　图像显示方式 repeat

属性值 round 也是把切片重复平铺，与属性值 repeat 不同的是，在切片平铺过程中，round 会根据边框的尺寸调整切片的长宽比例，以保证在边缘区域也能显示完整的切片。调整示例 12-24 的样式表如下：

```
<style type="text/css">
div {
    width:200px;
    height:80px;
    /* 兼容 WebKit 内核 */
    -webkit-border-image:url(../images/borderimage.png) 120/120px round;
    /* 兼容 Gecko 内核 */
    -moz-border-image:url(../images/borderimage.png) 120/120px round;
    /* 兼容 Presto 内核 */
    -o-border-image:url(../images/borderimage.png) 120/120px round;
    /* 标准用法 */
    border-image:url(../images/borderimage.png) 120/120px round;
}
</style>
```

运行结果如图 12.54 所示。

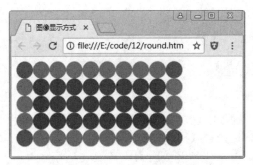

图 12.54　图像显示方式 round

也可以定义显示方式为两个值：第一个值用于指定上、下两个边框的切片显示方式，第二个值用于指定左、右两个边框的切片显示方式。调整样式表如下：

```
<style type="text/css">
div {
```

```
       width:200px;
       height:80px;
       /* 兼容 WebKit 内核 */
       -webkit-border-image:url(../images/borderimage.png) 120/120px round stretch;
       /* 兼容 Gecko 内核 */
       -moz-border-image:url(../images/borderimage.png) 120/120px round stretch;
       /* 兼容 Presto 内核 */
       -o-border-image:url(../images/borderimage.png) 120/120px round stretch;
       /* 标准用法 */
       border-image:url(../images/borderimage.png) 120/120px round stretch;
}
</style>
```

运行结果如图 12.55 所示。

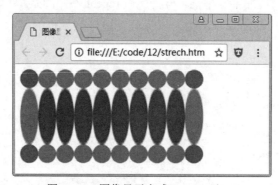

图 12.55　图像显示方式 round+stretch

边框的宽度可以在 border-image 属性中设置，也可以使用 border-width 属性来指定宽度。图像的切片会根据边框的尺寸自动缩放切片。下面来看一个例子。

【示例 12-25】b-width.htm，图像边框的宽度

```
01  <!--b-width.htm-->
02  <!DOCTYPE HTML>
03  <html>
04  <head>
05  <title>图像边框的宽度</title>
06  <style type="text/css">
07  div {
08      width:300px;
09      height:150px;
10      -webkit-border-image:url(border.png)  30/10px round;  /* 兼容 WebKit 内核 */
11      -moz-border-image:url(border.png)  30/10px round;     /* 兼容 Gecko 内核 */
12      -o-border-image:url(border.png)  30/10px round;       /* 兼容 Presto 内核 */
13      border-image:url(border.png)  30px/10px round;        /* 标准用法 */
14  }
15  </style>
16  <body>
17  <div></div>
18  </body>
19  </html>
```

【代码解析】在示例 12-25 中，设置了一个值为 10px 的边框宽度，即同时定义了四个边框的宽度。如图 12.56 所示，图像的切片缩小了很多。

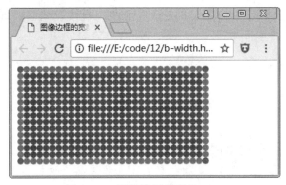

图 12.56　图像边框宽度为 10px

图像边框的宽度设置，也遵循 CSS 赋值的方位规则，可以为不同的边框定义不同的宽度。调整样式表如下：

```
<style type="text/css">
div {
    width:200px;
    height:80px;
    /* 兼容 WebKit 内核 */
    -webkit-border-image:url(../images/borderimage.png) 120/120px 20px round;
    /* 兼容 Gecko 内核 */
    -moz-border-image:url(../images/borderimage.png) 120/120px 20px round;
    /* 兼容 Presto 内核 */
    -o-border-image:url(../images/borderimage.png) 120/120px 20px round;
    /* 标准用法 */
    border-image:url(../images/borderimage.png) 120/120px 20px round;
}
</style>
```

运行结果如图 12.57 所示。

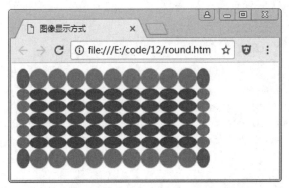

图 12.57　为图像边框定义不同的宽度

12.4.3 设计多色边框——border-color 属性

border-color 属性用于设置边框的颜色，在之前的 CSS 规范中已经定义。不过，CSS 3 增强了该属性的功能，可以用它为边框设置更多的颜色，直接设计出丰富的边框效果。

border-color 属性的语法如下：

```
border-color : [ <color> | transparent ] {1,4}
```

取值说明：

- <color>是一个颜色值，可以是半透明颜色。
- transparent 是透明值。不设置边框颜色时，默认为该值。

border-color 属性遵循 CSS 赋值的方位规则，可以分别为元素的四个边框设置颜色。

border-color 属性本身可定义 1～4 种颜色，用于设置各个边框的颜色，但无法同时为边框指定多种颜色，因为这会导致歧义。border-color 属性派生出四个子属性，分别用于四个边框颜色的设置，它们是：

- border-top-color，定义元素顶部边框的颜色。
- border-right-color，定义元素右侧边框的颜色。
- border-bottom-color，定义元素底部边框的颜色。
- border-left-color，定义元素左侧边框的颜色。

这四个子属性分别为各个边框指定颜色，可以指定多种颜色，只是指定多种颜色的功能仅火狐浏览器有私有属性支持。

为边框指定多种颜色，需要使用 border-color 属性的子属性来定义。下面我们来看一个例子。

【示例 12-26】color.htm，为边框定义多种颜色

```
01  <!--color.htm-->
02  <!DOCTYPE HTML>
03  <html>
04  <head>
05  <meta charset="utf-8">
06  <title>为边框定义多种颜色</title>
07  <style type="text/css">
08  div {
09      height:160px;
10      border:20px solid #999;
11      /* 兼容 Gecko 内核的浏览器，如火狐 */
12      -moz-border-top-colors:#f10 #f20 #f30 #f40 #f50 #f60 #f70 #f80 #f90 #fa0;
13      -moz-border-right-colors:#f10 #f20 #f30 #f40 #f50 #f60 #f70 #f80 #f90 #fa0;
14      -moz-border-bottom-colors:#f10 #f20 #f30 #f40 #f50 #f60 #f70 #f80 #f90 #fa0;
15      -moz-border-left-colors:#f10 #f20 #f30 #f40 #f50 #f60 #f70 #f80 #f90 #fa0;
16      /* 标准用法 */
17      border-top-colors:#f10 #f20 #f30 #f40 #f50 #f60 #f70 #f80 #f90 #fa0;
18      border-right-colors:#f10 #f20 #f30 #f40 #f50 #f60 #f70 #f80 #f90 #fa0;
19      border-bottom-colors:#f10 #f20 #f30 #f40 #f50 #f60 #f70 #f80 #f90 #fa0;
20      border-left-colors:#f10 #f20 #f30 #f40 #f50 #f60 #f70 #f80 #f90 #fa0;
21  }
```

```
22    </style>
23    <body>
24    <div></div>
25    </body>
26    </html>
```

【代码解析】在示例 12-26 中，为每个边框分别定义了 10 种颜色。如图 12.58 所示，颜色从外到内显示，每种颜色只占有 1 像素的宽度。本示例中，边框宽度为 20px，10 种颜色中的最后一种颜色将被用于剩下的宽度。

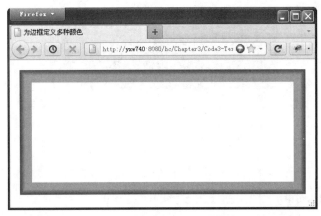

图 12.58　多色边框在 Firefox 中的显示效果

12.4.4　练习：使用新技术设计网页

CSS 3 的圆角与图像边框有着强大的功能，灵活使用圆角和边框属性可以设计出各种各样的页面效果。本节介绍一个使用新技术设计网页的案例，该案例综合运用了 border-radius 属性、border-image 属性和 border-color 属性。

下面设计一个简易网页，包括导航部分、搜索部分、图片切换预览部分和功能按钮部分。其中会涉及大量的圆角和图像修饰的边框。整个案例将会使用两种图片素材，用于设计图像边框，如图 12.59 所示。其中也用到了渐变属性，省了不少背景图片，渐变属性将在后面章节里讲解。

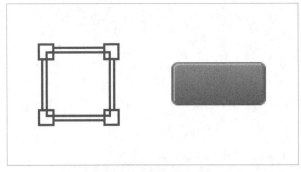

图 12.59　图像边框素材

整个案例演示效果如图 12.60 所示。

图 12.60　使用新技术设计的网页

设计网页元素结构，包含导航、搜索、图片预览、功能按钮等部分，代码如示例 12-27 所示。

【示例 12-27】 new.htm，使用新技术设计的网页

```
01  <!--new.htm-->
02  <!DOCTYPE HTML>
03  <html>
04  <head>
05  <meta charset="utf-8">
06  <title>使用新技术设计的网页</title>
07  </head>
08  <body>
09  <!--显示区域-->
10  <div id="area">
11    <!--导航部分-->
12    <ul id="nav">
13      <li class="cur">风景</li>
14      <li>人物</li>
15      <li>素材</li>
16    </ul>
17    <!--搜索部分-->
18    <div id="search">
19      <input type="text" name="key" value="" />
20      <input type="submit" value="GO" />
21    </div>
22    <!--图片切换预览部分-->
23    <div id="box">
24      <table width="100%" border="0" align="center" cellpadding="0" cellspacing="0">
25        <tr>
26          <td><div class="prev"><a href="#">12</a></div></td>
27          <td class="pics"><img src="../images/Iceland.jpg" /></td>
```

```
28            <td><div class="next"><a href="#">4</a></div></td>
29          </tr>
30        </table>
31      </div>
32      <!--功能按钮部分-->
33      <div id="but"><a class="first" href="#">分享</a><a href="#">转发</a><a class="last" href="#">收藏</a>
34      <span class="more">列表模式</span></div>
35    </div>
36  </body>
37  </html>
```

下面，我们一步一步地给各个功能块添加样式表，并添加到示例 12-27 中。

我们使用预先准备的图片素材，设计一个图像边框的样式表。代码如下：

```
<style type="text/css">
#area {
    width:480px;          /* 设置宽度 */
    padding:10px;
    margin:0 auto;        /* 元素本身居中 */
    -webkit-border-image:url(borderimage2.png) 15/15px;    /* 兼容 WebKit 内核 */
    -moz-border-image:url(borderimage2.png) 15/15px;       /* 兼容 Gecko 内核 */
    -o-border-image:url(borderimage2.png) 15/15px;         /* 兼容 Presto 内核 */
    border-image:url(borderimage2.png) 15px/15px;          /* 标准用法 */
}
</style>
```

导航部分使用的是列表元素，设计成横向排列显示。鼠标经过时，背景变为红色，内容文字变为白色。代码如下：

```
<style type="text/css">
#nav {
    list-style:none;           /* 不使用列表样式 */
    margin:0;                  /* 设置外边距 */
    padding:0 60px;            /* 设置内边距 */
    font-size:12px;
    height:20px;               /* 高度控制 */
    margin-bottom:-2px;        /* 实际内容下沉 2 像素，紧贴下面的搜索框 */
}
#nav li {
    height:20px;               /* 高度控制 */
    line-height:20px;          /* 行高控制 */
    padding:0 10px;
    margin-left:2px;
    float:left;                /* 元素向左浮动，列表变成横向排列显示 */
    cursor:pointer;            /* 手形指针 */
}
#nav .cur, #nav li:hover {
    background-color:#ff3333;  /* 鼠标经过，背景变为红色 */
    border-radius:12px 12px 0 0;  /* 左上角和右上角设计为小圆角 */
    color:#FFF;                /* 鼠标经过，文字变为白色 */
```

```
}
</style>
```

搜索部分使用的是文本框和提交按钮,把它们都设计成部分角是圆角,并紧贴在一起。代码如下:

```css
<style type="text/css">
#search {
    text-align:center;
}
#search input {
    border:1px solid #ff3333;              /* 均使用红色边框 */
}
#search input[type=text] {                 /* 设置文本框样式 */
    border-radius:10px 0 0 10px;           /* 左上角和左下角使用圆角,圆角半径为 10px */
    border-right-width:0;                  /* 右边框宽度重新设置为 0 */
    padding-left:10px;                     /* 左内边距为 10px */
    width:380px;                           /* 超长宽度 */
}
#search input[type=submit] {               /* 设置提交按钮样式 */
    border-radius:0 10px 10px 0;           /* 右上角和右下角使用圆角,圆角半径为 10px */
    margin-left:-10px;                     /* 消除与文本框的距离,视觉上与文本框衔接在一起 */
    background-image: -moz-linear-gradient(top, #ffffcc, #ffcc99);      /*渐变*/
    background-image: -webkit-gradient(linear, left top, left bottom, from(#ffffcc),
to(#ffcc99)); /* 渐变 */
}
</style>
```

图片预览部分包括图片预览和切换图片按钮:上一张图和下一张图。把图片设计成四个角都是圆角,其后按钮设计成部分圆角。代码如下:

```css
<style type="text/css">
#box {
    padding-top:10px;
}
#box .pics {
    text-align:center;
}
#box .pics img {
    width:400px;                           /* 固定图像宽度 */
    -webkit-border-radius:0 20px;          /* 设计圆角图片 */
    -moz-border-radius:0 20px;             /* 设计圆角图片 */
    -o-border-radius:0 20px;               /* 设计圆角图片 */
    border-radius:10px;                    /* 设计圆角图片 */
}
#box .prev, #box .next {
    width:25px;
    height:25px;
    float:left;
    line-height:25px;
    text-align:center;
```

```css
    vertical-align:middle;                      /* 垂直方向居中 */
    background-color:#f00;                      /* 背景颜色为红色 */
    font-family:webdings;                       /* 图形字体 */
}
#box .prev:hover, #box .next:hover {
    /* 鼠标经过,切换按钮的背景变成渐变背景 */
    background-image: -moz-linear-gradient(top, #ff3300, #663333);
    background-image: -webkit-gradient(linear, left top, left bottom, from(#ff3300), to(#663333));
}
#box .prev {
    border-radius:45px 0 0 45px;                /* 左边切换按钮的圆角 */
}
#box .next {
    border-radius:0 45px 45px 0;                /* 右边切换按钮的圆角*/
}
#box .prev a, #box .next a {
    display:block;
    color:#FFF;
    text-decoration:none;
}
</style>
```

功能按钮部分包括三个链接按钮和一个模式切换按钮。把三个链接按钮连在一起的形状设计成圆角;模式切换按钮用预先准备好的图片设计成图片边框。代码如下:

```css
<style type="text/css">
#but {
    height:20px;
    font-size:12px;
    padding:0 40px;                             /* 调整内边距*/
}
#but a {
    display:block;                              /* 盒模型结构显示 */
    float:left;                                 /* 向左浮动 */
    background-image: -moz-linear-gradient(top, #ffffcc, #ffcc99); /* 渐变 */
    background-image: -webkit-gradient(linear, left top, left bottom, from(#ffffcc), to(#ffcc99)); /* 渐变 */
    padding:0 10px;
    height:20px;
    line-height:20px;
    text-align:center;
    color:#121212;
    text-decoration:none;
    border-style:solid;                         /* 边框样式 */
    border-color:#f90;                          /* 边框颜色 */
    border-width:1px 0;                         /* 只有上下两个边有边框 */
}
#but .first {
    border-radius:10px 0 0 10px;                /* 第一个链接按钮,左上角和左下角设置为圆角 */
```

```
    border-width:1px;                       /* 四个边有边框 */
}
#but .last {
    border-radius:0 10px 10px 0;    /* 第三个链接按钮，右上角和右下角设置为圆角 */
    border-width:1px;                       /* 四个边有边框 */
}
#but a:hover {
/* 鼠标经过，切换链接按钮的背景变成渐变背景 */
    background-image: -moz-linear-gradient(top, #ff3300, #663333);
    background-image: -webkit-gradient(linear, left top, left bottom, from(#f3300), to(#663333));
    color:#FFF;
}
#but .more {
    float:right;                                /* 向右浮动 */
/* 设置图像边框 */
    -webkit-border-image:url(button.png) 10/5px;    /* 兼容 WebKit 内核 */
    -moz-border-image:url(button.png) 10/5px;       /* 兼容 Gecko 内核 */
    -o-border-image:url(button.png) 10/5px;         /* 兼容 Presto 内核 */
    border-image:url(button.png) 10px/5px;          /* 标准用法 */
    padding:0 10px;
    color:#FFF;
    cursor:pointer;
}
</style>
```

12.5 拓展训练

12.5.1 训练一：为文本添加阴影效果

【拓展要点：CSS 中 text-shadow 属性的使用】

text-shadow 属性是 CSS 3 新添加的模块，使用该模块即可为指定的内容设置文本阴影的效果。该属性有 4 个参数，分别表示阴影在水平方向与垂直方向的距离、模糊值及阴影颜色，合理使用这 4 个参数可以设置更加灵活的阴影效果。

【代码实现】

```
<style type="text/css">
p {
    text-shadow:5px 5px 12px #121212;       /* 添加文字阴影 */
}
</style>
```

12.5.2 训练二：为层添加圆角边框效果

【拓展要点：CSS 中 border-radius 属性的使用】

border-radius 属性是 CSS 3 新添加的模块，使用该模块即可为 HTML 元素添加圆角边框的效果。该属性有两个参数，即 none 与 length，分别代表有无圆角及需要设置的圆角边框的圆角的半径。除此之外，还有 4 个派生属性分别指代 4 个角的不同半径。

【代码实现】

```
<style type="text/css">
div {
    border: 10px solid #f90;          /* 宽度为 10px 的边框 */
    border-radius:20px;                /* 边框的圆角半径为 20px */
}
</style>
```

12.6 技术解惑

12.6.1 文本的新特性

CSS 3 中新增了几种文本样式的特性，包括 text-shadow 文本阴影、text-overflow 溢出文本处理、word-wrap 边界换行、word-break 字内换行等属性。合理使用这些新的文本特性可以实现一些在老版本中很难实现的效果，比如文本阴影，以往需要靠 JavaScript 配合才能实现的效果现在使用一条 CSS 3 语句就可以轻松实现。所以，要深刻理解并掌握这些新特性。

12.6.2 不同色彩模式的使用

在以往版本的 CSS 中，使用的颜色通常是 RGB 模式，这种传统模式本身不能设置透明度；而在 CSS 3 中新增的 HSLA 模式及 RBGA 模式均可含有透明度。合理使用这些新增的色彩模式会为网页增加许多效果。用户要认真领会新增模式与传统模式的区别，尝试在实际应用中使用这些新增的模式。

12.6.3 边框的使用

在传统的网页设计中，为表格、层设计圆角边框或图像边框是一件十分麻烦的事情，需要借助图片和复杂的代码才能实现。CSS 3 新增的边框特性包括圆角边框、图像边框、多色边框，都是十分实用的功能，用户仅需要很少的代码就可以实现复杂的效果。

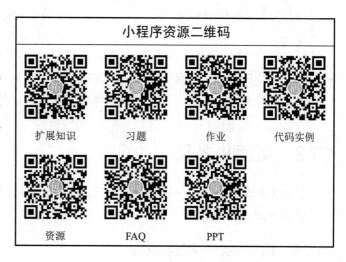

第13章 DIV+CSS 布局

传统的网页使用表格进行布局，页面被分为若干个<table>，而表格与表格之间又有复杂的嵌套关系，非常不便于管理。而使用 DIV+CSS 布局则将页面元素都放置在一个个的层中，这样配合 CSS 更便于布局。这一章我们就来介绍 DIV+CSS 布局。

13.1 理解块级元素的意义

CSS 把处在正常文档流中的不同 HTML 元素区分为块级元素（block element）和行内元素（inline element）。一般来说，所谓块级元素，就是指当它们显示在浏览器中时，会在自身前后各插入一个空行，而使自身在页面中占据一个相对独立的块状区域的元素。因此，HTML 文档中连续的块级元素的典型显示方式就是"堆叠"。块级元素的例子有<h1>～<h6>、<div>、<p>等。

其中<div>是最为常见的块级元素，其使用方法如以下语法格式所示：

```
<div>
<!--块里的内容放到这里-->
</div>
```

通过以上代码可以看到，块级元素可以作为一个容器，将其他元素放置到块级元素之中，块与块之间可以通过代码来调整其排列方式。

注意：块级元素在没有任何布局属性时，默认的排列方式是换行排列。

13.2 页面中的层

理解了块级元素，这一节我们再来看看页面中的层。层是最常见的块级元素，也是使用最广、最灵活的块级元素。

13.2.1 行<span>和层<div>

在 13.1 节中，我们介绍了块级元素，与块级元素相对应的还有行内元素。行内元素是指以自身所包含的内容决定在页面中占据空间的大小，并且可以与其他行内元素共处一行的元素。行内元素的典型显示方式是"连接"。行内元素的例子有<a>、<img>、<span>、<input>等。所以，<span>就是一类行内元素，而<div>则是一类块级元素。二者最明显的区别就是，<div>作为块级元素会在页面中占用一个相对独立的块状区域；而<span>作为行内元素，其所占用的空间由自身包含的内容决定。

下面的代码演示了<span>与<div>的区别。

【示例 13-1】span.htm，<span>与<div>的区别

```
01  <!--span.htm-->
02  <html>
03      <head>
04          <title>span 与 div 的区别</title>
05      </head>
06      <body>
07          <span>这里是一个 span</span>
08          <span>这里是一个 span</span>
09          <span>这里是一个 span</span>
10          <div>这里是一个 div</div>
11          <div>这里是一个 div</div>
12          <div>这里是一个 div</div>
13          <div>这里是一个 div</div>
14      </body>
15  </html>
```

【代码解析】以上代码在第 7~9 行连续使用了 3 个<span>，又在第 10~13 行连续使用了 4 个<div>，这样就可以演示在采用默认布局的情况下二者的区别。

执行以上代码，其结果如图 13.1 所示。

图 13.1　<span>与<div>的区别

13.2.2　层的基本定位

上一小节介绍了<span>与<div>的区别，在采用默认布局的情况下，<div>换行排列。除这种默认方式外，还可以对层进行定位，其定位方式有相对定位与绝对定位。有以下几个属性用于实现层的定位。

- left：相当于窗口左边的位置。
- top：相当于窗口顶部的位置。
- right：相当于窗口右边的位置。
- bottom：相当于窗口底部的位置。

- width：表示层的宽度。
- height：表示层的高度。
- position：用来控制采用什么样的方式定位图层。

DIV+CSS 中的定位需要使用<div>的 position 属性，该属性有两个值：absolute（绝对定位）与 relative（相对定位），合理使用这两个属性值可实现布局的多样性，让网页变得丰富多彩。

为了说明相对定位与绝对定位，首先需要创建一个示例，该示例采用左对齐的定位，具体代码如下所示。

【示例 13-2】 position.htm，层的基本定位

```
01  <!--position.htm-->
02  <html>
03    <head>
04      <title><div>的定位</title>
05    </head>
06    <body>
07    <style type="text/css">
08      #d1{background:#cccccc;width:200px;height:200px;float:left}
09      #d2{background:#666666;width:200px;height:200px;float:left}
10      #d3{background:#333333;width:200px;height:200px;float:left}
11    </style>
12    <div id="d1"></div>
13    <div id="d2"></div>
14    <div id="d3"></div>
15    </body>
16  </html>
```

【代码解析】 以上代码在第 12~14 行插入了 3 个层，在第 8~10 行使用 CSS 定义了 3 个层的样式属性，这时并没有为层设置 position 属性。

执行以上代码，其结果如图 13.2 所示。

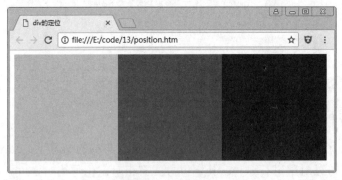

图 13.2　层的定位

相对定位（relative）是一个非常容易掌握的概念。如果对一个元素进行相对定位，那么它将出现在它所在的位置上。然后可以通过设置垂直或水平位置，让这个元素"相对于"它的起点进行移动。

如果将 top 设置为 20px，那么框将在原位置顶部下面 20px 的地方。如果将 left 设置为 30px，

那么会在元素左边创建 30px 的空间,也就是将元素向右移动。

下面对 position.htm 做一些改动,将#d2 定义的 CSS 属性改变为如下内容:

```
#d2{background:#666666;width:200px;height:200px;float:left;position:relative;
left:30px;top:30px}
```

将改动后的代码另存为 relative.htm,再次执行代码,其结果如图 13.3 所示。

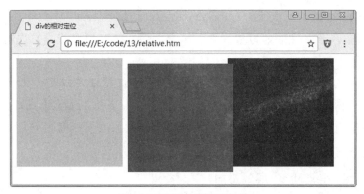

图 13.3 对层使用相对定位

查看图 13.3 的执行结果可以发现,由于对层使用了相对定位,所以第二个层会由其原本占用的位置向下、向右分别移动 30px。

绝对定位(absolute)与相对定位不同,设置为绝对定位的元素框从文档流完全删除,并相对于其包含块定位,包含块可能是文档中的另一个元素或者是初始包含块。元素原先在正常文档流中所占的空间会关闭,就好像该元素原来不存在一样。元素定位后生成一个块级框,而不论原来它在正常流中生成何种类型的框。

将 relative.htm 中#d2 的 CSS 属性中的 relative 改变为 absolute,如下所示:

```
#d2{background:#666666;width:200px;height:200px;float:left;position:absolute;
left:30px;top:30px}
```

也就是说,将原来定义的相对定位改变为绝对定位,将改动后的代码另存为 absolute.htm,再次执行代码,其结果如图 13.4 所示。

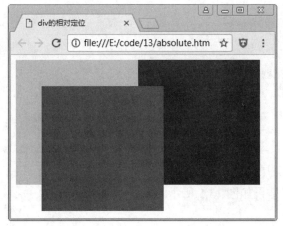

图 13.4 对层使用绝对定位

查看图 13.4 的执行结果可以发现，由于对层使用了绝对定位，所以第二个层并不会再占用其原本的空间，而是从文档流完全删除，其位置对于页面顶部与左边都为 30px。

13.2.3 层的叠加

在对层进行绝对定位时，如果同一位置出现多个层，就会出现层的叠加，下面的层的内容会被上面的层遮挡。在默认情况下，后出现的层会显示在最上方。为了避免这种情况，可以使用层的 z-index 属性。该属性的值设置元素的堆叠顺序。拥有更高堆叠顺序的元素总是会处于堆叠顺序较低的元素前面。

注意：元素可拥有负的 z-index 属性值。Z-index 仅能在定位元素上奏效（如 position: absolute;），说明该属性设置一个定位元素沿 z 轴的位置，z 轴定义为垂直延伸到显示区的轴。如果为正数，则表示离用户更近（靠上层）；如果为负数，则表示离用户更远（靠底层）。

下面通过一个例子来说明如何使用 z-index 属性。

【示例 13-3】 z-index.htm，层的叠加

```
01  <!--z-index.htm-->
02  <html>
03    <head>
04      <title><div>的叠加</title>
05    </head>
06    <body>
07      <style type="text/css">
08  #d1{background:#cccccc;width:200px;height:200px;position:absolute;left:10px;top:10px}
09  #d2{background:#666666;width:200px;height:200px;position:absolute;left:100px;top:100px}
10      </style>
11      <script language=javascript>
12      function change(target)
13      {
14         target.style.zIndex++;
15      }
16      </script>
17      <div id="d1" onclick=change(this)></div>
18      <div id="d2" onclick=change(this)></div>
19    </body>
20  </html>
```

【代码解析】 以上代码在第 17、18 行放置了两个<div>，然后在第 12 行与第 15 行通过使用 JavaScript 来动态改变层的 z-Index 值，这样被单击的层会显示在上方。

执行以上代码，其结果如图 13.5 所示。

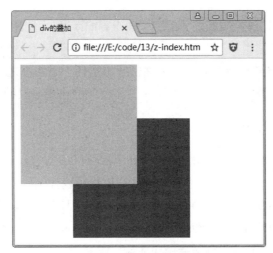

图 13.5　通过 z-index 改变层的显示位置

13.3　框模型

　　层的内部便是一个框模型（Box Model），这个概念很重要。在 CSS 广泛应用之前，建立一个出色的页面布局只能通过框架集、表格，大量内嵌表格框架或者一堆堆的<p>标签和空格符号。而当有了层的框模型思路布局时，设计者们就找到了最好的方法。有时使用框模型可以替代框架、表格等。这种方法不仅可以使页面代码更加精简，而且大大缩短了页面的刷新时间，这样更易于管理代码。

13.3.1　理解框模型

　　层中内容的外面被很多空间级概念所包围，如空距（padding）、边框（borders）和边距（margin）。空距就是页面内容距离边框的位置；边距就是边框以外的距离。页面中任意一个层中内容的周围理论上都是这样包围的。框模型如图 13.6 所示。

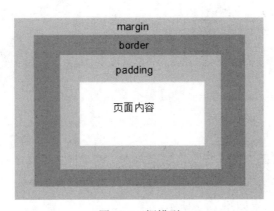

图 13.6　框模型

如图 13.6 所示，层的实际高度是"层上页面内容的高度+上空距+上边框+上边距+下空距+下边框+下边距"的值。

在一个层中，如果事先设定的 height 属性值超出层的上下边框之间的距离，而第二个层设置的高度正好符合上下边框的距离，那么层中文本将不会出现多余的空行。

13.3.2 空距——padding 属性

padding 属性又常常被称为内边距。padding 属性可以细分为 padding-top、padding-right、padding-bottom 和 padding-left 4 个属性，通过这些属性可以控制一个框模型中的每一边空距。例如，"padding-bottom:1em"。为了方便，设计者可以使用快捷的写法来分别设置 4 条边。

下面的代码演示了如何使用 padding 属性。

【示例 13-4】padding.htm，设置框模型边距

```
01  <!--padding.htm-->
02  <html>
03    <head>
04      <style type="text/css">
05        td.test1 {padding: 1.5cm}
06        td.test2 {padding: 0.5cm 2.5cm}
07      </style>
08    </head>
09    <body>
10      <table border="1">
11        <tr>
12          <td class="test1">
13            这个表格单元的每个边拥有相等的内边距。
14          </td>
15        </tr>
16      </table>
17      <br />
18      <table border="1">
19        <tr>
20          <td class="test2">
21            这个表格单元的上和下内边距是 0.5cm，左和右内边距是 2.5cm。
22          </td>
23        </tr>
24      </table>
25    </body>
26  </html>
```

【代码解析】以上代码在第 5 行与第 6 行定义了两个样式，其中一个设置内边距为四边相等，都为 1.5cm；另一个设置上下边距为 0.5cm，左右边距为 2.5cm，这也是快捷写法的一种。

执行以上代码，其结果如图 13.7 所示。

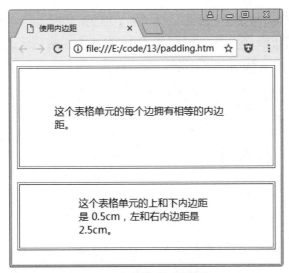

图 13.7 为框模型设置内边距

13.3.3 边框——border 的扩展属性

border 是一种使用频率非常高的属性,表格、图片中都有其身影。对于边框,border 不仅可以改变它的宽度,而且还可以指定其格式和颜色。所以边框的属性具有多样式的扩展,其属性可以细分为 border-width 属性、border-style 属性和 border-color 属性。

- border-width:表示边框的宽度。
- border-style:表示边框的样式,可选值有 solid、dotted 及 dashed 等。
- border-color:表示边框的颜色。

边框也可以像 padding 那样采用快捷方式来定义。下面的代码演示了如何使用 border 属性。

【示例 13-5】border.htm,使用边框

```
01  <!--border.htm-->
02  <html>
03    <head>
04      <title>使用边框</title>
05      <style type="text/css">
06      .div1 {border-width:2px;
07      border-style:dashed;
08      border-color:#ff0000;
09      width:400px;
10      height:100px;}
11      </style>
12    </head>
13    <body>
14    <h1>使用边框</h1>
15    <div class="div1">这里是边框</div>
16    </body>
17  </html>
```

【代码解析】以上代码在第 6～10 行定义了一个样式，其中包含边框的 3 种属性，分别是边框宽度、边框样式与边框颜色。有相应 class 属性的内容，将采用该样式。

执行以上代码，其结果如图 13.8 所示。

图 13.8　使用边框

13.3.4　边距——margin 属性

margin 属性又被称之为外边距，就好像是围绕在边框范围外的一层"空气"。padding 属性的值不能为负数，而 margin 属性的值可以为负数，以此对内容进行叠加。

类似于空距和边框，边距属性也可以细分为上下左右 4 条边来分别控制，分别为 margin-top、margin-bottom、margin-left、margin-right。

13.3.5　框模型的溢出

如果层的内容太多，超过了层所定义的样式大小，有些浏览器会自动拉伸层的范围。为了避免这种情况出现，可以使用层的 overflow 属性。在默认情况下，overflow 属性的值为 visible，意思是页面内容都是可见的。所以，就会造成层的大小失去控制。

13.4　定制层的 display 属性

在前面的内容中，读者已经了解到层的表现是通过"框"这种结构。框可以是块级对象，也可以是行内对象，那么就可以通过对象的 display 属性来控制对象中的内容是块级还是行级。所以，基本的定义为 block，表现为块级；或者定义为 inline，表现为行级。默认情况下是 noe，即表现为不显示框。

13.5　CSS Hack

CSS 的解析是基于浏览器的，目前世界上流行着多种浏览器，如 IE、Chrome、Firefox、Opera 及其他一些浏览器。由于浏览器采用不同的内核，所以对 CSS 的解析也不一样，这就会导致同一个页面采用同样的 CSS 但在不同的浏览器中会显示出不同的效果。例如，最直接的影响就体现在框模型中对距离的理解。这对设计者来说是一件很头疼的事情。怎样才能够解决浏览器兼容的问题呢？只能针对不同的浏览器写出不同的样式表，这种做法被称为 CSS Hack。

13.6 拓展训练

13.6.1 训练一：在页面中对一个层使用绝对定位

【拓展要点：对层使用绝对定位】

在页面中插入层之后，可以通过 CSS 对其进行定位。层的定位方法有两种，分别为绝对定位与相对定位。定位需要使用层的 position 属性，该属性有两个值：absolute（绝对定位）与 relative（相对定位），合理使用这两个属性值可实现布局的多样性。

【代码实现】

```
<style type="text/css">
   #d1{background:#666666;width:200px;height:200px;float:left;position:absolute;left:30px;top:30px}
</style>
<div id="d1"></div>
```

13.6.2 训练二：为一个层设置边框样式

【拓展要点：边框——border 的扩展属性】

边框是一项很常用的属性，使用<div>元素的扩展属性 border 即可为层设置边框样式。除了可以设置边框宽度，border 还可以设置边框颜色、样式，分别通过 border-width、border-color 与 border-style 来实现。

【代码实现】

```
<style type="text/css">
.div1 {border-width:2px;
border-style:dashed;
border-color:#ff0000;}
</style>
<div class="div1">这里是边框</div>
```

13.7 技术解惑

13.7.1 块级元素与行内元素的区别

块级元素与行内元素都是 CSS 中常用的概念，二者有一定关联也有所区别。二者都能作为某些容器，区别在于块级元素是指当它们显示在浏览器中时，会在自身前后各插入一个空行，而使自身在页面中占据一个相对独立的块状区域的元素；而行内元素则是指以自身所包含的内容决定在页面中占据空间的大小，并且可以与其他行内元素共处一行的元素。所以，在平常使用中要根据需要选用合适的元素。

13.7.2 如何理解内边距与外边距

CSS 中有边距的概念，而且还分为内边距（padding）与外边距（margin）。其中内边距是设置层内元素与层边界之间的距离，而外边距则是设置层外内容与层边界之间的距离，具体如图 13.6 所示。在实际应用中要合理设置层的内外边距，使页面整体看起来更加协调。

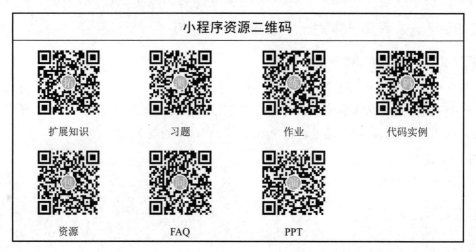

第14章

盒布局

在 CSS 2 的时代，页面布局比较流行 DIV+CSS，但这其中的浮动布局有很多不便和缺陷。盒子元素的阴影效果还要借助图片来实现；界面美化方面也略显复杂。对于这些问题，在传统的设计中不能直接实现，要绕一些弯子。而在 CSS 3 中，这些问题将变得简单、直接。弹性布局直接解决页面布局的问题；盒子阴影有专门的属性处理；友好的界面设计也少走了很多弯路。本章将针对 CSS 3 新增的属性内容进行详细讲解。

14.1 灵活的盒布局

为了解决传统布局中遇到的不足，CSS 3 新增了新型的盒布局。使用盒布局，可以实现盒元素内部的多种布局，包括排列方向、排列顺序、空间分配和对齐方式等，大大增强了布局的灵活性。这一革命性的改进，大大提高了前端设计师的工作效率和工作水平。下面我们逐步学习盒布局。

14.1.1 开启盒布局

盒布局是 CSS 3 发展的新型布局方式，它比传统的浮动布局方式更加完善、更加灵活，而使用方法却极为简单。

开启盒布局的方法就是把 display 属性值设置为 box 或 inline-box。由于目前没有浏览器支持 box 属性值，为了能兼容 WebKit 内核和 Gecko 内核的浏览器，可分别使用-webkit-box 和-moz-box 属性。开启盒布局后，文档就会按照盒布局默认的方式来布局子元素。

接下来看一个简单的网页，从左至右排列三个栏目：菜单栏、内容栏和工具栏。传统的实现方式会使用浮动布局，现在我们用盒布局的方式来实现三个栏目的横向排列，代码如示例 14-1 所示。

【示例 14-1】box.htm，一个简单的三栏网页

```
01  <!--box.htm-->
02  <!DOCTYPE HTML>
03  <html>
04  <head>
05  <title>一个简单的三栏网页</title>
```

```
06  <style type="text/css">
07  .container {
08      /* 开启盒布局 */
09      display:-webkit-box;                    /* 兼容 WebKit 内核 */
10      display:-moz-box;                       /* 兼容 Gecko 内核 */
11      display:box;                            /* 定义为盒子显示 */
12  }
13  .container div {
14      color:#FFF;
15      font-size:12px;
16      padding:10px;
17      line-height:20px;
18  }
19  .container div ul {
20      margin:0;
21      padding-left:20px;
22  }
23  .container .left-aside {
24      background-color:#F63;                  /* 左侧菜单栏背景颜色 */
25  }
26  .container .center-content {
27      background-color:#390;                  /* 中间内容栏背景颜色 */
28      width:200px;
29  }
30  .container .right-aside {
31      background-color:#039;                  /* 右侧工具栏背景颜色 */
32  }
33  </style>
34  <body>
35  <div class="container">
36    <div class="left-aside">
37      <h2>菜单</h2>
38      <ul>
39        <li>HTML5</li>
40        <li>CSS 3</li>
41        <li>活动沙龙</li>
42        <li>研发小组</li>
43      </ul>
44    </div>
45    <div class="center-content">
46      <h2>内容</h2>
47      <p>盒布局是 CSS 3 发展的新型布局方式，它比传统的浮动布局方式更加完善、更加灵活，而使用方法却极为简单。</p>
48      <p>开启盒布局方法，就是设置 display 属性值为 box（或 inline-box）。</p>
49    </div>
50    <div class="right-aside">
51      <h2>工具</h2>
52      <ul>
53        <li>天气预报</li>
```

```
54        <li>货币汇率</li>
55      </ul>
56    </div>
57  </div>
58  </body>
59  </html>
```

【代码解析】在示例 14-1 中，设置了 container 类的属性"display:box;"，并针对 WebKit 内核和 Gecko 内核设置了各自的私有属性值。接下来，被赋予 container 类的元素的内部元素，将改变原有的文档流动方式，使用盒布局默认的文档流动方式，如图 14.1 所示。

图 14.1　一个简单的三栏网页

盒布局包含多方面的内容，开启盒布局只是盒布局的第一步。

14.1.2　元素的布局方向——box-orient 属性

CSS 3 新增的 box-orient 属性，可用于定义盒元素的内部布局方向。基于 WebKit 内核的替代私有属性是-webkit-box-orient，基于 Gecko 内核的替代私有属性是-moz-box-orient。

box-orient 属性的语法如下：

```
box-orient : horizontal | vertical | inline-axis | block-axis | inherit
```

取值说明：

- horizontal，表示盒子元素在一条水平线上从左到右编排它的子元素。
- vertical，表示盒子元素在一条垂直线上从上到下编排它的子元素。
- inline-axis，默认值，表示盒子元素沿着内联轴编排它的子元素，表现为横向编排。
- block-axis，表示元素沿着块轴编排它的子元素，表现为垂直编排。
- inherit，表示继承父元素中 box-orient 属性的值。

基于示例 14-1，在盒布局的方式下，改变三个栏目的布局方向为竖向显示。改变样式表如下：

【示例 14-2】orient.htm，竖向显示三个栏目

```
01  <!--orient.htm-->
02  <!DOCTYPE HTML>
03  <html>
```

```
04  <head>
05  <title>一个简单的三栏网页</title>
06  <style type="text/css">
07  .container {
08      display:-webkit-box;                    /* 兼容 WebKit 内核 */
09      display:-moz-box;                       /* 兼容 Gecko 内核 */
10      display:box;                            /* 定义为盒子显示 */
11      /* 布局方向设置为竖直方向 */
12      -webkit-box-orient:vertical;            /* 兼容 WebKit 内核 */
13      -moz-box-orient:vertical;               /* 兼容 Gecko 内核 */
14      box-orient:vertical;                    /* 定义为竖向编排显示 */
15  }
16  .container div {
17      color:#FFF;
18      font-size:12px;
19      padding:10px;
20      line-height:20px;
21  }
22  .container div ul {
23      margin:0;
24      padding-left:20px;
25  }
26  .container .left-aside {
27      background-color:#F63;
28  }
29  .container .center-content {                /* 去除了宽度设置 */
30      background-color:#390;
31  }
32  .container .right-aside {
33      background-color:#039;
34  }
35  </style>
36
37  <body>
38  <div class="container">
39    <div class="left-aside">
40      <h2>菜单</h2>
41      <ul>
42        <li>HTML5</li>
43        <li>CSS 3</li>
44        <li>活动沙龙</li>
45        <li>研发小组</li>
46      </ul>
47    </div>
48    <div class="center-content">
49      <h2>内容</h2>
50      <p>盒布局是 CSS 3 发展的新型布局方式,它比传统的浮动布局方式更加完善、更加灵活,而使用方法却极为简单。</p>
51      <p>开启盒布局方法,就是设置 display 属性值为 box(或 inline-box)。</p>
```

```
52      </div>
53      <div class="right-aside">
54        <h2>工具</h2>
55        <ul>
56          <li>天气预报</li>
57          <li>货币汇率</li>
58        </ul>
59      </div>
60    </div>
61  </body>
62  </html>
```

【代码解析】在示例 14-2 中，把 box-orient 属性的值设置为 vertical，表示垂直方向布局，并设置了兼容样式。为了显示整齐，同时也取消了内容栏目的宽度设置。由于是盒布局的方式，三个栏目将竖向显示，如图 14.2 所示。

图 14.2　竖向显示三个栏目

14.1.3　元素的布局顺序——box-direction 属性

在盒布局下，可以设置盒元素内部的顺序为正向或反向。CSS 3 新增的 box-direction 属性，可用于定义盒元素的内部布局顺序。基于 WebKit 内核的替代私有属性是-webkit-box-direction，基于 Gecko 内核的替代私有属性是-moz-box-direction。

box- direction 属性的语法如下：

```
box-direction : normal | reverse | inherit;
```

取值说明：

- normal　为默认值，表示正常顺序。垂直布局的盒元素中，内部子元素从左到右排列显示；水平布局的盒元素中，内部子元素从上到下排列显示。

- reverse 表示反向布局顺序，即盒元素内部的子元素的排列显示顺序与 normal 相反。
- inherit 表示继承父元素中 box-direction 属性的值。

基于示例 14-1，在盒布局的方式下，把三个栏目改为水平方向上的反向布局。调整样式表如下：

【示例 14-3】direction.htm，反向显示三个栏目

```
01  <!--direction.htm-->
02  <style type="text/css">
03  .container {
04      display:-webkit-box;
05      display:-moz-box;
06      display:box;
07      -webkit-box-orient:horizontal;
08      -moz-box-orient:horizontal;
09      box-orient:horizontal;
10      /* 布局顺序属性设置为反向 */
11      -webkit-box-direction:reverse;      /* 兼容 WebKit 内核 */
12      -moz-box-direction:reverse;         /* 兼容 Gecko 内核 */
13      box-direction:reverse;              /* 定义为反向顺序 */
14  }
15  .container div {
16      color:#FFF;
17      font-size:12px;
18      padding:10px;
19      line-height:20px;
20  }
21  .container div ul {
22      margin:0;
23      padding-left:20px;
24  }
25  .container .left-aside {
26      background-color:#F63;
27  }
28  .container .center-content {
29      background-color:#390;
30      width:200px;
31  }
32  .container .right-aside {
33      background-color:#039;
34  }
35  </style>
```

【代码解析】在示例 14-3 中，把 box- direction 属性的值设置为 reverse，表示反向布局顺序，并设置了兼容样式。同时也设置 box-orient 属性的值为 horizontal，表示水平方向布局。在盒布局的方式下，三个栏目将在水平方向上反向显示，如图 14.3 所示。

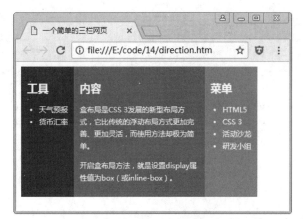

图 14.3 反向显示三个栏目

14.1.4 调整元素的位置——box-ordinal-group 属性

CSS 3 新增的 box-ordinal-group 属性，用于定义盒元素内部的子元素的显示位置。基于 WebKit 内核的替代私有属性是-webkit-box-ordinal-group，基于 Gecko 内核的替代私有属性是-moz-box-ordinal-group。

box-ordinal-group 属性的语法如下：

```
box-ordinal-group: <integer>;
```

取值说明：<integer>是一个自然整数，从 1 开始，表示子元素的显示位置。子元素将根据这个值重新排序，值相等的将取决于源代码的顺序。子元素的默认值均为 1，按照源代码的位置顺序进行排列。

基于示例 14-1，在盒布局的方式下，调整菜单栏和工具栏的显示位置。调整样式表如下：

【示例 14-4】 group.htm，调整子元素的显示位置

```
01  <!--group.htm-->
02  <style type="text/css">
03  .container {
04      display:-webkit-box;
05      display:-moz-box;
06      display:box;
07      /* 定义为横向编排显示 */
08      -webkit-box-orient:horizontal;          /* 兼容 WebKit 内核 */
09      -moz-box-orient:horizontal;             /* 兼容 Gecko 内核 */
10      box-orient:horizontal;                  /* 标准用法 */
11  }
12  .container div {
13      color:#FFF;
14      font-size:12px;
15      padding:10px;
16      line-height:20px;
17  }
18  .container div ul {
19      margin:0;
```

```
20        padding-left:20px;
21    }
22    .container .left-aside {
23        background-color:#F63;
24        /* 设置菜单栏的位置为 2*/
25        -webkit-box-ordinal-group:2;              /* 兼容 WebKit 内核 */
26        -moz-box-ordinal-group:2;                 /* 兼容 Gecko 内核 */
27        box-ordinal-group:2;                      /* 标准用法 */
28    }
29    .container .center-content {
30        background-color:#390;
31        width:200px;
32    }
33    .container .right-aside {
34        background-color:#039;
35        /* 设置工具栏的位置为 3*/
36        -webkit-box-ordinal-group:3;              /* 兼容 WebKit 内核 */
37        -moz-box-ordinal-group:3;                 /* 兼容 Gecko 内核 */
38        box-ordinal-group:3;                      /* 标准用法 */
39    }
40    </style>
```

【代码解析】在示例 14-4 中，把菜单栏的 box-ordinal-group 属性设置为 2，把工具栏的 box-ordinal-group 属性设置为 3，以改变三个栏目的显示顺序。如图 14.4 所示，三个栏目按照预定的顺序显示。

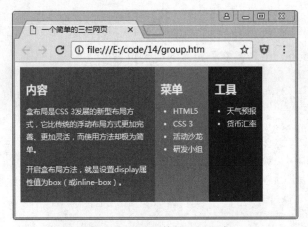

图 14.4　经过调整的显示顺序

14.1.5　弹性空间分配——box-flex 属性

CSS 3 新增的 box-flex 属性，用于定义盒元素内部的子元素是否具有空间弹性。当盒元素的尺寸缩小（或扩大）时，被定义为有空间弹性的子元素的尺寸也会缩小（或扩大）。每当盒元素有额外的空间时，具有空间弹性的子元素会扩大自身大小来填补这一空间。基于 WebKit 内核的替代私有属性是-webkit-box-flex，基于 Gecko 内核的替代私有属性是-moz-box-flex。

box-flex 属性的语法如下：
```
box-flex: <value>;
```
取值说明：<value>是一个整数或者小数，不可为负值，默认值为 0.0。使用空间弹性属性设置，使得盒元素的内部元素的总宽度和总高度始终等于盒元素的宽度与高度。不过只有当盒元素具有确定的宽度或高度时，才能表现出子元素的空间弹性。

下面的示例中，在盒元素的内部设置了宽度相等的三栏：菜单、文章列表和工具，并设置了菜单栏的 box-flex 属性，使其具有空间弹性。

【示例 14-5】flex.htm，具有空间弹性的菜单栏

```
01  <!--flex.htm-->
02  <!DOCTYPE HTML>
03  <html>
04  <head>
05  <title>具有空间弹性的菜单栏</title>
06  <style type="text/css">
07  .container {
08      width:100%;                         /* 设置盒元素的宽度为100% */
09      background-color:#CCC;
10      display:-webkit-box;
11      display:-moz-box;
12      display:box;
13  }
14  .container div {
15      color:#FFF;
16      font-size:12px;
17      padding:10px;
18      line-height:20px;
19      width:100px;                        /* 设置三个栏目的固定宽度为100px */
20  }
21  .container div ul {
22      margin:0;
23      padding-left:20px;
24  }
25  .container .left-aside {
26      background-color:#F63;
27      /* 设置菜单栏具有空间弹性 */
28      -webkit-box-flex:1;                 /* 兼容 WebKit 内核 */
29      -moz-box-flex:1;                    /* 兼容 Gecko 内核 */
30      box-flex:1;                         /* 标准用法 */
31  }
32  .container .center-content {
33      background-color:#390;
34  }
35  .container .right-aside {
36      background-color:#039;
37  }
```

```
38    </style>
39    <body>
40    <div class="container">
41      <div class="left-aside">
42        <h2>菜单</h2>
43        <ul>
44          <li>HTML5</li>
45          <li>CSS 3</li>
46          <li>活动沙龙</li>
47        </ul>
48      </div>
49      <div class="center-content">
50        <h2>文章列表</h2>
51        <ul>
52          <li>文本阴影</li>
53          <li>色彩模式</li>
54          <li>多重背景</li>
55          <li>边框圆角</li>
56          <li>新型盒布局</li>
57          <li>盒子阴影</li>
58        </ul>
59      </div>
60      <div class="right-aside">
61        <h2>工具</h2>
62        <ul>
63          <li>天气预报</li>
64          <li>货币汇率</li>
65        </ul>
66      </div>
67    </div>
68    </body>
69    </html>
```

【代码解析】在示例 14-5 中，设置 container 类的盒元素的宽度为 100%，即浏览器窗口的宽度会随着窗口宽度的变化而变化。把菜单栏的 box-flex 属性设置为 1，使其具有空间弹性以分配盒元素的剩余空间。如图 14.5 所示，菜单栏由灰线开始填充盒元素的剩余空间，菜单栏本身的宽度变大了。在本示例中，当窗口的宽度改变时，菜单栏的宽度也会跟着变化。

当盒元素内部的多个子元素都定义 box-flex 属性时，子元素的空间弹性是相对的。浏览器将会把各个子元素的 box-flex 属性值相加，得到一个总值，然后根据各自的值占总值的比例来分配盒元素的剩余空间。

把示例 14-5 中的文章列表栏目也设置弹性，值为 2。调整样式表如下：

图 14.5 具有空间弹性的菜单栏

【示例 14-6】flex2.htm,多个子元素的弹性空间分配

```css
<style type="text/css">
.container {
    width:100%;                          /* 设置盒元素的宽度为100% */
    background-color:#CCC;
    display:-webkit-box;
    display:-moz-box;
    display:box;
}
.container div {
    color:#FFF;
    font-size:12px;
    padding:10px;
    line-height:20px;
    width:100px;                         /* 设置三个栏目的固定宽度为100px */
}
.container div ul {
    margin:0;
    padding-left:20px;
}
.container .left-aside {
    background-color:#F63;
    /* 设置菜单栏具有空间弹性 */
    -webkit-box-flex:1;                  /* 兼容WebKit内核 */
    -moz-box-flex:1;                     /* 兼容Gecko内核 */
    box-flex:1;                          /* 标准用法 */
}
.container .center-content {
    background-color:#390;
    /* 设置文章列表栏具有空间弹性 */
    -webkit-box-flex:2;                  /* 兼容WebKit内核 */
    -moz-box-flex:2;                     /* 兼容Gecko内核 */
    box-flex:2;                          /* 标准用法 */
}
```

```
.container .right-aside {
  background-color:#039;
}
</style>
```

【代码解析】在示例 14-6 中，菜单栏的 box-flex 属性值为 1，文章列表栏的 box-flex 属性值为 2。在分配剩余空间的时候，菜单栏仅分配 1/3 的剩余空间，文章列表则分配 2/3 的剩余空间。如图 14.6 所示，各栏目中灰线右边的部分为弹性分配空间部分。

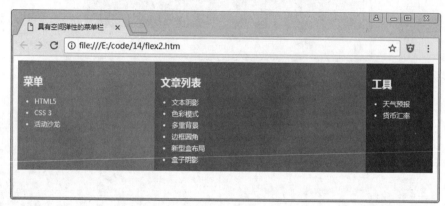

图 14.6 多个栏目的弹性空间分配

14.1.6 元素的对其方式——box-pack 和 box-align 属性

CSS 3 新增的 box-pack 属性和 box-align 属性，分别用于定义盒元素内部水平对齐方式和垂直对齐方式。这种对齐方式对盒元素内部的文字、图像及子元素都是有效的。基于 WebKit 内核的替代私有属性是-webkit-box-pack 和-webkit-box-align，基于 Gecko 内核的替代私有属性是-moz-box-pack 和-moz-box-align。

box-pack 属性可设置子元素在水平方向上的对齐方式，其语法如下：

```
box-pack : start | end | center | justify;
```

取值说明：
- start 为默认值，表示所有的子元素都显示在盒元素的左侧，额外的空间显示在盒元素右侧。
- end 表示所有的子元素都显示在盒元素的右侧，额外的空间显示在盒元素左侧。
- center 表示所有的子元素居中显示，额外的空间平均分配在两侧。
- justify 表示所有的子元素散开显示，额外的空间在子元素之间平均分配，在第一个子元素之前和最后一个子元素之后不分配空间。

box-align 属性可设置子元素在垂直方向上的对齐方式，其语法如下：

```
box-align : start | end | center | baseline | stretch;
```

取值说明：
- start 表示所有的子元素都显示在盒元素的顶部，额外的空间显示在盒元素底部。
- end 表示所有的子元素都显示在盒元素的底部，额外的空间显示在盒元素顶部。
- center 表示所有的子元素垂直居中显示，额外的空间平均分配在盒元素的上下两侧。

- baseline 表示所有的子元素沿着基线显示。
- stretch 为默认值，表示每个子元素的高度被拉伸到合适的盒元素高度。

提示：box-pack 属性和 box-align 属性仅在盒布局模式下使用。在传统的对齐方式中，有 text-align 属性和 vertical-align 属性分别定义元素内的水平方向对齐和垂直方向对齐，但不宜用于盒布局。

在 CSS 2.0 时代，把元素布局在页面的正中央是难以通过 CSS 样式表实现的，通常会借助 JavaScript 技术来实现，需要写大量代码，还会遇到兼容性问题。下面我们借助 box-pack 属性和 box-align 属性把一个登录框布局在页面中央，代码如示例 14-7 所示。

【示例 14-7】pack.htm，自适应居中的登录框

```
01  <!--pack.htm-->
02  <!DOCTYPE HTML>
03  <html>
04  <head>
05  <title>自适应居中的登录框</title>
06  <style type="text/css">
07  body, html {
08      margin:0;
09      padding:0;
10      height:100%;
11  }
12  #box {
13      width:100%;
14      height:100%;
15      background:url(images/sky.jpg) no-repeat 0 0;
16      background-size:100% 100%;
17      /* 开启盒布局 */
18      display:-webkit-box;
19      display:-moz-box;
20      display:box;
21      /* 水平居中 */
22      -webkit-box-pack:center;
23      -moz-box-pack:center;
24      box-pack:center;
25      /* 垂直居中 */
26      -webkit-box-align:center;
27      -moz-box-align:center;
28      box-align:center;
29  }
30  #box div {
31      opacity:0.8;
32  }
33  </style>
34  <body>
35  <div id="box">
36    <div><img src="images/login.png" /></div>
```

```
37    </div>
38  </body>
39  </html>
```

【代码解析】在示例 14-7 中，直接使用登录图片仅为了说明问题。设置 box-pack 属性值为 center，使得登录框水平居中；设置 box-align 属性值为 center，使得登录框垂直居中。几行 CSS 样式就把登录框布局到页面中央了。

运行结果如图 14.7 所示。

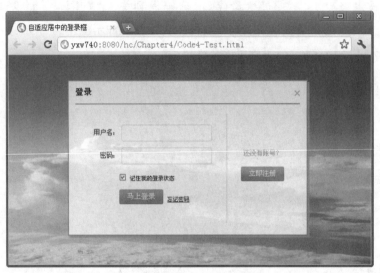

图 14.7　自适应居中的登录框

在 CSS 2.0 时代，把元素布局在页面的底部也是比较困难的，下面我们借助 box-pack 属性和 box-align 属性来实现，代码如示例 14-8 所示。

【示例 14-8】align.htm，把图片布局在盒元素底部

```
01  <!--align.htm-->
02  <!DOCTYPE HTML>
03  <html>
04  <head>
05  <title>把图片布局在盒元素底部</title>
06  <style type="text/css">
07  #box {
08      width:500px;
09      height:200px;
10      border:1px solid #F90;
11      /* 开启盒布局 */
12      display:-webkit-box;
13      display:-moz-box;
14      display:box;
15      /* 左边对齐 */
16      -webkit-box-pack:start;
17      -moz-box-pack:start;
18      box-pack:start;
```

```
19        /* 底部对齐 */
20        -webkit-box-align:end;
21        -moz-box-align:end;
22        box-align:end;
23    }
24    #box div {
25        padding:5px;
26        border:1px solid #ccc;
27        margin:1px;
28    }
29    #box div img {
30        width:120px;
31    }
32    </style>
33    <body>
34    <div id="box">
35      <div><img src="images/IL1.jpg" /></div>
36      <div><img src="images/IL2.jpg" /></div>
37      <div><img src="images/IL3.jpg" /></div>
38      <div><img src="images/IL14.jpg" /></div>
39    </div>
40    </body>
41    </html>
```

【代码解析】在示例 14-8 中，设置 box-pack 属性值为 start，使得子元素靠左边显示；设置 box-align 属性值为 end，使得子元素紧贴底部显示。如图 14.8 所示，额外的空间会出现在右侧和顶部。

图 14.8　把图片布局在盒元素底部

提示：box-pack 属性和 box-align 属性的对齐方式的效果，还会受到 box-orient 属性和 box-direction 属性的影响。当 box-orient 属性设置为垂直方向时，box-pack 属性将控制垂直方向，box-align 属性将控制水平方向；当 box-direction 属性设置为反向时，对齐方式的属性值 start 和 end 将互换效果。

14.1.7 练习：使用新型盒布局设计网页

CSS 3 发展的新型盒布局是一种全新的页面布局方式，不仅可以完全替代传统的浮动布局，而且布局出来的网页具有很强的使用性，具体体现就是其空间弹性。下面我们就用刚学过的盒布局来设计网页。

本节案例要设计的是一个典型的小型网页，从上至下包括页头、主体区域和页脚三部分。其中主体区域从左至右分为三栏，分别是导航栏、文章栏和侧边栏。而文章栏又可以从上至下分为标题、内容、日期三栏。页面效果如图 14.9 所示。下面我们就逐步布局该网页。

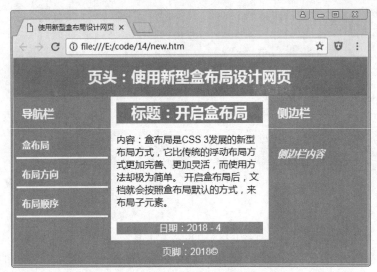

图 14.9 使用新型盒布局设计的网页

下面给出网页中的 HTML 标签代码和基本的样式表设置。

【示例 14-9】new.htm，使用新型盒布局设计网页

```
<!DOCTYPE HTML>
<html>
<head>
<meta charset="utf-8">
<title>使用新型盒布局设计网页</title>
<style type="text/css">
h3 {
    padding:15px;
    color:#FFFFFF;
    margin:0px;
}
a {color:#fff;}
</style>
</head>
<body>
<div id="area">
  <header id="header">页头：使用新型盒布局设计网页 </header>
  <div id="container">
```

```html
    <nav>
      <h3>导航栏</h3>
      <a href="#">盒布局</a> <a href="#">布局方向</a> <a href="#">布局顺序</a> </nav>
    <article>
      <header>标题：开启盒布局 </header>
      <p>内容：盒布局是 CSS 3 发展的新型布局方式，它比传统的浮动布局方式更加完善、更加灵活，而使用方法却极为简单。
        开启盒布局后，文档就会按照盒布局默认的方式，来布局子元素。</p>
      <footer> 日期：2011-10 </footer>
    </article>
    <aside>
      <h3>侧边栏</h3>
      <p>侧边栏内容</p>
    </aside>
  </div>
  <footer id="footer"> 页脚：2011&copy; </footer>
</div>
</body>
</html>
```

下面，我们一步一步地给各个功能块编写样式表，并追加到示例 14-9 中。

把 body 元素定义为盒布局，并设置子元素水平居中。代码如下：

```css
body, html {
    margin:0;
    padding:0;
    width:100%;
    height:100%;
    font-family:Arial, Helvetica, sans-serif;
}
body {
    /* 开启盒布局 */
    display:-webkit-box;
    display:-moz-box;
    display:box;
    /* 设置盒子内元素水平居中 */
    -webkit-box-pack:center;
    -moz-box-pack:center;
    box-pack:center;
}
```

设置网页区域的空间弹性以占满整个区域。使用盒布局，并设置垂直方向布局。代码如下：

```css
#area {
    height:100%;
    max-width:950px;           /* 最大宽度 */
    min-width:600px;           /* 最小宽度 */
/* 定义空间弹性，使其充满页面空间，但宽度受 max-width 和 min-width 限制 */
    -webkit-box-flex:1;
    -moz-box-flex:1;
    box-flex:1;
```

```css
/* 开启盒布局 */
display:-webkit-box;
display:-moz-box;
display:box;
/* 垂直布局,实现竖直方向的三栏布局 */
-webkit-box-orient:vertical;
-moz-box-orient:vertical;
box-orient:vertical;
}
```

设置页头、主体区域和页脚三部分。其中,主体区域部分定义空间弹性,并使用盒布局及默认的水平方向布局。其他部分为常规样式表。代码如下:

```css
#area header {
    background-color:#ff6600;
    text-align:center;
    line-height:35px;
    color:#FFFFFF;
    font-size:25px;
    font-weight:bold;
}
#area #header {
    padding:15px;
}
#area #container {
    /* 定义空间弹性,使其随空间伸缩尺寸 */
    -webkit-box-flex:1;
    -moz-box-flex:1;
    box-flex:1;
    /* 开启盒布局 */
    display:-webkit-box;
    display:-moz-box;
    display:box;
}
#area footer {
    background-color:#f147D31;
    text-align:center;
    line-height:20px;
    color:#FFFFFF;
}
#area #footer {
    padding:10px;
}
```

设置主体区域中的导航栏、文章栏、侧边栏三部分。其中,文章栏定义空间弹性,并使用盒布局和垂直方向布局。其他部分为常规样式表。代码如下:

```css
#area #container nav {
    width:170px;
    background-color:#999;
}
```

```css
#area #container article {
    padding:10px;
    /* 定义空间弹性,使其随空间伸缩尺寸 */
    -webkit-box-flex:1;
    -moz-box-flex:1;
    box-flex:1;
/* 开启盒布局 */
    display:-webkit-box;
    display:-moz-box;
    display:box;
    /* 布局方向设置为竖直方向 */
    -webkit-box-orient:vertical;
    -moz-box-orient:vertical;
    box-orient:vertical;
}
#area #container aside {
    width:170px;
    background-color:#999;
}
```

分别设置导航栏、文章栏、侧边栏的详细部分。其中,文章栏中的文章内容部分设置为空间弹性。其他部分为常规样式表。代码如下:

```css
/* 左侧导航 */
#area #container nav a:link, #area #container nav a:visited {
    display:block;
    border-bottom:3px solid #fff;
    padding:10px;
    text-decoration:none;
    font-weight:bold;
    margin:5px;
}
#area #container nav a:hover {
    color:#FFFFFF;
    background-color:#f57D31;
}
/* 中间内容 */
#area #container article p {
    -webkit-box-flex:1;
    -moz-box-flex:1;
    box-flex:1;
}
/* 侧边栏 */
#area #container aside p {
    padding:15px;
    font-weight:bold;
    font-style:italic;
    color:#FFF;
}
```

至此，一个典型的小型网页设计完成。该网页在改变窗口大小的情况下，能继续保持页面总体格局的完整。

14.2 增强的盒模型

盒模型是网页设计中最基本、最重要的模型。CSS 3 新增的与盒模型有关的属性，如盒子阴影、盒子尺寸和溢出处理等，为前端设计师带来了更多的便利及人性化设计。

14.2.1 盒子阴影——box-shadow 属性

CSS 3 新增的 box-shadow 属性，可以定义元素的阴影效果。对于该属性，设计师们尤其喜欢。到目前为止，该属性已经获得更多浏览器的支持和更加广泛的使用。基于 WebKit 内核的替代私有属性是-webkit-box-shadow，基于 Gecko 内核的替代私有属性是-moz-box-shadow。

box-shadow 属性为盒元素添加一个或多个阴影。其语法如下：

```
box-shadow : none | [inset] [<length>] {2,14} [<color>];
```

取值说明：

- none 为默认值，表示没有阴影。
- inset 为可选值，表示设置阴影的类型为内阴影，默认为外阴影。
- <length>是由浮点数字和单位标识符组成的长度值，可取负值。四个 length 分别表示阴影的水平偏移、垂直偏移、模糊距离和阴影大小，其中水平偏移和垂直偏移是必需值，模糊半径和阴影大小为可选值。
- <color>为可选值，表示阴影的颜色。

完整的阴影属性值包含 6 个参数值：阴影类型、水平偏移长度、垂直偏移长度、模糊半径、阴影大小和阴影颜色，其中水平偏移长度和垂直偏移长度是必需有的，其他可以选择省略。

提示：盒子阴影与文本阴影看起来很相像，但是它们的语法不同，而且盒子阴影应用于页面元素，而文本阴影仅应用于文字。

下面通过示例来全面了解 box-shadow 属性的使用方法。我们为橘黄色的盒元素设置阴影，其中阴影在水平方向和垂直方向上的距离均为 5px，模糊作用距离为 5px，阴影颜色为深灰色。

【示例 14-10】shadow.htm，给盒元素添加阴影效果

```
01  <!--shadow.htm-->
02  <!DOCTYPE HTML>
03  <html>
04  <head>
05  <meta charset="utf-8">
06  <title>盒子阴影</title>
07  <style type="text/css">
08  div {
09      width:200px;
10      height:100px;
11      background-color:#f90;
```

```
12      -webkit-box-shadow:5px 5px 5px #333;         /* 兼容 WebKit 内核 */
13      -moz-box-shadow:5px 5px 5px #333;            /* 兼容 Gecko 内核 */
14      box-shadow:5px 5px 5px #333;                 /* 标准用法 */
15  }
16  </style>
17  </head>
18  <body>
19  <div></div>
20  </body>
21  </html>
```

【代码解析】在示例 14-10 中，我们为盒子的阴影属性设置了水平偏移值、垂直偏移值、模糊作用距离和阴影颜色。阴影类型是默认的外部阴影，如图 14.10 所示。

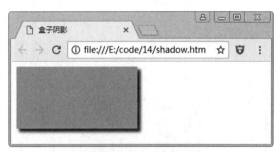

图 14.10　盒元素的阴影效果

当水平偏移值和垂直偏移值为负数时，表示阴影向左或向上偏移。调整样式表如下：

```
<style type="text/css">
div {
    width:200px;
    height:100px;
    background-color:#f90;
    -webkit-box-shadow:-5px -5px 5px #00f;         /* 兼容 WebKit 内核 */
    -moz-box-shadow:-5px -5px 5px #00f;            /* 兼容 Gecko 内核 */
    box-shadow:-5px -5px 5px #00f;                 /* 标准用法 */
}
</style>
```

运行结果如图 14.11 所示。

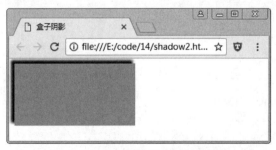

图 14.11　盒元素的左上方阴影效果

box-shadow 属性还可以同时使用两种及两种以上的阴影。调整样式表如下：

```
<style type="text/css">
```

```
div {
    margin:20px auto;
    width:200px;
    height:100px;
    background-color:#f90;
    -webkit-box-shadow:-5px -5px 5px 0 #00f,
                  5px 5px 5px 0 #333;
    -moz-box-shadow:-5px -5px 5px 0 #00f,
              5px 5px 5px 0 #333;
    box-shadow:-5px -5px 5px 0 #00f,
          5px 5px 5px 0 #333;
}
</style>
```

运行结果如图 14.12 所示。

图 14.12 同时应用两种阴影的效果

用 box-shadow 属性可以给盒子设置丰富的描边，这种描边效果可以替代单调的边框。实现描边的方法为，把水平偏移值和垂直偏移值设置为 0，仅设置模糊半径、阴影大小和阴影颜色。下面来看一个例子。

【示例 14-11】shadow4.htm，设计盒子的描边效果

```
01  <!--shadow4.htm-->
02  <!DOCTYPE HTML>
03  <html>
04  <head>
05  <meta charset="utf-8">
06  <title>盒子描边效果</title>
07  <style type="text/css">
08  div {
09      margin:20px auto;
10      width:200px;
11      height:100px;
12      background-color:#f90;
13      -webkit-box-shadow:0 0 5px 5px #333;
14      -moz-box-shadow:0 0 5px 5px #333;
15      box-shadow:0 0 5px 5px #333;
16  }
17  </style>
18  </head>
```

```
19  <body>
20  <div></div>
21  </body>
22  </html>
```

【代码解析】在示例 14-11 中，仅设置了模糊半径、阴影大小和阴影颜色，这样就可以实现描边效果。

运行结果如图 14.13 所示。

图 14.13　盒子的描边效果

如果不设置模糊半径，则描边效果就等同于边框效果。调整样式表如下：

```
<style type="text/css">
div {
    margin:20px auto;
    width:200px;
    height:100px;
    background-color:#f90;
    -webkit-box-shadow:0 0 0 5px #333;
    -moz-box-shadow:0 0 0 5px #333;
    box-shadow:0 0 0 5px #333;
}
</style>
```

运行结果如图 14.14 所示。

图 14.14　没有模糊半径的描边效果

在 box-shadow 属性中添加值 inset，即可实现向内的阴影。我们来看一个例子。

【示例 14-12】shadow-insert.htm，设计盒子的内阴影

```
01  <!--shadow-insert.htm-->
02  <!DOCTYPE HTML>
03  <html>
04  <head>
```

```
05  <title>盒子的内阴影</title>
06  <style type="text/css">
07  div {
08      width:200px;
09      height:100px;
10      background-color:#f90;
11      -webkit-box-shadow: inset 5px 5px 5px #333;    /* 兼容 WebKit 内核 */
12      -moz-box-shadow: inset 5px 5px 5px #333;       /* 兼容 Gecko 内核 */
13      box-shadow: inset 5px 5px 5px #333;            /* 标准用法 */
14  }
15  </style>
16  </head>
17  <body>
18  <div></div>
19  </body>
20  </html>
```

【代码解析】在示例 14-12 中，在 box-shadow 属性中增加了属性值 inset，即实现了内阴影。运行结果如图 14.15 所示。

14.15　盒子的内阴影效果

14.2.2　盒子尺寸的计算方法——box-sizing 属性

对于前端工程师和设计人员来说，应该都有过这样的经历：当为一个盒元素同时设置 border、padding、width 或 height 属性时，在不同的浏览器下会有不同的尺寸。特别是在 IE 浏览器中，width 和 height 是包含 border 和 padding 的，而标准的 width 和 height 是不包含 border 和 padding 的。为此，要写大量的 hack，以满足不同浏览器的需要。

CSS 3 对盒模型进行了改善，新增的 box-sizing 属性可用于定义 width 和 height 的计算方法，可自由定义是否包含 border 和 padding。

box-sizing 属性定义盒元素尺寸的计算方法。其语法如下：

```
box-sizing : content-box | padding-box | border-box | inherit ;
```

取值说明：

- content-box 为默认值，计算方法为 width/height=content，表示指定的宽度和高度仅限内容区域，边框和内边距的宽度不包含在内。
- padding-box，计算方法为 width/height=content+padding，表示指定的宽度和高度包含内边距和内容区域，边框宽度不包含在内。

- border-box，计算方法为 width/height=content+padding+border，表示指定的宽度和高度包含边框、内边距和内容区域。
- inherit，表示继承父元素中 box-sizing 属性的值。

下面的示例中，把 div 标签默认设置为宽 200px，高 80px，边框宽 10px，内边距宽 10px；然后为属性 box-sizing 设置不同的值，以观察各个属性值的区别。

【示例 14-13】 sizing.htm，盒子尺寸的计算方法

```
01  <!--sizing.htm-->
02  <!DOCTYPE HTML>
03  <html>
04  <head>
05  <title>盒子尺寸的计算方法</title>
06  <style type="text/css">
07  div {
08      margin:5px;
09      width:200px;                    /* 宽度为200px */
10      height:80px;                    /* 高度为80px */
11      background-color:#fe0;
12      border:10px solid #f90;         /* 边框宽度为10px */
13      padding:10px;                   /* 内边距宽度为10px */
14      font-weight:bold;
15      font-size:18px;
16      line-height:140px;
17  }
18  /* 属性值 border-box */
19  .s1 {
20      box-sizing:border-box;
21      -webkit-box-sizing:border-box;
22      -moz-box-sizing:border-box;
23  }
24  /* 属性值 padding-box */
25  .s2 {
26      box-sizing:padding-box;
27      -webkit-box-sizing:padding-box;
28      -moz-box-sizing:padding-box;
29  }
30  /* 属性值 content-box */
31  .s3 {
32      box-sizing:content-box;
33      -webkit-box-sizing:content-box;
34      -moz-box-sizing:content-box;
35  }
36  </style>
37  </head>
38  <body>
39  <div class="s1">border-box</div>
40  <div class="s2">padding-box</div>
```

```
41    <div class="s3">content-box</div>
42  </body>
43  </html>
```

【代码解析】在示例 14-13 中，由于尺寸的计算方式不同，元素的总尺寸也不相同。由于 WebKit 内核的浏览器不支持属性值 padding-box，故表现出默认的 content-box 效果。

运行结果如图 14.16、图 14.17 所示。

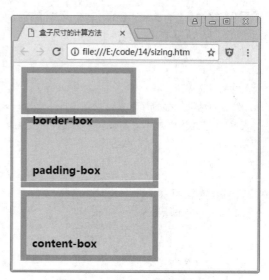

图 14.16　Firefox 中的预览效果　　　　图 14.17　Chrome 中的预览效果

14.2.3　盒子溢出内容处理——overflow-x 和 overflow-y 属性

在 CSS 2.1 规范中，就已经有处理溢出的 overflow 属性。该属性定义当盒子的内容超出盒子边界时的处理方法。CSS 3 新增的 overflow-x 和 overflow-y 属性，是对 overflow 属性的补充，分别表示水平方向上的溢出处理和垂直方向上的溢出处理。

overflow-x 和 overflow-y 属性的语法如下：

```
overflow-x : visible | auto | hidden | scroll | no-display | no-content;
overflow-y : visible | auto | hidden | scroll | no-display | no-content;
```

取值说明：

- visible 为默认值，表示盒子溢出时，不剪裁溢出的内容，超出盒子边界的部分将显示在盒元素之外。
- auto，表示盒子溢出时显示滚动条。
- hidden，表示盒子溢出时，溢出的内容将被剪裁，并且不提供滚动条。
- scroll，表示始终显示滚动条。
- no-display，表示盒子溢出时不显示元素。该属性值是新增的。
- no-conten，表示盒子溢出时不显示内容。该属性值是新增的。

下面通过一个例子来介绍溢出处理的各个属性值的应用效果。

【示例 14-14】over-flow.htm，盒子溢出内容处理

```
01  <!--over-flow.htm-->
```

```
02  <!DOCTYPE HTML>
03  <html>
04  <head>
05  <title>盒子溢出内容处理</title>
06  <style type="text/css">
07  div {
08      margin:10px;
09      width:200px;
10      height:80px;
11      padding:10px;
12      border:1px solid #f90;
13      float:left;
14      font-size:30px;
15  }
16  #box1 {
17      overflow-x:scroll;      /* 水平方向属性值为 scroll */
18      overflow-y:scroll;      /* 垂直方向属性值为 scroll */
19  }
20  #box2 {
21      overflow-x:auto;        /* 水平方向属性值为 auto */
22      overflow-y:auto;        /* 垂直方向属性值为 auto */
23  }
24  #box3 {
25      overflow-x:hidden;      /* 水平方向属性值为 hidden */
26      overflow-y:hidden;      /* 垂直方向属性值为 hidden */
27  }
28  #box14 {
29      overflow-x:visible;     /* 水平方向属性值为 visible */
30      overflow-y:visible;     /* 垂直方向属性值为 visible */
31  } </style>
32  </head>
33  <body>
34  <div id="box1">盒模型是网页设计中最基本、最重要的模型...</div>
35  <div id="box2">盒模型是网页设计中最基本、最重要的模型...</div>
36  <div id="box3">盒模型是网页设计中最基本、最重要的模型...</div>
37  <div id="box14">盒模型是网页设计中最基本、最重要的模型...</div>
38  </body>
39  </html>
```

【代码解析】在示例 14-14 中，分别为每个 div 元素设置了不同的溢出处理方式。如图 14.18 所示，当溢出属性值为 scroll 时，水平方向和垂直方向均显示滚动条；当溢出属性值为 auto 时，只有在需要滚动条的时候才会显示滚动条；当溢出属性值为 hidden 时，会剪裁一部分溢出的内容；当溢出属性值为 visible 时，溢出的内容会显示在盒子边界的外面。

图 14.18　盒子溢出内容的处理效果

14.2.4　练习：设计网站服务条款页面

当一些网站提供一些服务时，都会有相应的服务条款。服务条款的页面比较简单，但可以实现不同的风格。下面将使用前面学过的样式表属性来修饰这个页面。

本节要设计的页面只有一个主体区域，我们将把该主体区域设计成凸起的效果，然后在这个凸起的区域里放置内容；由于条款内容较长，还需要处理内容的溢出，页面效果如图 14.19 所示。下面就开始逐步设计该网页。

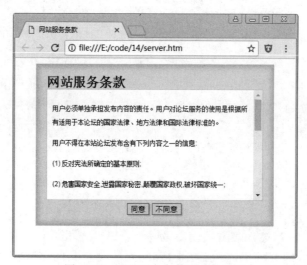

图 14.19　网站服务条款页面效果图

网页只有一个主体区域，该区域包括头部的标题、中间的条款区域和底部的确认按钮。代码如下：

【示例 14-15】server.htm，设计网站服务条款页面

```
<!DOCTYPE HTML>
<html>
<head>
<meta charset="utf-8">
```

```
<title>网站服务条款</title>
</head>
<body>
<div id="policy">
  <header>网站服务条款</header>
  <section>
    <p> 用户必须单独承担发布内容的责任。用户对论坛服务的使用是根据所有适用于本论坛的国家法律、地方法律和国际法律标准的。</p>
    <p> 用户不得在本站论坛发布含有下列内容之一的信息:</p>
    <p>(1) 反对宪法所确定的基本原则;</p>
    <p>(2) 危害国家安全,泄露国家秘密,颠覆国家政权,破坏国家统一;</p>
    <p>(3) 损害国家荣誉和利益;</p>
    <p>(14) 煽动民族仇恨、民族歧视,破坏民族团结;</p>
    <p>(5) 破坏国家宗教政策,宣扬邪教和封建迷信;</p>
    <p>(6) 散布谣言,扰乱社会秩序,破坏社会稳定;</p>
    <p>(7) 散布淫秽、色情、赌博、暴力、凶杀、恐怖或者教唆犯罪;</p>
    <p>(8) 侮辱或者诽谤他人,侵害他人合法权益;</p>
    <p>(9) 连锁信件,金字塔方案及蛊惑性文章;</p>
    <p>(10) 任何涉及他人版权的资料的非法复制和传播;</p>
    <p>(11) 任何未经本站许可的商业性质的广告;</p>
    <p>(12) 含有法律、行政法规禁止的其他内容。</p>
  </section>
  <footer>
    <input type="button" value="同意" />
    <input type="button" value="不同意" />
  </footer>
</div>
</body>
</html>
```

下面,我们逐步设计样式表,并追加到示例 14-15 中。

设置主体区域页面居中;设置尺寸及其计算方式,以保证内部的条款区域的空间;设置背景颜色及向内的阴影,以实现主体区域的凸起效果。代码如下:

```
<style type="text/css">
#policy {
    font-family:Arial, 宋体;
    margin:10px auto;                      /* 页面居中 */
    box-sizing:content-box;                /* 尺寸计算方式为 content-box */
    width:1400px;                          /* 盒子宽1400px */
    padding:20px;                          /* 内边距为 20px */
    background-color:#e14e14e14;           /* 浅灰色背景 */
    box-shadow:inset 0 0 15px 5px #bbb;    /* 向内的阴影 */
}
</style>
```

分别设计主体区域中的头部标题、中间的条款区域和底部的按钮。其中,中间条款区域的尺寸包含边框,水平方向不设置滚动条,垂直方向设置滚动条。底部按钮增加阴影效果。代码如下:

```
<style type="text/css">
#policy header {
    font-size:214px;
    font-weight:bold;
    line-height:25px;
}
#policy section {
    background-color:#fff;
    font-size:12px;
    line-height:25px;
    box-sizing:border-box;       /* 尺寸计算方式为 border-box */
    width:1400px;                /* 盒子宽 1400px */
    height:200px;                /* 盒子高 200px */
    padding:10px;                /* 内边距为 10px */
    border:1px solid #CCC;
    overflow-x:hidden;           /* 水平方向不设置滚动条 */
    overflow-y:scroll;           /* 垂直方向设置滚动条 */
}
#policy footer {
    text-align:center;
    padding-top:5px;
}
#policy footer input {
    border:1px solid #666;
    box-shadow:2px 2px 1px #BBB; /* 按钮阴影 */
}
</style>
```

至此，完成了服务条款页面的设计，即可展现如图 14.19 所示的页面效果。该页面没有借助任何图片，全部使用 CSS 设计完成。

14.3 增强的用户界面设计

在界面设计方面，为了增强用户体验，设计师们会想尽办法来实现心目中的页面效果，也因此徒增了很多工作量。CSS 3 在用户界面的设计方面有很大改进，可以允许改变元素尺寸、定义外轮廓线、改变焦点导航顺序、让元素变身及给元素添加内容等。这些功能的改进，使得设计师设计出的页面具有更加良好的用户体验。

14.3.1 允许用户改变元素尺寸——resize 属性

如果你在使用 Firefox 或 Chrome，那么你肯定注意到了 textarea 标签元素的右下角默认有一个小的手柄，它可以供你调整它们的大小。CSS 3 新增的 resize 属性，可以使其他元素也拥有同样的效果。

resize 属性定义一个元素是否允许用户调整大小。其语法如下：

```
resize : none | both | horizontal | vertical | inherit ;
```

取值说明：

- none 为默认值，表示用户不能调整元素。
- both，表示用户可以调整元素的宽度和高度。
- horizontal，表示用户可以调整元素的宽度，但不能调整元素的高度。
- vertical，表示用户可以调整元素的高度，但不能调整元素的宽度。
- inherit，表示继承父元素。

提示：resize 属性需要和溢出处理属性 overflow、overflow-x 或 overflow-y 一起使用，才能把元素定义成可以调整大小的，且溢出属性值不能为 visible。

下面我们通过一个例子来看一下 resize 属性如何使用及其使用效果。

【示例 14-16】resize.htm，可以调整大小的 div 元素

```
01  <!--resize.htm-->
02  <!DOCTYPE HTML>
03  <html>
04  <head>
05  <meta charset="utf-8">
06  <title>可以调整大小的 div 元素</title>
07  <style type="text/css">
08  div {
09      width:100px;
10      height:80px;
11      max-width:600px;          /* 设置最大宽度限制 */
12      max-height:1400px;        /* 设置最大高度限制 */
13      padding:10px;
14      border:1px solid #f90;
15      resize:both;              /* 设置元素的宽度和高度均可调整 */
16      overflow:auto;            /* 设置溢出属性值为 auto */
17  }
18  </style>
19  </head>
20  <body>
21  <div> 如果你在使用 Firefox 或 Chrome，那么你肯定注意到了 textarea 标签元素的右下角默认有个小的手柄，它可以让你调整它们的大小。
22  CSS 3 新增的 resize 属性，可以把其他元素也应用同样的效果。resize 属性定义一个元素是否允许用户调整大小。</div>
23  </body>
24  </html>
```

【代码解析】在示例 14-16 中，设置 resize 属性值为 both，并且设置 overflow 属性值为 auto，这样在运行出来的页面里就可以调整该元素的大小了。示例中还设置了最大宽度和最大高度，在用户调整元素的大小时，会限制在最大尺寸范围内。如图 14.20 所示，为可调整大小的 div 元素。

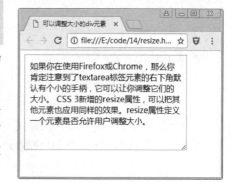

图 14.20 可以自由调整的 div 元素

14.3.2 定义外轮廓线——outline 属性

outline 属性可以定义一个元素的外轮廓线,以突出显示该元素。外轮廓线看起来很像元素边框,而且语法与边框也非常类似,但是外轮廓线不占用元素的尺寸。outline 属性在 CSS 2.1 中已经定义,但没有获得浏览器的支持;CSS 3 完善并增强了该属性,并获得了各主流浏览器的支持。

outline 属性用来在元素周围定义轮廓线。其语法如下:

```
outline : [outline-width] || [outline-style] || [outline-color] |inherit ;
```

取值说明:
- outline-width,定义元素轮廓的宽度。
- outline-style,定义元素轮廓的样式风格。
- outline-color,定义元素轮廓的颜色。
- inherit,表示继承父元素的轮廓样式。

outline 属性与 border 属性有很多相似的地方,但也有很大的不同。outline 属性定义的外轮廓线总是封闭的、完全闭合的;外轮廓线也可能不是矩形,如果元素的 display 属性的值为 inline,那么外轮廓就可能变得不规则。

Outline 属性是一个复合属性,包含 4 个子属性:outline-width 属性、outline-style 属性、outline-color 属性和 outline-offset 属性。

outline-width 属性用于定义元素轮廓的宽度。其语法如下:

```
outline-width : thin | medium | thick | <length> | inherit ;
```

取值说明:
- thin,定义较细的轮廓宽度。
- medium,为默认值,定义中等的轮廓宽度。
- thick,定义较粗的轮廓宽度。
- <length>,定义轮廓的宽度值,宽度值包含长度单位,不允许为负值。
- Inherit,表示继承父元素。

outline-style 属性用于定义元素轮廓的风格样式。其语法如下:

```
outline-style : none | dotted | dashed | solid | double | groove | ridge | inset | outset | inherit ;
```

取值说明:
- none,定义没有轮廓。
- dotted,定义轮廓为点状。
- dashed,定义轮廓为虚线。
- solid,定义轮廓为实线。
- double,定义轮廓为双线条,双线的宽度等于 outline-width 属性的值。
- groove,定义轮廓为 3D 凹槽,显示效果取决于 outline-color 属性的值。
- ridge,定义轮廓为 3D 凸槽,显示效果取决于 outline-color 属性的值。
- inset,定义轮廓为 3D 凹边,显示效果取决于 outline-color 属性的值。

- outset，定义轮廓为 3D 凸边，显示效果取决于 outline-color 属性的值。
- inherit，表示继承父元素。

outline-color 属性用于定义元素轮廓的颜色。其语法如下：

```
outline-color : <color> | invert | inherit ;
```

取值说明：

- <color>，表示颜色值。CSS 中可使用的任何颜色，也可以是半透明颜色。
- invert，为默认值，执行颜色反转，以保证轮廓在任何背景下都是可见的。
- inherit，表示继承父元素。

outline-offset 属性用于定义外轮廓与元素边界的距离。其语法如下：

```
outline-offset : <length> | inherit ;
```

取值说明：

- <length>，表示偏移距离的长度值。长度值包含长度单位，可以为负值。
- inherit，表示继承父元素。

提示：在复合属性 outline 的语法中，不包含 outline-offset 子属性，因为会造成长度值指定不明确，无法正确解析。

下面我们用 outline 属性来设置表单。该示例中，我们把整个登录区域、文本框和按钮均设置 outline 属性，以展现该属性的用途。

【示例 14-17】 outline.htm，使用外轮廓渲染登录表单

```
01  <!--outline.htm-->
02  <!DOCTYPE HTML>
03  <html>
04  <head>
05  <title>使用外轮廓渲染登录表单</title>
06  <style type="text/css">
07  #login {
08      margin:20px auto;
09      width:300px;
10      border:1px solid #f90;
11      padding:20px;
12      line-height:22px;
13      outline:2px solid #ccc;                 /* 设置外轮廓 */
14      background-color:#ffff99;
15      font-size:18px;
16  }
17  #login h1 {
18      font-size:18px;
19      margin:0;
20      padding:5px;
21      border-bottom:1px solid #fc6;
22      margin-bottom:10px;
23  }
24  #login label {
25      display:block;
```

```
26      width:100px;
27      float:left;
28      text-align:right;
29      clear:left;
30      margin-top:15px;
31 }
32 #login input {
33      float:left;
34      width:150px;
35      margin-top:15px;
36      line-height:22px;
37      height:24px;
38      border:1px solid #7f9db9;
39 }
40 #login input:focus {
41      outline:14px solid #fc6;                    /* 设置外轮廓 */
42 }
43 #login div {
44      clear:both;
45      padding-left:100px;
46      padding-top:20px;
47      font-size:12px;
48 }
49 #login div button {
50      width:80px;
51      font-size:14px;
52      line-height:22px;
53      background-image: -moz-linear-gradient(top, #ffffcc, #ffcc99);    /* 渐变 */
54      background-image: -webkit-gradient(linear, left top, left bottom, from(#ffffcc), to(#ffcc99));   /* 渐变 */
55      border:1px solid #f90;
56 }
57 #login div button:hover {
58      outline:2px solid #fc6;                     /* 设置外轮廓 */
59 }
60 </style>
61 </head>
62 <body>
63 <form id="form1" name="form1" method="post" action="">
64   <div id="login">
65     <h1>用户登录</h1>
66     <label for="UserName">用户名: </label>
67     <input type="text" name="UserName" id="UserName">
68     <label for="Password">密码: </label>
69     <input type="password" name="Password" id="Password">
70     <div><button>登录</button><a href="#">忘记密码? </a> </div>
71   </div>
72 </form>
73 </body>
74 </html>
```

【代码解析】在示例 14-17 中，均使用复合属性 outline 设置轮廓。整个登录区域设置了外轮廓线，以丰富边框效果；文本框获取焦点时，设置外轮廓线，以突出获取焦点的文本框；鼠标经过登录按钮时，也设置外轮廓线突出显示，效果如图 14.21 所示。

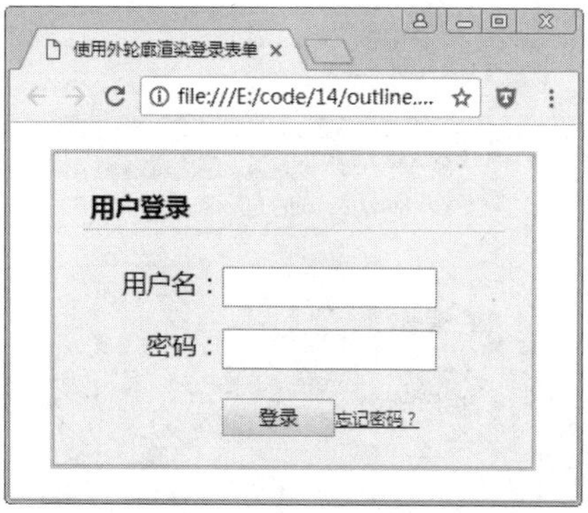

图 14.21 使用外轮廓渲染登录表单

如果设置 outline-offset 属性，则外轮廓线就不会紧贴元素显示，看起来也更加大方。调整文本框焦点样式如下：

```
<style type="text/css">
…
#login input:focus {
    outline:14px solid #fc6;              /* 设置外轮廓 */
    outline-offset:5px;                   /* 设置外轮廓与元素边界的距离 */
}
…
</style>
```

运行结果如图 14.22 所示。

图 14.22 轮廓远离文本框边界

如果设置 outline-offset 属性为负值，则轮廓线就会显示在元素的内部。调整文本框焦点样式如下：

```
<style type="text/css">
…
#login input:focus {
```

```
    outline:14px solid #fc6;                /* 设置外轮廓 */
    outline-offset:-7px;                    /* 设置外轮廓与元素边界的距离 */
}
…
</style>
```

运行结果如图 14.23 所示。

图 14.23　轮廓在文本框内部

14.3.3　伪装的元素——appearance 属性

你是否曾经把链接伪装成按钮？或者在伪装的按钮上输入字符？CSS 新增的 appearance 属性可以方便地把元素伪装成其他类型的元素，给界面设计带来极大的灵活性。基于 WebKit 内核的替代私有属性是-webkit-appearance，基于 Gecko 内核的替代私有属性是-moz-appearance。

appearance 属性用于定义一个元素看起来像其他元素。语法如下：

```
appearance : normal | icon | window | button | menu | field ;
```

取值说明：

- normal，正常修饰元素。
- icon，把元素修饰得像一个图标。
- window，把元素修饰得像一个视窗。
- button，把元素修饰得像一个按钮。
- menu，把元素修饰得像一个菜单。
- field，把元素修饰得像一个输入框。

提示：需要说明的是，使用 appearance 属性定义的元素仍然保留元素的功能，仅在外观上做了改变。由于受到元素本身功能的限制，不是每个元素都可以任意被修饰的，但是恰当修饰大部分是可行的。

在下面的示例中，我们使用 appearance 属性把页面元素均伪装成按钮。

【示例 14-18】appearance.htm，把页面元素伪装成按钮

```
01  <!--appearance.htm-->
02  <!DOCTYPE HTML>
03  <html>
04  <head>
```

```
05  <title>伪装的按钮</title>
06  <style type="text/css">
07  div, a, input {
08      -webkit-appearance:button;          /* 修饰为按钮风格 */
09      -moz-appearance:button;             /* 修饰为按钮风格 */
10      appearance:button;                  /* 修饰为按钮风格 */
11  }
12  #nav {
13      width:240px;
14      padding:10px;
15      height:130px;
16      font-size:14px;
17  }
18  #nav a {
19      font-size:12px;
20      padding:0 10px;
21      line-height:22px;
22      text-decoration:none;
23      color:#00F;
24  }
25  </style>
26  </head>
27  <body>
28  <div id="nav">
29    <input type="text" name="key" value="关键词">
30    <a href="#">搜索</a><br>
31    热门关键词:<br>
32  <a href="#">CSS 3</a><a href="#">HTML5</a><a href="#">移动开发</a></div>
33  </body>
34  </html>
```

【代码解析】在示例 14-18 中,没有添加任何按钮元素,把标签 div、a 和 input 均修饰为按钮风格。在图 14.24 所示的显示效果中,所有的链接都被修饰成按钮风格,div 标签和输入框也是按钮风格,呈现出来的按钮都是伪装的。

图 14.24　把页面元素伪装成按钮

14.3.4 为元素添加内容——content 属性

给元素插入内容，很少有人会想到使用 CSS 样式表来实现。在 CSS 中，可以使用 content 属性为元素添加内容，这已然替代了部分 JavaScript 的功能。

content 属性早在 CSS 2.1 的时候就被引入了，可以使用:before 及:after 伪元素生成内容。CSS 3 仍然引用了该属性，并且已经获得广泛的支持。其语法如下：

```
content : none | normal | <string> | counter(<counter>) | attr(<attribute>) | url(<url>) | inherit ;
```

取值说明：
- none，如果有指定的添加内容，则设置为空。
- normal，默认值，不做任何指定或改动。
- `<string>`，指定添加的文本内容。
- counter(`<counter>`)，指定一个计数器作为添加内容。
- attr(`<attribute>`)，把选择的元素的属性值作为添加内容，`<attribute>`为元素的属性。
- url(`<url>`)，指定一个外部资源作为添加内容，如图像、音频、视频等，`<url>`为一个网络地址。
- inherit，表示继承父元素。

content 属性的使用，更多是与 CSS 选择器结合。下面来看一个例子。

【示例 14-19】 content.htm，给元素添加内容

```
01  <!--content.htm-->
02  <!DOCTYPE HTML>
03  <html>
04  <head>
05  <title>添加 content 内容</title>
06  <style type="text/css">
07  #nav {
08      margin:20px auto;
09      width:200px;
10      border:1px solid #f90;
11      padding:20px;
12      line-height:22px;
13      font-size:18px;
14  }
15  #nav a {
16      display:block;
17      font-size:12px;
18      line-height:22px;
19      color:#00F;
20  }
21  /* 筛选链接地址，添加不同的内容 */
22  a[href$=html]:before {
23      content:"网页: ";                   /* 指定添加内容 */
24  }
```

```
25  a[href$=jpg]:before {
26      content:"图片: ";
27  }
28  a[href$=doc]:before {
29      content:"Word 文档: ";        /* 指定添加内容 */
30  }
31  a[href$=pdf]:before {
32      content:"PDF 文档: ";         /* 指定添加内容 */
33  }
34  </style>
35  </head>
36  <body>
37  <div id="nav">
38  <a href="Code14-17.html">登录页面</a>
39  <a href="images/IL5.jpg">杭州风光</a>
40  <a href="images/test.doc">参考资料</a>
41  <a href="images/ Pattern.pdf">设计模式培训</a>
42  </div>
43  </body>
44  </html>
```

【代码解析】在示例 14-19 中，通过筛选链接地址，为不同的链接添加不同的内容。如图 14.25 所示，每个链接中的冒号及其左边的部分为添加的内容。

图 14.25　使用 content 属性给元素添加内容

另外，也可以使用 content 属性的值 url（<url>）添加图片内容。调整部分样式表内容如下：

```
<style type="text/css">
…
/* 筛选链接地址，添加不同的内容 */
a[href$=html]:after {
    content:url(images/web.png);
}
a[href$=jpg]:after {
    content:url(images/img.png);              /* 指定图片作为添加内容 */
}
a[href$=doc]:after {
    content:url(images/doc.png);              /* 指定图片作为添加内容 */
}
a[href$=pdf]:after {
```

```
    content:url(images/pdf.png);              /* 指定图片作为添加内容 */
}
</style>
```

运行结果如图 14.26 所示。

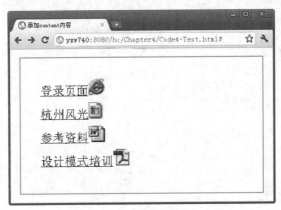

图 14.26 指定图片作为添加内容

还可以使用 content 属性的值 attr（<attribute>）把元素属性的属性值作为添加内容。调整部分样式表内容如下：

```
<style type="text/css">
…
/* 添加内容 */
a:after {
    content:attr(href);            /* 元素 a 的 href 属性值作为添加内容 */
}
</style>
```

运行结果如图 14.27 所示。

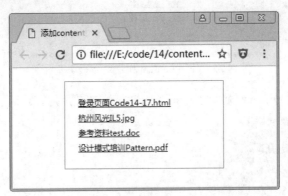

图 14.27 把元素的属性值作为添加内容

还可以使用 content 属性的值 counter（<counter>）生成项目符号作为添加内容。这其中还需要借助另一 CSS 属性——counter-increment（这里不详细讲解）来定义计数器。调整样式表如下：

```
<style type="text/css">
#nav {
```

```css
    margin:5px auto;
    width:200px;
    border:1px solid #f90;
    padding:20px;
    line-height:22px;
    font-size:18px;
}
#nav a {
    display:block;
    font-size:12px;
    line-height:22px;
    color:#00F;
    counter-increment:mycounter;        /* 定义计数器 */
}
a:before {
    content:counter(mycounter)".";      /* 生成项目符号 */
}
</style>
```

运行结果如图 14.28 所示。

图 14.28　生成项目符号作为添加内容

14.3.5　练习：设计一个省份选择盘

通常在网页中会有选择省份的下拉列表，列出所有的省份供用户选择。但因列表较长，选择起来极不友好，比较好的方案就是设计一个省份选择盘。下面我们用前面学过的知识，做一个实验性的案例——设计一个省份选择盘。

这个案例只有一个选择盘的区域，用户可以调整尺寸；选择盘内部包含 31 个省份的链接，每个链接都有一个编号；当链接获取焦点时，会有一个外轮廓线；当鼠标经过链接时，链接被修饰为按钮风格。页面效果如图 14.29 所示，展示了链接获取焦点的样式和鼠标经过的样式。下面就逐步设计该网页。

图 14.29　省份选择盘界面效果

页面元素的设计比较简单，使用一个 div 元素作为选择盘，内部包含 31 个省份的链接。代码如示例 14-20 所示。

【示例 14-20】city.htm，设计一个省份选择盘

```html
<!DOCTYPE HTML>
<html>
<head>
<meta charset="utf-8">
<title>省份选择盘</title>
</head>
<body>
<div id="disk"> <a href="#">北京</a> <a href="#">上海</a> <a href="#">天津</a> <a href="#">重庆</a> <a href="#">安徽</a> <a href="#">福建</a> <a href="#">甘肃</a> <a href="#">广东</a> <a href="#">广西</a> <a href="#">贵州</a> <a href="#">海南</a> <a href="#">河北</a> <a href="#">河南</a> <a href="#">湖北</a> <a href="#">湖南</a> <a href="#">吉林</a> <a href="#">江苏</a> <a href="#">江西</a> <a href="#">辽宁</a> <a href="#">宁夏</a> <a href="#">青海</a> <a href="#">山东</a> <a href="#">山西</a> <a href="#">陕西</a> <a href="#">四川</a> <a href="#">西藏</a> <a href="#">新疆</a> <a href="#">云南</a> <a href="#">浙江</a><a href="#">黑龙江</a> <a href="#">内蒙古</a>
</div>
</body>
</html>
```

设计选择盘允许用户改变尺寸；内部链接元素浮动显示，可以随选择盘的尺寸改变而自适应布局；内部链接通过样式表添加项目符号。代码如下：

```css
<style type="text/css">
#disk {
    width:3140px;
    padding:10px;
    resize:both;                    /* 允许改变尺寸 */
    overflow:auto;                  /* 溢出处理 */
    border:1px solid #f90;
    line-height:22px;
}
#disk a {
```

```
        display:block;                      /* 显示为块结构 */
        float:left;                         /* 左浮动 */
        width:60px;
        text-align:center;
        text-decoration:none;
        font-size:12px;
        line-height:20px;
        margin:3px;
        border:1px solid #ccc;
        background-color:#e14e14e14;
        counter-increment:mycounter;        /* 定义计数器 */
    }
    #disk a:focus {
        outline:2px solid #fc6;             /* 链接焦点设置外轮廓 */
        outline-offset:2px;
    }
    #disk a:hover {
        -webkit-appearance:button;          /* 鼠标经过链接,修饰为按钮风格 */
        -moz-appearance:button;             /* 鼠标经过链接,修饰为按钮风格 */
        appearance:button;                  /* 鼠标经过链接,修饰为按钮风格 */
    }
    #disk a:before {
        content:counter(mycounter)".";      /* 生成并添加项目符号 */
    }
</style>
```

至此,就完成了省份选择盘的页面设计,运行结果如图 14.29 所示。

14.4 拓展训练

14.4.1 训练一:设置盒元素布局方向为水平布局

【拓展要点:元素的布局方向——box-orient 属性的使用】

CSS 3 新增的 box-orient 属性,可用于定义盒元素的内部布局方向。基于 WebKit 内核的替代私有属性是-webkit-box-orient,基于 Gecko 内核的替代私有属性是-moz-box-orient。该属性有 5 个可选值,分别为 horizontal、vertical、inline-axis、block-axis、inherit,分别代表在水平行中从左向右排列、从上向下垂直排列子元素、沿着行内轴来排列子元素、沿着块轴来排列子元素及从父元素继承布局属性。

【代码实现】

```
<style type="text/css">
#container {
    display:box;                            /* 定义为盒子显示 */
    /* 布局方向设置为水平方向 */
    box-orient:horizontal;                  /* 定义为横向编排显示 */
}
<div id="container"></div>
```

14.4.2 训练二：在页面中创建一个可以调整大小的层

【拓展要点：增强的属性 resize 的使用】

CSS 3 新增的 resize 属性，定义用户是否可以自由设定元素的大小。该属性有 5 个可选值，分别为 none、both、horizontal、vertical、inherit，分别代表不可调整大小、宽高均可调整、只能在水平方向调整宽度、只能在垂直方向调整长度及从父元素继承调整大小属性。

【代码实现】

```css
<style type="text/css">
#resize{
    width:100px;
    height:80px;
    max-width:600px;           /* 设置最大宽度限制 */
    max-height:1400px;         /* 设置最大高度限制 */
    border:1px solid #f90;
    resize:both;               /* 设置元素的宽度和高度均可调整 */
    overflow:auto;             /* 设置溢出属性值为 auto */
}
</style>
<div id="resize"></div>
```

14.5 技术解惑

14.5.1 如何使用盒布局属性的兼容性

通过本章的介绍，用户可以了解到盒布局是 CSS 3 发展的新型布局方式，它比传统的浮动布局方式更加完善、更加灵活，而使用方法却极为简单。而要使用盒布局，则需要开启盒布局方法，把 display 属性的值设置为 box 或 inline-box。为了能兼容 WebKit 内核和 Gecko 内核的浏览器，可分别使用-webkit-box 和-moz-box 属性。使用盒布局兼容性，可以保证页面在不同的浏览器上均可以显示出所需要的效果。

14.5.2 理解盒子溢出内容处理的区别

通过本章介绍，用户了解到采用 CSS 3 的盒布局可以实现很多新的功能，其中一项功能就是当盒中内容超过盒子大小时，可以采用溢出内容处理。该属性在水平方向与垂直方向均可进行处理，每个方向又分别对应几种方式，分别为 visible、auto、hidden、scroll、no-display、no-content，对应为可见、自动、隐藏、显示滚动条、不显示、不显示内容。这几种方法在使用上有所区别，在实际应用中同一个网站最好采用同样的处理方法，使网站整体更加协调。

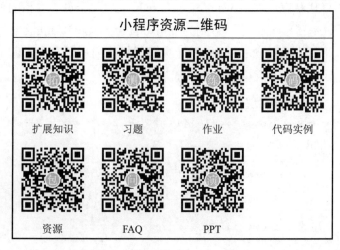

多列布局

视频

第15章 多列布局

在我们经常阅读的报纸或杂志中，通常一个版面会分成多列进行排版。在传统的网页设计中，会使用表格布局或浮动布局等方式，但总会遇到同样的错位问题，也因此需要反复调整，但仍然不够完美。针对这种情况，你是否在期待一种更好的解决方法？CSS 3 提供了新的多列布局，可以直接定义列数、列宽等，也可以定义列与列之间的间距、间隔线等，还可以定义栏目跨列和栏目高度等。本章将详细讲解多列布局的基本属性及其使用方法。

15.1 多列布局基础知识

CSS 3 新增的多列布局，可以从多个方面去设置：多列的列数、每列的宽度、列与列之间的距离、列与列之间的间隔线样式、跨多列设置和列的高度设置等，下面逐步讲解。

15.1.1 多列属性 columns

CSS 3 新增的 columns 属性，用于快速定义多列的列数目和每列的宽度。基于 WebKit 内核的替代私有属性是-webkit-columns，Gecko 内核的浏览器暂不支持。

columns 属性的语法如下：

```
columns:<column-width> || <column-count> ;
```

取值说明：

- <column-width>，定义每列的宽度。
- <column-count>，定义多列的列数。

在实际布局的时候，所定义的多列的列数是最大列数。当外围宽度不足时，多列的列数会适当减少，而每列的宽度会自适应分配，填满整个范围区域。下面来看一个例子。

【示例 15-1】columns.htm，把一篇文章分成多列显示

```
01  <!--columns.htm-->
02  <!DOCTYPEHTML>
03  <html>
04  <head>
05  <title>多列属性 columns</title>
06  <style type="text/css">
```

```
07  body {
08      border:1px solid #f90;
09      padding:10px;
10      -webkit-columns:200px 3;    /* 设计为 3 列，每列宽度为 200px */
11      columns:200px 3;            /* 设计为 3 列，每列宽度为 200px */
12  }
13  h1 {font-size:24px;padding:15px 10px;background-color:#CCC;}
14  h2 {font-size:14px;text-align:center;}
15  p {text-indent:2em; font-size:12px;line-height:20px;}
16  </style>
17  </head>
18  <body>
19  <h1>背影</h1>
20  <h2>朱自清</h2>
21  <p>我与父亲不相见已二年余了，我最不能忘记的是他的背影。</p>
22  <p>那年冬天，祖母死了，父亲的差使也交卸了，正是祸不单行的日子。我从北京到徐州打算跟着父亲奔丧回家。到徐州见着父亲，看见满院狼藉的东西，又想起祖母，不禁簌簌地流下眼泪。父亲说："事已如此，不必难过，好在天无绝人之路！"</p>
23  <p>回家变卖典质，父亲还了亏空；又借钱办了丧事。这些日子，家中光景很是惨淡，一半因为丧事，一半因为父亲赋闲。丧事完毕，父亲要到南京谋事，我也要回北京念书，我们便同行。</p>
24  <p>到南京时，有朋友约去游逛，勾留了一日；第二日上午便须渡江到浦口，下午上车北去。父亲因为事忙，本已说定不送我，叫旅馆里一个熟识的茶房陪我同去。他再三嘱咐茶房，甚是仔细。但他终于不放心，怕茶房不妥帖；颇踌躇了一会。其实我那年已二十岁，北京已来往过两三次，是没有什么要紧的了。他踌躇了一会，终于决定还是自己送我去。我两三回劝他不必去；他只说："不要紧，他们去不好！"</p>
25  <p>我们过了江，进了车站。我买票，他忙着照看行李。行李太多了，得向脚夫行些小费才可过去。他便又忙着和他们讲价钱。我那时真是聪明过分，总觉他说话不大漂亮，非自己插嘴不可，但他终于讲定了价钱；就送我上车。他给我拣定了靠车门的一张椅子；我将他给我做的紫毛大衣铺好座位。他嘱我路上小心，夜里要警醒些，不要受凉。又嘱托茶房好好照应我。我心里暗笑他的迂；他们只认得钱，托他们只是白托！而且我这样大年纪的人，难道还不能料理自己么？唉，我现在想想，那时真是太聪明了！</p>
26  </body>
27  </html>
```

【代码解析】在示例 15-1 中，仅仅设置了 columns 属性，即实现了分列布局，且每列的高度尽可能一致。

运行结果如图 15.1 所示。

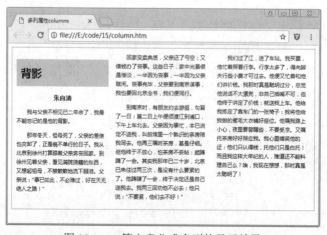

图 15.1　一篇文章分成多列的显示效果

如果缩小浏览器窗体的宽度，则文章会变成 2 列或 1 列，每列的高度尽可能一致，而每列的宽度会自适应分配，不一定是 200px。

15.1.2 列宽属性 column-width

CSS 3 新增的 column-width 属性，用于定义多列布局中每列的宽度。基于 WebKit 内核的替代私有属性是-webkit-column-width，基于 Gecko 内核的替代私有属性是-moz-column-width。

column-width 属性的语法如下：

```
column-width : auto | <length> ;
```

取值说明：

- auto，列的宽度由浏览器决定。
- <length>，直接指定列的宽度，由浮点数和单位标识符组成的长度值，不可以为负值。

在示例 15-1 的基础上，调整 body 标签的样式表，设置 column-width 属性。代码如示例 15-2 所示。

【示例 15-2】column-width.htm，仅设置列的宽度

```
<style type="text/css">
body {
    border:1px solid #f90;
    padding:10px;
    -webkit-column-width:200px;      /* 每列宽度为 200px */
    -moz-column-width:200px;         /* 每列宽度为 200px */
    column-width:200px;              /* 每列宽度为 200px */
}
h1 {font-size:24px;padding:15px 10px;background-color:#CCC;}
h2 {font-size:14px;text-align:center;}
p {text-indent:2em;font-size:12px;line-height:20px;}
</style>
```

【代码解析】在示例 15-2 中，仅设置了每列的宽度。当窗口的大小改变时，列数会及时调整，列数不固定。

运行结果如图 15.1、图 15.2 所示。

图 15.2 缩小窗口宽度变成两列

15.1.3 列数属性 column-count

CSS 3 新增的 column-count 属性，用于定义多列布局中的列数目。基于 WebKit 内核的替代私有属性是-webkit-column-count，基于 Gecko 内核的替代私有属性是-moz-column-count。

column-count 属性的语法如下：

```
column-count : auto | <number> ;
```

取值说明：

- auto，列的数目由其他属性决定，如 column-width。
- <number>，直接指定列的数目，取值为大于 0 的整数，决定了多列的最大列数。

在示例 15-1 的基础上，调整 body 标签的样式表，设置 column-count 属性。代码如示例 15-3 所示。

【示例 15-3】column-count.htm，仅设置列的数目

```
<style type="text/css">
body {
    border:1px solid #f90;
    padding:10px;
    -webkit-column-count:3;    /* 指定列的数目 */
    -moz-column-count:3;       /* 指定列的数目 */
    column-count:3;            /* 指定列的数目 */
}
h1 {font-size:24px;padding:15px 10px;background-color:#CCC;}
h2 {font-size:14px;text-align:center;}
p {text-indent:2em;font-size:12px;line-height:20px;}
</style>
```

【代码解析】在示例 15-3 中，仅设置了多列的列数目。当窗口的大小改变时，列宽会及时调整，列数固定不变。

运行结果如图 15.1、图 15.3 所示。

图 15.3 缩小窗口仍然保持 3 列

15.1.4 列间距属性 column-gap

CSS 3 新增的 column-gap 属性，用于定义多列布局中列与列之间的距离。基于 WebKit 内核的替代私有属性是-webkit-column-gap，基于 Gecko 内核的替代私有属性是-moz-column-gap。

column-gap 属性的语法如下：

```
column-gap : normal | <length> ;
```

取值说明：

- normal，默认值，由浏览器默认的列间距，一般是 1em。
- <length>，指定列与列之间的距离，由浮点数字和单位标识符组成，不可为负值。

在多列布局中，设置 body 标签的 column-gap 属性，调整为较宽松的列间距。代码如示例 15-4 所示。

【示例 15-4】column-gap.htm，较宽松的列间距

```
01  <!--column-gap.htm-->
02  <!DOCTYPEHTML>
03  <html>
04  <head>
05  <title>多列属性 columns</title>
06  <style type="text/css">
07  body {
08      border:1px solid #f90;
09      padding:10px;
10      -webkit-column-count:3;       /* 指定列的数目 */
11      -moz-column-count:3;          /* 指定列的数目 */
12      column-count:3;               /* 指定列的数目 */
13          -webkit-column-gap:3em;   /* 指定列间距为 3em */
14      -moz-column-gap:3em;          /* 指定列间距为 3em */
15      column-gap:3em;               /* 指定列间距为 3em */
16  }
17  h1 {font-size:24px;padding:15px 10px;background-color:#CCC;}
18  h2 {font-size:14px;text-align:center;}
19  p {text-indent:2em; font-size:12px;line-height:20px;}
20  </style>
21  </head>
22  <body>
23  <h1>背影</h1>
24  <h2>朱自清</h2>
25  <p>…</p>
26  </body>
27  </html>
```

【代码解析】在示例 15-4 中，在 3 列的基础上设置了 column-gap 属性的值为 3em，列与列之间的距离增加了很多，变得较为宽松了。

运行结果如图 15.4 所示。

图 15.4　较为宽松的列间距

15.1.5　定义列分隔线——column-rule 属性

CSS 3 新增的 column-rule 属性，在多列布局中，用于定义列与列之间的分隔线。基于 WebKit 内核的替代私有属性是-webkit-column-rule，基于 Gecko 内核的替代私有属性是-moz-column-rule。

column-rule 属性的语法如下：

```
column-rule : [column-rule-width] || [column-rule-style] || [column-rule-color] ;
```

取值说明：
- <column-rule-width>，定义分隔线的宽度。
- <column-rule-style>，定义分隔线的样式风格。
- <column-rule-color>，定义分隔线的颜色。

column-rule 属性是一个复合属性，包含 3 个子属性，分别定义分隔线的宽度、样式风格和颜色。

- column-rule-width 子属性：定义分隔线宽度，为任意包含单位的长度，不可为负值。
- column-rule-style 子属性：定义分隔线样式风格，取值范围与 border-style 相同，包括 none、dotted、dashed、solid、double、groove、ridge、inset、outset、inherit。
- column-rule-color 子属性：定义分隔线的颜色，为任意用于 CSS 的颜色值，也包括半透明颜色。

column-rule 属性及其子属性的使用方法，与 border 属性及其子属性相同。对于 WebKit 内核的浏览器，column-rule 属性及其子属性需要增加前缀"-webkit-"；对于 Gecko 内核的浏览器，column-rule 属性及其子属性需要增加前缀"-moz-"。

在多列布局中，设置列与列之间的分隔线。代码如示例 15-5 所示。

【示例 15-5】 column-rule.htm，列与列之间的分隔线

```
01  <!--column-rule.htm-->
02  <!DOCTYPEHTML>
03  <html>
04  <head>
05  <title>多列属性 columns</title>
06  <style type="text/css">
07  body {
08      border:1px solid #f90;
09      padding:10px;
10      -webkit-column-count:3;              /* 指定列的数目 */
11      -moz-column-count:3;                 /* 指定列的数目 */
12      column-count:3;                      /* 指定列的数目 */
13      -webkit-column-rule:1px solid #666;  /* 指定列间距为 3em */
14      -moz-column-rule:1px solid #666;     /* 指定列间距为 3em */
15      column-rule:1px solid #666;          /* 指定列间距为 3em */
16  }
17  h1 {font-size:24px;padding:15px 10px;background-color:#CCC;}
18  h2 {font-size:14px;text-align:center;}
19  p {text-indent:2em; font-size:12px;line-height:20px;}
20  </style>
21  </head>
22  <body>
23  <h1>背影</h1>
24  <h2>朱自清</h2>
25  </body>
26  </html>
```

【代码解析】 在示例 15-5 中，仍然定义了 3 列。我们直接通过复合属性 column-rule，设置了分割线的宽度、样式和颜色。

运行结果如图 15.5 所示。

图 15.5　列与列之间的分隔线

分割线的样式如同边框样式一样可以调整,当然也可以使用子属性进行设置。调整样式表如下:

```css
<style type="text/css">
body {
    border:1px solid #f90;
    padding:10px;
    -webkit-column-count:3;              /* 指定列的数目 */
    -moz-column-count:3;                 /* 指定列的数目 */
    column-count:3;                      /* 指定列的数目 */
    -webkit-column-rule-width:1px;       /* 设置分割线的宽度 */
    -moz-column-rule-width:1px;          /* 设置分割线的宽度 */
    column-rule-width:1px;               /* 设置分割线的宽度 */
    -webkit-column-rule-style:dashed;    /* 设置分割线的样式 */
    -moz-column-rule-style:dashed;       /* 设置分割线的样式 */
    column-rule-style:dashed;            /* 设置分割线的样式 */
    -webkit-column-rule-color:#f00;      /* 设置分割线的颜色 */
    -moz-column-rule-color:#f00;         /* 设置分割线的颜色 */
    column-rule-color:#f00;              /* 设置分割线的颜色 */
}
h1 {font-size:24px;padding:15px 10px;background-color:#CCC;}
h2 {font-size:14px;text-align:center;}
p {text-indent:2em;font-size:12px;line-height:20px;}
</style>
```

运行结果如图 15.6 所示。

图 15.6　调整分隔线的样式

15.1.6　定义横跨所有列——column-span 属性

CSS 3 新增的 column-span 属性,在多列布局中,用于定义元素跨列显示。基于 WebKit

内核的替代私有属性是-webkit-column-span，Gecko 内核的浏览器暂不支持该属性。

column-span 属性的语法如下：

```
column-span :1 | all ;
```

取值说明：

- 1，默认值，元素在一列中显示。
- All，元素横跨所有列显示。

在多列布局中，设置标题内容跨列显示。代码如示例 15-6 所示。

【示例 15-6】 column-span.htm，标题跨列显示

```
01  <!--column-span.htm-->
02  <!DOCTYPEHTML>
03  <html>
04  <head>
05  <title>多列属性 columns</title>
06  <style type="text/css">
07  body {
08      border:1px solid #f90;
09      padding:10px;
10      -webkit-column-count:3;           /* 指定列的数目 */
11      -moz-column-count:3;              /* 指定列的数目 */
12      column-count:3;                   /* 指定列的数目 */
13      -webkit-column-rule:1px solid #666;   /* 指定列间距为 3em */
14      -moz-column-rule:1px solid #666;      /* 指定列间距为 3em */
15      column-rule:1px solid #666;           /* 指定列间距为 3em */
16  }
17  h1,h2{
18      -webkit-column-span:all;          /* 设置横跨所有列显示 */
19      column-span:all;                  /* 设置横跨所有列显示 */
20  }
21  h1 {font-size:24px;padding:15px 10px;background-color:#CCC;}
22  h2 {font-size:14px;text-align:center;}
23  p {text-indent:2em; font-size:12px;line-height:20px;}
24  </style>
25  </head>
26  <body>
27  <h1>背影</h1>
28  <h2>朱自清</h2>
29  <p>…</p>
30  </body>
31  </html>
```

【代码解析】 在示例 15-6 中，统一为标签 h1 和 h2 设置了 column-span 属性值为 all，使其跨所有列显示。

运行结果如图 15.7 所示。

图 15.7 跨列显示的标题栏

15.2 练习：模仿杂志的多列版式

在制作电子杂志的时候，需要界面布局看起来像杂志，以便从形象上与常规的网页有所区别，传统的技术难点就是多列版式的布局。下面我们就用多列布局来实现电子杂志的多列版式。

本节案例是一个简易的杂志页面，页面版式分 3 列布局，其中标题横跨所有列显示；文章的开篇内容的第一个字设置方法，内容是图文并茂，主要是仿杂志效果。案例效果图如图 15.8 所示。

图 15.8 模仿杂志的多列版式

网页内容分为三类：标题、作者和文章内容。实现方法如示例 15-7 所示。

【示例 15-7】 magazine.htm，模仿杂志的多列版式

```
01  <!--magazine.htm-->
02  <!DOCTYPEHTML>
03  <html>
04  <head>
05  <meta charset="utf-8">
06  <title>模仿杂志的多列版式</title>
07  </head>
08  <body>
09  <h1>CSS 3 的发展轨迹</h1>
10  <h2>作者：佚名</h2>
11  <p class="first">样式表自从 CSS1 的版本之后…</p>
12  <p>…</p>
13  </body>
14  </html>
```

省去了冗长的文字内容。

在 body 标签中设置页面内容使用多列布局，分三列显示。标题横跨所有栏显示，突出文章的第一个字。代码如下：

```
<style type="text/css">
body {
    border:1px solid #f90;
    padding:10px;
    -webkit-column-count:3;        /* 指定列的数目 */
    -moz-column-count:3;           /* 指定列的数目 */
    column-count:3;                /* 指定列的数目 */
}
h1 {
    -webkit-column-span:all;       /* 设置横跨所有列显示 */
    -moz-column-span:all;          /* 设置横跨所有列显示 */
    column-span:all;               /* 设置横跨所有列显示 */
    font-size:24px;
    margin:0;
    padding:15px 10px;
    background-color:#e4e4e4;
    text-align:center;
}
h2 {
    font-size:14px;
    text-align:center;
}
p {
    text-indent:2em;
    font-size:12px;
    line-height:20px;
}
.first:first-letter {
    font-size:24px;                /* 突出第一个字 */
```

```
    font-weight:bold;
}
.b {
    font-weight:bold;
}
</style>
```

至此,就完成了仿杂志的多列版式设计,运行结果如图 15.8 所示。

15.3 拓展训练

15.3.1 训练一:在一个层中实现多列布局

【拓展要点:多列属性 column-width 的使用】

columns 是 CSS 3 新增加的内容,使用该属性即可实现多列布局,其中 column-width 可以设置每列的宽度。如果内容少于 1 列,则只显示 1 列;如果内容多于 1 列,则列数会自动调整。

【代码实现】

```
<style type="text/css">
#my_d {
    border:1px solid #f90;
    padding:10px;
    column-width:200px;           /* 每列宽度为 200px */
}
</style>
<div id="my_d">内容……</div>
```

15.3.2 训练二:在多列布局的基础上定义列分隔线

【拓展要点:column-rule 属性的使用】

CSS 3 新增的 columns 属性,不仅可以设置列宽、列间距,还能设置列与列之间的分隔线。使用 colum-rule 属性即可设置列分隔线。该属性有几个派生子属性,分别为 colum-rule-width、colum-rule-style 和 colum-rule-color,分别指代分隔线的宽度、样式和颜色。

【代码实现】

```
<style type="text/css">
#my_d {
    border:1px solid #f90;
    padding:10px;
    column-width:200px;            /* 每列宽度为 200px */
    column-rule-style:solid;       /*分隔线样式为实线*/
    column-rule-width:1px;         /*分隔线宽度为 1px*/
    column-rule-color:#000000;     /*分隔线颜色为黑色*/
}
</style>
<div id="my_d">内容……</div>
```

15.4 技术解惑

15.4.1 如何使用多列布局的快捷设置

使用 CSS 3 新增的 columns 属性，可以实现多列布局。该属性又具有 column-width 与 column-count 等派生属性。如果分别指定列宽度与列数量，则需要两行代码，而使用 columns 的快捷定义即可快速定义多列的列数目和每列的宽度。columns 属性的语法如下：

`columns:<column-width> || <column-count> ;`

这样即可一次完成对列宽与列数量的双重定义。

15.4.2 使用 column-span 属性的注意事项

CSS 3 新增的 column-span 属性，用于设置元素跨列显示。该属性只有两个可选值：一个为 1，即元素不跨列显示；另一个为 all，即元素横跨所有列显示。所以，该属性没有跨部分指定数量列的功能，这一点在使用中要注意。

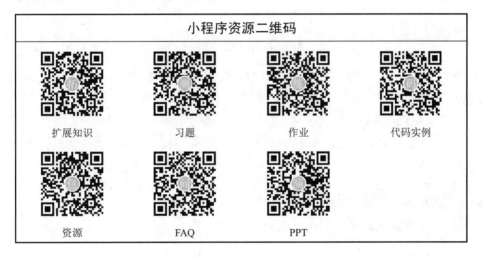

第 16 章 CSS 3 自适应布局

CSS 3 自适应布局　视频

伴随移动互联网的到来，越来越多的人开始使用手机等手持终端设备上网，终端屏幕尺寸也趋于多元化。CSS 3 迎合了这种趋势，提出了媒体查询的新概念，以使得设计的样式表在多种终端设备下都能够很好地呈现网页。本章将详细讲解面向多种媒体的样式表设计。

16.1 媒体查询

在 CSS 中，与媒体相关的样式表设计是从 CSS 2.1 开始的。在 CSS 2.1 中，可以通过 Media Type 来区别终端设备，以指定不同的样式表。例如，当需要打印网页时，设计针对打印的样式表。Media Type 极不灵活，而且不曾被多少设备所支持。

CSS 3 新增了 Media Queries（媒体查询）模块。在该模块中，允许添加媒体查询表达式，以指定媒体类型及媒体特性，从而精确地为不同的设备应用不同的样式，最终改善用户体验。

16.1.1 @media 规则的语法

Media Queries 模块中的媒体查询是使用@media 规则来区别媒体设备，并实现样式表定义的。Media Queries 模块已获得了 Firefox、Safari、Chrome 和 Opera 等浏览器的支持。

@media 规则是包含查询表达式的媒体样式表定义规则。语法如下：

```
@media <media_query> { <css_styles>}
<media_query>: [only | not]? <media_type> [ and <expression> ]*
<expression>: ( <media_feature> [: <value>]? )
<media_type>: all | aural | braille | handheld | print | projection | screen | tty
| tv | embossed
<media_feature>: width | min-width | max-width | height | min-height | max-height
 | device-width | min-device-width | max-device-width
 | device-height | min-device-height | max-device-height
 | device-aspect-ratio | min-device-aspect-ratio | max-device-aspect-ratio
 | color | min-color | max-color | color-index | min-color-index | max-color-index
 | monochrome | min-monochrome | max-monochrome
 | resolution | min-resolution | max-resolution | scan | grid
```

取值说明：

- <css_style>：定义样式表。

- <media_query>：设置媒体查询关键字，如 and（逻辑与）、not（排除某种设备）、only（限定某种设备）。
- <media_type>：设置媒体类型，语法中提供了 10 种媒体类型，详情如表 16-1 所示。
- <media_feature>：定义媒体特性，该特性放在括号中，如（man-width:800px）。媒体特性有 13 种，详情如表 16-2 所示。

表 16-1　Media Queries 媒体类型说明

媒体类型值	媒体类型说明
all	所有设备
screem	电脑显示器
print	用于打印机或打印预览视图
handheld	便携或手持设备
tv	电视机类型的设备
speech	语音和音频合成器
braille	用于盲人触觉反馈设备
embossed	盲文打印/印刷设备
projection	各种投影设备
tty	用于使用固定间距字符格的设备，如电传打字机和终端

表 16-2　Media Queries 媒体特性说明

媒体特性	值	可用媒体类型	接受 min/max 前缀
width	length	visual、tactile	yes
height	length	visual、tactile	yes
device-width	length	visual、tactile	yes
device-height	length	visual、tactile	yes
orientation	portrait | landscape	bitmap	no
aspect-ratio	ratio	bitmap	yes
device-aspect-ratio	ratio	bitmap	yes
color	integer	visual	yes
color-index	integer	visual	yes
monochrome	integer	visual	yes
resolution	resolution	bitmap	yes
scan	progressive | interlace	tv	no
grid	integer	visual、tactile	no

媒体特性共有 13 种，在形式上与 CSS 属性类似。但与 CSS 属性不同的是，大部分设备的指定值接受 min/max 前缀，用来表示大于等于或小于等于的逻辑。

下面的示例是根据媒体查询规则，当浏览器窗口尺寸改变时，会自动选择相应的样式。

【示例 16-1】media.htm，根据窗口尺寸选择不同的样式

```
01  <!DOCTYPEHTML>
02  <html>
03  <head>
04  <title>根据窗口尺寸选择不同的样式</title>
```

```
05  <style type="text/css">
06  * {
07      font-size:36px;
08      font-weight:bold;
09      font-family:Arial, Helvetica, sans-serif;
10      color:#FFF;
11  }
12  nav {
13      background-color:#0066ff;
14      height:300px;
15  }
16  section {
17      background-color:#f90;
18      height:300px;
19  }
20  aside {
21      background-color:#009900;
22      height:300px;
23  }
24  /* 窗口宽度大于 900px */
25  @media screen and (min-width:900px) {
26  nav {
27   float:left;
28   width:25%;
29  }
30  section {
31   float:left;
32   width:50%;
33  }
34  aside {
35   float:left;
36   width:25%;
37  }
38  }
39  /* 窗口宽度在 600px 和 900px 之间 */
40  @media screen and (min-width:600px) and (max-width:900px) {
41  nav {
42   float:left;
43   width:40%;
44   height:200px;
45  }
46  section {
47   float:left;
48   width:60%;
49   height:200px;
50  }
51  aside {
52   height:100px;
53   float:none;
```

```
54    clear:both;
55   }
56  }
57  /* 窗口宽度小于600px */
58  @media screen and (max-width:600px) {
59   nav {
60    height:150px;
61   }
62   section {
63    height:150px;
64   }
65   aside {
66    height:150px;
67   }
68  }
69  </style>
70  </head>
71  <body>
72  <nav> Nav </nav>
73  <section>Section</section>
74  <aside>Aside</aside>
75  </body>
76  </html>
```

【代码解析】在示例 16-1 中,使用媒体查询的方法,针对不同的窗口尺寸,定义了不同的样式表。当窗口宽度大于 900px 时,网页运行效果如图 16.1 所示;当窗口宽度在 600px 和 900px 之间时,网页运行效果如图 16.2 所示;当窗口宽度小于 600px 时,网页运行效果如图 16.3 所示。

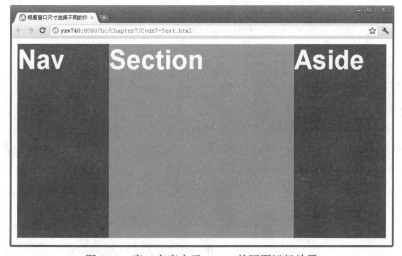

图 16.1　窗口宽度大于 900px 的网页运行效果

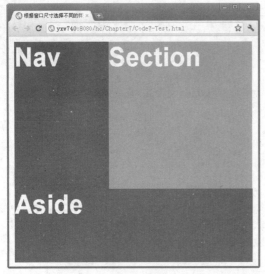 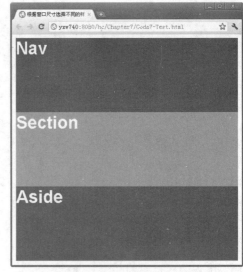

图 16.2　窗口宽度在 600px 和 900px 之间的网页运行效果　　图 16.3　窗口宽度小于 600px 的网页运行效果

16.1.2　使用媒体查询链接外部样式表文件

在网页设计中，通常是直接链接外部样式表文件的，此时也可以增加媒体查询，以适应媒体设备的需求。

在<link>标签中设置 media 属性的语法如下：

`<link rel="stylesheet" type="text/css" media="<media_query>" href="xxx.css" />`

取值说明：

<media_query>：媒体查询，遵循@media 规则中的媒体查询方式。

一条媒体查询语句包含一种媒体类型，如果没有指定媒体类型，就使用默认媒体类型 all。例如：

`<link rel="stylesheet" type="text/css" href="xxx.css" media="(min-width:200px)" />`

一条媒体查询语句也可以同时包含多个媒体特性，例如：

```
<link rel="stylesheet" type="text/css" href="xxx.css"
    media="screem and (min-width:200px) and (max-width:400px)" />
```

一条媒体查询语句还可以同时包含多个媒体查询，多个媒体查询用逗号隔开，例如：

```
<link rel="stylesheet" type="text/css" href="xxx.css"
    media="handheld and (max-width:200px), screen and (max-width:300px)" />
```

使用 not 关键字来排除符合表达式的设备，例如：

`<link rel="stylesheet" type="text/css" href="xxx.css" media="not screem and (color)" />`

使用 only 关键字，对于支持媒体查询的设备来说，会正确地显示样式；对于不支持媒体查询，但能正确读取媒体类型的设备来说，由于先读取到的是 only 而不是 screem 等，因而将会忽略后面的样式；对于不支持媒体查询的 IE 浏览器来说，无论是否使用 only 关键字，都会忽略样式。

16.2 练习：自适应屏幕的样式表方案

使用媒体查询，可以感知屏幕的尺寸，这样我们就可以为不同尺寸的屏幕设计不同的样式布局。本节我们就借助媒体查询来实现一个自适应屏幕的页面布局。

本节的案例是一个简易的网页，以北国风光为主题，页面内容包含一个 Logo、一个导航栏、一个图片列表和一个底部区域。在本案例中，我们将借助媒体查询，针对以下屏幕宽度进行设计：大于 900px、小于 900px 且大于 600px、小于 600px 且大于 400px、小于 400px。

为了确保显示良好，我们对每种屏幕宽度的页面布局也会进行相应的调整和改变。案例效果如图 16.4 所示。下面我们来设计这个网页。

图 16.4 自适应屏幕的网页

【示例 16-2】query.htm，自适应屏幕的样式表方案

```
<!DOCTYPE html>
<html>
<head>
<meta charset="utf-8">
<title>北国风光</title>
<meta name="viewport" content="width=device-width, initial-scale=1.0">
</head>
```

```html
<body>
<!-- 包含 Logo 的导航栏 -->
<nav>
  <!-- Logo -->
  <h1 id="logo"><a href="#"><img src="images/logo.jpg" alt="北国风光"></a></h1>
  <!-- 导航栏 -->
  <ul>
    <li><a href="#">名词来历</a></li>
    <li><a href="#">北国雾凇</a></li>
    <li><a href="#">风光图片集</a></li>
  </ul>
</nav>
<section>
  <!-- 图片列表 -->
  <article>
    <h2 style="margin-top:-15px;"><span>风光图片集</span></h2>
    <ol>
      <li> <a href="#"> <img src="images/Scene1.jpg" alt=""> <span>图片 1</span> </a> </li>
      <li> <a href="#"> <img src="images/Scene2.jpg" alt=""> <span>图片 2</span> </a> </li>
      <li> <a href="#"> <img src="images/Scene3.jpg" alt=""> <span>图片 3</span> </a> </li>
      <li> <a href="#"> <img src="images/Scene4.jpg" alt=""> <span>图片 4</span> </a> </li>
      <li> <a href="#"> <img src="images/Scene5.jpg" alt=""> <span>图片 5</span> </a> </li>
      <li> <a href="#"> <img src="images/Scene6.jpg" alt=""> <span>图片 6</span> </a> </li>
    </ol>
    <div class="clear"></div>
  </article>
  <!-- 底部区域 -->
  <footer>北国风光&copy; 2018</footer>
</section>
</body>
</html>
```

基本的样式表包括基本的风格设置，暂时不涉及布局。因为在后面我们将会根据媒体查询的结果，设置不同的布局样式表。

```css
<style type="text/css" media="screen, projection">
body {
    line-height:1;
    color:#333;
}
ol, ul, h1 {
    margin:0;
    padding:0;
    list-style:none;
```

```css
}
a {
    color: #933;
    text-decoration: none;
}
a:hover {
    color: #DF3030;
}
nav h1 {
    text-align:center;
}
nav h1 img {
    width:90%;
}
nav ul {
    border-top: 1px solid #999;
}
nav li {
    text-align: center;
    border-bottom:1px solid #ccc;
    line-height:60px;
}
nav li a {
    display:block;
}
nav li a:hover {
    background-color:#e4e4e4;
}
section {
    font-size:14px;
    font-family:"宋体";
}
section h2 {
    font-size:18px;
    text-align:center;
    font-family:"黑体";
    font-weight:lighter;
}
section span {
    padding:0 10px;
    background-color:#FFF;
}

section li {
    text-align:center;
}
section li img {
    width:98%;
    border-radius:5px;
```

```css
}
section article {
    border-top: 1px solid #999;
    margin-top:20px;
    padding-bottom:20px;
}
.clear {
    clear:both;
    line-height:5px;
}
footer {
    clear:both;border-top: 1px solid #999;
    font-size: 12px;
    text-align: center;
    padding: 10px 0;
    font-family:Arial, Helvetica, sans-serif;
    color:#666;
}
</style>
```

当屏幕宽度大于 900px 时，Logo 暂居左侧，导航栏在右侧的顶部，右侧中间是图片列表，右侧下方是底部区域。其中，图片列表每行显示 3 张图片。风格如图 16.4 中右上角的图片所示。样式表设计如下：

```css
<style type="text/css" media="screen, projection">
@media (min-width: 900px) {
  nav h1 {
    float:left;
    width:35%;
    height:200px;
}
nav ul {
    float:left;
    width: 65%;
}
nav li {
    float:left;
    width:32%;
    margin-left:1%;
}
section {
    float:left;
    width: 65%;
    padding:20px 0;
}
section li {
    float:left;
    margin:10px 2px;
    width:32%;
```

```css
}
section li span {
    display:block;
    text-align:center;
    font-size:12px;
}
}
</style>
```

当屏幕宽度小于 900px 且大于 600px 时，Logo 和导航栏都会布局在左侧，右侧上方是图片列表，右侧下方是底部区域。其中，图片列表每行显示两张图片。风格如图 16.4 中右下角的图片所示。样式表设计如下：

```css
<style type="text/css" media="screen, projection">
@media (min-width:600px) and (max-width:900px) {
nav {
    float:left;
    width:35%;
}
section {
    float:left;
    width: 65%;
    padding:20px 0;
}
section li {
    float:left;
    margin:10px 2px;
    width:48%;
}
section li span {
    display:block;
    text-align:center;
    font-size:12px;
}
}
</style>
```

当屏幕宽度小于 600px 且大于 400px 时，整体页面结构是从上到下排列的：Logo 在顶部，接下来是导航栏，再下面是图片列表，最下面是底部区域。其中，图片列表每行显示两张图片。风格如图 16.4 中左下角的图片所示。样式表设计如下：

```css
<style type="text/css" media="screen, projection">
@media (min-width:400px) and (max-width: 600px) {
nav li {
    float:left;
    width:32%;
    margin-left:1%;
}
section {
    clear:both;
```

```css
    padding:20px 0;
}
section li {
    float:left;
    margin:10px 2px;
    width:48%;
}
section li span {
    display:block;
    text-align:center;
    font-size:12px;
}
}
</style>
```

当屏幕宽度小于 400px 时，整体页面结构也是从上到下排列的，与前面不同的是，图片列表每行只显示一张图片。风格如图 16.4 中左上角的图片所示。样式表设计如下：

```css
<style type="text/css" media="screen, projection">
@media (man-width:400px) {
nav li {
    float:left;
    width:32%;
    margin-left:1%;
}
section {
    clear:both;
    padding:20px 0;
}
section li {
    margin:10px 2px;
}
section li span {
    display:block;
    text-align:center;
    font-size:12px;
}
}
</style>
```

至此，页面设计完毕。当改变浏览器窗口的宽度时，页面会根据媒体查询的结果，应用不同的样式表，页面布局会发生改变。

16.3 拓展训练

16.3.1 训练一：媒体查询常用的设备种类

Media Queries 模块中的媒体查询是使用@media 规则来区别媒体设备的，media_type 设置媒体类型，语法中提供了 10 种媒体类型，包括 all、screem、print、handheld、tv、speech、braille、embossed、projection 和 tty。

16.3.2 训练二：如何使用媒体查询链接外部样式表文件

通常网页中可以使用外部的样式表文件，媒体查询也具备这种特性，只需在使用媒体查询链接外部样式表文件的同时加入媒体查询相关语句即可。例如：

```
<link rel="stylesheet" type="text/css" media="<media_query>" href="xxx.css" />
```

16.4 技术解惑

16.4.1 媒体查询的作用是什么

CSS 3 包含 Media Queries（媒体查询）模块，其作用主要是允许用户在网页中添加媒体查询表达式，以指定媒体类型及媒体特性，从而精确地为不同的设备应用不同的样式，最终改善用户体验。

16.4.2 媒体查询中的媒体类型有哪些

表 16-1 详细给出了浏览器支持的媒体类型。当前移动互联网下的终端设备非常混乱，读者一定要牢记此表，这样才能设计出完美的自适应布局页面。

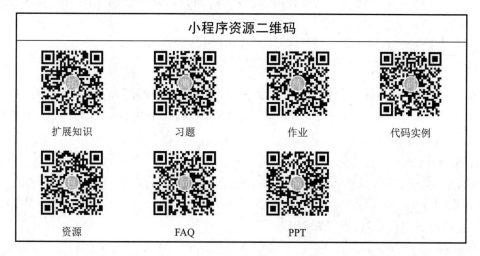

第 17 章 动画和渐变

在网页设计中，适当地使用动画或者渐变，可以把网页设计得更加生动和友好。在传统的设计中，会借助 Flash 或 JavaScript 来实现动画，借助图片来实现渐变，而 CSS 仅仅是静态地表现元素的效果的。不过，CSS 3 将改变我们的思维方式，因为动画和渐变也可以直接用 CSS 来实现了。这些革命性的改变将使得 CSS 具有更强大的可能性。本章我们就详细地讲解 CSS 3 的 2D 动画和渐变。

17.1 CSS 3 变形基础

变形是实现动画的前提。本节将详细讲解 CSS 3 的 2D 变形基础（3D 变形还未获得广泛的支持）。

17.1.1 元素的变形——transform 属性

CSS 3 新增的 transform 属性可用于元素的变形，可以实现元素的旋转、缩放、移动、倾斜等变形效果。基于 WebKit 内核的替代私有属性是-webkit-transform；基于 Gecko 内核的替代私有属性是-moz-transform；基于 Presto 内核的替代私有属性是-o-transform；IE 浏览器的替代私有属性是-ms-transform。transform 属性的语法如下：

```
transform :none | <transform-functions> ;
```

取值说明：
- none：默认值，不设置元素变形。
- <transform-functions>：设置一个或多个变形函数。变形函数包括旋转 rotate()、缩放 scale()、移动 translate()、倾斜 skew()、矩阵变形 matrix()等。当设置多个变形函数时，用空格分隔。

元素在变形的过程中，仅元素的显示效果变形，实际尺寸并不会因为变形而改变。所以，元素在变形后，可能会超出原有的限定边界，但不会影响自身尺寸及其他元素的布局。

17.1.2 旋转

rotate()函数用于定义元素在二维空间中的旋转。该函数的使用语法如下：

```
rotate(<angle>)
```

参数说明：

<angle>表示旋转的角度，为带有角度单位标识符的数值，角度单位是 deg。当值为正时，表示顺时针旋转；当值为负时，表示逆时针旋转。

下面演示一个旋转菜单的效果。当鼠标指针经过时，菜单会旋转一定的角度。

【示例 17-1】 rotate.htm，旋转的菜单

```
01  <!--rotate.htm-->
02  <!DOCTYPEHTML>
03  <html>
04  <head>
05  <title>旋转元素</title>
06  <style type="text/css">
07  ul {
08      margin-top:30px;
09      list-style:none;
10      line-height:25px;
11      font-family:Arial;
12      font-weight:bold;
13  }
14  li {
15      width:120px;
16      float:left;
17      margin:2px;
18      border:1px solid #ccc;
19      background-color:#e4e4e4;
20      text-align:left;
21  }
22  li:hover {
23      background-color:#999;                  /* 深灰色 */
24  }
25  a {
26      display:block;
27      padding:5px 10px;
28      color:#333;
29      text-decoration:none;
30  }
31  a:hover {
32      background-color:#f90;
33      color:#FFF;
34      /* 变形方式：旋转 */
35      -webkit-transform:rotate(30deg);        /* 兼容 WebKit 内核 */
36      -moz-transform:rotate(30deg);           /* 兼容 Gecko 内核 */
37      -o-transform:rotate(30deg);             /* 兼容 Presto 内核 */
38      -ms-transform:rotate(30deg);            /* 兼容 IE 9 */
39      transform:rotate(30deg);                /* 标准写法 */
40  }
41  </style>
```

```
42    </head>
43    <body>
44    <ul>
45        <li><a href="#">HTML5</a></li>
46        <li><a href="#">CSS 3</a></li>
47        <li><a href="#">jQuery</a></li>
48        <li><a href="#">Ajax</a></li>
49    </ul>
50    </body>
51    </html>
```

【代码解析】在示例 17-1 中，设置了 4 个菜单项，为了对比变形的差别，均保留了变形前的显示区域。在鼠标指针经过的样式中，设置 transform 属性值为旋转变形函数 rotate()，旋转角度为 30deg。示例运行结果如图 17.1 所示，当鼠标指针经过时，菜单顺时针旋转 30deg。

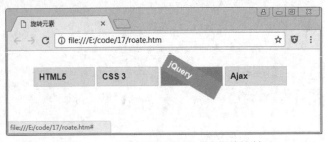

图 17.1 当鼠标指针经过时，菜单旋转

提示：针对 transform 属性，不同的浏览器内核都有各自的私有替代属性；至于 IE 的早期版本，均可以借助滤镜实现元素的变形。

17.1.3 缩放和翻转

scale() 函数用于定义元素在二维空间中的缩放和翻转。该函数的使用语法如下：

```
scale( <x> , <y> )
```

参数说明：

- \<x\>：表示元素在水平方向上的缩放倍数。
- \<y\>：表示元素在垂直方向上的缩放倍数。
- \<x\>、\<y\>的值可以为整数、负数、小数。当取值的绝对值大于 1 时，表示放大；当取值的绝对值小于 1 时，表示缩小；当取值为负数时，元素会被翻转。如果省略\<y\>值，则说明垂直方向上的缩放倍数与水平方向上的缩放倍数相同。

下面演示一个放大菜单的效果。当鼠标指针经过时，菜单会放大一定的倍数。

【示例 17-2】scale.htm，放大的菜单

```
01    <!--scale.htm-->
02    <!DOCTYPEHTML>
03    <html>
04    <head>
05    <title>缩放元素</title>
06    <style type="text/css">
```

```
07  ul {
08      margin-top:30px;
09      list-style:none;
10      line-height:25px;
11      font-family:Arial;
12      font-weight:bold;
13  }
14  li {
15      width:120px;
16      float:left;
17      margin:2px;
18      border:1px solid #ccc;
19      background-color:#e4e4e4;
20      text-align:left;
21  }
22  li:hover{
23      background-color:#999;                      /* 深灰色 */
24  }
25  a{
26      display:block;
27      padding:5px 10px;
28      color:#333;
29      text-decoration:none;
30  }
31  a:hover{
32      background-color:#f90;
33      color:#FFF;
34      /* 变形方式：缩放 */
35      -webkit-transform:scale(1.5);               /* 兼容 WebKit 内核 */
36      -moz-transform:scale(1.5);                  /* 兼容 Gecko 内核 */
37      -o-transform:scale(1.5);                    /* 兼容 Presto 内核 */
38      -ms-transform:scale(1.5);                   /* 兼容 IE 9 */
39      transform:scale(1.5);                       /* 标准写法 */
40  }
41  </style>
42  </head>
43  <body>
44  <ul>
45    <li><a href="#">HTML5</a></li>
46    <li><a href="#">CSS 3</a></li>
47    <li><a href="#">jQuery</a></li>
48    <li><a href="#">Ajax</a></li>
49  </ul>
50  </body>
51  </html>
```

【代码解析】在示例 17-2 中，在鼠标指针经过的样式中，设置 transform 属性值为缩放变形函数 scale()，缩放值为 1.5。示例运行结果如图 17.2 所示，当鼠标指针经过时，菜单会放大至 1.5 倍。

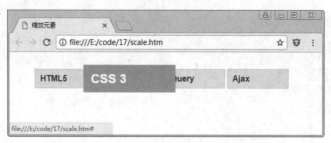

图 17.2 当鼠标指针经过时，菜单放大

如前面 scale()函数的语法所描述，缩放倍数为负数，元素会翻转；缩放倍数的绝对值小于 1，元素会缩小。调整示例 17-2 中的变形样式如下：

```
<style type="text/css">
… /* 这里省略的样式不变 */
a:hover{
    background-color:#f90;
    color:#FFF;
    /* 变形方式：缩放 */
    -webkit-transform:scale(0.8,-1.5);    /* 兼容 WebKit 内核 */
    -moz-transform:scale(0.8,-1.5);       /* 兼容 Gecko 内核 */
    -o-transform:scale(0.8,-1.5);         /* 兼容 Presto 内核 */
    -ms-transform:scale(0.8,-1.5);        /* 兼容 IE 9 */
    transform:scale(0.8,-1.5);            /* 标准写法 */
}
</style>
```

【代码解析】在调整后的样式表中，为缩放函数 scale()分别设置了水平方向上的缩放倍数和垂直方向上的缩放倍数。其中，水平方向上的缩放倍数为小于 1 的正数，表现为元素会在水平方向上缩小；垂直方向上的缩放倍数为负值且绝对值大于 1，表现为元素会在垂直方向上放大并翻转。示例运行结果如图 17.3 所示。

图 17.3 当鼠标指针经过时，菜单缩放

17.1.4 移动

translate()函数用于定义元素在二维空间中的偏移。该函数的使用语法如下：

```
translate (<dx>,<dy>)
```

参数说明：
- <dx>：表示元素在水平方向上的偏移距离。
- <dy>：表示元素在垂直方向上的偏移距离。

- <dx>、<dy>的值为带有长度单位标识符的数值，可以为负值和带小数的值。若取值大于 0，则表示向右或向下偏移；若取值小于 0，则表示向左或向上偏移。如果省略<dy>值，则说明垂直方向上的偏移距离默认为 0。

下面演示一个移动菜单的效果。当鼠标指针经过时，菜单会发生一定的偏移。

【示例 17-3】translate.htm，移动的菜单

```
01  <!--translate.htm-->
02  <!DOCTYPEHTML>
03  <html>
04  <head>
05  <title>移动元素</title>
06  <style type="text/css">
07  ul {
08      margin-top:30px;
09      list-style:none;
10      line-height:25px;
11      font-family:Arial;
12      font-weight:bold;
13  }
14  li {
15      width:120px;
16      float:left;
17      margin:2px;
18      border:1px solid #ccc;
19      background-color:#e4e4e4;
20      text-align:left;
21  }
22  li:hover { background-color:#999; }           /* 深灰色 */
23  a {
24      display:block;
25      padding:5px 10px;
26      color:#333;
27      text-decoration:none;
28  }
29  a:hover {
30      background-color:#f90;
31      color:#FFF;
32      /* 变形方式：移动 */
33      -webkit-transform:translate(10px,5px);    /* 兼容 WebKit 内核 */
34      -moz-transform:translate(10px,5px);       /* 兼容 Gecko 内核 */
35      -o-transform:translate(10px,5px);         /* 兼容 Presto 内核 */
36      -ms-transform:translate(10px,5px);        /* 兼容 IE 9 */
37      transform:translate(10px,5px);            /* 标准写法 */
38  }
39  </style>
40  </head>
41  <body>
42  <ul>
```

```
43      <li><a href="#">HTML5</a></li>
44      <li><a href="#">CSS 3</a></li>
45      <li><a href="#">jQuery</a></li>
46      <li><a href="#">Ajax</a></li>
47    </ul>
48  </body>
49  </html>
50
```

【代码解析】在示例 17-3 中，为了对比变形的差别，均保留菜单项变形前的显示区域。在鼠标指针经过的样式中，设置 transform 属性值为移动变形函数 translate()，水平方向移动 10px，垂直方向移动 5px。示例运行结果如图 17.4 所示，当鼠标指针经过时，菜单会移动一定的距离。

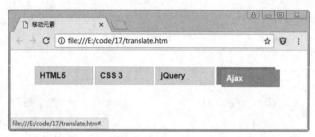

图 17.4　当鼠标指针经过时，菜单移动一定的距离

如前面 translate()函数的语法所描述，若取值小于 0，则表示向左或向上偏移；如果第二个参数值省略，则说明垂直方向上的偏移距离默认为 0。调整示例 17-3 中的变形样式如下：

```css
<style type="text/css">
… /* 这里省略的样式不变 */
a:hover{
    background-color:#f90;
    color:#FFF;
    /* 变形方式：移动 */
    -webkit-transform: translate(-10px);      /* 兼容 WebKit 内核 */
    -moz-transform: translate(-10px);         /* 兼容 Gecko 内核 */
    -o-transform: translate(-10px);           /* 兼容 Presto 内核 */
    -ms-transform: translate(-10px);          /* 兼容 IE 9 */
    transform: translate(-10px);              /* 标准写法 */
}
</style>
```

【代码解析】在调整后的样式表中，为移动函数 translate()仅设置了一个负值，表现为元素会在水平方向上向左偏移，垂直方向上的偏移距离默认为 0，即不偏移。示例运行结果如图 17.5 所示。

图 17.5 当鼠标指针经过时，菜单向左偏移

17.1.5 倾斜

skew()函数用于定义元素在二维空间中的倾斜变形。该函数的使用语法如下：

```
skew (<angleX>,<angleY>)
```

参数说明：

- `<angleX>`：表示元素在空间 x 轴上的倾斜角度。
- `<angleY>`：表示元素在空间 y 轴上的倾斜角度。
- `<angleX>`、`<angleY>`的值为带有角度单位标识符的数值，角度单位是 deg。当值为正时，表示顺时针倾斜；当值为负时，表示逆时针倾斜。如果省略`<angleY>`值，则说明垂直方向上的倾斜角度默认为 0deg。

下面演示一个倾斜菜单的效果。当鼠标指针经过时，菜单倾斜。

【示例 17-4】 skew.htm，倾斜的菜单

```
01  <!--skew.htm-->
02  <!DOCTYPEHTML>
03  <html>
04  <head>
05  <title>倾斜元素</title>
06  <style type="text/css">
07  ul {
08      margin-top:30px;
09      list-style:none;
10      line-height:25px;
11      font-family:Arial;
12      font-weight:bold;
13  }
14  li {
15      width:120px;
16      float:left;
17      margin:2px;
18      border:1px solid #ccc;
19      background-color:#e4e4e4;
20      text-align:left;
21  }
22  li:hover { background-color:#999; }      /* 深灰色 */
23  a {
24      display:block;
```

```
25      padding:5px 10px;
26      color:#333;
27      text-decoration:none;
28  }
29  a:hover {
30      background-color:#f90;
31      color:#FFF;
32      /* 变形方式：倾斜 */
33      -webkit-transform:skew(-30deg);     /* 兼容 WebKit 内核 */
34      -moz-transform:skew(-30deg);        /* 兼容 Gecko 内核 */
35      -o-transform:skew(-30deg);          /* 兼容 Presto 内核 */
36      -ms-transform:skew(-30deg);         /* 兼容 IE 9 */
37      transform:skew(-30deg);             /* 标准写法 */
38  }
39  </style>
40  </head>
41  <body>
42  <ul>
43      <li><a href="#">HTML5</a></li>
44      <li><a href="#">CSS 3</a></li>
45      <li><a href="#">jQuery</a></li>
46      <li><a href="#">Ajax</a></li>
47  </ul>
48  </body>
49  </html>
```

【代码解析】在示例 17-4 中，为了对比变形的差别，仍然保留菜单项变形前的显示区域。在鼠标指针经过的样式中，设置 transform 属性值为倾斜变形函数 skew()，水平方向倾斜角度为 30deg，垂直方向倾斜角度默认为 0deg。示例运行结果如图 17.6 所示，当鼠标指针经过时，菜单会沿 x 轴倾斜。

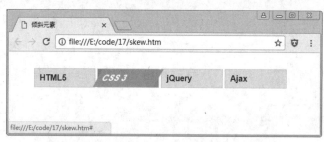

图 17.6 当鼠标指针经过时，菜单沿 x 轴倾斜

根据函数 skew()的语法介绍，也可以设置空间 y 轴上的倾斜角度。调整示例 17-4 中的变形样式如下：

```
<style type="text/css">
…  /* 这里省略的样式不变 */
a:hover {
   background-color:#f90;
   color:#FFF;
   /* 变形方式：倾斜 */
```

```
    -webkit-transform:skew(30deg,-10deg);      /* 兼容 WebKit 内核 */
    -moz-transform:skew(30deg,-10deg);         /* 兼容 Gecko 内核 */
    -o-transform:skew(30deg,-10deg);           /* 兼容 Presto 内核 */
    -ms-transform:skew(30deg,-10deg);          /* 兼容 IE 9 */
    transform:skew(30deg,-10deg);              /* 标准写法 */
}
</style>
```

【代码解析】在调整后的样式表中，为倾斜函数 skew() 设置了两个角度值，菜单会沿着 x 轴和 y 轴表现为不同程度的倾斜。示例运行结果如图 17.7 所示。

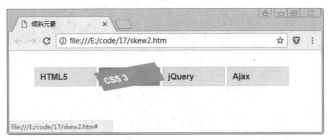

图 17.7　当鼠标指针经过时，菜单沿 x 轴和 y 轴倾斜

17.1.6 矩阵变形

matrix() 函数用于定义元素在二维空间中的矩阵变形。该函数的使用语法如下：

```
matrix (<m11>,<m12>,<m21>,<m22>,<dx>,<dy>)
```

参数说明：该函数中的几个参数均为可计算的数值，组成一个变形矩阵，与当前元素旧的参数组成的矩阵进行乘法运算，形成新的矩阵，元素的参数被改变。该变形矩阵的形式如下：

```
| m11    m21    dx |
| m12    m22    dy |
| 0      0      1  |
```

关于详细的矩阵变形原理，需要掌握矩阵的相关知识，具体可参考数学及图形学的相关资料。不过这里可以先通过几个特例了解其大概的使用方法。前面已经讲过的移动、缩放和旋转，这些变换相对容易理解，其实它们都可以看作矩阵变形的特例。

- 旋转 rotate(A)，相当于矩阵 matrix(cosA,sinA,-sinA,cosA,0,0)。
- 缩放 scale(sx, sy)，相当于矩阵 matrix(sx,0,0,sy,0,0)。
- 移动 translate (dx, dy)，相当于矩阵 matrix(1,0,0,1,dx,dy)。

可见，使用矩阵，可以使得元素的变形更加灵活。

下面我们使用矩阵演示一个包含多种变形的菜单。当鼠标指针经过时，菜单会发生矩阵变形。

【示例 17-5】matrix.htm，矩阵变形的菜单

```
01  <!--martrix.htm-->
02  <!DOCTYPEHTML>
03  <html>
04  <head>
05  <title>矩阵变形的元素</title>
```

```
06  <style type="text/css">
07  ul {
08      margin-top:30px;
09      list-style:none;
10      line-height:25px;
11      font-family:Arial;
12      font-weight:bold;
13  }
14  li {
15      width:120px;
16      float:left;
17      margin:2px;
18      border:1px solid #ccc;
19      background-color:#e4e4e4;
20      text-align:left;
21  }
22  li:hover { background-color:#999; }            /* 深灰色 */
23  }
24  a {
25      display:block;
26      padding:5px 10px;
27      color:#333;
28      text-decoration:none;
29  }
30  a:hover {
31      background-color:#f90;
32      color:#FFF;
33      /* 变形方式：矩阵变形 */
34      -webkit-transform:matrix(0.81717,0.5,0.5,-0.81717,10,10); /* 兼容WebKit 内核 */
35      -moz-transform:matrix(0.81717,0.5,0.5,-0.81717,10,10);    /* 兼容Gecko 内核 */
36      -o-transform:matrix(0.81717,0.5,0.5,-0.81717,10,10);      /* 兼容Presto 内核 */
37      -ms-transform:matrix(0.81717,0.5,0.5,-0.81717,10,10);     /* 兼容IE 9 */
38      transform:matrix(0.81717,0.5,0.5,-0.81717,10,10);         /* 标准写法 */
39  }
40  </style>
41  </head>
42  <body>
43  <ul>
44    <li><a href="#">HTML5</a></li>
45    <li><a href="#">CSS 3</a></li>
46    <li><a href="#">jQuery</a></li>
47    <li><a href="#">Ajax</a></li>
48  </ul>
49  </body>
50  </html>
```

【代码解析】在示例 17-5 中，为了对比变形的差别，仍然保留菜单项变形前的显示区域。在鼠标指针经过的样式中，设置 transform 属性值为矩阵变形函数 matrix()。示例运行结果如图 17.8 所示，当鼠标指针经过时，菜单会变形，其中变形的效果同时包含了旋转、移动和缩放等。

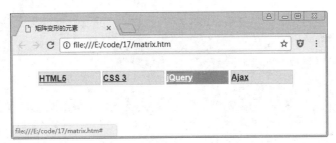

图 17.8　当鼠标指针经过时，菜单发生矩阵变形

17.1.7　同时使用多个变形函数

矩阵变形固然灵活，但是不直观，也不容易理解。transform 属性允许同时使用多个变形函数，这使得元素变形可以更加灵活。示例 17-5 中所实现的效果也可以同时使用多个变形函数来实现。

下面我们同时使用旋转、移动和缩放来实现如图 17.8 所示的效果。

【示例 17-6】multi.htm，多种变形的菜单

```
01  <!--multi.htm-->
02  <!DOCTYPEHTML>
03  <html>
04  <head>
05  <title>多种变形的元素</title>
06  <style type="text/css">
07  ul {
08      margin-top:30px;
09      list-style:none;
10      line-height:25px;
11      font-family:Arial;
12      font-weight:bold;
13  }
14  li {
15      width:120px;
16      float:left;
17      margin:2px;
18      border:1px solid #ccc;
19      background-color:#e4e4e4;
20      text-align:left;
21  }
22  li:hover {
23      background-color:#999;              /* 深灰色 */
24  }
25  a {
26      display:block;
27      padding:5px 10px;
28      color:#333;
29      text-decoration:none;
30  }
```

```
31  a:hover {
32      background-color:#f90;
33      color:#FFF;
34      /* 变形方式：倾斜 */
35      /* 兼容 WebKit 内核 */
36      -webkit-transform:translate(10px,10px) rotate(30deg) scale(1,-1);
37      /* 兼容 Gecko 内核 */
38      -moz-transform:translate(10px,10px) rotate(30deg) scale(1,-1);
39      /* 兼容 Presto 内核 */
40      -o-transform:translate(10px,10px) rotate(30deg) scale(1,-1);
41      -ms-transform:translate(10px,10px) rotate(30deg) scale(1,-1); /* 兼容 IE 9 */
42      transform:translate(10px,10px) rotate(30deg) scale(1,-1);  /* 标准写法 */
43  }
44  </style>
45  </head>
46  <body>
47  <ul>
48      <li><a href="#">HTML5</a></li>
49      <li><a href="#">CSS 3</a></li>
50      <li><a href="#">jQuery</a></li>
51      <li><a href="#">Ajax</a></li>
52  </ul>
53  </body>
54  </html>
```

【代码解析】在示例 17-6 中，为了对比变形的差别，仍然保留菜单项变形前的显示区域。在鼠标指针经过的样式中，设置 transform 属性值为 3 个变形函数，分别是移动 translate()、旋转 rotate() 和缩放 scale()。其中 3 个函数的执行顺序依次为移动、旋转、缩放。示例运行结果如图 17.8 所示，鼠标指针经过菜单会产生变形。

同样使用多个变形函数，并赋予每个函数相同的参数，但是如果顺序不同，那么变形的结果也可能不同。调整示例 17-6 中的变形样式如下：

```
<style type="text/css">
… /* 这里省略的样式不变 */
a:hover {
    background-color:#f90;
    color:#FFF;
    /* 变形方式：倾斜 */
    /* 兼容 WebKit 内核 */
    -webkit-transform: rotate(30deg) translate(10px,10px) scale(1,-1);
    /* 兼容 Gecko 内核 */
    -moz-transform: rotate(30deg) translate(10px,10px) scale(1,-1);
    /* 兼容 Presto 内核 */
    -o-transform: rotate(30deg) translate(10px,10px) scale(1,-1);
    -ms-transform: rotate(30deg) translate(10px,10px) s cale(1,-1);/* 兼容 IE 9 */
    transform: rotate(30deg) translate(10px,10px) scale(1,-1);   /* 标准写法 */
}
</style>
```

【代码解析】在调整后的样式中，仅变形函数的顺序调换了一下，3 个函数的执行顺序变为旋转、移动、缩放，就产生了不一样的变形结果，如图 17.9 所示，与图 17.8 所示的图像在移动方面产生了偏差。因为在旋转执行后，旋转的是该元素对应的坐标系统，即所谓的水平和垂直已经与实际的水平和垂直有了一定的角度，所以最终移动的结果也不同。

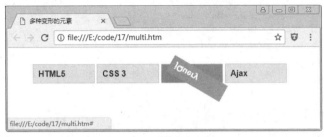

图 17.9　运行效果图

17.1.8　定义变形原点——transform-origin 属性

变形属性 transform 默认的变形原点是元素对象的中心点。CSS 3 提供的 transform-origin 属性可用于指定这个原点的位置，这个位置可以是元素对象的中心点以外的任意位置，进一步增加了变形的灵活性。

定义变形原点的 transform-origin 属性，语法表示如下：

```
transform-origin :<x-axis> <y-axis> ;
```

取值说明：

- <x-axis>：定义变形原点的横坐标位置，默认值为 50%，取值包括 left、center、right、百分比值、长度值。
- <y-axis>：定义变形原点的纵坐标位置，默认值为 50%，取值包括 top、middle、bottom、百分比值、长度值。

其中，百分比是相对于元素对象的宽度和高度而言的，而该坐标位置是以元素的左上角为坐标原点进行计算的。

基于 WebKit 内核的替代私有属性是-webkit-transform-origin；基于 Gecko 内核的替代私有属性是-moz-transform-origin；基于 Presto 内核的替代私有属性是-o-transform-origin；IE 9 浏览器的替代私有属性是-ms-transform-origin。

【示例 17-7】origin.htm，定义菜单旋转的原点

```
01  <!--origin.htm-->
02  <!DOCTYPEHTML>
03  <html>
04  <head>
05  <title>定义菜单旋转的原点</title>
06  <style type="text/css">
07  ul {
08      margin-top:30px;
09      list-style:none;
10      line-height:25px;
```

```
11      font-family:Arial;
12      font-weight:bold;
13  }
14  li {
15      width:120px;
16      float:left;
17      margin:2px;
18      border:1px solid #ccc;
19      background-color:#e4e4e4;
20      text-align:left;
21  }
22  li a {
23      display:block;
24      padding:5px 10px;
25      color:#333;
26      text-decoration:none;
27      /* 变形原点：自定义 */
28      -webkit-transform-origin:0 0;      /* 兼容WebKit内核 */
29      -moz-transform-origin:0 0;         /* 兼容Gecko内核 */
30      -o-transform-origin:0 0;           /* 兼容Presto内核 */
31      -ms-transform-origin:0 0;          /* 兼容IE 9 */
32      transform-origin:0 0;              /* 标准写法 */
33  }
34  li:hover {
35      background-color:#999;             /* 深灰色 */
36  }
37  li:hover a{
38      background-color:#f90;
39      color:#FFF;
40      /* 变形方式：旋转 */
41      -webkit-transform:rotate(30deg);   /* 兼容WebKit内核 */
42      -moz-transform:rotate(30deg);      /* 兼容Gecko内核 */
43      -o-transform:rotate(30deg);        /* 兼容Presto内核 */
44      -ms-transform:rotate(30deg);       /* 兼容IE 9 */
45      transform:rotate(30deg);           /* 标准写法 */
46  }
47  </style>
48  </head>
49  <body>
50  <ul>
51    <li><a href="#">HTML5</a></li>
52    <li><a href="#">CSS 3</a></li>
53    <li><a href="#">jQuery</a></li>
54    <li><a href="#">Ajax</a></li>
55  </ul>
56  </body>
57  </html>
```

【代码解析】在示例17-7中，仍然保留菜单项变形前的显示区域。在鼠标指针经过的样式中，设置 transform 属性值为旋转变形，同时定义了变形的原点为元素的左上角。示例运行结果如图 17.10 所示，鼠标指针经过菜单绕左上角旋转一定的角度。

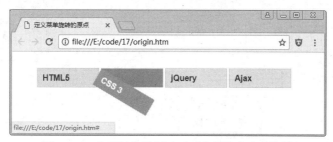

图 17.10　当鼠标指针经过时，菜单绕左上角旋转

17.1.9　练习：设计图片画廊

通常的图片预览会整齐地摆放图片，如此精确的对齐排版，也只有电脑才能完成。本节我们就模拟一个图片画廊，随意地摆放图片，力求还原一种真实的感觉，如图 17.11 所示。

图 17.11　图片画廊

本节的案例是模拟一个图片画廊。在一个限定的区域范围内，摆放 15 张图片，每张图片都有不同程度的旋转，并指定旋转的原点。当鼠标指针经过时，图片会以左上角为原点调整至正常的角度并放大显示；当鼠标指针离开时，又会还原为原来的状态。

在网页里以列表的形式添加 15 张图片。

【示例 17-8】image.htm，图片画廊

```
<!DOCTYPEHTML>
<html>
<head>
<meta charset="utf-8">
<title>图片画廊</title>
</head>
<body>
<ul id="gallery">
```

```html
<li><a href="#" title="图片 1"><img src="images/image1.jpg" alt="图片 1" /></a></li>
<li><a href="#" title="图片 2"><img src="images/image2.jpg" alt="图片 2" /></a></li>
<li><a href="#" title="图片 3"><img src="images/image3.jpg" alt="图片 3" /></a></li>
… 省略了相似的代码
<li><a href="#" title="图片 10"><img src="images/image10.jpg" alt="图片 10" /></a></li>
</ul>
</body>
</html>
```

下面，我们逐步设计样式表，并追加到示例 17-8 中。

（1）设置基本的样式表，包括背景墙样式和整体的尺寸布局，链接显示为块级元素，以方便变形和布局。

```css
<style type="text/css">
body {
    background:url(images/bark.jpg);          /* 设置背景墙 */
}
#gallery {
    margin: 10px auto;
    padding: 40px;
    list-style:none;
    width:530px;
}
#gallery li {
    float:left;
    width:106px;
    height:80px;
    overflow:visible;                          /* 溢出仍然显示完整内容 */
}
#gallery li a {
    color:#333;
    text-decoration:none;
    font-size:4px;
    display:block;
    text-align:center;
    background-color:#FFF;
    padding:3px;
    opacity:0.8;
    box-shadow:0 0 5px 2px #333;               /* 设置元素阴影 */
}
</style>
```

（2）设计出随意摆放的图片效果。首先，设置所有链接默认的倾斜，并自定义变形原点；其次，加入动画过渡效果。使用 CSS 选择器设置不一样的旋转角度。

```css
<style type="text/css">
#gallery li a {
    /* 设计变形的过渡效果 */
    -webkit-transition: all 500ms linear;
    -moz-transition: all 500ms linear;
    transition: all 500ms linear;
```

```css
    /* 自定义变形原点 */
    -webkit-transform-origin:0 0;
    -moz-transform-origin:0 0;
    transform-origin:0 0;
    /* 旋转变形 */
    -webkit-transform:rotate(-15deg);
    -moz-transform:rotate(-15deg);
    transform:rotate(-15deg);
}
#gallery li a img {
    width:100px;
}
#gallery li:nth-child(3n) a {
    -webkit-transform:rotate(20deg);
    -moz-transform:rotate(20deg);
    transform:rotate(20deg);
}
#gallery li:nth-child(4n) a {
    -webkit-transform:rotate(15deg);
    -moz-transform:rotate(15deg);
    transform:rotate(15deg);
}
#gallery li:nth-child(7n) a {
    -webkit-transform:rotate(-10deg);
    -moz-transform:rotate(-10deg);
    transform:rotate(-10deg);
}
#gallery li:nth-child(9n) a {
    -webkit-transform:rotate(-20deg);
    -moz-transform:rotate(-20deg);
    transform:rotate(-20deg);
}
</style>
```

（3）设计当鼠标指针经过时，图片调整为正常角度并放大显示，同时给图片添加说明性的内容。

```css
<style type="text/css">
#gallery li a:hover {
    position:relative;
    z-index: 999;
    opacity: 1;
    /* 旋转并放大 */
    -webkit-transform: rotate(0deg) scale(2);
    -moz-transform: rotate(0deg) scale(2);
    transform: rotate(0deg) scale(2);
}
#gallery li a:hover:after {
    content:attr(title);   /* 添加 title 属性内容 */
}
</style>
```

至此，已经完成了图片画廊的设计，即可展现如图 17.11 所示的页面效果。

17.2　CSS 3 过渡效果

在 CSS 3 中，transform 属性所实现的元素变形仅仅呈现的是变形结果，而 CSS 3 的过渡效果可以让元素变形看起来比较平滑。本节就其中的过渡效果进行讲解。

17.2.1　实现过渡效果——transition 属性

CSS 3 新增的 transition 属性可以实现元素变形过程中的过渡效果，即实现了基本的动画。该属性与元素变形属性一起使用，可以展现元素的变形过程，丰富动画的效果。

transition 属性的使用语法如下：

```
transition         :transition-property       ||       transition-duration       ||
transition-timing-function || transition-delay ;
```

取值说明：

- transition-property：定义用于过渡的属性。
- transition-duration：定义过渡过程需要的时间。
- transition-timing-function：定义过渡方式。
- transition-delay：定义开始过渡的延迟时间。

transition 属性定义一组过渡效果，需要上述 4 个方面的参数；transition 属性可以同时定义两组或两组以上的过渡效果，每组过渡效果用逗号间隔。

基于 WebKit 内核的替代私有属性是-webkit-transition；基于 Gecko 内核的替代私有属性是-moz-transition；基于 Presto 内核的替代私有属性是-o-transition。

transition 属性是一个复合属性，可以同时定义过渡效果所需要的参数信息。其包含 4 个方面的信息，就有 4 个子属性：transition-property、transition-duration、transition-timing-function 和 transition-delay。

对于子属性，基于 WebKit 内核的浏览器需增加前缀"-webkit-"，基于 Gecko 内核的浏览器需增加前缀"-moz-"，基于 Presto 内核的浏览器需增加前缀"-o-"，以便使用各种内核的私有属性。

【示例 17-9】transition.htm，过渡效果

```
01  <!--transition.htm-->
02  <!DOCTYPEHTML>
03  <html>
04  <head>
05  <title>过渡效果</title>
06  <style type="text/css">
07  div {
08      margin:100px auto;
09      width:200px;
10      height:100px;
```

```
11      background-color:#00F;
12      /* 设置过渡效果 */
13      -webkit-transition:all 1000ms linear 500ms;    /* 兼容 WebKit 内核 */
14      -moz-transition:all 1000ms linear 500ms;       /* 兼容 Gecko 内核 */
15      -o-transition:all 1000ms linear 500ms;         /* 兼容 Presto 内核 */
16      transition:all 1000ms linear 500ms;            /* 标准写法 */
17    }
18    div:hover {
19      background-color:#F90;
20      /* 设置变形：旋转 240deg */
21      -webkit-transform:rotate(240deg);
22      -moz-transform:rotate(240deg);
23      -o-transform:rotate(240deg);
24      transform:rotate(240deg);
25    }
26    </style>
27    </head>
28    <body>
29    <div></div>
30    </body>
31    </html>
```

【代码解析】在示例 17-9 中，为元素的样式变化赋予了过渡效果，并在元素的:hover 事件中设置了背景颜色和旋转变形。如图 17.12 所示，左边为起始状态，中间为变形过程中的某个状态，右边为变形结束的状态。有了过渡效果，才算实现了基本的动画效果。

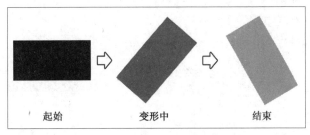

图 17.12　元素变形的过渡效果

17.2.2　指定过渡的属性——transition-property 属性

transition-property 属性用于定义过渡的属性，使用语法如下：

```
transition-property : none | all | <property> ;
```

取值说明：

- none：表示没有任何 CSS 属性有过渡效果。
- all：为默认值，表示所有的 CSS 属性都有过渡效果。
- <property>：指定用逗号分隔的多个属性，针对指定的这些属性有过渡效果。

【示例 17-10】property.htm，指定个别属性有过渡效果

```
01    <!--property.htm-->
02    <!DOCTYPEHTML>
```

```
03  <html>
04  <head>
05  <title>指定个别属性有过渡效果</title>
06  <style type="text/css">
07  div {
08      margin:100px auto;
09      width:200px;
10      height:100px;
11      background-color:#00F;
12      /* 设置过渡属性 */
13      -webkit-transition-property:-webkit-transform;
14      -moz-transition-property:-moz-transform;
15      -o-transition-property:-o-transform;
16      transition-property:transform;
17      /* 设置过渡时间 */
18      -webkit-transition-duration:1s;
19      -moz-transition-duration:1s;
20      -o-transition-duration:1s;
21      transition-duration:1s;
22  }
23  div:hover {
24      background-color:#F90;
25      /* 设置变形：旋转240deg */
26      -webkit-transform:rotate(240deg);
27      -moz-transform:rotate(240deg);
28      -o-transform:rotate(240deg);
29      transform:rotate(240deg);
30  }
31  </style>
32  </head>
33  <body>
34  <div></div>
35  </body>
36  </html>
```

【代码解析】在示例 17-10 中，使用 transition-property 属性指定了变形属性，没有指定背景属性，所以在变形中的过渡效果只有变形的过渡，背景的变换没有过渡。如图 17.13 所示，变形中的背景颜色没有过渡效果。

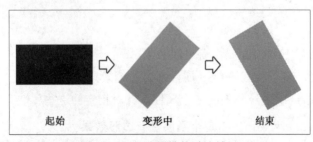

图 17.13　部分属性的过渡效果

17.2.3 指定过渡的时间——transition-duration 属性

transition-duration 属性用于定义过渡过程中需要的时间，使用语法如下：

`transition-duration : <time> ;`

取值说明：

<time>：指定用逗号分隔的多个时间值，时间的单位可以是 s（秒）或 ms（毫秒）。在默认情况下取值为 0，即看不到过渡效果，看到的直接是结果。

【示例 17-11】duration.htm，为过渡属性指定不同的过渡时间

```
01  <!--duration.htm-->
02  <!DOCTYPEHTML>
03  <html>
04  <head>
05  <title>过渡效果</title>
06  <style type="text/css">
07  div {
08      margin:100px auto;
09      width:200px;
10      height:100px;
11      background-color:#00F;
12      /* 设置多个过渡属性 */
13      -webkit-transition-property:background-color,-webkit-transform;
14      -moz-transition-property:background-color,-moz-transform;
15      -o-transition-property:background-color,-o-transform;
16      transition-property:background-color,transform;
17      /* 设置多个过渡时间 */
18      -webkit-transition-duration:4s,1s;
19      -moz-transition-duration:4s,1s;
20      -o-transition-duration:4s,1s;
21      transition-duration:4s,1s;
22  }
23  div:hover {
24      background-color:#F90;
25      /* 设置变形：旋转 240deg */
26      -webkit-transform:rotate(240deg);
27      -moz-transform:rotate(240deg);
28      -o-transform:rotate(240deg);
29      transform:rotate(240deg);
30  }
31  </style>
32  </head>
33  <body>
34  <div></div>
35  </body>
36  </html>
```

【代码解析】在示例 17-11 中，指定了两个过渡时间 4s 和 1s，分别应用于背景属性和变形

属性。如图 17.14 所示,变形的过渡效果都已经结束了,背景颜色的过渡效果还在持续,直至背景颜色的过渡效果完成。

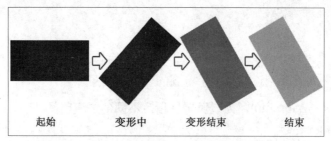

图 17.14　过渡时间不同的过渡效果

17.2.4　指定过渡延迟时间——transition-delay 属性

transition-delay 属性用于定义过渡的延迟时间,使用语法如下:

```
transition-delay :<time> ;
```

取值说明:

<time>：指定用逗号分隔的多个时间值,时间的单位可以是 s(秒)或 ms(毫秒)。在默认情况下取值为 0,即没有时间延迟,立即开始过渡效果。

时间可以为负值,但过渡的效果会从该时间点开始,之前的过渡效果将被截断。

【示例 17-12】delay.htm,延迟的过渡效果

```
01  <!--delay.htm-->
02  <!DOCTYPEHTML>
03  <html>
04  <head>
05  <title>过渡效果</title>
06  <style type="text/css">
07  div {
08      margin:100px auto;
09      width:200px;
10      height:100px;
11      background-color:#00F;
12      /* 设置过渡属性 */
13      -webkit-transition-property:all;
14      -moz-transition-property:all;
15      -o-transition-property:all;
16      transition-property:all;
17      /* 设置过渡时间 */
18      -webkit-transition-duration:500ms;
19      -moz-transition-duration:500ms;
20      -o-transition-duration:500ms;
21      transition-duration:500ms;
22      /* 设置延迟时间 */
23      -webkit-transition-delay:500ms;
24      -moz-transition-delay:500ms;
```

```
25        -o-transition-delay:500ms;
26        transition-delay:500ms;
27  }
28  div:hover {
29        background-color:#F90;
30        /* 设置变形：旋转 240deg */
31        -webkit-transform:rotate(240deg);
32        -moz-transform:rotate(240deg);
33        -o-transform:rotate(240deg);
34        transform:rotate(240deg);
35  }
36  </style>
37  </head>
38  <body>
39  <div></div>
40  </body>
41  </html>
```

【代码解析】在示例 17-12 中，设置了所有属性都有过渡效果，并设置了过渡效果的延迟时间。当鼠标指针经过时，需要等待 500ms，才会产生过渡效果。过渡效果如图 17.12 所示，不同的是，过渡效果延迟了一段时间才开始。

17.2.5 指定过渡方式——transition-timing-function 属性

transition-timing-function 属性用于定义过渡的速度曲线，即过渡方式，使用语法如下：

```
transition-timing-function :ease | linear | ease-in | ease-out | ease-in-out | cubic-bezier(n,n,n,n) ;
```

取值说明：

- linear：表示过渡的速度一直是一个速度，相当于 cubic-bezier(0,0,1,1)。
- ease：属性的默认值，表示过渡的速度先慢、再快、最后非常慢，相当于 cubic-bezier(0.25,0.1,0.25,1)。
- ease-in：表示过渡的速度先慢、后越来越快，直至结束，相当于 cubic-bezier(0.42,0,1,1)。
- ease-out：表示过渡的速度先快、后越来越慢，直至结束，相当于 cubic-bezier(0,0,0.58,1)。
- ease-in-out：表示过渡的速度在开始和结束时都很慢，相当于 cubic-bezier(0.42,0,0.58,1)。
- cubic-bezier(n,n,n,n)：自定义贝济埃曲线效果，其中的 4 个参数为从 0 到 1 的数字。

【示例 17-13】timing.htm，渐隐的过渡效果

```
01  <!--timing.htm-->
02  <!DOCTYPEHTML>
03  <html>
04  <head>
05  <title>过渡效果</title>
06  <style type="text/css">
07  div {
08        margin:100px auto;
09        width:200px;
```

```
10      height:100px;
11      background-color:#00F;
12      /* 设置过渡属性 */
13      -webkit-transition-property:all;
14      -moz-transition-property:all;
15      -o-transition-property:all;
16      transition-property:all;
17      /* 设置过渡时间 */
18      -webkit-transition-duration:1000ms;
19      -moz-transition-duration:1000ms;
20      -o-transition-duration:1000ms;
21      transition-duration:1000ms;
22      /* 设置过渡方式 */
23      -webkit-transition-timing-function:ease-out;
24      -moz-transition-timing-function:ease-out;
25      -o-transition-timing-function:ease-out;
26      transition-timing-function:ease-out;
27 }
28 div:hover {
29      background-color:#F90;
30      /* 设置变形：旋转240deg */
31      -webkit-transform:rotate(240deg);
32      -moz-transform:rotate(240deg);
33      -o-transform:rotate(240deg);
34      transform:rotate(240deg);
35 }
36 </style>
37 </head>
38 <body>
39 <div></div>
40 </body>
41 </html>
```

【代码解析】在示例 17-13 中，设置了速度越来越慢的过渡效果。当鼠标指针经过时，快速产生过渡效果，然后缓慢地结束，如图 17.12 所示。这种效果比较常用。

17.2.6 练习：制作滑动的菜单

菜单是网页的重要组成部分，设计一个良好的菜单是很有必要的。下面我们就用 CSS 3 的过渡效果来实现一个滑动效果的菜单。

本节的案例是一个有滑动效果的菜单，当鼠标指针经过时，菜单会加长，颜色也会改变，中间的过渡呈现的是快速滑动的效果；当鼠标指针离开时，菜单还原，则呈现缓慢的滑动效果。为了版面需要，我们制作了 3 组效果一样的菜单。案例效果如图 17.15 所示。

页面中是 3 组列表，用于菜单的制作。

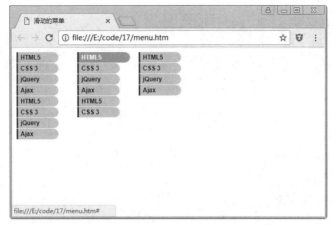

图 17.15 鼠标指针经过的菜单

【示例 17-14】menu.htm,滑动的菜单

```html
<!DOCTYPEHTML>
<html>
<head>
<meta charset="utf-8">
<title>滑动的菜单</title>
</head>
<body>
<ul class="box">
  <li><a href="#">HTML5</a></li>
  <li><a href="#">CSS 3</a></li>
  <li><a href="#">jQuery</a></li>
  <li><a href="#">Ajax</a></li>
  <li><a href="#">HTML5</a></li>
  <li><a href="#">CSS 3</a></li>
  <li><a href="#">jQuery</a></li>
  <li><a href="#">Ajax</a></li>
</ul>
<ul class="box">
  <li><a href="#">HTML5</a></li>
  <li><a href="#">CSS 3</a></li>
  <li><a href="#">jQuery</a></li>
  <li><a href="#">Ajax</a></li>
  <li><a href="#">HTML5</a></li>
  <li><a href="#">CSS 3</a></li>
</ul>
<ul class="box">
  <li><a href="#">HTML5</a></li>
  <li><a href="#">CSS 3</a></li>
  <li><a href="#">jQuery</a></li>
  <li><a href="#">Ajax</a></li>
</ul>
</body>
</html>
```

下面开始样式表设置,并追加到示例 17-14 中。

大部分是基本的样式表,把每个列表项均设置为菜单形式。其中,在列表项中,我们为其设置了持续时间较长的过渡效果;而在其:hover 事件中,设置了持续时间较短的过渡效果。

```css
<style type="text/css">
.box {
    margin:0;
    padding:0;
    font-size:12px;
    list-style:none;
    width:120px;
    float:left;
}
li {
    width:80px;
    line-height:20px;
    height:20px;
    margin:1px;
    background-color:#ccc;
    text-align:left;
    border-radius:0 10px 10px 0;
    border-left:3px solid #333;
    /* 持续时间较长的过渡效果 */
    -webkit-transition:all 1s ease-out;
    -moz-transition:all 1s ease-out;
    -o-transition:all 1s ease-out;
    transition:all 1s ease-out;
}
li a {
    display:block;
    text-decoration:none;
    font-size:12px;
    padding-left:5px;
    font-family:Arial;
    font-weight:bold;
    color:#171717;
}
li:hover {
    background-color:#f90;
    width:100px;
    /* 持续时间较短的过渡效果 */
    -webkit-transition:all 200ms linear;
    -moz-transition:all 200ms linear;
    -o-transition:all 200ms linear;
    transition:all 200ms linear;
}
li:hover a {
    color:#FFF;
```

```
}
</style>
```

至此，滑动菜单设计完毕。运行结果如图 17.15 所示，当鼠标指针经过时，菜单会迅速地过渡到:hover 事件中的效果；当鼠标指针离开时，菜单会缓慢地恢复至初始状态。

17.3 CSS 3 动画设计

前面讲述的元素变形和过渡效果是制作动画的基础，但还不是真正的动画。本节将学习完整的 CSS 3 动画设计，不但可以创建动画关键帧，还可以对关键帧动画设置播放时间、播放次数、播放方向等，实现更加复杂、灵活的动画。

17.3.1 关键帧动画——@keyframes 规则

在动画设计中，关键帧动画是非常重要的功能，它所包含的是一段连续的动画。

@keyframes 规则的语法表示如下：

@keyframes<animationname> { <keyframes-selector> { <css-styles>}}

取值说明：

- <animationname>：动画名称。必须定义一个动画名称，方便与动画属性 animation 绑定。
- <keyframes-selector>：动画持续时间的百分比，也可以是 from 和 to。from 对应的是 0%，to 对应的是 100%，建议使用百分比。必须定义一个百分比，才能实现动画。
- <css-styles>：设置的一个或多个合法的样式属性。必须定义一些样式，才能实现动画。

动画是通过从一种样式逐步转变到另一种样式来创建的。在指定 CSS 样式变化时，可以从 0%到 100%，逐步设计样式表的变化。

使用动画属性来控制动画的呈现，关键帧动画是通过动画名称与动画属性绑定的。

【示例 17-15】keyframes.htm，变换位置的小球

```
01  <!--keyframes.htm-->
02  <!DOCTYPEHTML>
03  <html>
04  <head>
05  <title>变换位置的小球</title>
06  <style type="text/css">
07  div {
08      position:absolute;
09      -moz-animation:mymove 5s infinite;      /* mymove 绑定到动画，Gecko 内核 */
10      -webkit-animation:mymove 5s infinite;   /* mymove 绑定到动画，WebKit 内核 */
11  }
12  @-moz-keyframes mymove {                    /* 创建关键帧动画，Gecko 内核 */
13      0% {top:0px;}
14      25% {top:200px; left:200px;}
15      75% {top:50px; left:10px;}
16      100% {top:100px; left:170px;}
17  }
```

```
18    @-webkit-keyframes mymove {                    /* 创建关键帧动画,WebKit 内核 */
19        0% {top:0px;}
20        25% {top:200px; left:200px;}
21        75% {top:50px; left:10px;}
22        100% {top:100px; left:170px;}
23    }
24    </style>
25    </head>
26    <body>
27    <div><img src="point.jpg" width="30" height="30"></div>
28    </body>
29    </html>
```

【代码解析】在示例 17-15 中,创建了名为 mymove 的关键帧动画,并绑定到小球所在的元素中。如图 17.16 所示,小球的位置会不停地变换。关于该示例中的 animation 属性,接下来会讲解。

图 17.16　小球的位置会不停地变换

17.3.2　动画的实现——animation 属性

CSS 3 提供的 animation 属性是专门用于动画设计的,它可以把一个或多个关键帧动画绑定到元素上,以实现更加复杂的动画。

animation 属性用于同时定义动画所需要的完整信息,其使用语法如下:

```
animation : <name> <duration> <timing-function> <delay> <iteration-count>
<direction> ;
```

取值说明:
- <name>:定义动画名称,绑定指定的关键帧动画。
- <duration>:定义动画播放的周期时间。
- <timing-function>:定义动画的播放方式,即速度曲线。
- <delay>:定义动画播放的延迟时间。
- <iteration-count>:定义动画循环播放的次数。
- <direction>:定义动画循环播放的方向。

animation 属性可以定义一个动画的 6 个方面的参数信息;animation 属性还可以同时定义多个动画,每个动画的参数信息为一组,用逗号分隔开来。基于 WebKit 内核的替代私有属性是-webkit-animation;基于 Gecko 内核的替代私有属性是-moz-animation。

animation 属性是一个复合属性，根据其语法定义，animation 属性包含 6 个子属性：animation-name、animation-duration、animation-timing-function、animation-delay、animation-iteration-count 和 animation-direction。

对于子属性，基于 WebKit 内核的浏览器需增加前缀"-webkit-"，基于 Gecko 内核的浏览器需增加前缀"-moz-"，基于 Presto 内核的浏览器需增加前缀"-o-"，以便使用各种内核的私有属性。

animation-name 子属性用来定义动画名称。该名称是一个动画关键帧名称，是由 @keyframes 规则定义的。语法如下：

```
animation-name :<keyframename> | none;
```

取值说明：

- none：默认值，表示没有动画。
- \<keyframename>：指定动画名称，即指定名称对应的动画关键帧。

如果动画关键帧的名称为 none，则不会显示动画；可以同时指定多个动画名称，多个动画名称用逗号间隔；如果需要，则可以使用 none 来取消任何动画。

animation-duration 子属性用来定义动画播放的周期时间。语法如下：

```
animation-duration : <time>;
```

取值说明：

\<time>：用于指定播放动画的时间长度，单位为 m（秒）或 ms（毫秒）。默认值为 0，表示没有动画。

animation-timing-function 子属性用来定义动画的播放方式。语法如下：

```
animation-timing-function : ease | linear | ease-in | ease-out | ease-in-out | cubic-bezier(n,n,n,n) ;
```

取值说明：关于这些取值的说明，完全参阅 transition-timing-function 属性的取值说明。

animation-delay 子属性用来定义动画播放的延迟时间，它可以定义一个动画延迟一段时间再开始播放。语法如下：

```
animation-delay : <time>;
```

取值说明：

\<time>：用于指定播放动画的时间长度，单位为 m（秒）或 ms（毫秒）。默认值为 0，表示没有时间延迟，直接播放动画。

animation-iteration-count 子属性用来定义动画循环播放的次数。语法如下：

```
animation-iteration-count : infinite | <n> ;
```

取值说明：

- infinite：表示无限次地播放下去。
- \<n>：该值为数字，表示循环播放的次数。默认值为 1，表示动画只播放一次。

animation-direction 子属性用来定义动画循环播放的方向。语法如下：

```
animation-direction : normal | alternate ;
```

取值说明：

- normal：为默认值，表示按照关键帧设定的动画方向播放。

- **alternate**：表示动画的播放方向与上一播放周期相反，第一播放周期还是正常的播放方向。

为了方便实现复杂的动画，CSS 3 提供了@keyframes 规则，用于创建动画的关键帧。在下面的示例中，我们尝试给元素同时指定多个关键帧动画。

【示例 17-16】animation.htm，变化的页面元素

```
01  <!--animation.htm-->
02  <!DOCTYPEHTML>
03  <html>
04  <head>
05  <title>变化的页面元素</title>
06  <style type="text/css">
07  div {
08      position:absolute;
09      width:100px;
10      height:100px;
11      top:50px;
12      left:100px;
13      background-color:#F90;
14      /* 绑定两个关键帧动画: mymove,myrotate */
15      -moz-animation-name:mymove,myrotate;
16      -webkit-animation-name:mymove,myrotate;
17      /* 无限循环 */
18      -moz-animation-iteration-count:infinite;
19      -webkit-animation-iteration-count:infinite;
20      /* 线性变化 */
21      -moz-animation-timing-function:linear;
22      -webkit-animation-timing-function:linear;
23      /* 设置两个关键帧播放时间: 4s,3s */
24      -moz-animation-duration:4s,3s;
25      -webkit-animation-duration:4s,3s;
26  }
27  /* 创建关键帧动画 mymove */
28  @-moz-keyframes mymove {
29      50% {top:50px; left:100px;background-color:#00F;}
30  }
31  @-webkit-keyframes mymove {
32      50% {top:150px; left:200px;background-color:#00F;}
33  }
34  /* 创建关键帧动画 myrotate */
35  @-moz-keyframes myrotate {
36      100% {-moz-transform:rotate(3170deg);}
37  }
38  @-webkit-keyframes myrotate {
39      100% {-webkit-transform:rotate(3170deg);}
40  }
41  </style>
42  </head>
```

```
43  <body>
44  <div></div>
45  </body>
46  </html>
```

【代码解析】在示例 17-16 中,定义了两个关键帧动画,分别是移动变换背景的动画 mymove 和旋转变换的动画 myrotate。在 animation-name 属性中,我们同时指定了这两个关键帧动画,并在 animation-duration 属性中设定了不同的动画播放周期时间。如图 17.17 所示,页面元素会同时执行两个动画。

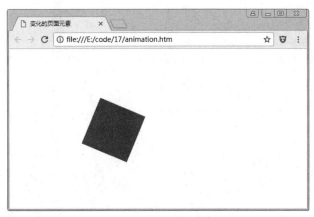

图 17.17　变化的页面元素

17.3.3　练习:永不停止的风车

如果在网页中使用动画,则通常会使用 Flash 动画。如果 CSS 能够帮我们实现动画,那是多么令人兴奋的事情啊!本节就用 CSS 3 实现网页中的动画。

本节的案例是使用 CSS 3 设计一个风车动画,并让它不停地转动。风车扇叶和风车杆是由页面元素模拟而成的。案例效果如图 17.18 所示。

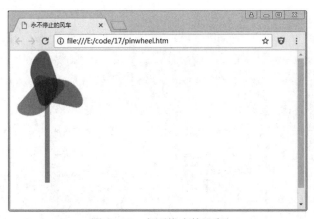

图 17.18　永不停止的风车

风车扇叶分别用 3 个 span 元素模拟,风车杆中的图片用于模拟扇叶转动的轴心位置。

【示例 17-17】pinwheel.htm,永不停止的风车

```html
<!DOCTYPEHTML>
<html>
<head>
<meta charset="utf-8">
<title>永不停止的风车</title>
</head>
<body>
<!--风车扇叶-->
<div class="pinwheel"> <span class="one"></span>
<span class="tow"></span><span class="three"></span></div>
<!--风车杆-->
<div class="tree"><img src="images/point.png" /></div>
</body>
</html>
```

使用 CSS 变形原理和圆角等模拟风车扇叶;风车杆设计成有渐变效果的。

```css
<style type="text/css">
.pinwheel {
    width:140px;
    height:140px;
}
.pinwheel span{
    width:100px;
    height:50px;
    display:block;
    opacity:0.17;
    position:relative;
    border-radius:25px;
}
.pinwheel .one{
    background-color:#f00;
    -webkit-transform:skew(30deg);              /* 倾斜变形 */
    top:48px;
    left:38px;
}
.pinwheel .tow{
    background-color:#00f;
    -webkit-transform: rotate(120deg) skew(30deg); /* 旋转 120deg,并倾斜变形 */
    top:18px;
    left:5px;
}
.pinwheel .three{
    background-color:#0170;
    -webkit-transform: rotate(240deg) skew(30deg); /* 旋转 240deg,并倾斜变形 */
    top:-72px;
    left:5px;
}
.pinwheel .point{
```

```css
    position:relative;
    top:-90px;
    left:45px;
}
.tree{
    position:relative;
    top:-78px;
    left:175px;
    border-radius:10px 10px 0 0;
    height:200px;
    width:10px;
    background-color:#999;
    z-index:-1;
}
.tree img{
    width:10px;
}
</style>
```

创建关键帧动画 keyname，并绑定到元素的动画中。

```css
<style type="text/css">
.pinwheel {
    -webkit-transform-origin:179px 73px;           /* 指定风车扇叶变形的中心原点 */
    -webkit-animation-name:keyname;                /* 绑定关键帧动画 */
    -webkit-animation-duration:2s;                 /* 动画播放的周期时间为 2s */
    -webkit-animation-iteration-count:infinite;    /* 动画无限循环 */
    -webkit-animation-timing-function:linear;      /* 线性的变化速度 */
}
@-webkit-keyframes keyname {
    from {
        -webkit-transform:rotate(0);
    }
    to {
        -webkit-transform:rotate(3170deg);         /* 旋转风车 3170deg */
    }
}
</style>
```

至此，动画设计完成，运行结果如图 17.18 所示，风车会不停地转动。

17.4　CSS 3 渐变设计

　　渐变是网页设计中使用频率较高的一种效果，它可以让元素看起来更有质感。传统的渐变实现方式是非常依赖图片的，而 CSS 3 能方便地实现元素的渐变，避免了过多使用渐变图片所带来的麻烦，而且在放大网页的情况下一样过渡自然。

　　渐变分两种：线性渐变和径向渐变。遗憾的是，渐变的实现方式还没有统一的标准，各主流浏览器均提供了私有实现。下面我们对基于各种内核的实现分别进行讲解。

17.4.1 线性渐变

基于 WebKit 内核的线性渐变语法如下：

```
-webkit-gradient ( linear,<point>,<point>, from(<color>), to(<color>)[, color-
stop(<percent>,<color>)]* )
```

取值说明：

- linear：表示线性渐变类型。
- <point>：定义渐变的起始点和结束点，第一个表示起始点，第二个表示结束点。该坐标点的取值支持数值、百分比和关键字，如(0.5,0.5)、(50%,50%)、(left,top)等。关键字包括定义横坐标的 left 和 right，以及定义纵坐标的 top 和 bottom。
- <color>：表示任意 CSS 颜色值。
- <percent>：表示百分比值，用于确定起始点和结束点之间的某个位置。
- from()：定义起始点的颜色。
- to()：定义结束点的颜色。
- color-stop()：可选函数，可在渐变中多次添加过渡颜色，从而实现多种颜色的渐变。

基于 WebKit 内核的线性渐变语法比较严谨。

基于 Gecko 内核的线性渐变语法如下：

```
-moz-linear-gradient ( [ <point> || <angle>,]?<color>[, <color> [<percent>]?]*,
<color> )
```

取值说明：

- <point>：定义渐变的起始点。该坐标点的取值支持数值、百分比和关键字。关键字包括定义横坐标的 left、center 和 right，以及定义纵坐标的 top、center 和 bottom。默认坐标为(top center)。当指定一个值时，另一个值默认为 center。
- <angle>：定义线性渐变的角度。单位可以是 deg（角度）、grad（梯度）、rad（弧度）。
- <color>：表示渐变使用的 CSS 颜色值。
- <percent>：表示百分比值，用于确定起始点和结束点之间的某个位置。

这里没有函数作为参数，可以直接在某个百分比位置添加过渡颜色。第一个颜色值为渐变开始的颜色，最后一个颜色值为渐变结束的颜色。基于 Gecko 内核的线性渐变的实现比较符合 W3C 语法标准。

下面结合示例来演示线性渐变的实现方法。

【示例 17-18】gradient.htm，线性渐变的背景

```
01  <!--gradient.htm-->
02  <!DOCTYPEHTML>
03  <html>
04  <head>
05  <title>线性渐变的背景</title>
06  <style type="text/css">
07  div {
08      width:400px;
09      height:200px;
```

```
10      background-color:#F90;
11      /* 基于 WebKit 内核的实现 */
12      background:-webkit-gradient(linear,left top,left bottom, from(#f90),to(#0f0));
13      /* 基于 Gecko 内核的实现 */
14      background:-moz-linear-gradient(left,#f90,#0f0);
15    }
16    </style>
17    </head>
18    <body>
19    <div></div>
20    </body>
21    </html>
```

【代码解析】在示例 17-18 中，设计的是一个从上到下的线性渐变，实现了基于 WebKit 和 Gecko 两种内核的线性渐变。其中，基于 Gecko 内核的渐变实现应用了其默认的设置：当不设置起始点和弧度方向时，默认的是从上到下的线性渐变。

运行结果如图 17.19 所示。

图 17.19　从上到下的线性渐变

再来实现从左到右的线性渐变，调整样式表如下：

```
<style type="text/css">
div {
    width:400px;
    height:200px;
    background-color:#F90;
    /* 基于 WebKit 内核的实现 */
    background:-webkit-gradient(linear,left top,right top, from(#f90),to(#0f0));
    /* 基于 Gecko 内核的实现 */
    background:-moz-linear-gradient(top,#f90,#0f0);
}
</style>
```

运行结果如图 17.20 所示。

图 17.20 从左到右的线性渐变

再来实现从左上角到右下角的线性渐变，调整样式表如下：

```
<style type="text/css">
div {
    width:400px;
    height:200px;
    background-color:#F90;
    /* 基于 WebKit 内核的实现 */
    background:-webkit-gradient(linear,left top,right bottom, from(#f90),to(#0f0));
    /* 基于 Gecko 内核的实现 */
    background:-moz-linear-gradient(left top,#f90,#0f0);
}
</style>
```

运行结果如图 17.21 所示。

图 17.21 从左上角到右下角的线性渐变

再来实现在渐变中增加过渡颜色，调整样式表如下：

```
<style type="text/css">
div {
    width:400px;
    height:200px;
    background-color:#F90;
    /* 基于 WebKit 内核的实现 */
    background:-webkit-gradient(linear,left top,right top, from(#f90),to(#0f0),color-stop(50%,blue));
    /* 基于 Gecko 内核的实现 */
    background:-moz-linear-gradient(left,#f90,blue,#0f0);
}
</style>
```

运行结果如图 17.22 所示。

图 17.22　多种颜色的线性渐变

从上面的这些示例中可以看出，基于 Gecko 内核的渐变实现比较简捷，但不易理解；基于 WebKit 内核的渐变实现虽然代码较长，但逻辑层次比较清晰。基于 IE 内核的渐变是借助滤镜来实现的，这里不再讲解。

17.4.2　径向渐变

基于 WebKit 内核的径向渐变语法如下：

```
-webkit-gradient ( radial [,<point>,<radius>]{2}, from(<color>), to(<color>)
[,color-stop(<percent>,<color>)]* )
```

取值说明：

- radial：表示径向渐变类型。
- <point>：定义渐变的起始圆的圆心坐标和结束圆的圆心坐标。该坐标点的取值支持数值、百分比和关键字，如(0.5,0.5)、(50%,50%)、(left,top)等。关键字包括定义横坐标的 left 和 right，以及定义纵坐标的 top 和 bottom。
- <radius>：表示圆的半径，定义起始圆的半径和结束圆的半径。默认为元素尺寸的一半。
- <color>：表示任意 CSS 颜色值。
- <percent>：表示百分比值，用于确定起始点和结束点之间的某个位置。
- from()：定义起始圆的颜色。
- to()：定义结束圆的颜色。
- color-stop()：可选函数，可在渐变中多次添加过渡颜色，从而实现多种颜色的渐变。

基于 Gecko 内核的径向渐变语法如下：

```
-moz-radial-gradient ( [ <point> || <angle>,]?[<shape>||<radius>]? <color>[,
<color> [<percent>]?]*,<color> )
```

取值说明：

- <point>：定义渐变的起始点。该坐标点的取值支持数值、百分比和关键字。关键字包括定义横坐标的 left、center 和 right，以及定义纵坐标的 top、center 和 bottom。默认坐标为(center center)。当指定一个值时，另一个值默认为 center。
- <angle>：定义径向渐变的角度。单位可以是 deg（角度）、grad（梯度）、rad（弧度）。
- <shape>：定义径向渐变的形状，包括 circle（圆形）和 ellipse（椭圆形）。默认为 ellipse。
- <radius>：定义圆的半径或椭圆的轴长度。
- <color>：表示渐变使用的 CSS 颜色值。
- <percent>：表示百分比值，用于确定起始圆和结束圆之间的某个位置。

这里没有函数作为参数，可以直接在某个百分比位置添加过渡颜色。第一个颜色值为渐变开始的颜色，最后一个颜色值为渐变结束的颜色。基于 Gecko 内核的径向渐变的实现比较符合 W3C 语法标准。

下面结合示例来演示径向渐变的实现方法。

【示例 17-19】gradient2.htm，径向渐变的背景圆

```
01  <!--gradient2.htm-->
02  <!DOCTYPEHTML>
03  <html>
04  <head>
05  <title>径向渐变</title>
06  <style type="text/css">
07  div {
08      width:400px;
09      height:200px;
10      background-color:#F90;
11      /* 基于 WebKit 内核的实现 */
12      background:-webkit-gradient(radial,200 100,10,200 100, 100,
13              from(#f90),to(#0f0),color-stop(50%,blue));
14      /* 基于 Gecko 内核的实现 */
15      background:-moz-radial-gradient(200px 100px,circle,#f90 10px,blue,#0f0 100px);
16  }
17  </style>
18  </head>
19  <body>
20  <div></div>
21  </body>
22  </html>
```

【代码解析】在示例 17-19 中，设计的是一个径向渐变，实现了基于 WebKit 和 Gecko 两种内核的径向渐变。可以理解为从一个小圆到一个大圆的渐变。在渐变过程中，增加了蓝色作为过渡颜色。效果如图 17.23 所示，这是在 Chrome 和 Firefox 两种浏览器中运行的效果。

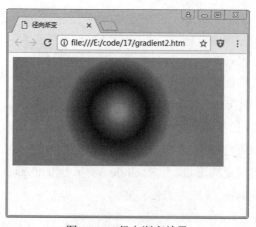

图 17.23　径向渐变效果

由于基于 WebKit 和 Gecko 内核的径向渐变实现方法不同,所以复杂的渐变很难同时实现。例如,使用基于 WebKit 内核的-webkit-gradient(),可以轻松实现放射效果;使用基于 Gecko 内核的-moz-radial-gradient(),可以轻松实现椭圆效果。正因为这些无法统一的问题存在,径向渐变在实际使用过程中会受到一定的限制。复杂的径向渐变这里不再讲述。

17.4.3 练习:设计渐变的按钮

在页面设计中,渐变的应用随处可见,适当地使用渐变,可以使得网页更具有层次性。使用渐变最点睛的地方就是按钮了。下面我们就使用渐变设计不同形状的按钮。由于按钮风格是使用 CSS 样式设计的,所以也可以应用在其他页面元素中。

本节的案例是使用 CSS 渐变设计一组常用的按钮样式,这些样式可以应用在任何 HTML 元素中。示例中根据圆角的半径设置 3 种风格,背景为线性渐变,案例效果如图 17.24 所示。

图 17.24 渐变的按钮

设计 3 组按钮样式,准备 3 组同样的页面元素标签,每组标签均为 span、a、input 3 个元素。下面的样式表会把这些标签设计成按钮风格。

【示例 17-20】button.htm,设计渐变的按钮

```
<!DOCTYPEHTML>
<html>
<head>
<meta charset="utf-8">
<title>设计渐变的按钮</title>
</head>
<body>
<div> <span class="button">Span</span>
 <input type="button" value="Buttom" class="button" />
 <a href="#" class="button">Link</a> </div>
<div> <span class="button radius5">Span</span>
 <input type="button" value="Buttom" class="button radius5" />
 <a href="#" class="button radius5">Link</a> </div>
<div> <span class="button radius15">Span</span>
 <input type="button" value="Buttom" class="button radius15" />
 <a href="#" class="button radius15">Link</a> </div>
</body>
</html>
```

设计按钮的内部布局、阴影效果和圆角效果。

```css
<style type="text/css">
div{
    margin-top:10px;
}
.button {
    display:inline;
    padding:5px 20px;
    font-size:12px;
    font-weight:lighter;
    font-family:Arial, Helvetica, sans-serif;
    border:none;
    color:#333;
    letter-spacing:1px;
    text-decoration:none;
    /* 设置阴影效果 */
    -webkit-box-shadow:2px 2px 2px #333;
    -moz-box-shadow:1px 1px 1px #ccc;
    box-shadow:1px 1px 2px #333;
}
.radius5 {
    /* 圆角半径为 5px */
    -webkit-border-radius:5px;
    -moz-border-radius:5px;
    border-radius:5px;
}
.radius15 {
    /* 圆角半径为 15px */
    -webkit-border-radius:15px;
    -moz-border-radius:15px;
    border-radius:15px;
}
</style>
```

设计按钮的渐变效果和鼠标指针经过时的渐变效果。

```css
<style type="text/css">
.button {
    /* 基于 WebKit 内核的实现 */
    background:-webkit-gradient(linear, left top, left bottom, from(#ffcc33), to(#f90));
    /* 基于 Gecko 内核的实现 */
    background:-moz-linear-gradient(#ffcc33, #f90);
}
.button:hover {
    /* 基于 WebKit 内核的实现 */
    background:-webkit-gradient(linear, left top, left bottom, from(#ff9933), to(#ff3300));
    /* 基于 Gecko 内核的实现 */
    background:-moz-linear-gradient(#ff9933, #ff3300);
}
</style>
```

至此，渐变风格的按钮设计完成，运行结果如图 17.24 所示。在使用时，可以根据页面的风格需要调整渐变的色调。

17.5 拓展训练

17.5.1 训练一：使用 CSS 3 实现当鼠标指针经过链接时放大

【拓展要点：元素变形中 scale()函数的使用】

CSS 3 的 transform 属性支持元素的变形，其中的 scale()函数可以实现元素的缩放。该函数有两个参数，分别代表水平方向与垂直方向的缩放倍数。

【代码实现】

```
<style type="text/css">
a{
    display:block;
    width:100px;
    padding:5px 10px;
    color:#333;
    text-decoration:none;
}
a:hover{
    transform:scale(2);              /* 标准写法 */
}
</style>
<body>
<a href="#">HTML5</a>
</body>
```

17.5.2 训练二：使用 CSS 3 实现一个层中有线性渐变背景

【拓展要点：线性渐变 gradient 属性的使用】

CSS 3 新增加的 gradient 属性可以实现不用图片，只使用样式代码即可实现线性渐变背景的目的。该属性有多个参数，分别表示渐变类型、起始点/结束点、所要使用的颜色、渐变百分比等。按照参数要求使用该属性即可实现线性渐变背景的目的。

【代码实现】

```
<style type="text/css">
div {
    width:400px;
    height:200px;
    /* 基于 WebKit 内核的实现 */
    background:-webkit-gradient(linear,left top,right bottom, from(#000000),to(#ffffff));
}
```

```
</style>
<body>
<div></div>
</body>
```

17.6 技术解惑

17.6.1 元素的变形与布局

CSS 3 中的 transform 属性可以实现元素变形的目的，比如，按照用户设定，元素可以实现旋转、缩放、翻转、移动等效果。元素的变形往往会使其占用空间发生变化，那么势必会引起与其他元素的布局发生变形的问题。其实用户大可不必存在这方面的担忧，因为元素在变形的过程中，仅元素的显示效果变形，实际尺寸并不会因为变形而改变，所以元素变形不会影响自身尺寸及其他元素的布局。用户大可放心使用各种变形效果。

17.6.2 过渡效果与变形的区别

本章介绍了 CSS 3 在动画方面的两个重要属性，分别为 transform 变形属性与 transition 过渡效果属性。二者的区别是：transform 属性定义的是一种结果，而 transition 属性定义的是一种过程，transition 属性一定要结合 transform 属性使用。transition 过渡效果有一个参数：transition-property，该参数指定为特定的变形启用过渡效果，有 none、all 与特定效果名称 3 种取值，使用该参数将对指定的一种或所有变形使用过渡效果。

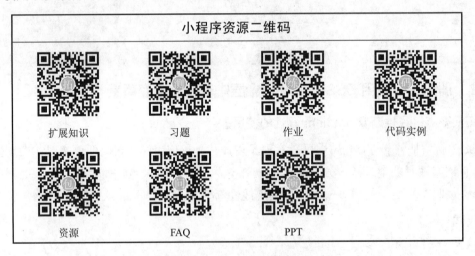

第 3 篇　JavaScript 技术篇

第 18 章

JavaScript 程序基础知识

JavaScript 程序基础知识　　视频

JavaScript 是解释型的程序设计语言，具有面向对象的能力。虽然 JavaScript 属于轻型语言，但具备一切程序语言的共同特征。类似于其他程序语言，本章从 JavaScript 语言的基础语法开始学习。虽然本章内容没有前面章节有趣，但只有牢牢掌握基础语法部分，读者才能编写精彩的程序。

18.1　JavaScript 的基础语法

很多初学者惧怕编写程序，本节从最基础的编写格式开始学习，读者将感到编写程序其实可以这样简单。本节还学习最基本的页面输出语句，读者可以把程序中的内容和 XHTML 元素简单结合。

18.1.1　字母大小写编写规范

类似于 CSS 中 id 和 class 的名称，JavaScript 最基本的规则就是区分字母大小写。由于 HTML、XHTML 代码不区分字母大小写，所以很多初学者编写代码在字母大小写方面不注意，经常导致代码出错。为了方便起见，在实际编写中，尽量统一使用小写字母。如以下代码：

```
var china,CHINA,China,cHina
```

以上是声明变量的语句，由于字母大小写有区别，所以以上语句声明了 4 个变量。

18.1.2　JavaScript 代码编写格式

JavaScript 代码的编写比较自由，JavaScript 解释器将忽略标识符、运算符之间的空白字符。而每条 JavaScript 代码语句之间必须用英文分号分隔。为了保持条理清晰，推荐一行写一条语句。编写格式如下：

```
<script>
var w = 50;
var h = 100;
```

```
var txt="网页设计";
</script>
```

而在函数名、变量名等标识符中不能加入空白字符。字符串、正则表达式的空白字符是其组成部分，JavaScript 解释器将会保留。读者在编写代码时根据需要可以自由缩进，以方便结构的查看和调试。

18.1.3 注释格式

类似于 HTML 的注释，JavaScript 中也有注释代码，用于对某一段代码进行说明，JavaScript 解释器将忽略注释部分。类似于其他的程序语言，JavaScript 的注释分为单行注释和多行注释。单行注释以"//"开头，其后面的同一行部分为注释内容。而多行注释以"/*"开头，以"*/"结尾，包含部分为注释内容。注释编写方法如下：

```
<script>
 //单行注释：定义一个名为 w 的变量，并且初值为 5
var w  = 50;
 //单行注释：定义一个名为 h 的变量，并且初值为 100
var h = 100;
/*多行注释：定义一个名为 txt 的变量，
   并且其值为
   字符串"网页设计" */
var txt="网页设计";
</script>
```

18.1.4 保留字

编程语言都有自己的保留字，这是一些有着特定含义的单词，在特殊场合中使用。在用户自定义的各种名称中不允许使用保留字，读者要多留意。JavaScript 的保留字如表 18-1 所示。

表 18-1　JavaScript 的保留字

abstract	boolean	break	byte	Case	catch	char
class	const	continue	default	Delete	do	double
else	extends	false	final	Finally	float	for
function	goto	if	implements	Import	in	instanceof
int	interface	long	native	New	null	package
private	protected	public	return	short	static	super
switch	synchronized	this	throw	Throws	transient	true
try	typeof	var	void	volatile	while	with

18.1.5 基本的输出方法

本节制作一个简单的实例，作为读者学习的第一个程序。本例通过 JavaScript 向页面输出一段文字。提到文字就不得不提程序中的字符串，字符串是由多个字符组成的一个序列。在 JavaScript 代码中引用字符串必须用英文双引号或英文单引号包含，如果字符串中也有一对英文双（单）引号，则引用字符串的引号类型必须与之相反，如以下代码：

```
<script>
```

```
var txt = "he say:'you must blieve me!'";
var txt2='he say:"you are so stupid!"';
</script>
```

JavaScript 可以通过加号拼接多个字符串，在接下来的示例中将会使用。当字符串中有 HTML 标签时，JavaScript 解释器不会理会，浏览器将字符串当作 HTML 代码解析。

【示例 18-1】helloworld.htm，"世界，你好"程序

```
01  //helloworld.htm
02  <!DOCTYPE>
03  <html xmlns="http://www.w3.org/1999/xhtml">
04  <head>
05  <title>"世界，你好"程序</title>
06  </head>
07  <body>
08  下面是JavaScript程序动态生成的内容：<br />
09  <script language="javascript">
10    document.write("Hello,world!<br />");                    //输出内容
11    //输出内容
12    document.write("<strong>大家好</strong>,欢迎大家来到JavaScript的世界<br />");
13  </script>
14  </body>
15  </html>
```

【代码解析】第 10～12 行分别使用 document 的 write()方法来输出一组字符串。

执行该代码，浏览效果如图 18.1 所示。

图 18.1 "世界，你好"程序

从本例中可以看到，document.write()产生了输出内容到页面的功能，而括号中是需要输出的内容。其实，document 是一个对象，代表已经加载的整个 HTML 文档；而 write()是 document 对象的一个方法，用于输出字符串的值。document 对象和 write()方法通过小数点符号连接，小数点右边内容从属于左边内容，在后面的学习中将经常接触这个神奇的小数点。在 write() 方法的括号中填入数字或表达式，页面也将正确显示，那是因为 write()方法可以把填入的任何值转换为字符串内容。

【示例 18-2】helloworld.htm，第一个 JavaScript 程序

```
01  //helloworld.htm
02  <!DOCTYPE>
03  <html xmlns="http://www.w3.org/1999/xhtml">
04  <head>
05  <title>第一个 JavaScript 程序</title>
06  </head>
```

```
07  <body>
08  下面是JavaScript程序动态生成的内容：<br />
09  <script language="javascript">
10    document.write("Hello,world!<br />");                              //输出内容
11    //输出内容
12    document.write("<strong>大家好</strong>,欢迎大家来到JavaScript的世界<br />");
13    document.write("<u>这是一个数字——</u>"+1+"<br />");                 //输出内容
14    document.write("<u>这还是一个数字——</u>"+1+2+"<br />");              //输出内容
15    document.write("<u>而这是一个数学表达式的结果——</u>",1+2);           //输出内容
16  </script>
17  </body>
18  </html>
```

【代码解析】这段代码与上一段代码类似，第 10～15 行分别使用 document 的 write()方法来输出一组字符串。

执行该代码，浏览效果如图 18.2 所示。

图 18.2 第一个 JavaScript 程序

从本例中可以看出，write()方法的括号中可以存放多个值，并用英文逗号分隔。在括号中的同一个值中，如果用加号连接字符串和数字，那么数字将首先转换为字符串，然后进行字符串拼接。而在括号中的同一个值中，加号连接的只有数字，那么数字进行加法运算得出结果后转换成字符串并输出。

18.1.6 关于<script></script>标签的声明

把 JavaScript 代码嵌入 HTML 文档常需要使用<script></script>标签，而<script></script>标签可以放在 HTML 文档中的任何地方。如果需要使用 document 对象的 write()方法输出字符串，则将代码放在 HTML 文档中需要显示的位置，如<body></body>标签之间。<script></script>标签同样有多种属性，如 src 属性的值为链接外部 JS 文件的路径。在前面的示例中，使用了 language 属性，这个属性的值为所用脚本的类型，默认为 javascript，其取值也可以为 vbscript 和 jscript。在 Web 标准中，推荐使用 type 属性取代 language 属性，编写方法如下：

```
<script type="text/javascript">
JavaScript 代码
</script>
```

18.2　JavaScript 交互基本方法

JavaScript 与浏览用户交互有很多方法，本节学习其中比较常用的 3 个方法，即 alert()、confirm()和 prompt()。相对于 write()方法属于 document 对象，这 3 个交互方法属于 window 对象，所以这 3 个方法不会对 HTML 文档产生影响。window 对象的方法在编写代码时可以省略对象的引用，即直接使用方法声明。

18.2.1　最常用的信息对话框

信息对话框在网站中非常常见，用于告诉浏览者某些信息，浏览者必须单击"确定"按钮才能关闭对话框，否则页面无法操作。其实这种互动方式也充分显示了对话框方法不属于 HTML 文档，即不属于 document 对象。网站中的信息对话框如图 18.3 所示。

图 18.3　网站中的信息对话框

读者可能觉得制作非常复杂，其实不然，信息对话框仅仅是在 JavaScript 代码中使用了 window 对象的 alert()方法。alert()方法将独立生成一个小窗口，显示一个"确定"按钮和信息内容。当出现对话框窗口后，程序将暂停运行，直到浏览者单击"确定"按钮。alert()方法的编写方法如下：

```
alert(信息内容);
```

信息内容可以是一个表达式，不过最终 alert()方法接收到的是字符串值，HTML 标签将不会得到解析。如果信息内容需要一定的格式，则可以使用转义字符，如换行符"\n"、制表符"\t"等。

【示例 18-3】 alert.htm，信息对话框

```
01  //alert.htm
02  <!DOCTYPE>
03  <html xmlns="http://www.w3.org/1999/xhtml">
04  <head>
05  <meta http-equiv="Content-Type" content="text/html; charset=gb2312" />
06  <title>信息对话框</title>
07  </head>
08  <body onLoad="alert('页面已载入！');">
09  <script type="text/javascript">
10      document.write("接下来显示"程序运行中"对话框<br />");                //输出内容
11      alert("程序运行中\n程序现在暂停了\n浏览用户单击"确定"按钮，程序将会继续运行，并显示
```

```
        "最后输出的文字。");                                              //弹出信息对话框
12      document.write("最后输出的文字。<br />");                         //输出内容
13    </script>
14 页面载入完成后显示"页面已载入!"对话框。
15 </body>
16 </html>
```

【代码解析】第 8 行在页面载入（onload()）时，使用 alert()方法弹出一个信息对话框，显示提示信息。第 11 行使用 alert()方法弹出一个信息对话框，显示内容。

执行该代码，浏览效果如图 18.4 所示。这时页面还没有完全载入，因为 JavaScript 程序被对话框暂停操作了。当浏览用户单击"确定"按钮后，浏览效果如图 18.5 所示。

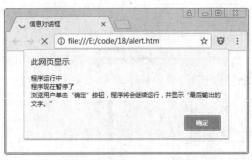

图 18.4 暂停信息对话框

图 18.5 载入完成信息对话框

这时页面才完全载入完成。alert()方法在网站中应用广泛，且使用简单。本例用到了 body 元素的 onLoad 事件，代表页面完全载入时发生的一个事件，并触发所设置的 JavaScript 程序代码。

18.2.2 选择对话框

信息对话框只有一个"确定"按钮，这样浏览用户没有任何选择。而选择对话框有"确定"和"取消"两个按钮，根据浏览用户的选择，程序将出现不同的结果。选择对话框的编写方法如下：

```
confirm(对话框提示文字内容);
```

类似于 alert()方法，confirm()方法只接收一个参数，并转换为字符串值显示。而 confirm()方法还会产生一个值为 true 或 false 的结果，也称作返回一个布尔值。当用户单击选择对话框中的"确定"按钮时，confirm()方法将返回 true；反之，将返回 false。JavaScript 程序可使用判断语句对这两种值做出不同处理，以达到显示不同结果的目的。

【示例 18-4】confirm.htm，选择对话框

```
01 //confirm.htm
02 <!DOCTYPE>
03 <html xmlns="http://www.w3.org/1999/xhtml">
04 <head>
05 <meta http-equiv="Content-Type" content="text/html; charset=gb2312" />
06 <title>选择对话框</title>
07 <style type="text/css">
```

```
08    .red{color:#d00;}
09    .blue{color:#00d;}
10  </style>
11  </head>
12  <body>
13  <script type="text/javascript">
14    document.write("接下来显示"文字颜色选择"对话框<br />");    //输出内容
15    //弹出选择对话框
16    if(confirm("显示红色文字吗? \n 如果选择"取消",将显示蓝色文字") == true){
17        //如果单击"确定"按钮,则显示红色文字
18        document.write("<h3 class='red'>红色文字</h3>");
19    }else{
20        document.write("<h3 class='blue'>蓝色文字</h3>");     //显示蓝色文字
21    }
22  </script>
23  </body>
24  </html>
```

【代码解析】第 16 行使用 confirm()方法来显示一个选择对话框,其中有"确定"和"取消"两个按钮,单击不同按钮将触发不同的输出内容。

执行该代码,浏览效果如图 18.6 所示。

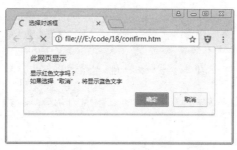

图 18.6 选择对话框

在单击"确定"按钮后,浏览效果如图 18.7 所示。反之,在单击"取消"按钮后,浏览效果如图 18.8 所示。

图 18.7 选择对话框确认效果

图 18.8 选择对话框取消效果

可见,通过选择对话框的不同选择,JavaScript 在进行返回值的判断后,执行了不同的代码。判断语句将在后面详细学习,其中,if 代表"如果",else 代表"否则"。

18.2.3 提示对话框

提示对话框在网站中应用比较少,一般情况下心理测试、恶作剧等小应用使用得比较多。提示对话框显示一段提示文本,其下面是一个等待用户输入的文本输入框,并伴有"确定"和"取消"按钮。其编写方法如下:

```
prompt(提示文本内容,文本输入框默认文本);
```

可见,prompt()方法需要设计者输入两个参数,而第二个参数并不是必需的。和 confirm()方法不同,prompt()方法只返回一个值。当浏览用户单击"确定"按钮时,返回输入文本输入框中的文本(字符串值);当浏览用户单击"取消"按钮时,返回值为 null。

【示例 18-5】 prompt.htm,提示对话框

```
01  //prompt.htm
02  <!DOCTYPE>
03  <html xmlns="http://www.w3.org/1999/xhtml">
04  <head>
05  <meta http-equiv="Content-Type" content="text/html; charset=gb2312" />
06  <title>提示对话框</title>
07  </head>
08  <body>
09  <script type="text/javascript">
10      //输入对话框
11      document.write("你来自国家——"+prompt('请问,你来自哪个国家? ','请输入')+"<hr />");
12      //输入对话框
13      document.write("你来自城市——"+prompt('请问,你来自哪个城市? ','')+"<hr />");
14      //输入对话框
15      document.write("你最喜爱的明星——"+prompt('请问,你最喜爱的明星是谁? '));
16  </script>
17  </body>
18  </html>
```

【代码解析】 第 10~15 行分别使用 prompt()方法让用户输入相应的内容,之后使用 document 对象的 write()方法将用户输入的内容显示出来。

执行该代码,浏览效果如图 18.9 所示。输入"中国",单击"确定"按钮后,浏览效果如图 18.10 所示。输入"北京",单击"确定"按钮后,浏览效果如图 18.11 所示。

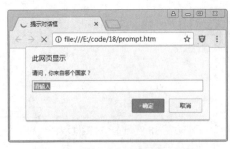

图 18.9 第一个问题提示对话框

图 18.10 第二个问题提示对话框

图 18.11　第三个问题提示对话框

输入"张学友",单击"确定"按钮后,运行结果如图 18.12 所示。可见,当 confirm()方法只有第一个参数时,默认值为"undefined"。如果浏览用户单击"取消"按钮,则运行结果如图 18.13 所示。

图 18.12　提示对话框运行结果

图 18.13　提示对话框取消运行结果

18.3 数据类型和变量

程序是计算机的灵魂,是人与计算机之间交流的工具,JavaScript 程序同样如此。程序的运行需要操作各种数据值(value),这些数据值在程序运行时暂时存储在计算机的内存中。计算机内存开辟了很多小块,类似一个个小房间,用于存放这些数据值。这些房间通常被称为变量,而房间的大小取决于其定义的数据类型,根据程序不同需要使用各种类型的数据,以避免浪费内存空间。

18.3.1　数据类型的理解

JavaScript 程序能够处理多种数据类型。数据类型可简单分为两类,即基本数据类型和复合数据类型。基本数据类型是 JavaScript 语言中最小、最基本的元素,包括数字型(整数和浮点数)、字符串型(需要引号包含)、布尔型(取值为 true 或 false)、空值型和未定义型。而复合数据类型包括对象、数组等。JavaScript 语言相对于 C#等语言,变量或常量在使用前不需要声明数据类型,只有在赋值或使用时才需要确定其数据类型。如果需要查看数据的数据类型,则可以使用 typeof 运算符,其编写方法如下:

```
typeof 数据
typeof (数据)
```

以上两种编写方法都正确，为了保证代码的清晰，推荐使用第二种编写方法。typeof 运算符的返回值为一个字符串，内容是所操作数据的数据类型。

说明：空值型只有一个值，即 null；未定义型也只有一个值，即 undefined。

18.3.2 学习几种基本数据类型

JavaScript 中的数字型（number）分为整数和浮点数，一般用于程序中的数学运算。读者在数学中学习过整数和浮点数的概念，如 1、20、50、-10 都是整数，而 3.14、1.414、-5.5 等都是浮点数。实际上，JavaScript 中所有的数字型数据采用 IEEE 764 标准定义的 64 位浮点格式表示，即 Java、C++和 C 等语言中的 double 类型。JavaScript 中的数字型数据通过运算符进行各种运算，这些运算符包括加法运算符（+）、减法运算符（-）、乘法运算符（*）和除法运算符（/）。

说明：在使用数字型数据时，JavaScript 并不区分整数和浮点数。

JavaScript 中的字符串型数据是用引号包含起来的一串字符，单引号或双引号必须成对出现。在前面的示例中已经多次使用字符串型数据。引号中没有任何字符称作空串，而引号中即使有数字也属于字符串型，而不属于数字型。为了在字符串中放入一些无法输入的字符，JavaScript 提供了转义字符，如前面示例中用于表示换行的 "\n"。JavaScript 中常用的转义字符如表 18-2 所示。

表 18-2 JavaScript 中常用的转义字符

转义字符	含 义	转义字符	含 义
\'	英文单引号'	\"	英文双引号"
\t	Tab 字符	\n	换行字符
\r	回车字符	\f	换页字符
\b	退格字符	\e	转义字符（Esc 字符）
\\	反斜杠字符（\）		

在前面的示例中使用过拼接字符串，即通过加法符号拼接多个字符串，可以得到一个新的字符串。如果加法符号的一个操作数是字符串，另一个操作数是数字型数据，那么数字型数据先被转换成字符串再进行拼接。如果加法符号的两个操作数都是数字型数据，则进行数字的加法运算，并得出数字型数据结果。

【示例 18-6】 str.htm，字符串操作

```
01  //str.htm
02  <!DOCTYPE>
03  <html xmlns="http://www.w3.org/1999/xhtml">
04  <head>
05  <title>字符串操作</title>
06  </head>
07  <body>
08  下面是JavaScript程序动态生成的内容: <br />
09  <script language="javascript">
10    document.write("大家好,我来自<br />");                //输出内容
11    document.write("中国"+"的北京"+"<br />");              //字符串拼接
```

```
12    document.write(2008+"年将举行奥运会<br />");           //字符串拼接
13    document.write(10+3+"亿人为北京祝福");                  //字符串拼接
14 </script>
15 </body>
16 </html>
```

【代码解析】第 11、12 行分别使用 "+" 将字符串进行拼接，并将拼接后的字符串使用 document 对象的 write() 方法输出。其中第 12 行的数值先被转换为字符串再进行拼接。

执行该代码，浏览效果如图 18.14 所示。

JavaScript 中的布尔类型使用非常广泛。布尔类型只有两个值：一个是 true（真）；另一个是 false（假）。布尔类型常用于代表状态或标志。

【示例 18-7】bool.htm，布尔类型

```
01 //bool.htm
02 <!DOCTYPE>
03 <html xmlns="http://www.w3.org/1999/xhtml">
04 <head>
05 <title>布尔类型</title>
06 </head>
07 <body>
08 2等于1吗? <br />
09 <script type="text/javascript">
10   document.write("这个问题的结果是一个"+typeof(2==1)+"类型的数据<br />"); //获取类型
11   document.write("这个问题的结果是");                      //输出内容
12   document.write(2==1);                                    //输出布尔值
13 </script>
14 </body>
15 </html>
```

【代码解析】第 10 行使用 typeof 运算符获取表达式 "2==1" 的结果类型，并输出；第 12 行直接输出表达式 "2==1" 的结果（false）。

执行该代码，浏览效果如图 18.15 所示。

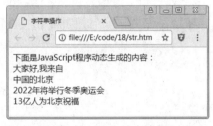

图 18.14　字符串操作

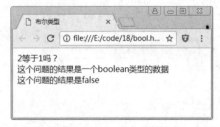

图 18.15　布尔类型

提示：空值型是 JavaScript 中的一种对象类型，只能取值为 null，用于初始化变量或清除变量的内容，以释放相应的内存空间。而未定义型的取值为 undefined，在变量声明并未赋值时，默认的值即 undefined，这时变量参与运算将导致程序出错。不过，如果把 null 值赋给变量，则程序运行将不会报错。

以上为基本数据类型，复合数据类型将在后面详细学习。

18.3.3 变量的含义

在前面的学习中多次提到了变量,变量是简单却非常有用的东西,如果没有它,我们就不知道自己编写的程序能做什么复杂的事。可以把变量看作数学方程式中的未知数,而复杂的方程式就是程序代码。当未知数有确定的值时,就可以通过方程式得出答案。更为恰当的比喻是把变量看作一个容器,用于存储一些值(数据),需要时取出来使用。当然,也可以存储其他的数据以替换原始数据,也就是说变量是临时存储数据的地方,在程序中可以引用变量来操作其中的数据。

事实上,这和计算机硬件系统的工作原理相似,当声明一个变量时,实际上就是向计算机系统发出申请,在内存中划一块区域存储数据,这块区域就是变量。把变量声明为合适的数据类型是提高程序运行效率的手段,也是很好的编程习惯。

说明:内存是临时存储数据的,所以变量也是临时存储数据的。

18.3.4 变量的声明与使用

变量在使用前必须先声明。声明变量的方法很简单,需要使用 var 关键字,其声明方法如下:

```
var 变量名称;
var 变量名称1,变量名称2,变量名称3,...;
var 变量名称 = 变量值;
```

变量名称不能随意命名,必须以下画线或字母开头,后面跟随字母、下画线或数字。我们在前面学习过,变量名称区分大小写,即变量"txt"和"Txt"是两个不同的变量。在没有赋予变量数据值时,其默认值为 undefined,不能参与程序的运算。声明变量的"="符号不是等于符号,而是赋值符号,代表把右边的数据值赋予左边的变量。

【示例 18-8】var.htm,变量的使用

```
01  //var.htm
02  <!DOCTYPE>
03  <html xmlns="http://www.w3.org/1999/xhtml">
04  <head>
05  <title>变量的使用</title>
06  <script type="text/javascript">
07    var city = "上海";                        //定义变量
08    var num1 = 35;                            //定义变量
09    var num2,date,language;                   //定义变量
10  </script>
11  </head>
12  <body>
13  <script type="text/javascript">
14    document.write(city+"<br />");            //输出变量
15    city="北京";                              //重新为变量赋值
16    document.write(city+"<br />");            //输出变量
17    num1="30";                                //重新为变量赋值
18    document.write(num1+"<br />");            //输出变量
19    document.write(date,language+"<br />");   //输出无值变量
```

```
20      num2=2038;                                    //重新为变量赋值
21      date=num2-num1;                               //重新为变量赋值
22      language="汉语";                              //重新为变量赋值
23      document.write(date+"年"+city+"奥运会，我们都说"+language);   //输出变量
24    </script>
25  </body>
26  </html>
```

【代码解析】第 7~9 行分别定义了一组变量，然后在第 15、17、20~22 行重新为变量赋值，并输出变量。

执行该代码，浏览效果如图 18.16 所示。

图 18.16　变量的使用

本例充分体现了变量在运算中的重要性，并且变量的值在程序运行时可以动态改变。

18.4　常用的运算符

本节学习表达式与运算符在 JavaScript 程序中的应用。程序的运行是靠各种运算进行的，运算时需要各种运算符、表达式等的参与。JavaScript 中的大多数运算符和数学中的运算符相似，不过也有部分差异，如 "=" 符号等，读者切勿混淆。

18.4.1　运算符与表达式

JavaScript 中的运算符是一些特定符号的集合，这些符号用于操作数据按特定的规则进行运算，并生成结果。运算符所操作的数据被称为操作数，运算符和操作数连接并可运算出结果的式子就是表达式。不同的运算符，其对应的操作数个数也不同。在 JavaScript 中，根据操作数个数的不同，运算符分为一元运算符、二元运算符和三元运算符。表达式中的操作数可以是数字、字符串或布尔型等数据类型，不过很多运算符要求特定数据类型的操作数，在编写代码时要特别注意数据类型。

表达式是 JavaScript 运算中的 "短语"，可以把多个表达式合并成一个表达式。为了避免破坏表达式的结构，应该注意运算符的优先级。

【示例 18-9】exp.htm，表达式的合并

```
01  //exp.htm
02  <!DOCTYPE>
03  <html xmlns="http://www.w3.org/1999/xhtml">
04  <head>
```

```
05  <title>表达式的合并</title>
06  <script type="text/javascript">
07    var num1 = 20;                                          //定义变量
08    var num2 = 50;
09    var num3 = 30;
10    var num4 = 60;
11    var sum1,sum2,sum;
12  </script>
13  </head>
14  <body>
15  <script type="text/javascript">
16    sum1=num1+num2;                                         //进行加法运算
17    document.write("第1个加法表达式的值为: "+sum1+"<br />");   //输出结果
18    sum2=num3+num4;                                         //进行加法运算
19    document.write("第2个加法表达式的值为: "+sum2+"<br />");   //输出结果
20    sum=num1+num2*num3+num4;                                //进行四则运算
21    document.write("将2个加法表达式直接用乘法运算符连接的值为: "+sum+"<br />");
22    sum=(num1+num2)*(num3+num4);                            //进行带括号运算
23    document.write("将2个加法表达式用乘法运算符和小括号连接的值为: "+sum+"<br />");
24    sum=sum1*sum2;                                          //进行乘法运算
25    document.write("将2个加法表达式运算后用乘法运算符连接的值为: "+sum+"<br />");
26  </script>
27  </body>
28  </html>
```

【代码解析】第7~11行定义了一组变量，第16、18、20、22、24行对这些变量进行了相应的运算。

执行该代码，浏览效果如图18.17所示。

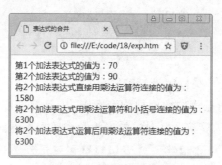

图18.17 表达式的合并

可见，在JavaScript中，乘法运算符（*）的优先级高于加法运算符（+）的优先级。为了保持表达式合并的准确性，用括号包含子表达式是比较好的习惯。在运算顺序方面，只有二元运算符是自左向右运算的，而一元运算符和三元运算符是自右向左运算的。

18.4.2 基本运算符及其使用

计算机出现的初期就是用于科学计算的，其实用户对计算机进行的操作都是以运算方式存在的，本节学习JavaScript中几种基本运算符的使用方法。

1. 基本算术运算符

基本算术运算符包含加法（+）、减法（-）、乘法（*）、除法（/）和取余（%）运算符。这里的加减乘除和数学中的加减乘除一样，都是二元运算符，乘法和除法的优先级高于加法和减法。而取余运算符也是二元运算符，用于求两个操作数相除后的余数。

【示例 18-10】math.htm，基本算术运算符的应用

```
01  //math.htm
02  <!DOCTYPE>
03  <html xmlns="http://www.w3.org/1999/xhtml">
04  <head>
05  <title>基本算术运算符的应用</title>
06  <script type="text/javascript">
07    var num1 = 60;                                //定义变量
08    var num2 = 50;
09    var sum;
10  </script>
11  </head>
12  <body>
13  <script type="text/javascript">
14    sum=num1+num2;                                //进行加法运算
15    document.write(num1+"和"+num2+"加法表达式的值为："+sum+"<br />");
16    sum=num1-num2;                                //进行减法运算
17    document.write(num1+"和"+num2+"减法表达式的值为："+sum+"<br />");
18    sum=num1*num2;                                //进行乘法运算
19    document.write(num1+"和"+num2+"乘法表达式的值为："+sum+"<br />");
20    sum=num1/num2;                                //进行除法运算
21    document.write(num1+"和"+num2+"除法表达式的值为："+sum+"<br />");
22    sum=num1%num2;                                //进行取余运算
23    document.write(num1+"和"+num2+"取余表达式的值为："+sum+"<br />");
24  </script>
25  </body>
26  </html>
```

【代码解析】第 7~9 行定义了 3 个变量，第 14、16、18、20、22 行分别对变量进行了四则运算，并输出结果。

执行该代码，浏览效果如图 18.18 所示。

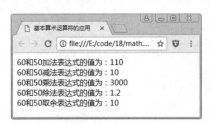

图 18.18 基本算术运算符的应用

本例使用了两个变量 num1 和 num2 参与运算，并声明了变量 sum 作为存储结果的容器，通过 5 个表达式把基本算术运算符的运算结果输出。

2. 赋值运算符

赋值运算符是较特殊的一类运算符，在多个示例中已经使用了赋值运算符"="。在初学者看来，赋值运算符就是等于符号。其实赋值符号和等于符号有很大的差别，赋值符号即把右边操作数的值赋予左边的操作数（一般为变量）。赋值表达式是具体的运算，可以单独成为程序语句。而等于符号在 JavaScript 中为"=="，判断两边的操作数的值是否相等。如果相等，则返回 true；否则返回 false。只含有等于表达式的程序语句是没有意义的。

赋值运算符和基本算术运算符可以结合成多种类型的赋值运算符，如以下语句：

```
num1 = num1 + num2;
```

以上代码可以用加赋值符号的语句代替，编写方法如下：

```
num1+=num2;
```

使用类似的方法可得出减赋值符号（-=）、乘赋值符号（*=）、除赋值符号（/=）和取余赋值符号（%=）。

【示例 18-11】math2.htm，赋值运算符的应用

```
01  //math2.htm
02  <!DOCTYPE>
03  <html xmlns="http://www.w3.org/1999/xhtml">
04  <head>
05  <title>赋值运算符的应用</title>
06  <script type="text/javascript">
07    var num = 50;                                    //定义变量
08    var sum = 200;
09  </script>
10  </head>
11  <body>
12  <script type="text/javascript">
13    sum+=num;                                        //加赋值
14    document.write("加赋值后 sum 的值为："+sum+"<br />");
15    sum-=num;                                        //减赋值
16    document.write("减赋值后 sum 的值为："+sum+"<br />");
17    sum*=num;                                        //乘赋值
18    document.write("乘赋值后 sum 的值为："+sum+"<br />");
19    sum/=num;                                        //除赋值
20    document.write("除赋值后 sum 的值为："+sum+"<br />");
21    sum%=num;                                        //取余赋值
22    document.write("取余赋值后 sum 的值为："+sum+"<br />");
23  </script>
24  </body>
25  </html>
```

【代码解析】第 7、8 行定义了两个变量，第 13、15、17、19、21 行分别对变量进行了加赋值、减赋值、乘赋值、除赋值、取余赋值等运算，并输出结果。

执行该代码，浏览效果如图 18.19 所示。

图 18.19 赋值运算符的应用

3．增量和减量运算符

JavaScript 为了简化代码编写，提供了增量运算符（++）和减量运算符（--）。增量和减量运算符都是一元运算符，增量运算符可使操作数加 1，减量运算符可使操作数减 1。当增量运算符（++）位于操作数左边时，称为前增，即操作数先增加 1，然后参与其他运算；反之称为后增，即操作数先参与其他运算，然后增加 1。当减量运算符（--）位于操作数左边时，称为前减，即操作数先减 1，然后参与其他运算；反之称为后减，即操作数先参与其他运算，然后减 1。

【示例 18-12】math3.htm，增量和减量运算符的应用

```
01  //math3.htm
02  <!DOCTYPE>
03  <html xmlns="http://www.w3.org/1999/xhtml">
04  <head>
05  <title>增量和减量运算符的应用</title>
06  <script type="text/javascript">
07    var num = 50;                              //定义变量
08    var sum;
09  </script>
10  </head>
11  <body>
12  <script type="text/javascript">
13    document.write("num 的初始值为："+num+"<br />");
14    sum=num++;                                 //后增
15    document.write(" "sum=num++;"num 后增运算后 sum 的值为："+sum+"，而 num 的值为 "+num+"<br />");
16    sum=++num;                                 //前增
17    document.write(" "sum=++num;"num 前增运算后 sum 的值为："+sum+"，而 num 的值为 "+num+"<br />");
18    sum=num--;                                 //后减
19    document.write(" "sum=num--;"num 后减运算后 sum 的值为："+sum+"，而 num 的值为 "+num+"<br />");
20    sum=--num;                                 //前减
21    document.write(" "sum=--num;"num 前减运算后 sum 的值为："+sum+"，而 num 的值为 "+num+"<br />");
22  </script>
23  </body>
24  </html>
```

【代码解析】第7、8行定义了两个变量,第14、16、18、20行分别对变量进行了后增、前增等增量与减量运算,并输出结果。

执行该代码,浏览效果如图18.20所示。

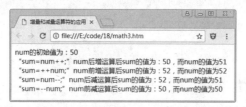

图18.20　增量和减量运算符的应用

在本例中,增量和减量运算符的前后位置影响了赋值运算的顺序。增量和减量运算符常用于循环语句中。增量(减量)运算符在循环语句中可以发挥计数器的作用,后面章节将详细学习。

4.加法运算符和加赋值运算符的区别

当加法运算符(+)和加赋值运算符(+=)两边的操作数中至少有一个字符串型数据时,加法运算符将进行字符串拼接运算。

【示例18-13】str2.htm,加法运算符在不同场合中的应用

```
01  //str2.htm
02  <!DOCTYPE>
03  <html xmlns="http://www.w3.org/1999/xhtml">
04  <head>
05  <title>加法运算符在不同场合中的应用</title>
06  <script type="text/javascript">
07    var str1 = "大家好";                        //定义一组变量
08    var str2 = "我是一个网页设计师";
09    var num1 = "50";
10    var num2 = 100;
11    var sum;
12  </script>
13  </head>
14  <body>
15  <script type="text/javascript">
16    sum=str1+str2;                              //字符串拼接
17    document.write(" "sum=str1+str2;"操作后 sum 的值为: "+sum+"<br />");
18    str1+=str2;                                 //字符串拼接
19    document.write(" "str1+=str2;"操作后 str1 的值为: "+str1+"<br />");
20    sum=str1+num1;                              //字符串与字符串数值拼接
21    document.write(" "sum=str1+num1;"操作后 sum 的值为: "+sum+"<br />");
22    sum=str1+num2;                              //字符串与数值拼接
23    document.write(" "sum=str1+num2;"操作后 sum 的值为: "+sum+"<br />");
24    sum=num1+num2;                              //字符串数值与数值拼接
25    document.write(" "sum=num1+num2;"操作后 sum 的值为: "+sum+"<br />");
26  </script>
27  </body>
28  </html>
```

【代码解析】第 7~11 行定义了一组变量，然后分别演示"+"运算符在不同场合中的应用，并将运算结果输出。

执行该代码，浏览效果如图 18.21 所示。

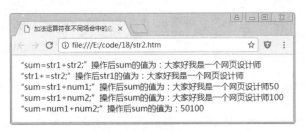

图 18.21　加法运算符在不同场合中的应用

18.4.3　关系运算符及其使用

JavaScript 中的关系运算符用于测试操作数之间的关系，如大小比较、是否相等，根据这些关系存在与否返回一个布尔型数据值，即 true（真）或 false（假）。关系运算符的运算顺序为自左向右进行比较，字符采用 Unicode 编码。关系运算符中最常用的是比较运算符，其含义如下：

（1）小于符号（<）。如果左边的操作数小于右边的操作数，则返回 true（真）；否则返回 false（假）。

（2）小于等于符号（<=）。如果左边的操作数小于等于右边的操作数，则返回 true（真）；否则返回 false（假）。

（3）大于符号（>）。如果左边的操作数大于右边的操作数，则返回 true（真）；否则返回 false（假）。

（4）大于等于符号（>=）。如果左边的操作数大于等于右边的操作数，则返回 true（真）；否则返回 false（假）。

（5）等于符号（==）。如果左边的操作数等于右边的操作数，则返回 true（真）；否则返回 false（假）。

（6）不等于符号（!=）。如果左边的操作数不等于右边的操作数，则返回 true（真）；否则返回 false（假）。

（7）全等于符号（===）。如果左边的操作数全等于右边的操作数，则返回 true（真）；否则返回 false（假）。

（8）非全等于符号（!==）。如果左边的操作数没有全等于右边的操作数，则返回 true（真）；否则返回 false（假）。

其中，第 1~4 个比较运算符的含义与数学中的比较运算符的含义一致，而关于等于的概念在程序语言中有着更复杂的含义。"=="和"==="符号都用于测试两个操作数的值是否相等，操作数可以使用任意数据类型。"=="对操作数的一致性要求比较宽松（可以通过数据类型转换后进行比较），而"==="对操作数的一致性要求比较严格。不等于符号（!=）对应等于符号（==），非全等于符号（!==）对应全等于符号（===）。

【示例 18-14】 comp.htm，比较运算符的应用

```
01  //comp.htm
02  <!DOCTYPE>
03  <html xmlns="http://www.w3.org/1999/xhtml">
04  <head>
05  <title>比较运算符的应用</title>
06  </head>
07  <body>
08  <script type="text/javascript">
09    //比较运算
10    document.write(" "10>20" 操作后返回的值为："+(10>20)+"<br />");
11    //比较运算
12    document.write(" 'abc'>'a' 操作后返回的值为："+('abc'>'a')+"<br />");
13    document.write(" "10>=20" 操作后返回的值为："+(10>=20)+"<br />");   //比较运算
14    document.write(" "10>=10" 操作后返回的值为："+(10>=10)+"<hr />");   //比较运算
15    document.write(" "10==10" 操作后返回的值为："+(10==10)+"<br />");   //比较运算
16    //比较运算
17    document.write(" 'abc'=='abc' 操作后返回的值为："+('abc'=='abc')+"<br />");
18    document.write(" "10===10" 操作后返回的值为："+(10===10)+"<br />"); //比较运算
19    //比较运算
20    document.write(" 'abc'==='abc' 操作后返回的值为："+('abc'==='abc')+"<br />");
21    document.write(" '10'==10" 操作后返回的值为："+('10'==10)+"<br />");   //比较运算
22    document.write(" '10'===10" 操作后返回的值为："+('10'===10)+"<hr />"); //比较运算
23    document.write(" "10!=10" 操作后返回的值为："+(10!=10)+"<br />");     //比较运算
24    document.write(" '10'!==10" 操作后返回的值为："+('10'!==10)+"<br />");//比较运算
25  </script></body>
26  </html>
```

【代码解析】第 9～24 行分别使用比较运算符对内容进行比较，并输出比较的结果。如果结果为真，则输出 true；否则输出 false。

执行该代码，浏览效果如图 18.22 所示。

图 18.22　比较运算符的应用

当比较运算符的两个操作数有一个为数字型时，如果另一个为字符串型，则字符串型将转换成数字型进行比较。而如果运算符的两个操作数都是字符串型，那么字符串将一个个字符自左向右进行比较，一旦发现有不同字符马上停止比较，只比较这个位置两个不同字符的字符编码数值，这个数值即字符在 Unicode 编码集中的数值。如对"abcd"和"abda"进行比较，只会比较第一个操作数的字符"c"和第二个操作数的字符"d"的编码值。由于大小写字母的 Unicode 编码值不同，所以在比较字符串时，常需要使用 String.toLowerCase() 或 String.toUpperCase()方法。第一个方法用于把字符串统一转换为小写字母，第二个方法用于把字符串统一转换为大写字母。

说明：Unicode 是一种字符编码方法，由国际组织设计，可以容纳全世界所有语言文字的编码。

关系运算符除比较运算符外，还有 in 和 instanceof 运算符，后面将详细学习。

18.4.4 逻辑运算符及其使用

JavaScript 中的逻辑运算符用于执行布尔型数据的运算。由于比较运算符的返回值（结果）为布尔型数据，所以逻辑运算符常和比较运算符配合使用。一般情况下，逻辑运算符的返回值也是布尔型数据，不过当操作数都是数字型时，逻辑运算符的返回值也为数字型。在 JavaScript 中，非 0 数字型数据看作 true，把 0 看作 false，所以，即便逻辑运算符的返回值也为数字型，也可以看作 true 或 false。逻辑运算符包括常用的逻辑与运算符、逻辑或运算符和逻辑非运算符。还有一种逻辑运算符为逐位运算符，涉及二进制的计算，JavaScript 中不常用，这里略过不学。

（1）逻辑与运算符（&&）。这是二元运算符，当且仅当两个操作数的值都为 true 时，逻辑与运算符运算返回的值为 true；否则为 false。

（2）逻辑或运算符（||）。这是二元运算符，当两个操作数的值至少有一个为 true 时，逻辑或运算符运算返回的值为 true；当两个操作数的值至少有一个为 false 时，逻辑或运算符运算返回的值为 false。

（3）逻辑非运算符（!）。这是一元运算符，其位置在操作数前面，运算时对操作数的布尔值取反。即当操作数的值为 false 时，逻辑非运算符运算返回的值为 true；反之为 false。

【示例 18-15】logic.htm，逻辑运算符的应用

```
01  //logic.htm
02  <!DOCTYPE>
03  <html xmlns="http://www.w3.org/1999/xhtml">
04  <head>
05  <title>逻辑运算符的应用</title>
06  <script type="text/javascript">
07    var sum1=1>2;                        //定义变量
08    var sum2=1<2;                        //定义变量
09  </script>
10  </head>
11  <body>
```

```
12  说明：sum1=1>2，sum2=1<2。<hr />
13  <script type="text/javascript">
14      document.write("<h3>逻辑与运算符示例</h3>");
15      //逻辑与
16      document.write(""sum1&&sum2"操作后返回的值为："+(sum1&&sum2)+"<br />");
17      //逻辑与
18      document.write(""sum1&&true"操作后返回的值为："+(sum1&&true)+"<br />");
19      document.write(""sum2&&true"操作后返回的值为："+(sum2&&true)+"<br />");
20      document.write(""sum1&&false"操作后返回的值为："+(sum1&&false)+"<br />");
21      document.write(""sum2&&false"操作后返回的值为："+(sum2&&false)+"<br />");
22      document.write(""0&&5"操作后返回的值为："+(0&&5)+"<br />");
23      document.write(""3&&5"操作后返回的值为："+(3&&5)+"<br />");
24      document.write(""5&&3"操作后返回的值为："+(5&&3)+"<br />");
25      document.write(""'中国人'&&3"操作后返回的值为："+('中国人'&&3)+"<br />");
26      document.write(""3&&'中国人'"操作后返回的值为："+(3&&'中国人')+"<br />");
27      document.write("<h3>逻辑或运算符示例</h3>");
28      //逻辑或
29      document.write(""sum1||sum2"操作后返回的值为："+(sum1||sum2)+"<br />");
30      //逻辑或
31      document.write(""sum1||true"操作后返回的值为："+(sum1||true)+"<br />");
32      document.write(""sum2||true"操作后返回的值为："+(sum2||true)+"<br />");
33      document.write(""sum1||false"操作后返回的值为："+(sum1||false)+"<br />");
34      document.write(""sum2||false"操作后返回的值为："+(sum2||false)+"<br />");
35      document.write("<h3>逻辑非运算符示例</h3>");
36      document.write(""!sum2"操作后返回的值为："+(!sum2)+"<br />");    //逻辑非
37      document.write(""!sum1"操作后返回的值为："+(!sum1)+"<br />");
38      document.write(""!5"操作后返回的值为："+(!5)+"<br />");
39      document.write(""!0"操作后返回的值为："+(!0)+"<br />");
40      document.write(""!'中国人'"操作后返回的值为："+(!'中国人')+"<br />");
41  </script>
42  </body>
43  </html>
```

【代码解析】第 14～40 行分别使用逻辑运算符对变量进行逻辑与、或、非等运算，并输出运算结果。

执行该代码，浏览效果如图 18.23 所示。

在使用逻辑运算符进行运算时，当操作数为空值型（null）时可看作 false 值，当操作数为未定义型（undefined）时同样如此。如 "!null" 和 "!undefined" 的运算结果都为 true，读者可进行尝试。逻辑运算符常用于条件语句，用于判断条件是否成立（返回值是否为 true），根据条件成立与否执行不同的语句。

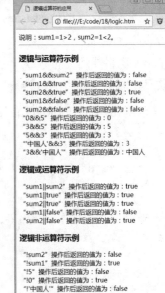

图 18.23 逻辑运算符的应用

18.4.5 其他常用运算符及其使用

为了便于程序编写，JavaScript 还提供了条件运算符。条件运算符（?:）是 JavaScript 中唯一的三元运算符，编写时使用问号（?）和冒号（:）连接 3 个操作数。条件运算符的编写格式如下：

表达式 1?表达式 2:表达式 3

表达式 1 的返回值为布尔值（或被转换为布尔值），当表达式 1 的值为 true 时，条件运算符返回表达式 2 的值；当表达式 1 的值为 false 时，条件运算符返回表达式 3 的值。由于条件表达式编写方便，所以常用于条件判断，代替结构简单的条件语句。

【示例 18-16】condition.htm，条件运算符的应用

```
01  //condition.htm
02  <!DOCTYPE>
03  <html xmlns="http://www.w3.org/1999/xhtml">
04  <head>
05  <title>条件运算符的应用</title>
06  <script type="text/javascript">
07    var sum;
08  </script>
09  </head>
10  <body>
11  <h3>条件运算符示例</h3>
12  <script type="text/javascript">
13    var sum=prompt("请输入 sum 变量的值（是否为真）","");              //输入框
14    document.write(""sum=='真'?1+2:1-2"操作后返回的值为："+(sum=='真'?1+2:1-2)+"<br />");  //条件运算
15  </script>
16  </body>
17  </html>
```

【代码解析】第 14 行使用条件运算符 "?:" 对指定内容进行判断，根据结果返回不同的值，并输出结果。

执行该代码，浏览效果如图 18.24 所示。在文本输入框输入"真"，单击"确定"按钮，浏览效果如图 18.25 所示。如果在文本框中输入其他值，单击"确定"按钮，则浏览效果如图 18.26 所示。

图 18.24 用户输入初始值

图 18.25 条件表达式为 true 的结果　　图 18.26 条件表达式为 false 的结果

其他运算符还有 void、delete、new、this 和 funciton 等，在后面的函数、对象部分将一一学习。

18.5 拓展训练

18.5.1 训练一：在页面中插入一段 JavaScript 代码

【拓展要点：<script>标记的使用】

HTML 是一种文本标记语言，本身不具有高级编程语言的能力，但在 HTML 页面中插入 JavaScript 代码即可实现丰富多彩的功能。要在 HTML 页面中插入 JavaScript 代码，使用<script>标记即可。在以往的 HTML 中需要指定<script>标记的 language 属性，在 HTML5 中默认即 JavaScript，所以可以不指定该属性。

【代码实现】（略）

18.5.2 训练二：在页面中使用一个选择框，并根据选择输出不同内容

【拓展要点：<confirm>标记的使用】

JavaScript 中有 3 种对话框，分别为信息对话框、选择对话框和提示对话框。其中，选择对话框中通常有"确定"与"取消"两个按钮，当用户单击"确定"按钮时，将会返回 true；反之则返回 false。可以根据用户的选择执行不同的操作。

【代码实现】

```
<script type="text/javascript">
 if(confirm("显示红色文字？") == true){
    document.write("<h3 class='red'>红色文字</h3>");
 }else{
    document.write("<h3 class='blue'>蓝色文字</h3>");
    }
</script>
```

18.6 技术解惑

18.6.1 关于多行注释的误区

通过 18.1.3 节的介绍，读者可以了解到 JavaScript 支持单行注释与多行注释，其中单行注释较为简单，直接在需要注释的行使用"//"即可。而在使用多行注释时需要注意，多行注释不支持嵌套使用，即在多行注释内容之中又有其他多行注释。如以下代码所示的注释：

```
/*
这里是注释的内容
/*
这里是嵌套的注释内容
```

```
*/
*/
```

这种情况是不允许的,因为只有第一个出现的多行注释结束符号"*/"之前的注释内容会被正确注释,而此后的内容直到后一个"*/"都是不会被注释的,需要读者引起注意。

18.6.2　3 种对话框的区别

18.2 节介绍了 3 种交互的基本方法,分别为信息对话框、选择对话框及提示对话框。这 3 种对话框都有其使用特点,具体表现为:信息对话框常用于提示信息,用户无须做出选择;选择对话框通常需要用户在两个选项中做出选择,选择不同的选项会触发不同的内容;提示对话框则需要用户输入一些内容,并确定输入的内容。这是三者的区别。因此,在实际使用时,要根据不同的应用场景选择不同的类型,以达到事半功倍的效果。

18.6.3　关于 JavaScript 中的基本数据类型

通过 18.3.2 的介绍,读者了解到 JavaScript 中的基本数据类型有数字型、字符串型、布尔型、空值型和未定义型等,其中用得最多的是数字型与字符串型,多数变量通常需要用到这两种类型。其次是布尔型,即 true 与 false,通常用于某结果为布尔型,并对布尔型进行判断。而空值型与未定义型使用得较少,通常作为某种结果或出错的原因,读者了解即可。除此之外,由这几种基本数据类型构成的复合数据类型——数组和对象,将在后续章节中为大家介绍。

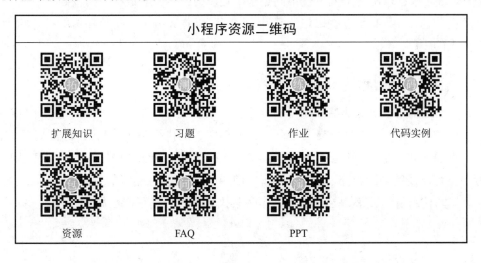

第19章 JavaScript 核心语法

通过基础语法知识的学习，读者对 JavaScript 语言有了比较全面的理解。本章将学习 JavaScript 程序编写的核心部分——条件分支语句和循环语句、函数，以及面向对象的概念。对于初学者来说，这是一个未知的学习世界，但也是知识提升最快的章节。

19.1 程序的核心：分支和循环

由于计算机的运算能力非常强，通过编写程序可以使计算机在短时间内按照某种规则进行多次运算，或者根据情况的不同进行不同类型的运算。其实这就是程序的核心——条件分支语句和循环语句的作用。有了这些语句的帮助，程序可以更充分地利用计算机的运算能力，编写功能更强大的程序。

19.1.1 if 条件分支

在执行程序时，不一定非要按编写的顺序自上而下进行，很多时候需要根据不同情况，跳转执行相应的一段程序。条件分支语句可以完成程序不同执行路线的判断选择，选择的依据则取决于条件表达式的值（布尔值）。条件语句分为 if 语句和 switch 语句，if 语句常用于两条或三条程序执行路线的判断选择，而 switch 语句常用于多条执行路线的判断选择。

if 语句的使用更为频繁，这个条件语句两条执行路线的编写方法如下：

```
if (条件表达式) {
   代码段 1
}else{
   代码段 2
}
```

条件语句首先对括号内的条件表达式的值进行判断，如果条件表达式的值为 true，则程序将执行代码段 1；否则程序将跳过代码段 1，直接执行代码段 2。当然，程序中可能需要判断多个条件表达式，这将产生更多的执行路线。如有两个条件表达式，编写方法如下：

```
if (条件表达式 1) {
   代码段 1
}else if (条件表达式 2) {
   代码段 2
}else{
```

```
    代码段 3
}
```

通过 if（如果）和 else（否则）的组合可以对多个条件进行判断，以选择不同的程序执行路线。

【示例 19-1】if.htm，对多个条件进行判断

```
01  //if.htm
02  <!DOCTYPE html>
03  <head>
04  <meta http-equiv="Content-Type" content="text/html; charset=gb2312" />
05  <title>if...else 条件分支语句</title>
06  <style type="text/css">
07  body{text-align:center;}
08  </style>
09  </head>
10  <body>
11  <script type="text/javascript">
12    var words=prompt("请输入你最喜欢的动物，只能填猫、狗和猪","");  //显示输入框并赋值给变量
13    if(words=="猫"){                                                //对输入内容进行判断。如果是猫
14      document.write("原来你喜欢小猫啊！");                          //输出内容
15      }else if (words=="狗"){                                       //如果是狗
16      document.write("原来你喜欢小狗啊！");                          //输出内容
17      }else if (words=="猪"){                                       //如果是猪
18      document.write("原来你喜欢小猪啊！");                          //输出内容
19      }else{                                                        //如果不是以上 3 种
20      document.write("原来这 3 种动物你都不喜欢啊！");                //输出内容
21      }
22  </script>
23  </body>
24  </html>
```

【代码解析】第 13～21 行是一段 if...else if...else 代码，"=="用于判断左右两边的操作数是否相等。如果前面的条件都不满足，则执行 else 内的语句。

执行该代码，浏览效果如图 19.1 所示，浏览用户可输入提示文字中的动物名称，如输入"狗"，浏览效果如图 19.2 所示。浏览用户也可输入其他值，浏览效果如图 19.3 所示。

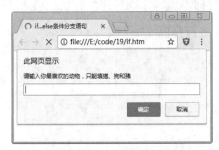

图 19.1 条件输入提示

图 19.2 一定条件成立的运行结果

图 19.3 条件不成立的运行结果

根据所设立的条件不同,程序执行不同的代码,在网页中可用于判断在不同情况下网页产生的不同行为。

19.1.2 switch 条件分支

if...else 语句在判断条件过多时,代码格式混乱,条理性差,为此 JavaScript 提供了 switch 语句作为代替。在有多个判断条件的情况下,switch 语句的编写更为方便。

switch 语句相对于 if...else 语句,更为工整,条理清晰,编写代码时不易出错,其编写方法如下:

```
switch (条件表达式) {
case 值 1:
    代码段 1;
    break;
case 值 2:
    代码段 2;
    break;
case 值 3:
    代码段 3;
    break;
case 值 4:
    代码段 4;
    break;
    ...
    default:代码段 n;
}
```

switch 语句的执行过程其实并不复杂,同样是判断条件表达式的值,如果条件表达式的值为值 1,则程序将执行代码段 1,break 代表其他语句全部跳过,依次类推。最后有一个 default 的情况,类似于 else,即条件表达式的值和以上值都不相等,则程序执行代码段 n。

【示例 19-2】switch.htm,switch 对多个条件进行判断

```
01  //switch.htm
02  <!DOCTYPE html>
03  <head>
04  <meta http-equiv="Content-Type" content="text/html; charset=gb2312" />
05  <title>switch 条件分支语句</title>
06  <style type="text/css">
07  body{text-align:center;}
08  </style>
09  </head>
10  <body>
```

```
11  <script type="text/javascript">
12   var week = prompt("请输入一周中你最喜欢的一天,如周一、周二等","周");//显示输入框
13   switch (week){                                              //开始判断
14   case "周一":                                                 //如果是周一
15   document.write("今天是这个礼拜的第一天,要好好工作。");              //输出内容
16   break;                                                      //跳出
17   case "周二":                                                 //如果是周二
18   document.write("今天是这个礼拜的第二天,怎么感觉好困。");            //输出内容
19   break;                                                      //跳出
20   case "周三":                                                 //如果是周三
21   document.write("今天是这个礼拜的第三天,工作好忙啊。");             //输出内容
22   break;                                                      //跳出
23   case "周四":                                                 //如果是周四
24   document.write("今天是这个礼拜的第四天,怎么还没到周末啊。");        //输出内容
25   break;                                                      //跳出
26   case "周五":                                                 //如果是周五
27   document.write("今天是这个礼拜的第五天,明天休息,今天晚上可以玩个够了。");//输出内容
28   break;                                                      //跳出
29   case "周六":                                                 //如果是周六
30   document.write("今天休息啊,可以好好放松一下了!");                //输出内容
31   break;                                                      //跳出
32   case "周日":                                                 //如果是周日
33   document.write("今天虽然也休息,但明天开始又要上班了。");           //输出内容
34   break;                                                      //跳出
35   default: document.write("为什么不填周几呢?");                   //如果以上皆不是
36   }
37  </script>
38  </body>
39  </html>
```

【代码分析】第 13~36 行是一段 switch…case…default 代码,switch 后面跟的是变量,每次语句的跳出必须有 break,后面必须有分号。

执行该代码,浏览效果如图 19.4 所示。浏览用户输入相应的值可得到不同的结果,如输入"周四",浏览效果如图 19.5 所示。如果浏览用户输入的值不是条件中的值(执行 default 后的语句),则浏览效果如图 19.6 所示。

图 19.4 switch 条件输入提示

图 19.5 条件为真的运行结果

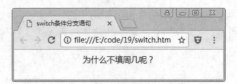

图 19.6　条件为假的运行结果

如果使用 if...else 语句制作本例，则代码结构将非常混乱。由此可见，switch 语句非常适合多条件的判断。

注意：switch 语句中的条件表达式的值和 case 的值是用"==="测试的，即两个值必须完全匹配才执行相应的代码段。

19.1.3　while 循环

在编写程序的时候，需要程序重复多次执行类似的代码，直到某个条件成立。JavaScript 提供了各种循环语句完成这项功能。循环是程序高效率的体现，善用循环，代码结构将得到最大的简化。

while 循环是一种常用的循环，允许 JavaScript 多次执行同一个代码段，一般用于不知道循环次数的情况中，其编写格式如下：

```
while (条件表达式){
  代码段
}
```

while 循环的工作流程并不复杂，首先判断条件表达式的值，如果值为 false，则跳过循环语句，执行后面的语句；而当条件表达式的值为 true 时，程序将执行一次代码段，然后再次判断条件表达式。如果第二次判断条件表达式的值为 false，则跳过循环语句，执行后面的语句；当其值为 true 时，程序将执行一次代码段，然后再次判断条件表达式。这样周而复始地判断条件表达式，直到条件表达式的值为 false，循环才停止，继续执行后面的语句。

【示例 19-3】while.htm，while 循环语句

```
01  //while.htm
02  <!DOCTYPE html>
03  <head>
04  <meta http-equiv="Content-Type" content="text/html; charset=gb2312" />
05  <title>while 循环语句</title>
06  <style type="text/css">
07  body{text-align:center;}
08  </style>
09  </head>
10  <body>
11  <div id="main">
12  <script type="text/javascript">
13    var i=1;                                    //定义变量 i
14    while (i<20){                               //如果 i 小于 20 则开始循环
15      document.write("数字"+i+"<br />");        //输出内容
16      i++;                                      //变量自增 1
```

```
17      }
18  </script>
19  </div>
20  </body>
21  </html>
```

【代码解析】第 14～17 行是一段 while 循环，while 后面的括号中是一个条件表达式，如果条件表达式的值为 true，则执行一次循环。这里用到了 i 的自增功能，每循环一次，i 都会+1。直到 i 的数值超过 20，才会退出循环。

执行该代码，浏览效果如图 19.7 所示。

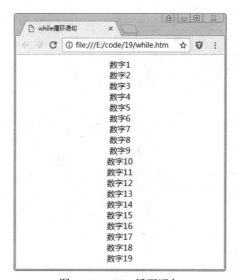

图 19.7　while 循环语句

如果不使用循环语句，那么完成本例的效果是相当麻烦的。在本例中，使用变量 i 做计数器，并且 i 的初始值为 1，循环的条件是 i 必须小于 20。通过 i++语句，每次循环执行代码后 i 都会自增 1，直到 i 的值为 20，循环才停止。对于 while 循环语句来说，有可能循环体内（{}之间的代码）的代码段一次都不会被执行。如 i 的初始值为 20，程序将直接跳过循环语句，执行后面的语句。

19.1.4　do...while 循环

类似于 while 循环，JavaScript 还提供了 do...while 循环，其编写方法如下：

```
do {
  代码段
} while (条件表达式);
```

do...while 循环和 while 循环非常相似，只是把对条件表达式的判断放在后面，即程序先执行一次代码段，再判断条件表达式的值是否为 true。如果条件表达式的值为 true，则继续循环执行代码段；否则跳出循环，执行后面的语句。

【示例 19-4】dowhile.htm，do...while 循环语句

```
01  //dowhile.htm
```

```
02  <!DOCTYPE html>
03  <head>
04  <meta http-equiv="Content-Type" content="text/html; charset=gb2312" />
05  <title>do...while 循环语句</title>
06  <style type="text/css">
07  body{text-align:center;}
08  </style>
09  </head>
10  <body>
11  <div id="main">
12  <script type="text/javascript">
13    document.write("变量i初始值满足条件表达式的情况:<hr />");//输出内容
14    var i=1;                                              //定义变量i
15    do{                                                   //开始循环,先执行一次
16      document.write("数字"+i+"<br />");                  //输出内容
17      i++;                                                //变量自增1
18    }while (i<10);                                        //如果i小于10则继续循环
19    document.write("变量i初始值不满足条件表达式的情况:<hr />");   //输出内容
20    var i=20;                                             //定义变量i
21    do{                                                   //开始循环,先执行一次
22      document.write("数字"+i+"<br />");                  //输出内容
23      i++;                                                //变量自增1
24    }while (i<10);                                        //如果i小于10则继续循环
25  </script>
26  </div>
27  </body>
28  </html>
```

【代码解析】第15～18行与第21～24行分别使用了do...while循环。与while循环不同,do...while循环会先执行一次循环体内的代码段,然后在while后面的括号中判断条件表达式的值,如果值为true则再次执行循环,如果值为false则跳出循环,不再执行。

执行该代码,浏览效果如图19.8所示。

图 19.8 do...while 循环语句

在一般情况下,do...while循环似乎和while循环没有区别。不过正是由于判断条件的先后关系,在本例的第二个循环语句中,即使条件表达式的值为false,do..while循环仍然执行一

次循环体内的代码段，输出 i 变量的初始值。即 while 循环在初始条件表达式的值为 false 时，循环体内的代码段一次都不会被执行。而 do...while 循环无论条件表达式的值是否为 true，至少会执行一次循环体内的代码段。

说明：由于 do..while 循环至少执行一次循环体内的代码段，所以在大多数应用中，while 循环更为常用。

19.1.5 for 循环

JavaScript 中的 for 循环语句有比较完整的循环结构，相对来讲比 while 循环使用更为方便，结构更清晰。类似于 while 循环，for 循环有一个初始化的变量做计数器，每循环一次，计数器发生相应的变化，并设立一个终止循环的条件表达式。而初始化变量、设立终止循环条件表达式和更新变量是对计数器变量的 3 种重要操作，for 循环将这 3 种操作作为语法声明的一部分，其编写方法如下：

```
for (初始化变量；设立终止循环条件表达式；更新变量){
代码段
};
```

for 循环语句的编写可以避免忘记更新变量（自增或自减）等情况，表达更加直白，也更容易理解。

【示例 19-5】for.htm，for 循环语句

```
01  //for.htm
02  <!DOCTYPE html>
03  <head>
04  <meta http-equiv="Content-Type" content="text/html; charset=gb2312" />
05  <title>for 循环语句</title>
06  <style type="text/css">
07  body{text-align:center;}
08  </style>
09  </head>
10  <body>
11  <div id="main">
12  <script type="text/javascript">
13    for(var i=2;i<102;i++){                    //开始 for 循环，计 100 次
14      if (i%10 == 1){                          //如果能被 10 整除
15        document.write("*<br />");             //输出内容
16        }else{                                 //否则
17        document.write("*");                   //输出内容
18        }
19    }
20  </script>
21  </div>
22  </body>
23  </html>
```

【代码解析】第 13~19 行是一段 for 循环，for 后面的括号中有 3 条语句：i=2 为初始语句；i<102 为每次执行前都要判断的语句，如果符合条件则执行循环；i++相当于每次执行循环前都

先执行一次该语句。在 for 循环中判断当前 i 的值是否符合"除以 10 余数为 1"这一条件，根据不同结果打印出不同的内容。

在浏览器中执行该代码，浏览效果如图 19.9 所示。

图 19.9　for 循环语句

本例通过 for 循环向页面输出了 100 个星号（*），循环体内有一个条件语句，根据计数器变量的数字特点，判断是否应该换行。这种循环结构推荐在循环次数确定的情况下使用。在更加复杂的循环语句编写中，JavaScript 允许使用多个计数器变量，编写方法如下：

```
for(初始化变量1,初始化变量2;条件表达式;更新变量1,更新变量2){
    代码段
}
```

不过，在一般的网页应用中，一个计数器变量即可满足需求。

19.1.6　for…in 循环

JavaScript 还提供了另一种形式的 for 循环，即 for...in 循环，用于循环处理 JavaScript 对象，如对象的属性等。for...in 循环的编写方式如下：

```
for(声明变量 in 对象){
    代码段
}
```

声明的变量用于存储循环运行时对象中的下一个元素。for...in 循环的执行过程即对对象中的每个元素执行代码段的过程。由于每个对象的属性不同，所以循环的次数是未知的，并且循环的顺序也是未知的。数组是一种特殊的对象类型，可以存储多个数据（类似于多个变量的集合），并通过索引访问。本节以数组为例，展示 for...in 循环的作用。

【示例 19-6】for-in.htm，for...in 循环语句

```
01  //for-in.htm
02  <!DOCTYPE html>
03
04  <head>
05  <meta http-equiv="Content-Type" content="text/html; charset=gb2312" />
06  <title>for...in 循环语句</title>
07  <style type="text/css">
08  body{text-align:center;}
```

```
09    </style>
10   </head>
11   <body>
12   <div id="main">
13   <script type="text/javascript">
14     //定义数组
15     var ballArray=new Array("篮球","足球","网球","乒乓球","棒球","排球");
16     for(var ball in ballArray){                          //对数组执行循环
17       if (ballArray[ball] == "篮球"){                    //判断数组内容为篮球
18         //输出内容
19         document.write(ballArray[ball]+"-------i love this game<br/>");
20         }else{                                           //如果不是
21         document.write(ballArray[ball]+"<br />");        //输出内容
22         }
23     }
24   </script>
25   </div>
26   </body>
27   </html>
```

【代码解析】第 16~23 行是一段 for...in 循环，将变量 ball 作为数组 ballArray 中的索引进行遍历，并根据不同的元素输出不同的内容。如果元素值是篮球，则输出特殊的内容；否则只输出相应的元素值。

执行该代码，浏览效果如图 19.10 所示。

图 19.10　for...in 循环语句

本例中 ball 变量存储了数组的索引值，如数组的第一个元素索引为 0，第二个元素索引为 1，依次类推。for...in 循环不需要知道数组中元素的个数，但可以一个一个访问并输出到页面中。本例代码段中进行数组元素的判断，如果值为"篮球"，则输出"篮球"和"-------i love this game
"；否则直接输出数组元素值并换行。

19.1.7　如何更合理地控制循环语句

循环语句的执行利用计算机强大的计算能力，几乎是瞬间完成的，无法在循环过程中根据情况不同做出循环执行顺序的变化。JavaScript 提供了 break 和 continue 语句进行循环控制。其中，break 语句用于终止当前的循环，程序将执行循环后面的语句；而 continue 语句则可终止本次循环，即不执行 continue 语句后面的代码段，直接进入下一轮循环（继续保持循环）。

说明：break 语句可以在 switch 语句中使用，用于跳出条件判断语句。

【示例19-7】 break.htm，使用 break 跳出循环

```
01  /break.htm
02  <!DOCTYPE html>
03  <head>
04  <meta http-equiv="Content-Type" content="text/html; charset=gb2312" />
05  <title>循环控制语句</title>
06  <style type="text/css">
07  body{text-align:center;}
08  </style>
09  </head>
10  <body>
11  <div id="main">
12  <script type="text/javascript">
13    for(var i=1; i<20; i++){                          //开始循环
14      if(i%2==0){                                      //如果能被2整除
15        continue;                                      //终止本次循环
16        }else if(i==15){                               //如果 i 等于 15
17         break;                                        //跳出循环
18        }
19      document.write("数字"+i+"<br />");              //输出内容
20    }
21  </script>
22  </div>
23  </body>
24  </html>
```

【代码解析】 第 13~20 行是一段 for 循环，与前面不同的是，第 16 行判断 i 是否等于 15，如果等于 15 则执行 break 语句，即使用 break 语句跳出整个循环体。

执行该代码，浏览效果如图 19.11 所示。

图 19.11　循环控制语句

本例用条件分支语句判断数字的特性，当计数器变量 i 为偶数时，执行 continue 语句，跳入下一轮循环，即偶数将不会显示到页面中；当计数器变量 i 为 15 时，执行 break 语句，即跳出循环，不再显示后面的数字。为了更好地利用循环所带来的强大功能，可以对循环进行嵌套，如第 18 章中的示例 18-2，使用的就是两层嵌套。在一个循环的代码段中编写另一个循环，这就是循环的嵌套，如常用的两层嵌套编写方法如下：

```
for (初始化变量1; 条件表达式; 变量更新){
  for (初始化变量2; 条件表达式; 变量更新){
```

```
    代码段
  }
}
```

这种循环功能强大，比较适合操作二维数据，如表格状数据的显示、有规律的图形显示等。

【示例19-8】twice.htm，使用嵌套的循环

```
01  //twice.htm
02  <!DOCTYPE html>
03
04  <head>
05  <meta http-equiv="Content-Type" content="text/html; charset=gb2312" />
06  <title>嵌套循环语句</title>
07  <style type="text/css">
08  body{text-align:center;}
09  </style>
10  </head>
11  <body>
12  <div id="main">
13  <script type="text/javascript">
14    for(var i=1; i<11; i++){            //开始外层循环
15      document.write("第"+i+"行-----");   //输出内容
16      for(var j=1; j<6; j++){           //开始内层循环
17        document.write("数字:"+j);       //输出内容
18      }                                 //内层循环结束
19      document.write("<hr />");         //输出水平线
20    }                                   //外层循环结束
21  </script>
22  </div>
23  </body>
24  </html>
```

【代码解析】第14～20行是一个for循环，其中第16～18行是一个嵌套的循环，即在循环之中再使用循环。

执行该代码，浏览效果如图19.12所示。

图19.12 嵌套循环语句

本例中外层循环的计数器变量 i 控制行数，内层循环的计数器变量 j 控制列数，很轻松地完成了表格状数据的显示。读者在编写循环语句时，变量的初始值和条件表达式要注意匹配，否则容易造成死循环。死循环即循环不断地进行下去，永远不会停止，即条件表达式的值永远为 true。

【示例 19-9】dead.htm，演示死循环

```
01  //dead.htm
02  <!DOCTYPE html>
03  <head>
04  <meta http-equiv="Content-Type" content="text/html; charset=gb2312" />
05  <title>死循环演示</title>
06  <style type="text/css">
07  body{text-align:center;}
08  </style>
09  </head>
10  <body>
11  <div id="main">
12  <script type="text/javascript">
13    for(var i=2; i>1; i++){                    //死循环开始
14      document.write("第"+i+"行<br />");       //输出内容
15    }                                          //死循环结束
16  </script>
17  </div>
18  </body>
19  </html>
```

【代码解析】第 13～15 行是一个 for 循环，不过该循环由于条件设置有问题，会一直执行下去，而不会结束。

执行该代码，浏览效果如图 19.13 所示。

图 19.13　死循环演示

由于条件表达式设置不当，导致无论怎么循环，条件表达式的值永远为 true，程序永远无法执行结束。所以浏览器会提示用户，需要结束脚本程序的运行。循环语句在执行一定循环次数后，要保证条件表达式的值为 false，否则程序将进入死循环。在程序的编写中，由于循环

处理的数据最多，所以优化循环语句的编写可以提高整个程序的执行效率。优化循环可以从精简代码（转移代码语句）和减轻循环强度着手，如以下循环语句：

```
for(var i=1; i<1000; i++){
  var j=5;
  代码段
}
```

以上循环的代码段部分如果没有给 j 重新赋值，则可把 j=5 部分转移出循环体，这样就不必每次循环都执行同样的赋值操作了。改写循环代码如下：

```
var j=5;
for(var i=1; i<1000; i++){
  代码段
}
```

把循环体内保持不变的代码部分转移到循环语句外，对于复杂程序执行效率的提升非常有帮助。减轻循环强度涉及程序的代码优化，读者暂时可略过相关学习。

19.2 函数

读者已经能编写简单的 JavaScript 程序了，但是对于复杂的程序需求可能觉得力不从心，难道所有的功能都需要自己一句一句编写吗？本节学习 JavaScript 中的函数部分，相信可以解决很多读者的疑惑。在网页的应用中，很多功能需求是类似的，如显示当前的日期时间，检测输入数据的有效性等。函数能把完成相应功能的代码划分为一块，在程序需要时直接调用函数名即可完成相应功能。

19.2.1 什么是函数

JavaScript 中的函数是可以完成某种特定功能的一系列代码的集合。在函数被调用前，函数体内的代码并不执行，即独立于主程序。在编写主程序时不需要知道函数体内的代码如何编写，只需要使用函数方法即可。可把程序中的大部分功能拆解成一个个函数，使程序代码结构清晰，易于理解和维护。函数的代码执行结果不一定是一成不变的，可以通过向函数传递参数，以解决不同情况下的问题。函数也可返回一个值（类似于表达式）。自定义函数的编写方法如下：

```
function 函数名 (参数1,参数2,...){
代码段
}
```

由于定义函数要先于程序执行，所以一般在网页的头部信息部分定义函数。如果使用外部 JS 文件调用的方法，则可把函数定义于 JS 文件中，实现多个网页共享函数的定义，共同调用函数，从而节约了大量的代码编写。

【示例 19-10】function.htm，自定义函数

```
01  //function.htm
02  <!DOCTYPE html>
```

```
03  <head>
04  <meta http-equiv="Content-Type" content="text/html; charset=gb2312" />
05  <title>自定义函数演示</title>
06  <script type="text/javascript">
07    function loop(){                                         //自定义函数
08      for(var i=1; i<11; i++){                               //开始循环
09        document.write("第"+i+"行<br />");                   //输出内容
10      }
11    }
12    function loop2(j,k){                                     //自定义带参数函数
13      for(var i=j; i<k; i++){                                //开始循环
14        document.write("第"+i+"行<br />");                   //输出内容
15      }
16    }
17  </script>
18  <style type="text/css">
19  body{text-align:center;}
20  </style>
21  </head>
22  <body>
23  <div id="main">
24  <script type="text/javascript">
25    loop();                                                  //调用自定义函数loop()
26    document.write("<hr />");                                //输出水平线
27    loop2(5,8);                                              //调用自定义函数loop2()
28  </script>
29  </div>
30  </body>
31  </html>
```

【代码解析】第 7～11 行自定义了一个函数 loop(),用于循环输出固定行内容。第 12～17 行也自定义了一个函数 loop2(),可以指定需要输出的行数。

执行该代码,浏览效果如图 19.14 所示。

图 19.14 自定义函数演示

通过函数的定义,程序控制灵活了很多,并且可以通过参数的传输动态改变循环的结果。

19.2.2 学会使用函数解决问题

函数能简化代码，将程序划分为多个独立的功能模块，并且可代码复用（类似于 CSS）。JavaScript 还提供了大量内置的函数，编写者可以直接调用。如前面学习过的 write()方法，本身就是一个内置的函数，而 write()括号中的字符串即传递的参数。JavaScript 内置函数非常多，以下示例展示一部分。

【示例 19-11】jsfun.htm，JavaScript 内置数学函数演示

```
01  //jsfun.htm
02  <!DOCTYPE html>
03
04  <head>
05  <meta http-equiv="Content-Type" content="text/html; charset=gb2312" />
06  <title>JavaScript 内置数学函数演示</title>
07  <style type="text/css">
08  body{text-align:center;}
09  #content{width:200px;
10          height:100px;
11          position:absolute;
12          left:0px;
13          top:0px;
14          background:#eee;}
15  </style>
16  </head>
17  <body>
18  <div id="main">
19  <script type="text/javascript">
20      document.write("100 和 200 之间较大的数是: "+Math.max(100,200));   //输出最大值
21      document.write("<br />100 和 200 之间较小的数是: "+Math.min(100,200));//输出最小值
22      document.write("<br />0～1 之间取随机数值是: "+Math.random(100)); //输出随机数
23      //输出随机数
24      document.write("<br />0～100 之间取随机数值是: "+Math.random(100)*100);
25      //获取浏览器
26      document.write("<br />您的浏览器类型是: "+window.navigator.appName);
27  </script>
28  <button onclick="window.close();">关闭本窗口</button>
29  </div>
30  </body>
31  </html>
```

【代码解析】第 20～26 行分别调用了 JavaScript 中内置的一组函数用于显示一些内容。执行该代码，浏览效果如图 19.15 所示。

图 19.15　JavaScript 内置数学函数演示

由本例可见，只要合理使用 JavaScript 内置函数，就可以编写很多网页动态功能，HTML 网页再也不是静止的文档了。

19.2.3　理解函数的参数传递

众多的 JavaScript 内置函数在使用时，几乎都需要传递参数，如 window 对象的 alert()方法、confirm()方法等。函数将根据不同的参数通过相同的代码处理，得到编写者所期望的功能。而自定义函数同样可以传递参数，并且个数不限，定义函数时所声明的参数叫作形式参数，如以下函数定义：

```
function (形式参数1,形式参数2,...){
    代码段（形式参数参与代码运算）
}
```

x 和 y 为函数的形式参数，在函数体内参与代码运算，而在实际调用函数时须传递相应的数据给形式参数，这些数据被称为实际参数。

【示例 19-12】 function2.htm，函数参数的传递

```
01  //function2.htm
02  <!DOCTYPE html>
03  <head>
04  <meta http-equiv="Content-Type" content="text/html; charset=gb2312" />
05  <title>自定义函数参数传递</title>
06  <script type="text/javascript">
07      function math(x,y){                        //自定义函数
08          return x+y*2;                          //返回一个值
09      }
10  </script>
11  <style type="text/css">
12  body{text-align:center;}
13  </style>
14  </head>
15  <body>
16  <div id="main">
17  <script type="text/javascript">
18      var z;                                     //定义变量
19      z=math(2,5);                               //将函数结果赋给变量
20      document.write("2+5*2 的结果是："+z);       //输出内容
21  </script>
22  </div>
```

```
23 </body>
24 </html>
```

【代码解析】第 7～9 行自定义了一个函数，该函数返回第一个参数与第二个参数的两倍的和。第 19 行通过参数(2,5)来调用前面定义的函数，并将其结果赋给一个变量。

执行该代码，浏览效果如图 19.16 所示。

图 19.16　自定义函数参数传递

在本例中，函数定义部分的 x 和 y 为形式参数。而调用函数括号中的 2 是第一个实际参数，对应形式参数 x；括号中的 5 是第二个实际参数，对应形式参数 y。形式参数就像一个变量，当调用函数时，实际参数赋值给形式参数，并参与实际运算。不过，在自定义函数时，形式参数只代表了实际参数的位置和类型，系统并未为其分配内存存储空间。

19.2.4　函数中变量的作用域和返回值

变量的作用域即变量在多大的范围内是有效的。在主程序（函数外部）中声明的变量称为全局变量，其作用域为整个 HTML 文档。在函数体内部使用 var 关键字声明的变量为函数局部变量，只有在其直属的函数体内才有效，在函数体外该变量没有任何意义。

【示例 19-13】funvar.htm，函数中变量的作用域

```
01 //funvar.htm
02 <!DOCTYPE html>
03 <head>
04 <meta http-equiv="Content-Type" content="text/html; charset=gb2312" />
05 <title>变量的作用域</title>
06 <script type="text/javascript">
07    function funVar(){                              //自定义函数
08       var txt="函数内部的局部变量";                   //定义变量
09       document.write("我是"+txt);                   //输出内容
10       document.write("<br />我是"+txt2);            //输出内容
11    }
12 </script>
13 </head>
14 <body>
15 <div id="main">
16 <script type="text/javascript">
17    var txt="函数外部的全局变量";                      //定义变量
18    var txt2="另外一个全局变量";                       //定义变量
19    funVar();                                        //调用自定义函数
20    document.write("<hr />我是"+txt);                 //输出内容
21 </script>
22 </div>
```

```
23    </body>
24    </html>
```

【代码解析】第 7～11 行定义了一个函数,并且在第 8 行,即函数内部定义了一个变量,这样局部变量只能在函数内部使用。而第 17 行定义了一个相同的全局变量,全局变量是全程可以使用的。

执行该代码,浏览效果如图 19.17 所示。

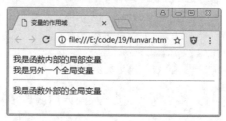

图 19.17　变量的作用域

在本例中,在函数内部声明和全局变量同名的变量,函数内部优先使用局部变量(同一函数体中)。即同名的局部变量和全局变量只是标识符相同,其分配的存储空间不同(小房间不同),所以可以存储不同的数据。函数不仅仅可以执行代码段,其本身还将返回一个值给调用的程序,类似于表达式的计算。函数返回值须使用 return 语句,该语句将终止函数的执行,并返回指定表达式的值。其实所有的函数都有返回值。当函数体内没有 return 语句时,JavaScript解释器将在末尾添加一条 return 语句,返回值为 undefined。return 语句的表现方法如下:

```
return;
return 表达式;
```

第一条 return 语句类似于系统自动添加的情况,返回值为 undefined,不推荐使用。第二条 return 语句将返回表达式的值给调用的程序。

【示例 19-14】return.htm,函数的返回值

```
01   //return.htm
02   <!DOCTYPE html>
03   <head>
04   <meta http-equiv="Content-Type" content="text/html; charset=gb2312" />
05   <title>函数返回值</title>
06   <script type="text/javascript">
07     function funReturn(){                   //自定义函数
08       var a=100;                            //定义变量
09       var b=Math.sqrt(a);                   //将计算结果赋给另一个变量
10       return b/2+a;                         //返回结果
11     }
12     function funReturn2(){                  //自定义函数
13       var a=100;                            //定义变量
14       var b=Math.sqrt(a);                   //将计算结果赋给另一个变量
15       var c=b/2+a;                          //将计算结果赋给另一个变量
16     }
17   </script>
18   </head>
```

```
19  <body>
20  <div id="main">
21  <script type="text/javascript">
22      document.write("第一个函数的返回值为: "+funReturn());        //调用第一个函数
23      document.write("<hr />第二个函数的返回值为: "+funReturn2()); //调用第二个函数
24  </script>
25  </div>
26  </body>
27  </html>
```

【代码解析】第 7~11 行定义了一个函数 funRetrun()，该函数的作用是返回一个固定的数组，其中使用了 return 语句来定义返回值。第 12~16 行又定义了一个函数 funReturn2()，该函数只是进行一段数学运算，并没有返回值。第 22、23 行分别对这两个函数进行了调用，以查看函数的区别。

执行该代码，浏览效果如图 19.18 所示。

图 19.18　函数返回值

19.2.5　函数的嵌套

类似于循环语句，函数体内部也可以调用或定义多个函数。不过，定义函数只能在函数体内部的顶层，不能包含于 if 语句、循环语句等结构中。函数嵌套的基本编写方法如下：

```
function fun1(){
function fun2(){
代码段
}
代码段
}
```

fun1() 称为外层函数，fun2() 称为内层函数。内层函数内部定义的局部变量只有在内层函数体内才有效，而外层函数定义的局部变量可以在内层函数体内使用，遇到同名局部变量，优先使用内层函数的局部变量。外层函数可以调用内层函数，但外部的其他函数不能访问内层函数。函数的嵌套使程序功能进一步模块化，即把函数完成的一个复杂功能再次划分为多个独立的功能函数。

【示例 19-15】infun.htm，函数的嵌套

```
01  //infun.htm
02  <!DOCTYPE html>
03  <head>
04  <meta http-equiv="Content-Type" content="text/html; charset=gb2312" />
05  <title>嵌套函数</title>
06  <script type="text/javascript">
```

```
07      function fun1(){                    //自定义函数
08          function fun2(){                //嵌套定义函数
09              var a=50;                   //定义变量
10              var b=a+5;                  //定义变量
11              return a+b;                 //返回结果
12          }
13          var a=900;                      //定义变量
14          var b=Math.sqrt(a);             //定义变量
15          return b+fun2();                //返回结果
16      }
17  </script>
18  </head>
19  <body>
20  <div id="main">
21  <script type="text/javascript">
22      document.write("函数的返回值为: "+fun1()); //调用自定义函数
23  </script>
24  </div>
25  </body>
26  </html>
```

【代码解析】第7~16行定义了一个函数fun1()，而其中又在fun1()中的第8~12行定义了另一个子函数fun2()，这样就实现了函数的嵌套定义。第15行在外层函数中引用了内层函数fun2()。

执行该代码，浏览效果如图19.19所示。

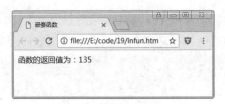

图19.19　嵌套函数

19.3 面向对象编程的简单概念

面向对象编程（Object Oriented Programming，OOP）是目前主流的编程思想，可能很多读者并不了解，本节简单介绍面向对象编程的概念。JavaScript本身也是面向对象的编程语言，对于动态网页行为的编程，读者只需要略微了解面向对象的知识。

19.3.1 什么是面向对象

对象这个说法翻译自英文"object"，object也可以翻译成物体，对于读者来说，只需要理解为一样物体即可。在早期编写程序时，编写者过多地考虑计算机的硬件工作方式，从而导致程序编写难度大。经过不断地发展，主流的程序语言转向了人类的自然语言，不过在程序编写的思想上仍然没有突破性的改变。面向对象编程思想即从人的思维角度出发，用程序解决实际问题。对象即人对各种具体物体抽象后的一个概念。人们每天都要接触各种各样的对象，如手机就是一个对象。

在面向对象的编程方式中，对象拥有多种特性，如手机有高度、宽度、厚度、颜色、重量等特性，这些特性被称为对象的属性。对象还有很多功能，如手机可以听音乐、打电话、发信息、看电影等，这些功能被称为对象的方法，实际上这些方法是一种函数。而对象又不是孤立的，是有父子关系的，如手机属于电子产品、电子产品属于物体等，这种父子关系被称为对象的继承性。手机对象的关系图如图 19.20 所示。

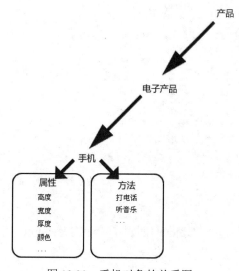

图 19.20　手机对象的关系图

在编程中，把所有的问题看作对象，以人的思维方式解决。这种方式非常人性化，对象实际上就是一组数据的集合，并且数据都已经命名。这些数据集合就是对象的属性，可以被程序访问。对象还包括很多函数，这些函数被称为对象的方法，也可以被程序访问。不过，在外部访问对象内的属性或方法，必须先引用对象，然后用点号访问对象的属性和方法。如有一个名为"box"的对象，有两个属性"width"和"height"，以及一个"move()"方法，外部程序可直接访问并把数据值赋给变量，编写方法如下：

```
var w = box.width;
var h = box.height;
box.move();
```

通过这种方法，直接获得了"box"对象两个属性的数据，并且程序执行了"box"对象的"move()"方法（调用了"box"对象的 move()函数）。在 JavaScript 中，把各种网页元素当作对象进行处理，如前面提到过的 document 对象，这个对象代表整个 HTML 文档。

说明：根据权限不同，某些属性或方法不能被直接访问。

19.3.2　如何创建对象

JavaScript 内置了很多对象，也可以直接创建一个新对象。创建对象的方法为使用 new 运算符和构造函数，编写方法如下：

```
var 新对象实例名称 = new 构造函数;
```

预先定义的构造函数直接决定了所创建对象的类型。如果要创建一个空对象（无属性、无方法）的实例，则可以使用 Object() 构造函数。

【示例 19-16】newobj.htm，创建对象

```
01  //newobj.htm
02  <!DOCTYPE html>
03  <head>
04  <meta http-equiv="Content-Type" content="text/html; charset=gb2312" />
05  <title>创建一个新对象的实例</title>
06  <script type="text/javascript">
07      var phone = new Object();                            //创建一个对象
08  </script>
09  </head>
10  <body>
11  <div id="main">
12  <script type="text/javascript">
13      document.write("新创建的对象实例为："+phone);         //输出内容
14  </script>
15  </div>
16  </body>
17  </html>
```

【代码解析】第 7 行使用 new Object() 创建了一个对象 phone，第 13 行尝试调用该对象。执行该代码，浏览效果如图 19.21 所示。

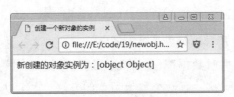

图 19.21 创建一个新对象的实例

说明：实例即对所创建对象的引用，实例拥有对象的属性和方法，一个对象可以生成多个相同的实例。而在实例的属性被改变后，不影响对象。

19.3.3 定义对象的属性

定义对象的属性很简单，直接在对象后面用点号（.）运算符声明属性的名称，并且可以直接赋值。

【示例 19-17】newobj.htm，定义对象的属性

```
01  //newobj.htm
02  <!DOCTYPE html>
03  <head>
04  <meta http-equiv="Content-Type" content="text/html; charset=gb2312" />
05  <title>设置对象实例的属性</title>
06  <script type="text/javascript">
07      var phone = new Object();                            //创建对象
```

```
08      phone.w=100;                                //为对象添加属性 w
09      phone.h=300;                                //为对象添加属性 h
10      phone.color="红色";                         //为对象添加属性 color
11      phone.nokia = new Object();                 //为对象添加属性 nokia 为一个新对象
12      phone.nokia.color="蓝色";                   //定义属性 color
13      phone.samsung = new Object();               //为对象添加属性 samsung 为一个新对象
14      phone.samsung.w=150;                        //定义属性 w
15  </script>
16  </head>
17  <body>
18  <div id="main">
19  <script type="text/javascript">
20      document.write("phone 对象实例为："+phone);
21      document.write("<hr />phone 对象宽度为："+phone.w);           //调用对象属性 w
22      document.write("<hr />phone 对象高度为："+phone.h);           //调用对象属性 h
23      document.write("<hr />phone 对象颜色为："+phone.color);       //调用对象属性 color
24      document.write("<hr />phone.nokia 对象实例为："+phone.nokia); //调用对象属性 nokia
25      //调用 nokia 的 color
26      document.write("<hr />phone.nokia 对象实例的颜色为："+phone.nokia.color);
27      document.write("<hr/>phone.samsung 对象实例为："+phone.samsung); //调用 samsung
28      //调用 samsung.w
29      document.write("<hr />phone.samsung 对象实例的宽度为："+phone.samsung.w);
30  </script>
31  </div>
32  </body>
33  </html>
```

【代码解析】第 7 行定义了一个对象，又在第 8~10 行为对象定义了一组属性。第 11 行与第 13 行为对象定义的属性本身又是一个对象。第 20~29 行尝试调用对象的这些属性。

执行该代码，浏览效果如图 19.22 所示。

图 19.22 设置对象实例的属性

可见，对象的属性也可以是对象类型，同样通过 new 运算符和构造函数创建，并且可以通过点运算符设置并访问其属性。

19.3.4 对象的构造函数和方法

创建对象所用的构造函数是预定义的，如 Object()构造函数可以用于创建一个空对象，而创建数组对象可以使用 Array()构造函数。这些构造函数都是 JavaScript 内置的，配合 new 运算符以创建并初始化各种不同的内置对象。在实际程序设计中，也需要自定义对象，即自定义构造函数。如创建一个小狗的对象，即自定义一个构造函数为 Dog()的对象类，通过向这个构造函数传递参数来初始化对象实例。不过，构造函数只能初始化对象实例，而不返回对象实例，需要使用 new 运算符才能创建小狗的对象实例。

说明：在 C#、C++和 Java 等面向对象的程序设计中，使用类结构来定义对象的模板；而 JavaScript 比较简单，只需声明构造函数即可定义对象类。类是用于创建对象实例的一个模板，对象实例通过构造函数初始化，并继承一定的属性和方法。

【示例 19-18】newfun.htm，使用对象的构造函数和方法

```
01  //newfun.htm
02  <!DOCTYPE html>
03  <head>
04  <meta http-equiv="Content-Type" content="text/html; charset=gb2312" />
05  <title>自定义对象</title>
06  <script type="text/javascript">
07      function Dog(x,y,z){                        //定义函数
08          this.name=x;                            //为属性赋值
09          this.color=y;                           //为属性赋值
10          this.weight=z;                          //为属性赋值
11      }
12      var dogA = new Dog("花花","黑色",50);       //创建新对象
13      var dogB = new Dog();                       //创建新对象1
14      dogB.name="多多";                           //为对象属性赋值
15      dogB.color="黄色";                          //为对象属性赋值
16  </script>
17  </head>
18  <body>
19  <div id="main">
20  <script type="text/javascript">
21      document.write("dogA 对象实例为："+dogA);
22      document.write("<hr />dogA 对象实例的 name 属性为："+dogA.name);   //调用属性 name
23      document.write("<hr />dogA 对象实例的 color 属性为："+dogA.color); //调用属性 color
24      //调用属性 weight
25      document.write("<hr />dogA 对象实例的 weight 属性为："+dogA.weight);
26      document.write("<hr />dogB 对象实例为："+dogB);
27      document.write("<hr />dogB 对象实例的 name 属性为："+dogB.name);   //调用属性 name
28      document.write("<hr />dogB 对象实例的 color 属性为："+dogB.color); //调用属性 color
29      //调用属性 weight
30      document.write("<hr />dogB 对象实例的 weight 属性为："+dogB.weight);
31  </script>
32  </div>
```

```
33    </body>
34  </html>
```

【代码解析】第 7～11 定义了一个构造函数,其中将对象的属性分别指定为构造函数的 3 个参数。第 12 行为类实例化一个对象,并通过构造函数为对象指定了属性。第 13 行在为类实例化对象时并没有指定参数,而是通过直接为属性赋值的方法为对象指定了属性。最后在第 21～30 行分别调用对象及其属性。

执行该代码,浏览效果如图 19.23 所示。

图 19.23 自定义对象

本例创建了两个对象实例。在创建 dogA 对象实例时,通过向 Dog()构造函数传递 3 个参数,其 3 个属性被初始化,函数体内的 this 关键字引用对象本身。也可以先创建对象实例,然后设置相应属性。在创建 dogB 对象实例时,对象实例的属性没有传递相应的值,其属性值为 undefined。对象内的一切组成要素称作对象内部的成员,如果一个成员是函数,则称这个函数为对象的方法。方法即通过对象调用的函数,可以完成特定的功能。和构造函数一样,方法内部的 this 关键字用于引用对象。

自定义对象的方法比较简单,只需要将自定义的函数赋值给对象的方法名即可,代码编写在构造函数中,用 this 引用对象。

【示例 19-19】newfun2.htm,自定义对象的方法

```
01  //newfun2.htm
02  <!DOCTYPE html>
03  <head>
04  <meta http-equiv="Content-Type" content="text/html; charset=gb2312" />
05  <title>自定义对象方法</title>
06  <script type="text/javascript">
07      function callName(){                    //定义一个方法
08          alert("我的名字叫"+this.name);        //弹出提示框
09          return "本对象的方法已执行完毕";       //返回值
10      }
11      function Dog(x,y,z){                    //定义一个方法
12          this.name=x;                        //为属性赋值
13          this.color=y;                       //为属性赋值
14          this.weight=z;                      //为属性赋值
15          this.call=callName;                 //为属性赋值
```

```
16        }
17
18        var dogA = new Dog("花花","黑色",50);        //创建一个新对象
19   </script>
20   </head>
21   <body>
22   <div id="main">
23   <script type="text/javascript">
24        document.write("dogA 对象实例为: "+dogA);
25        document.write("<hr />dogA 对象实例的 name 属性为: "+dogA.name); //调用属性 name
26        document.write("<hr />dogA 对象实例的 color 属性为: "+dogA.color);//调用属性 color
27        //调用属性 weight
28        document.write("<hr />dogA 对象实例的 weight 属性为: "+dogA.weight);
29        //执行方法 call()
30        document.write("<hr />dogA 对象的 call()方法执行情况: "+dogA.call());
31   </script>
32   </div>
33   </body>
34   </html>
```

【代码解析】第 7~10 定义方法，该方法输出对象的 name 属性。第 11~16 行定义一个构造函数，其中将对象的属性分别指定为构造函数的 3 个参数。第 18 行为类实例化一个对象，并通过构造函数为对象指定了属性。第 24~30 行输出对象相应的内容。

在将函数赋值给对象的方法名时，不需要()，否则赋值的内容是函数的返回值。执行该代码，浏览效果如图 19.24 所示。

本例跳出的信息框是 dogA 对象调用了自定义的 call()方法，该方法还调用了 dogA 对象的 name 属性。单击"确定"按钮后，浏览效果如图 19.25 所示。

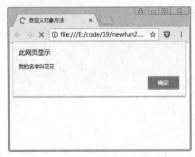

图 19.24　自定义对象方法

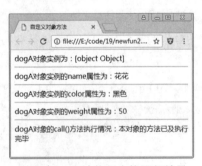

图 19.25　方法执行完毕运行效果

虽然 JavaScript 支持对象数据类型，但是相对于 C#、C++和 Java 等没有很正式的类的概念，所以 JavaScript 并不是以类为基础的面向对象的程序设计语言。

19.3.5　关联数组的概念

在 JavaScript 中，当程序中的对象用点运算符访问属性时，属性名是一个标识符，程序无法对其进行其他操作；而当程序中的对象用中括号（[]）运算符访问属性时，属性名为字符串型，也称为"键"，可以供程序进行操作。

【示例 19-20】 attr.htm，属性名操作

```
01  //attr.htm
02  <!DOCTYPE html>
03  <head>
04  <meta http-equiv="Content-Type" content="text/html; charset=gb2312" />
05  <title>属性名操作</title>
06  <script type="text/javascript">
07    function Dog(a,b,c,d,e){                          //定义方法
08        this.name1=a;                                 //为属性赋值
09        this.name2=b;                                 //为属性赋值
10        this.name3=c;                                 //为属性赋值
11        this.color=d;                                 //为属性赋值
12        this.weight=e;                                //为属性赋值
13    }
14    var dogA = new Dog("花花","多多","汪汪","黑色",100);  //创建新的对象
15  </script>
16  </head>
17  <body>
18  <div id="main">
19  <script type="text/javascript">
20    for(var i=1; i<4; i++){                           //开始循环
21      //输出对象属性
22      document.write("dogA 对象的第 name"+i+"属性为"+dogA["name"+i]+"<hr />");
23    }
24    document.write("dogA 对象的第 color 属性为"+dogA["color"]);          //输出对象属性
25    document.write("<hr />dogA 对象的第 weight 属性为"+dogA["weight"]);//输出对象属性
26  </script>
27  </div>
28  </body>
29  </html>
```

【代码解析】第 7~13 行定义了一个函数。第 14 行通过构造函数创建一个对象，并为对象指定了一组属性。第 20~23 行通过循环遍历，使用关联数组的方法访问对象的属性。第 24、25 行也通过关联数组的方法访问对象的属性。

执行该代码，浏览效果如图 19.26 所示。

图 19.26 属性名操作

本例通过对属性名的字符串进行拼接操作，利用 for 循环很方便地访问了多个属性。这种

使用中括号（[]）运算符访问属性的方法，即把对象看作一个关联数组，用字符串作为索引访问数组中的元素。

注意：和下一章学习的数组元素不同，关联数组的索引是字符串，而数组元素的索引是非负整数。数组本身也是一种特殊的对象，数组的其他属性也可以通过关联数组的方法访问。

19.3.6 with 语句和 for...in 语句

通过前面对象内容的学习可知，通过点运算符即可访问对象的属性和方法。而当访问同一个对象的多个属性或方法时，须重复编写对象名和点运算符，显得颇为麻烦。使用 with 语句可以简化这种情况的代码编写，其编写方法如下：

```
with (对象名){
    访问对象成员(属性或方法)的一条或多条语句
}
```

【示例 19-21】 with.htm，使用 with 语句

```
01  //with.htm
02  <!DOCTYPE html>
03  <head>
04  <meta http-equiv="Content-Type" content="text/html; charset=gb2312" />
05  <title>with 语句</title>
06  <script type="text/javascript">
07      function callName(){                            //定义方法
08          return "对象的方法";                          //返回结果
09      }
10      function Dog(x,y,z){                            //定义方法
11          this.name=x;                                //为属性赋值
12          this.color=y;
13          this.weight=z;
14          this.call=callName;                         //调用方法 callName
15      }
16  
17      var dogA = new Dog("花花","黑色",50);             //创建一个对象
18  </script>
19  </head>
20  <body>
21  <div id="main">
22  <script type="text/javascript">
23    with(dogA){                                                   //使用 with 结构
24      document.write("<hr />dogA 对象实例的 name 属性为："+name);     //调用 name 属性
25      document.write("<hr />dogA 对象实例的 color 属性为："+color); //调用 color 属性
26      document.write("<hr />dogA 对象实例的 weight 属性为："+weight);//调用 weight 属性
27      document.write("<hr />dogA 对象的 call()方法执行情况："+call());//执行 call()方法
28    }
29  </script>
30  </div>
```

```
31    </body>
32 </html>
```

【代码解析】第 23~28 行使用 with 来访问对象 dogA 的一组属性与方法。可以看到,使用这种方法,代码可以更简洁。

执行该代码,浏览效果如图 19.27 所示。

图 19.27　with 语句

我们在 19.1.6 节中学习了 for...in 循环,for...in 循环主要用于遍历对象中所有的成员。这样并不需要知道对象中属性的个数,给编写程序带来了很大的便利。

【示例 19-22】forin2.htm,使用 for...in 循环遍历对象的成员

```
01 //forin2.htm
02 <!DOCTYPE html>
03 <head>
04 <meta http-equiv="Content-Type" content="text/html; charset=gb2312" />
05 <title>使用 for...in 循环遍历对象的成员</title>
06 <script type="text/javascript">
07     function callName(){                          //定义方法
08         return "对象的方法";                        //返回结果
09     }
10     function Dog(a,b,c,d){                        //定义构造方法
11         this.name=a;                              //为属性赋值
12         this.color=b;                             //为属性赋值
13         this.weight=c;                            //为属性赋值
14         this.height=d;                            //为属性赋值
15         this.call=callName;                       //调用方法
16     }
17
18     var dogA = new Dog("花花","黑色",50,120);       //创建对象
19 </script>
20 </head>
21 <body>
22 <div id="main">
23 <table border="1">
24   <tr>
25     <th>成员名</th>
26     <th>成员数据</th>
```

```
27       </tr>
28       <tr>
29         <td>
30           <table width="120">
31 <script type="text/javascript">
32   for(var i in dogA){                                    //遍历对象的属性或方法
33     document.write("<tr><td>"+i+"</td></tr>");           //输出属性或方法的名称
34   }
35 </script>
36           </table>
37         </td>
38         <td>
39           <table>
40 <script type="text/javascript">
41   for(var j in dogA){                                    //遍历对象的属性或方法
42     document.write("<tr><td>"+dogA[j]+"</td></tr>");     //输出属性或方法的内容
43   }
44 </script>
45           </table>
46         </td>
47       </tr>
48     </table>
49   </div>
50 </body>
51 </html>
```

【代码解析】第 32~34 行使用 for...in 循环遍历对象 dogA 的属性或方法的名称，并将其显示出来。第 41~43 行使用 for...in 循环遍历对象属性或方法的内容，并将其显示出来。

执行该代码，浏览效果如图 19.28 所示。

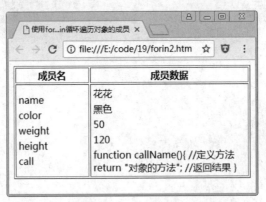

图 19.28　使用 for...in 循环遍历对象的成员

本例通过两个 for...in 循环访问了 dogA 对象中所有的成员，并通过中括号运算符访问了所有成员的值。

19.4 拓展训练

19.4.1 训练一：使用循环打印九九乘法表

【拓展要点：for 循环的使用】

for 循环是最常用的一类循环语句。如果事先知道循环的次数，则使用 for 循环是非常方便的。要打印九九乘法表，需要使用双重循环，即在一个 for 循环内部再创建一个 for 循环，外层循环执行 9 次，内层循环执行 1~9 次。

【代码实现】

```
<script>
for(i=1;i<=9;i++)                                          //外层循环 9 次
{
    for(j=1;j<=i;j++)                                      //内层循环 i 次
    {
        document.write(j+"*"+i+"="+(i*j)+"   ");   //输出内容
    }
    document.write("<br>");                                //输出换行
}
</script>
```

19.4.2 训练二：使用自定义函数求某个数的平方

【拓展要点：自定义函数的使用】

JavaScript 支持用户自定义函数，使用自定义函数可以将某些经常使用的功能定义为一个函数，在需要使用时调用函数即可，这样可以大大减少代码重复，并且使逻辑更加清晰。自定义函数求一个数的平方，只需要返回参数乘以参数即可。

【代码实现】

```
<script>
function pf(i)                           //自定义函数
{
    return i*i;                          //返回参数的平方
}
document.write(pf(2));                   //调用函数
document.write(pf(9));
</script>
```

19.5 技术解惑

19.5.1 if 与 switch 的使用时机

if...else if...else 是多重判断，switch 也是多重判断，如果事先知道多重条件中符合条件的多个值，如一周中的 7 天则使用 switch，否则使用 if。

19.5.2　while 与 for 循环的异同

while 与 for 都是循环语句，如果事先知道需要循环的次数则使用 for，否则使用 while。

19.5.3　while 与 do...while 循环的异同

while 与 do...while 循环的不同之处就在于 do...while 是先执行一次循环再判断是否继续执行循环，所以 do...while 循环至少被执行一次；而 while 由于是在循环开始前就对某个条件进行判断，如果结果为真才执行循环，所以当判断结果为假时，while 循环一次也不会被执行。这就是二者最大的不同。

19.5.4　关于自定义函数

自定义函数可以用于解决实际应用中遇到的问题，如果问题多次出现，则使用自定义函数相当方便，可以一次定义，多次调用，减少了冗余代码的出现。

19.5.5　如何理解面向对象

面向对象把实际应用中遇到的有同样行为的内容都作为对象，然后为对象添加属性和方法。在具体使用时，先为对象创建实例，再通过调用其属性或方法来解决实际问题。

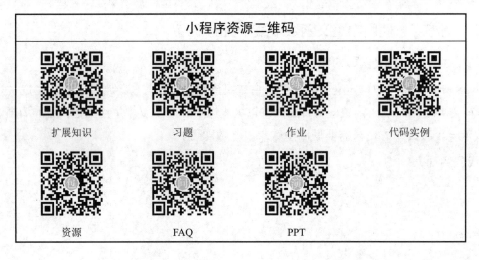

第20章 JavaScript 核心对象

上一章学习了 JavaScript 中比较核心的语法，其中对象类型是 JavaScript 编程中的重点。JavaScript 提供了多种内置对象供程序使用，例如和系统日期有关的操作可使用日期对象，而和字符串有关的操作可使用字符串对象。本章学习 JavaScript 的一些核心对象，有了这些对象的帮助，处理各种问题将轻松很多。

20.1 数组对象

在大多数编程语言中都有数组类型，在 JavaScript 中，数组是一种特殊的对象。读者可以把数组和对象当作 2 个不同的复合数据类型看待，这样更有利于数组概念的理解。一般对象是包含多个已命名数据值的复合数据类型，数组是包含多个已编码数据值的复合数据类型。数组包含多个存储了编码的值，这些编码的值叫作数组的元素，元素相对应的编码称为元素的下标（Index，也叫索引）。通过元素的下标可以访问元素所存储的数据，同一个数组的元素中存储的数据可以是任意类型的。

20.1.1 创建数组

由于数组是一种特殊的对象类型，所以创建一个新的数组类似于创建一个对象实例，通过 new 运算符和相应的数组构造函数完成。数组的构造函数是 Array()，可以有多个参数，编写方法如下：

```
var myArray = new Array();//创建一个没有元素的空数组
var myArray = new Array("北京","奥运会",100,true);//创建一个具有 4 个元素的数组
```

通过这两种方法可以创建数组，第一种方法只能创建一个没有元素的空数组，而第二种方法可以直接定义一个有 4 个元素的数组，并赋予相应的值。为了方便数组操作，也可以创建一个有指定元素数量的数组，编写方法如下：

```
var myArray = new Array(5);//创建有 5 个元素的数组
```

这种方法创建的数组有 5 个元素，每个元素的值是 undefined，并且指定了数组的 length 属性为 5。数组的 length 属性即为数组的长度（元素个数）。最直接的方法莫过于直接把值列表用逗号分隔，然后用中括号包含赋值给变量，编写方法如下：

```
var myArray = ["北京","奥运会",100,true];
```

这是数组最直接的创建方法，使用更加方便。创建完数组后，通过下标访问各个元素，元素按顺序排列，下标从 0 开始计数。编写 array.htm 文件，代码如示例 20-1 所示。

【示例 20-1】array.htm，创建并访问数组

```
01  //array.htm
02  <!DOCTYPE>
03  <html xmlns="http://www.w3.org/1999/xhtml">
04  <head>
05  <meta http-equiv="Content-Type" content="text/html; charset=gb2312" />
06  <title>创建并访问数组</title>
07  <script type="text/javascript">
08    var myArray1=new Array(100,50,20,10);                              //创建一个数组
09    var myArray2=[100,50,20,10,120,50];                                //创建一个数组
10  </script>
11  </head>
12  <body>
13  <div id="main">
14  <script type="text/javascript">
15    document.write("myArray1 数组的第 1 个元素是"+myArray1[0]);    //输出数组元素
16    document.write("<hr />myArray1 数组的第 4 个元素是"+myArray1[3]);//输出数组元素
17    //输出元素个数
18    document.write("<hr />myArray1 数组的长度（所含元素个数）是"+myArray1.length);
19    for(var i=0; i<myArray2.length;i++){                               //开始循环
20      //输出数组元素
21      document.write("<hr />myArray2 数组的第"+(i+1)+"个元素是"+myArray2[i]);
22    }
23  </script>
24  </div>
25  </body>
26  </html>
```

【代码解析】以上代码中，第 8～9 行分别创建了数组 myArray1 与 myArray2，然后第 15～22 行分别使用单个调用及循环调用数组元素的方法调用数组元素。

用浏览器打开 array.htm，浏览效果如图 20.1 所示。

本例中，通过数组的下标很轻松地访问了数组中的任意元素，下标从 0 开始编号，是一个非负整数。数组的 length 属性存储了数组中所含元素的个数，其值比数组最后一个元素的下标值大 1。数组的下标值的范围为 $0\sim2^{32}-1$，并且是整数。如果数组引用的下标为负数、浮点数或其他数据类型，那么数组会将其转换为字符串，作为一个属性名使用，而不是元素下标。

图 20.1　创建并访问数组

20.1.2　数组元素的操作

JavaScript 的数组创建后并不是一成不变的，其元素存储的数据可以改变，元素的个数也可以改变。添加一个新元素很简单，直接把数据赋值给数组的一个新下标即可，编写方法如下：

```
var myArray = new Array(1,3,5,7);
myArray[4]=100;
```

数组添加了一个下标为 4 的元素，并且存储了数字值 100。JavaScript 的数组是稀疏的，即数组元素下标不是连续存储在内存中的，如创建一个空数组，分别添加一个下标为 0 的元素和一个下标为 100 的元素，内存只会给这 2 个元素分配空间。添加了新元素后，数组的 length 属性值将自动更新。我们在上节接触了 length 属性，这是数组有别于一般对象的重要属性。数组的 length 属性不仅可读，也可写，即可被改变。当数组的 length 属性值小于元素的个数时，数组的长度将被截断，即后面的元素将被删除。而当数组的 length 属性值大于元素的个数时，数组将会在后面添加若干值为 undefined 的元素，以填满 length 属性值指定的元素个数。

编写 element.htm 文件，代码如示例 20-2 所示。

【示例 20-2】 element.htm，数组元素的操作

```
01  //element.htm
02  <!DOCTYPE>
03  <html xmlns="http://www.w3.org/1999/xhtml">
04  <head>
05  <meta http-equiv="Content-Type" content="text/html; charset=gb2312" />
06  <title>数组元素的操作</title>
07  <script type="text/javascript">
08      var myArray=new Array(100,50,20);                           //创建数组
09  </script>
10  </head>
11  <body>
12  <div id="main">
13  <script type="text/javascript">
```

```
14    document.write("myArray 数组的长度是"+myArray.length);        //输出数组长度
15    myArray[7]=5;
16    document.write("<hr />程序进行操作：myArray[7]=5");           //为数组元素赋值
17    document.write("<hr />myArray 数组的第 8 个元素是"+myArray[7]);  //输出数组元素
18    document.write("<hr />myArray 数组的长度是"+myArray.length);  //输出数组长度
19    for(var i=0; i<myArray.length;i++){                          //开始循环
20      //输出数组
21      document.write("<hr />myArray 数组的第"+(i+1)+"个元素是"+myArray[i]); }
22    myArray.length-=6;                                           //改变数组长度
23    document.write("<hr />程序进行操作：myArray.length-=6");     //输出内容
24    document.write("<hr />myArray 数组的长度是"+myArray.length); //输出数组长度
25    for(var i=0; i<myArray.length;i++){                          //开始循环
26      //输出数组元素
27      document.write("<hr />myArray 数组的第"+(i+1)+"个元素是"+myArray[i]);
28      }
39  </script>
30  </div>
31  </body>
32  </html>
```

【代码解析】第 8 行创建了一个数组 myArray，第 14 行获取数组的长度，第 15 行为数组新添加了一个元素，第 17～21 行分别使用单个调用及循环调用数组元素的方法调用数组元素。

用浏览器打开 element.htm，浏览效果如图 20.2 所示。

图 20.2 数组元素的操作

20.1.3 创建多维数组

前面学习的数组是一维数组,即一个下标对应一个数据值。当数组中存储的元素也是一个数组时,就需要用两次中括号([])运算符获取数组中的元素值,这就是一个二维数组。在实际操作中,一般多维数组仅涉及二维数组,这种数组能提供更丰富的信息,很适合表格数据存储。

编写 multi.htm 文件,代码如示例 20-3 所示。

【示例 20-3】multi.htm,二维数组的应用

```
01  //multi.htm
02  <!DOCTYPE>
03  <html xmlns="http://www.w3.org/1999/xhtml">
04  <head>
05  <meta http-equiv="Content-Type" content="text/html; charset=gb2312" />
06  <title>二维数组的应用</title>
07  <script type="text/javascript">
08    var myArray1=new Array(3);                                    //创建数组
09    myArray1[0]="公司名称";                                        //为数组添加元素
10    myArray1[1]="主营业务";
11    myArray1[2]="知名品牌";
12    var myArray2=new Array(3);                                    //创建数组
13    myArray2[0]="微软";                                            //为数组元素赋值
14    myArray2[1]="软件产品";
15    myArray2[2]="Windows";
16    var myArray3=new Array(3);                                    //创建数组
17    myArray3[0]="Intel";                                           //为数组元素赋值
18    myArray3[1]="中央处理器";
19    myArray3[2]="Pentium";
20    var myArray4=new Array(myArray1,myArray2,myArray3);           //用数组组成一个新的数组
21  </script>
22  </head>
23  <body>
24  <table align="center" width="250">
25  <script type="text/javascript">
26    for(var i=0; i<myArray4.length; i++){                         //开始外层循环
27      document.write("<tr>");                                     //表格行开始
28      for(var j=0; j<3; j++){                                     //开始内层循环
29        document.write("<td>"+myArray4[i][j]+"</td>");            //输出二维数组元素
30      }
31      document.write("</tr>");                                    //表格行结束
32    }
33  </script>
34  </table>
35  </body>
36  </html>
```

【代码解析】第 8 行定义了一个数组 myArray1,然后分别为数组元素赋值;第 12 行定义了一个数组 myArray2;第 16 行定义了一个数组 myArray3;第 20 行定义了一个数组 myArray4,该数组的三个元素分别是前面所定义的三个数组,这样就相当于定义了一个二维数组。第 26~

32 行通过循环的方式来输出二维数组的所有元素。

用浏览器打开 multi.htm，浏览效果如图 20.3 所示。

图 20.3　二维数组的应用

本例中，二维数组的数据通过二层嵌套循环输出到页面的表格中。二维数组本身可看作一个表格模型，把外层数组的下标看作行号，内层数组的下标看作单元格号，如图 20.4 所示。

图 20.4　二维数组示意图

20.1.4　数组的方法

数组作为程序中常用的数据类型，JavaScript 提供了很多方法，使用这些方法可以更加灵活地操纵数组。根据方法之间的关联性，我们把多个数组方法分组学习，常用的数组方法如下。

（1）join()方法和 concat()方法。join()方法可使用指定的分隔符号把数组中的元素值拼接，然后以字符串的形式返回给程序，分隔符为字符串类型。而 concat()方法可把 2 个数组合并，然后返回给新的数组，新数组在返回的同时创建。编写 method1.htm 文件，代码如示例 20-4 所示。

【示例 20-4】method1.htm，join()方法和 concat()方法

```
01  //method1.htm
02  <!DOCTYPE>
03  <html xmlns="http://www.w3.org/1999/xhtml">
04  <head>
05  <meta http-equiv="Content-Type" content="text/html; charset=gb2312" />
06  <title>join()方法和concat()方法</title>
07  <script type="text/javascript">
08      var myArray1=new Array(3);                    //定义一个数组
09      myArray1[0]="微软";                            //为数组元素赋值
10      myArray1[1]="软件产品";
11      myArray1[2]="Windows";
12      var myArray2=new Array(3);                    //定义一个数组
13      myArray2[0]="Intel";                          //为数组元素赋值
14      myArray2[1]="中央处理器";
```

```
15      myArray2[2]="Pentium";
16      var myArray3=new Array(3);                        //定义一个数组
17      myArray3[0]="AMD";                                //为数组元素赋值
18      myArray3[1]="中央处理器";
19      myArray3[2]="Athlon";
20      var myArray4 = myArray2.concat(myArray3);         //合并两个数组
21    </script>
22    </head>
23    <body>
24    <script type="text/javascript">
25      document.write(myArray1.join("*"));               //对数组进行拼接
26      document.write("<hr />"+myArray4);                //输出拼接后的内容
27    </script>
28    </body>
29    </html>
```

【代码解析】第 8～20 行分别创建了数组 myArray1、myArray2、myArray3 和 myArray4，然后使用 concat()方法将 myArray2 与 myArray3 进行合并，并将合并之后的内容赋值给 myArray4。第 25 行将数组 myArray1 进行拼接并输出，第 26 行输出 myArray4。

用浏览器打开 method1.htm，浏览效果如图 20.5 所示。

图 20.5 join()方法和 concat()方法

注意：join()方法无参数时，默认分隔符为逗号。

（2）push()方法和 pop()方法。push()方法可在数组尾部添加元素，并返回修改后的数组长度。而 pop()方法则在数组尾部删除 1 个元素并返回元素值。编写 method2.htm 文件，代码如示例 20-5 所示。

【示例 20-5】method2.htm，push()方法和 pop()方法

```
01    //method2.htm
02    <!DOCTYPE>
03    <html xmlns="http://www.w3.org/1999/xhtml">
04    <head>
05    <meta http-equiv="Content-Type" content="text/html; charset=gb2312" />
06    <title>push()方法和 pop()方法</title>
07    <script type="text/javascript">
08      var myArray1=new Array(3);                        //创建数组
09      myArray1[0]="Intel";                              //为数组元素赋值
10      myArray1[1]="中央处理器";
11      myArray1[2]="Pentium";
12      var myArray2=new Array(3);                        //创建数组
13      myArray2[0]="AMD";                                //为数组元素赋值
```

```
14      myArray2[1]="中央处理器";
15      myArray2[2]="Athlon";
16  </script>
17  </head>
18  <body>
19  <script type="text/javascript">
20      document.write("myArray1原来的元素是："+myArray1);            //输出内容
21      document.write("<hr />为myArray1添加2个元素后,数组长度为"+myArray1.push(85,"美国"));//执行push()操作
22      document.write("<hr />修改后myArray1的元素是："+myArray1); //输出内容
23      document.write("<hr />myArray2原来的元素是："+myArray2);   //输出内容
24      document.write("<hr />被删除的元素值是："+myArray2.pop());   //执行pop()操作
25      document.write("<hr />修改后myArray2的元素是："+myArray2);//输出内容以作比较
26  </script>
27  </body>
28  </html>
```

【代码解析】第8～15行定义了两个数组，然后第21行对数组myArray1执行了push()操作，第24行对数组myArray2执行了pop()操作，并分别输出操作结果。

用浏览器打开method2.htm，浏览效果如图20.6所示。

图20.6　push()方法和pop()方法

（3）unshift()方法和shift()方法。unshift()方法和push()方法类似，也是为数组添加元素，不过添加位置在数组的头部。shift()方法和pop()方法类似，也是删除数组的元素，并返回该元素的值，不过删除位置在数组的头部。编写method3.htm文件，代码如示例20-6所示。

【示例20-6】method3.htm，unshift()方法和shift()方法

```
01  //method3.htm
02  <!DOCTYPE>
03  <html xmlns="http://www.w3.org/1999/xhtml">
04  <head>
05  <meta http-equiv="Content-Type" content="text/html; charset=gb2312" />
06  <title>unshift()方法和shift()方法</title>
07  <script type="text/javascript">
08      var myArray1=new Array(3);                              //创建数组
09      myArray1[0]="Intel";                                    //为数组元素赋值
```

```
10      myArray1[1]="中央处理器";
11      myArray1[2]="Pentium";
12      var myArray2=new Array(3);                              //创建数组
13      myArray2[0]="AMD";                                       //为数组元素赋值
14      myArray2[1]="中央处理器";
15      myArray2[2]="Athlon";
16  </script>
17  </head>
18  <body>
19  <script type="text/javascript">
20      document.write("myArray1原来的元素是："+myArray1);         //输出原内容
21      myArray1.unshift(85,"美国");                              //执行unshift()操作
22      //输出数组长度
23      document.write("<hr />为myArray1添加2个元素后，数组长度为"+myArray1.length);
24      document.write("<hr />修改后myArray1的元素是："+myArray1); //输出修改后内容
25      document.write("<hr />myArray2原来的元素是："+myArray2);   //输出原内容
26      document.write("<hr />被删除的元素值是："+myArray2.shift());//执行shift()操作
27      document.write("<hr />修改后myArray2的元素是："+myArray2); //输出修改后内容
28  </script>
29  </body>
30  </html>
```

【代码解析】第8～15行定义了两个数组，然后第21行对数组myArray1执行了unshift()操作，第26行对数组myArray2执行了shift()操作，并分别输出操作结果。

用浏览器打开method3.htm，浏览效果如图20.7所示。

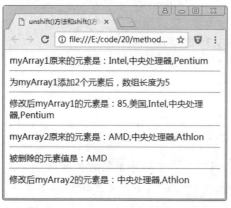

图20.7　unshift()方法和shift()方法

（4）reverse()方法和sort()方法。reverse()方法是把数组原有的元素顺序重排，如最后1个元素排在第1个，倒数第2个元素排在第2个，依次类推。sort()方法是对数组的所有元素进行排序，并返回排序后的数组。sort()方法无参数运行时按字母顺序排序，而未定义类型元素将被排在数组尾部。编写method4.htm文件，代码如示例20-7所示。

【示例20-7】method4.htm，reverse()方法和sort()方法

```
01  //method4.htm
02  <!DOCTYPE>
03  <html xmlns="http://www.w3.org/1999/xhtml">
```

```
04  <head>
05  <meta http-equiv="Content-Type" content="text/html; charset=gb2312" />
06  <title>sort()方法和reverse()方法</title>
07  <script type="text/javascript">
08    var myArray1=new Array(3,1,7,5);                          //定义数组
09    var myArray2=new Array("Pentium","中央处理器","Intel");    //定义数组
10    var myArray3=new Array("a","1",0,"b");                    //定义数组
11    var myArray4=new Array("AMD","Athlon",15,"中央处理器");   //定义数组
12  </script>
13  </head>
14  <body>
15  <script type="text/javascript">
16    document.write("myArray1排序后: "+myArray1.sort());        //对数组进行sort()排序
17    document.write("<hr />myArray2排序后: "+myArray2.sort());//对数组进行sort()排序
18    document.write("<hr />myArray3排序后: "+myArray3.sort());//对数组进行sort()排序
19    //对数组进行reverse ()排序
20    document.write("<hr />myArray4反序后: "+myArray4.reverse());
21  </script>
22  </body>
23  </html>
```

【代码解析】第8～11行分别创建了4个数组，第16～20行分别对数组进行了sort()排序与reverse()排序，并输出排序后的结果。

用浏览器打开method4.htm，浏览效果如图20.8所示。

图20.8　reverse()方法和sort()方法

说明：sort()方法可通过调用自定义排序函数作为参数使用，排序方法将按照自定义函数返回值进行排序。在一般的网页前台编程中，复杂排序涉及不多，本节在此略过。

（5）slice()方法。slice()方法用于截取数组的一部分，返回一个子数组。其参数为起始点元素到终点元素，子数组中不包含终点元素。如果参数只有1个，则代表从这个元素一直截取到最后一个元素。如果参数为负数，则代表从数组尾部开始定位起始元素位置，如参数为-2，代表倒数第2个元素。编写method5.htm文件，代码如示例20-8所示。

【示例20-8】method5.htm，slice()方法

```
01  //method5.htm
02  <!DOCTYPE>
03  <html xmlns="http://www.w3.org/1999/xhtml">
04  <head>
```

```
05    <meta http-equiv="Content-Type" content="text/html; charset=gb2312" />
06    <title>slice()方法</title>
07    <script type="text/javascript">
08      var myArray1=new Array(3,1,7,5,25,1,45,77,88);            //创建数组
09      var myArray2=new Array("Pentium","中央处理器","Intel","AMD","Athlon",15,"
中央处理器");       //创建数组
10    </script>
11    </head>
12    <body>
13    <script type="text/javascript">
14      document.write("myArray1 截取 myArray1[3]到 myArray1[8]的子数组: "+myArray1.
slice(3,8));//执行 slice()操作
15      document.write("<hr />myArray1 截取 myArray1[3]到尾部的子数组: "+myArray1.
slice(3)); //执行 slice()操作
16      //执行 slice()操作
17      document.write("<hr />myArray1 截取最后 2 个元素的子数组:"+myArray1.slice(-2));
18    </script>
19    </body>
20    </html>
```

【代码解析】第 8~9 行分别创建了数组 myArray1 与 myArray2，第 14~17 行分别对创建的数组使用 slice()方法进行了截取操作，并输出结果。

用浏览器打开 method5.htm，浏览效果如图 20.9 所示。

图 20.9　slice()方法

（6）splice()方法。Splice()方法是插入或删除数组元素的通用方法，在原有的数组上进行修改。其编写方法为：

```
数组名称.spalice(起始处,删除数量);
数组名称.spalice(起始处,删除数量,插入元素值1,插入元素值2...插入元素值n);
```

第一种写法只有 2 个参数，只能删除数组元素，起始处为删除元素的起点（元素下标），删除数量为从起点元素开始删除多少个元素，该方法返回被删除元素的值。第二种写法有 3 个参数，前两个参数与第一种写法的参数一样，后面的参数代表删除元素后新插入空位的数组元素值。编写 method6.htm 文件，代码如示例 20-9 所示。

【示例 20-9】method6.htm，splice()方法

```
01    //method6.htm
02    <!DOCTYPE>
03    <html xmlns="http://www.w3.org/1999/xhtml">
04    <head>
```

```
05  <meta http-equiv="Content-Type" content="text/html; charset=gb2312" />
06  <title>splice()方法</title>
07  <script type="text/javascript">
08     var myArray1=new Array(3,1,7,5,25,1,45,77,88);              //创建数组
09     var myArray2=new Array("Pentium","中央处理器","Intel","AMD","Athlon",15,"中央处理器");        //创建数组
10  </script>
11  </head>
12  <body>
13  <script type="text/javascript">
14     document.write("myArray1 数组原始值："+myArray1);              //输出原内容
15     document.write("<hr />myArray1 数组从 myArray1[2]开始删除这 3 个元素："+myArray1.splice(2,3));//执行 splice()操作
16     document.write("<hr />修改后 myArray1 数组值："+myArray1);    //输出修改后内容
17     document.write("<hr />myArray2 数组原始值："+myArray2);       //输出原内容
18     document.write("<hr />myArray2 数组从 myArray[3]开始删除这 2 个元素，并插入 1 个新元素："+myArray2.splice(3,2,"微软公司"));              //执行 splice()操作
19     document.write("<hr />修改后 myArray2 数组值："+myArray2);    //输出修改后内容
20  </script>
21  </body>
22  </html>
```

【代码解析】第 8~9 行分别创建了数组 myArray1 与 myArray2，然后第 15、18 行分别对数组使用 splice()方法进行了删除元素、添加元素的操作，并输出修改后的内容。

用浏览器打开 method6.htm，浏览效果如图 20.10 所示。

图 20.10 splice()方法

（7）toString()方法。这是对象和数组都通用的一个方法，数组用于将元素值转换为字符串类型。数组使用后返回所有元素的字符串形式，并用逗号分隔，和无参数使用 join()方法效果一致。

20.2 日期对象

为了获取系统的时间和日期，JavaScript 提供了专门用于时间和日期的对象类，通过 new 运算符和 Date()构造函数可以创建日期对象。日期对象可在页面中显示当前的系统时间，以及进行日期类型的数据运算。

20.2.1 用日期对象创建常用日期

日期（Date）对象可以用于获取日期和时间，并可通过对象的方法进行日期和时间的相关操作。其创建方法如下：

```
var myNow = new Date();
var myDate = new Date("月 日, 年, 时:分:秒");
var myDate = new Date("月 日, 年");
var myDate = new Date("年,月,日,时,分,秒");
var myDate = new Date("年,月,日");
var myDate = new Date(毫秒数);
```

第 1 种方法可以使日期对象直接获得系统的日期和时间。读者必须知道，由于 JavaScript 程序运行于浏览器端，所以系统的日期和时间来自浏览器端系统，而不是网页服务器端的系统。第 2～5 种方法非常相似，分别按照不同的格式给日期对象设置初始值。而第 6 种方法则以 1970 年 1 月 1 日 0 时到指定日期之间的毫秒数为指定日期值。编写 date.htm 文件，代码如示例 20-10 所示。

【示例 20-10】date.htm，显示日期和时间

```
01  //date.htm
02  <!DOCTYPE>
03  <html xmlns="http://www.w3.org/1999/xhtml">
04  <head>
05  <meta http-equiv="Content-Type" content="text/html; charset=gb2312" />
06  <title>显示日期和时间</title>
07  <script type="text/javascript">
08      var myDate1=new Date();                              //创建日期对象（不带参数）
09      var myDate2=new Date(1999,10,1);                     //创建日期对象（带有参数）
10  </script>
11  </head>
12  <body>
13  <script type="text/javascript">
14      document.write("现在的时间是："+myDate1);              //输出当前时间
15      document.write("<hr />自定义的时间是："+myDate2);      //输出带有参数的时间
16  </script>
17  </body>
18  </html>
```

【代码解析】第 8～9 行分别创建了日期对象，其中一个不使用任何参数，另一个使用指定参数。然后第 14 行与第 15 行分别输出两个日期对象，以比较二者的不同。

用浏览器打开 date.htm，浏览效果如图 20.11 所示。

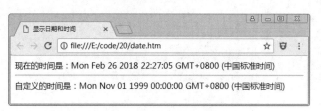

图 20.11　显示日期和时间

从本例中可以看到日期对象的默认显示格式，其中 Mon 代表星期一，Feb 代表 2 月份，26 代表 26 日；GMT+0800 代表本地处于世界时区东 8 区（北京时间），即通用格林威治时间加上 8 小时才是本地时间；2018 为年份。日期对象默认返回的日期、时间数据格式单一，为了更灵活地处理日期和时间，下面我们学习各种日期对象内置的方法。

20.2.2 日期对象的方法

日期对象内置很多方法，以方便编写者操纵日期和时间数据。其方法分为 2 种日期格式，第 1 种是根据系统本地日期和时间进行运算；第 2 种是根据格林威治时间（GMT，也称为通用协调时间，即 UTC）进行运算。第 2 种方法名称中包含了"UTC"字符串。下面根据日期对象方法的特征分多组进行学习。

（1）get 前缀方法组。get 中文为获得、获取之意，这组方法的主要作用为获取系统日期和时间，或获取系统日期和时间的某部分数据。本组包含的方法如表 20-1 所示。

表 20-1 get 前缀方法组

方　　法	方法返回值
getDate(), getUTCDate()	返回月份的第几天，取值范围为 1~31
getDay(), getUTCDay()	返回星期几，0 表示星期天，取值范围为 0~6
getFullYear(), getUTCFullYear()	返回 4 个数字表示的年份
getHours(), getUTCHours()	返回小时值，取值范围为 0~23
getMilliseconds(), getUTCMilliseconds()	返回毫秒值，1 秒=1000 毫秒
getMinutes(), getUTCMinutes()	返回分钟值，取值范围为 0~59
getMonth(), getUTCMonth()	返回月份值，0 代表 1 月，取值范围为 0~11
getSeconds(), getUTCSeconds()	返回秒值，取值范围为 0~59
getTime()	返回从 1970 年 1 月 1 日至今的毫秒总数，与时区无关
getTimezoneOffset()	返回本地时间与 UTC 时间的差值，单位为分钟

为了对日期对象的方法有更深入的了解，笔者制作了一个日期和时间自定义格式示例。编写 get.htm 文件，代码如示例 20-11 所示。

【示例 20-11】 get.htm，get 前缀方法组

```
01  //get.htm
02  <!DOCTYPE>
03  <html xmlns="http://www.w3.org/1999/xhtml">
04  <head>
05  <meta http-equiv="Content-Type" content="text/html; charset=gb2312" />
06  <title>get 前缀方法组</title>
07  <script type="text/javascript">
08    var myDate=new Date();                              //创建日期对象
09  </script>
10  </head>
11  <body>
12  <script type="text/javascript">
13    document.write("现在的日期时间默认格式是: "+myDate);
14    document.write("<hr />今天的日期是: "+myDate.getFullYear()+"年 "+(myDate.
```

```
getMonth()+1)+"月"+myDate.getDate()+"日   周"+myDate.getDay());   //获取日期
15    document.write("<hr />现在的时间是: "+myDate.getHours()+":"+myDate.
getMinutes()+":"+myDate.getSeconds());                            //获取时间
16    document.write("||现在的格林威治时间是: "+myDate.getUTCHours()+":"+myDate.
getUTCMinutes()+":"+myDate.getUTCSeconds());                      //获取格林威治时间
17    //获取时区
18    document.write("<hr />本地时区为"+(-1*myDate.getTimezoneOffset()/60));
19    </script>
20    </body>
21    </html>
```

【代码解析】第 8 行创建了一个日期对象，第 14~18 行分别使用日期对象的 get 类方法来获取当前日期、当前时间、格林威治时间及所处时区等，并将结果输出。

本例通过局部取时间段，然后再通过字符串的拼接完成自定义格式，读者需注意月份必须加 1 才符合实际习惯。用浏览器打开 get.htm，浏览效果如图 20.12 所示。

图 20.12　使用 get 前缀方法组的浏览效果

（2）set 前缀方法组。set 中文为设置、处置之意，这组方法的主要作用为处理日期和时间数据。本组包含的方法如表 20-2 所示。

表 20-2　set 前缀方法组

方　　法	方法返回值
setDate(), setUTCDate()	传递参数为月份的第几天，返回值为毫秒值
setFullYear(), setUTCFullYear()	传递参数为年、月和日，月和日参数可选
setHours(), setUTCHours()	传递参数为小时、分、秒和毫秒，分、秒和毫秒参数可选
setMilliseconds(), setUTCMilliseconds()	传递参数为毫秒值，取值范围为 0~999
setMinutes(), setUTCMinutes()	传递参数为分、秒和毫秒，秒和毫秒参数可选
setMonth(), setUTCMonth()	传递参数为月和日，日参数可选，0 代表 1 月
setSeconds(), setUTCSeconds()	传递参数为秒和毫秒，毫秒参数可选
setTime()	使用日期内部毫秒值设置日期，返回调整后的日期的毫秒值表示

编写 set.htm 文件，代码如示例 20-12 所示。

【示例 20-12】set.htm，set 前缀方法组

```
01    //set.htm
02    <!DOCTYPE>
03    <html xmlns="http://www.w3.org/1999/xhtml">
04    <head>
05    <meta http-equiv="Content-Type" content="text/html; charset=gb2312" />
```

```
06    <title>set 前缀方法组</title>
07    <script type="text/javascript">
08      var myDate=new Date();                                    //创建日期对象
09    </script>
10  </head>
11  <body>
12    <script type="text/javascript">
13      document.write("现在的日期时间默认格式是: "+myDate);  //获取日期和时间格式
14      myDate.setFullYear(2019,1,1);                             //修改日期
15      document.write("<hr />修改后的日期是: "+myDate.getFullYear()+"年"+(myDate.getMonth()+1)+"月"+myDate.getDate()+"日");           //输出修改后的日期
16      myDate.setHours(10,1,1);                                  //修改时间
17      document.write("<hr />修改后的时间是: "+myDate.getHours()+":"+myDate.getMinutes()+":"+myDate.getSeconds());                   //获取修改后的时间
18      document.write("||修改后的格林威治时间是: "+myDate.getUTCHours()+":"+myDate.getUTCMinutes()+":"+myDate.getUTCSeconds());      //获取修改后的格林威治时间
19    </script>
20  </body>
21  </html>
```

【代码解析】第 8 行创建了一个日期对象,然后第 13 行输出了日期对象的日期和时间格式,第 14 行通过 setFullYear()方法对日期对象进行修改,第 16 行通过 setHours()方法对日期对象进行修改,并分别输出修改结果。

用浏览器打开 set.htm,浏览效果如图 20.13 所示。

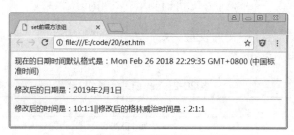

图 20.13　使用 set 前缀方法组的浏览效果

（3）转字符串方法组。这组方法以 to 为前缀,可以把日期和时间格式按需转换为字符串格式。常用的如 toDateString()方法和 toLocaleDateString()方法,可返回日期对象中日期部分并转换为字符串值（本地时区）,后者格式为本地习惯使用的格式。类似的还有 toLocaleString()方法、toString()方法等,在下面的示例中可以学习到这些方法之间的区别。编写 to.htm 文件,代码如示例 20-13 所示。

【示例 20-13】to.htm,转字符串方法组

```
01  //to.htm
02  <!DOCTYPE>
03  <html xmlns="http://www.w3.org/1999/xhtml">
04  <head>
05  <meta http-equiv="Content-Type" content="text/html; charset=gb2312" />
06  <title>to 转字符串方法组</title>
07  <script type="text/javascript">
```

```
08      var myDate=new Date();                              //创建日期对象
09    </script>
10  </head>
11  <body>
12  <script type="text/javascript">
13      //输出转换为日期字符串的时间格式
14      document.write("现在的日期时间默认格式是: "+myDate.toDateString());
15      //输出转换为本地日期字符串的时间格式
16      document.write("<hr />现在的日期时间默认格式是: "+myDate.toLocaleDateString());
17      //输出转换为本地格式的字符串
18      document.write("<hr />现在的日期时间默认格式是: "+myDate.toLocaleString());
19      //输出转换为字符串
20      document.write("<hr />现在的日期时间默认格式是: "+myDate.toString());
21      //输出转换为时间字符串
22      document.write("<hr />现在的日期时间默认格式是: "+myDate.toTimeString());
23  </script>
24  </body>
25  </html>
```

【代码解析】第 8 行创建了一个日期对象,然后第 13～22 行分别使用不同的将日期对象转换为字符串的方法对日期对象进行转换操作并输出结果。

用浏览器打开 to.htm,浏览效果如图 20.14 所示。

图 20.14　使用转字符串方法组的浏览效果

20.2.3　编写一个时间计算程序

时间和日期数据不仅可用于显示,还可根据需要进行计算。下面融合前面学习的函数等多种知识,制作一个综合示例。编写 time.htm 文件,代码如示例 20-14 所示。

【示例 20-14】time.htm,时间计算程序

```
01  //time.htm
02  <!DOCTYPE>
03  <html xmlns="http://www.w3.org/1999/xhtml">
04  <head>
05  <meta http-equiv="Content-Type" content="text/html; charset=gb2312" />
06  <title>时间计算程序</title>
07  <script type="text/javascript">
08      var myDate=new Date();                              //创建日期对象
09      function display(){                                 //自定义函数
```

```
10        var nowTxt=myDate.toLocaleDateString();              //获取当前日期本地字符串
11        document.getElementById("now").innerText=nowTxt;//将字符串赋值到页面指定层
12      }
13      function pro(){                                         //自定义函数
14        var newY=document.getElementById("newY").value;//获取输入框输入的年
15        var newM=document.getElementById("newM").value;//获取输入框输入的月
16        var newD=document.getElementById("newD").value;//获取输入框输入的日
17        var newDate=new Date(newY,newM,newD);             //以新的年、月、日创建日期对象
18        var offer=Math.abs(newDate.getTime()-myDate.getTime());//计算两个日期的差
19        var days=Math.floor(offer/(1000*60*60*24));       //计算时间偏移
20        alert("新日期和今天\n相差"+days+"天");              //弹出时间偏移量
21      }
22 </script>
23 </head>
24 <body onload="display();">
25 今天的日期为：<span id="now"></span>
26 <hr />
27 请输入新日期：<br />
28 <input type="text" id="newY" value="2018" size="4" maxlength="4" />年
29 <input type="text" id="newM" value="8" size="2" maxlength="2" />月
30 <input type="text" id="newD" value="8" size="2" maxlength="2" />日
31 <button id="btn" onclick="pro();">计算</button>
32 </body>
33 </html>
```

【代码解析】以上代码通过两个自定义函数实现了计算日期相差多少天。其中，第 8～12 行的自定义函数将当前日期存放到一个层中显示；第 13～20 行的自定义函数先获取指定的日期，再用指定的日期创建日期对象，然后计算两个日期的偏移量，并以提示框的形式显示时间偏移量。

用浏览器打开 time.htm，浏览效果如图 20.15 所示。

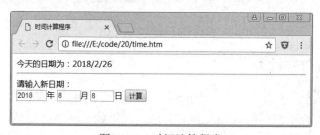

图 20.15　时间计算程序

本例不但使用了前面讲到的函数知识，还使用了部分后面学习的知识，如 body 标签的 onload="display();"属性，这代表页面的 body 元素载入后将执行 display()函数（在头部信息部分已定义）。display()在本例中用于显示系统今天的日期，读者可看到函数中有 document. getElementById("now").innerText，这代表在 HTML 文档中获取 id 名称为 now 的元素的 innerText 属性值。本例把当前的日期转换为字符串，然后将其赋值给 id 名称为 now 的元素的 value 属性值，即页面中第 1 个 span 元素。

本例中有一个"计算"按钮，这个 button 元素也有一个 onclick="pro();"属性，即浏览用户

单击按钮时执行 pro()函数（在头部信息部分已定义）。pro()函数的作用是分别获取 id 名称为 newY、newM 和 newD 文本框的 value 属性值（新日期内容），然后将其分别赋值给 newY 变量、newM 变量和 newD 变量。通过本节学习的创建自定义日期对象的方法，把这 3 个变量传递到 Date()构造函数中，即可得到新日期对象。然后通过新日期对象和今天日期对象的 getTime()方法求毫秒值，并求 2 个毫秒值的差，即可得出今天日期和新日期相差的毫秒数。最后将毫秒值转换为天数，由 alert()方法输出相差天数。

说明：pro()函数中的 Math.abs()方法为数学运算方法，可返回参数数值的绝对值，而 Math.floor()方法则可返回参数数值的整数部分。

20.3 数学运算对象

在前面学习的示例中，或多或少都使用了数学运算对象，在严格的面向对象设计中，叫作数学类。数学类内置了很多针对数学运算的方法，不过使用这些方法并不需要创建对象实例，直接引用对象类名称和点运算符即可使用方法。本书所说的对象即为严格意义上的类，以类为模板，用构造函数创建的实例称为对象实例。

20.3.1 数学运算对象的方法和属性

数学运算（Math）对象不需要创建实例，直接访问其属性和方法即可，在面向对象的程序设计中称为静态属性和静态方法。Math 对象的属性为数学中的常数值，即恒定不变的值，只能读取，不能写入。Math 对象常用的属性如表 20-3 所示。

表 20-3 Math 对象常用的属性

属性名称	属 性 值
Math.E	数学常量 e 的值
Math.LN	2 的自然对数值
Math.LN10	10 的自然对数值
Math.LOG2E	$\log_2 e$ 的值
Math.Log10E	e 的常用对数值
Math.PI	数学常量圆周率的值
Math.SQRT1_2	2 的平方根的值的二分之一
Math.SQRT2	2 的平方根的值

编写 const.htm 文件，代码如示例 20-15 所示。

【示例 20-15】const.htm，Math 对象的属性

```
01  //const.htm
02  <!DOCTYPE>
03  <html xmlns="http://www.w3.org/1999/xhtml">
04  <head>
05  <meta http-equiv="Content-Type" content="text/html; charset=gb2312" />
06  <title>常用 Math 对象的属性</title>
07  </head>
```

```
08  <body>
09  <script type="text/javascript">
10    document.write("数学常量e的值为"+Math.E);              //输出数学常量e
11    document.write("<hr />2的自然对数值为"+Math.LN2);      //输出数学常量2的自然对数
12    document.write("<hr />数学常量圆周率的值为"+Math.PI);  //输出圆周率
13    document.write("<hr />2的平方根的值为"+Math.SQRT2);   //输出2的平方根
14  </script>
15  </body>
16  </html>
```

【代码解析】第10~13行分别调用数学运算对象的名称，输出相应的内容。

用浏览器打开const.htm，浏览效果如图20.16所示。

图20.16 Math对象的属性

Math对象的方法比较多，在前面的示例中已经使用过Math.abs()方法和Math.floor()方法，分别返回参数的绝对值和参数的整数值。其他方法如表20-4所示。

表20-4 Math对象的方法

方法名称	返 回 值
Math.abs()	返回参数的绝对值
Math.acos()	返回参数的反余弦值，单位为弧度
Math.asin()	返回参数的反正弦值，单位为弧度
Math.atan()	返回参数的反正切值，单位为弧度
Math.atan2()	返回第1个参数/第2个参数的反正切值，单位为弧度
Math.ceill()	返回大于等于参数，并最接近参数的整数
Math.cos()	返回参数的余弦函数值，参数单位是弧度
Math.exp()	返回e的参数次方的值，e是欧拉常数
Math.floor()	返回小于等于参数，并最接近参数的整数
Math.log()	返回参数的自然对数值
Math.max()	返回2个参数的最大值
Math.min()	返回2个参数的最小值
Math.pow()	返回第1个参数的第2个参数次方的值
Math.random()	返回0.0~1.0的伪随机数
Math.round()	返回最接近参数的整数，对参数作四舍五入运算
Math.sin()	返回参数的正弦值，参数的单位是弧度

续表

方法名称	返 回 值
Math.sqrt()	返回参数的平方根值
Math.tan()	返回参数的正切值，参数的单位是弧度

编写 mathmethod.htm 文件，代码如示例 20-16 所示。

【示例 20-16】 mathmethod.htm，Math 对象的方法

```
01  //mathmethod.htm
02  <!DOCTYPE>
03  <html xmlns="http://www.w3.org/1999/xhtml">
04  <head>
05  <meta http-equiv="Content-Type" content="text/html; charset=gb2312" />
06  <title>Math 对象的方法</title>
07  </head>
08  <body>
09  <script type="text/javascript">
10    //使用数学对象的 ceil()方法
11    document.write("Math.ceil(5.2)的值为"+Math.ceil(5.2));
12    //使用数学对象的 floor()方法
13    document.write("<hr />Math.ceil(5.9)的值为"+Math.floor(5.9));
14    //使用数学对象的 round()方法
15    document.write("<hr />Math.round(5.2)的值(四舍五入)为"+Math.round(5.2));
16    document.write("<hr />Math.round(5.9)的值(四舍五入)为"+Math.round(5.9));
17    //使用数学对象的 random()方法
18    document.write("<hr />0 到 1000 中抽取随机值为"+Math.random()*1000);
19    //使用数学对象的 min()方法
20    document.write("<hr />100 和 100.5 中比小的值为"+Math.min(100,100.5));
21  </script>
22  </body>
23  </html>
```

【代码解析】 第 10～20 行分别调用了数学运算对象的一系列方法，并输出结果。

用浏览器打开 mathmethod.htm，浏览效果如图 20.17 所示。

图 20.17　Math 对象的方法

20.3.2 制作一个小型计算器

在计算日期和时间的示例中已经粗略学习了如何通过 id 名称取值，以及通过按钮被单击执行自定义函数。下面根据学习的各种运算方法，结合前面的知识制作一个小型计算器。编写 mini-c.htm 文件，代码如示例 20-17 所示。

【示例 20-17】 mini-c.htm，制作小型计算器

```
01  //mini-c.htm
02  <!DOCTYPE>
03  <html xmlns="http://www.w3.org/1999/xhtml">
04  <head>
05  <meta http-equiv="Content-Type" content="text/html; charset=gb2312" />
06  <title>小型计算器</title>
07  <script type="text/javascript">
08      function start(x){                                      //自定义函数
09      var num=document.getElementById("num").value;           //获取指定内容的值
10      var numA=document.getElementById("numA").value;         //获取 numA
11      var numB=document.getElementById("numB").value;         //获取 numB
12      var num2;                                               //定义变量
13      var numC;
14          switch(x){                                          //根据操作方法开始循环
15          case 1:
16          num2=Math.round(num);                               //执行四舍五入
17          break;
18          case 2:
19          num2=Math.ceil(num);                                //进一法取整
20          break;
21          case 3:
22          num2=Math.floor(num);                               //舍去取整
23          break;
24          case 4:
25          num2=Math.sqrt(num);                                //计算平方根
26          break;
27          case 5:
28          num2=Math.abs(num);                                 //计算绝对值
29          break;
30          case 6:
31          num2=Math.log(num);                                 //计算自然对数
32          break;
33          case 7:
34          num2=Math.sin(num);                                 //计算正弦值
35          break;
36          case 8:
37          num2=Math.cos(num);                                 //计算余弦值
38          break;
39          case 9:
40          numC=Math.min(numA,numB);                           //获取两个数中的较小数
41          break;
```

```
42          case 10:
43              numC=Math.max(numA,numB);            //获取两个数中的较大数
44              break;
45          default:
46              alert("没有操作");
47      }
48      if(num2!==undefined){                         //如果 num2 不是未定义
49          document.getElementById("num2").value=num2;   //显示结果
50      }
51      if(numC!==undefined){                         //如果 numC 不是未定义
52          document.getElementById("numC").value=numC;   //显示结果
53      }
54  }
55  </script>
56  </head>
57  <body>
58  原始数据输入<input type="text" id="num" value="" size="22" /><br />
59  <button onclick="start(1);">取整（四舍五入）</button>
60  <button onclick="start(2);">取整（大于）</button>
61  <button onclick="start(3);">取整（小于）</button><br />
62  <button onclick="start(4);">平方根</button>
63  <button onclick="start(5);">绝对值</button>
64  <button onclick="start(6);">自然对数</button>
65  <button onclick="start(7);">正弦值</button>
66  <button onclick="start(8);">余弦值</button><br />
67  运算结果<input type="text" id="num2" value="" disabled="disabled" size="27" /><hr />
68  原始数据输入<input type="text" id="numA" value="" size="12" /> <input type="text" id="numB" value="" size="12" /><br />
69  <button onclick="start(9);">求较小值</button>
70  <button onclick="start(10);">求较大值</button><br />
71  运算结果<input type="text" id="numC" value="" disabled="disabled" size="27" /><br />
72  </body>
73  </html>
```

【代码解析】第 8～54 行有一个自定义函数 start()，该函数根据用户输入的内容执行相应的操作，操作主要在 switch...case 中完成，并将执行结果显示在相应的文本框中；第 58 行显示一个文本框让用户输入值；第 59～66 行显示一组按钮，分别代表执行相应的操作，单击按钮就会以指定参数触发自定义函数；第 67 行有一个文本框显示执行结果；第 69 行与第 70 行两个按钮用于执行求较小值与较大值操作；第 71 行有一个文本框显示比较两个数大小的执行结果。

用浏览器打开 mini-c.htm，浏览效果如图 20.18 所示。

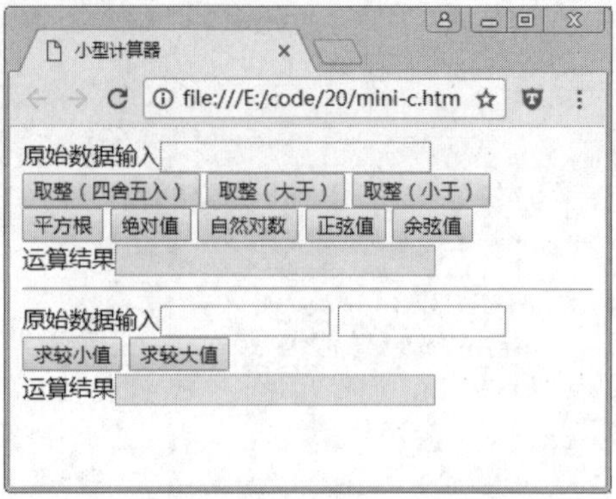

图 20.18 小型计算器

本例使用按钮被用户单击后执行函数的方法，所有的按钮都执行 start()函数，通过向 start() 函数传递不同的参数完成不同的功能。按钮向 start()函数传递的参数为 1~10，在函数体内部用 switch()条件分支进行判断，执行不同的数学运算方法，然后将运算结果存放到文本控件中。

20.4 字符串对象

字符串在程序中使用非常普遍，如前面学习的 alert()方法的参数即为字符串类型。字符串有两种形式，即基本数据类型和对象实例形式。对象实例形式即 String 对象实例，类似于其他对象实例，String 对象实例也有属性和方法。创建两种形式的字符串对象实例的方法如下：

```
var myString = "欢迎来到北京";
var myString = new String("欢迎来到北京");
```

接下来学习字符串对象实例的各种属性和方法，以便更灵活地处理字符串。

20.4.1 字符串对象的属性

字符串对象的属性只有两个，一个是 length 属性，和数组对象的 length 属性不同，String 对象的 length 属性用于获取对象中字符的个数。另一个是 prototype 属性，该属性几乎每个对象都有，如数组等，用于扩展对象的属性和方法。在一般的网页编程应用中，后者使用的机会不是很多，本书将略过。编写 strlen.htm 文件，代码如示例 20-18 所示。

【示例 20-18】 strlen.htm，字符串对象的属性

```
01  //strlen.htm
02  <!DOCTYPE>
03  <html xmlns="http://www.w3.org/1999/xhtml">
04  <head>
05  <meta http-equiv="Content-Type" content="text/html; charset=gb2312" />
06  <title>字符串对象的属性 </title>
07  <script type="text/javascript">
08      function len(){                                          //自定义函数
09          var str=document.getElementById("str").value;        //获取输入字符串
10          //获取字符串长度并显示在文本框
11          document.getElementById("lennum").value=str.length;
```

```
12    }
13  </script>
14  <style type="text/css">
15   body{text-align:center;}
16  </style>
17  </head>
18  <body>
19  <input type="text" id="str" value="" /><br />
20  <button onclick="len();">计算字符数量</button><br />
21  <input type="text" id="lennum" disabled="disabled" />
22  </body>
23  </html>
```

【代码解析】第 8~12 行通过一个自定义函数获取页面中的一个输入框中的内容,并获取其长度,显示在文本输入框中;第 19 行显示一个文本输入框让用户输入内容;第 20 行有一个按钮,单击按钮将会调用函数;第 21 行有一个文本框用来显示获取的结果。

用浏览器打开 strlen.htm,浏览效果如图 20.19 所示

图 20.19 字符串对象的属性

本例很简单,通过按钮被单击执行 len()函数,函数内用上面文本控件的 value 值转换为字符串对象实例 str。通过 str.length 的属性获取字符数量,然后赋值给下面的文本控件的 value 值。

20.4.2 字符串对象的方法

字符串对象的方法非常多,大体可分为 HTML 格式替代方法和操作方法。

1. HTML 格式替代方法

这组方法用于格式化字符串,其效果等同于给字符串加上 HTML 标签。本组方法如表 20-5 所示。

表 20-5　HTML 格式替代方法

方法名称	返 回 值
String.anchor(x)	返回<a name="x">String</a>
String.big()	返回<big>String</big>
String.blink()	返回<blink>String</blink>
String.bold()	返回<b>String</b>
String.fixed()	返回<tt>String</tt>
String.fontcolor(x)	返回<font color="x">String</font>

续表

方法名称	返 回 值
String.fontsize(x)	返回\<font size="x"\>String\</font\>
String.italics()	返回\<i\>String\</i\>
String.link(x)	返回\<a href="x"\>String\</a\>
String.small()	返回\<small\>String\</small\>
String.strike()	返回\<strike\>String\</strike\>
String.sub()	返回\<sub\>String\</sub\>
String.sup()	返回\<sup\>String\</sup\>

编写 strmethond1.htm 文件，代码如示例 20-19 所示。

【示例 20-19】 strmethod1.htm，HTML 格式替代方法

```
01  //strmethod1.htm
02  <!DOCTYPE>
03  <html xmlns="http://www.w3.org/1999/xhtml">
04  <head>
05  <meta http-equiv="Content-Type" content="text/html; charset=gb2312" />
06  <title>字符串对象的格式方法</title>
07  <script type="text/javascript">
08    function format(x){                                    //自定义函数
09      var str=document.getElementById("str").innerText;    //获取原始字符串
10      var str2;
11      switch(x){                                           //开始多重判断
12        case 1:
13          str2=str.bold();                                 //加粗
14          break;
15        case 2:
16          str2=str.italics();                              //斜体
17          break;
18        case 3:
19          str2=str.sup();                                  //上标
20          break;
21        case 4:
22          str2=str.sub();                                  //下标
23          break;
24        default:
25          str2=str;
26      }
27      document.getElementById("str").innerHTML=str2;       //返回结果
28    }
29  </script>
30  </head>
31  <body>
32  <span id="str">北京冬季奥运会</span><br />
33  <button onclick="format(1);">加粗</button>
34  <button onclick="format(2);">斜体</button>
35  <button onclick="format(3);">上标</button>
```

```
36    <button onclick="format(4);">下标</button>
37   </body>
38  </html>
```

【代码解析】第 8~28 行创建了一个自定义函数，根据用户的不同操作，调用字符串对象的方法对字符串分别进行不同的操作，并返回结果；第 32 行显示一个层，既是获取的内容，也是操作结果显示的区域；第 33~36 行有一组按钮，单击按钮即可触发函数，对字符串进行相应的操作。

用浏览器打开 strmethond1.htm，浏览效果如图 20.20 所示。

图 20.20　HTML 格式替代方法

本例中的原始字符串使用 span 元素包含，在函数中同样用 id 名称获取 span 内包含的文字。不过使用的属性是 innerText，这将获取 span 元素内部的文本内容，不包含 HTML 标签等修饰元素，而在使用字符串对象的格式方法进行处理之后，把字符串返回给 span 元素的 innerHTML 属性，这样字符串可以保留 HTML 标签，以显示修改过的字符格式。

2. 操作方法

这组方法用于字符串的查找、替换、分隔及大小写转换等操作，如表 20-6 所示。

表 20-6　字符串对象的操作方法

方法名称	返 回 值
String.charAt(x)	返回字符串第 x 个位置的字符，从 0 开始计数
String.charCodeAt(x)	返回字符串第 x 个位置的字符的 Unicode 编码，从 0 开始计数
String.concat(x,y...)	把参数一个个转换为字符串类型，拼接在原始字符串后面
String.indexOf(子字符串,x)	返回子字符串在原始字符串中 x 后第一次出现的开始位置。如果 x 后没有字符串出现，则返回-1。省略 x 参数时，从原始字符串头部开始搜索
String.lastIndexOf(子字符串,x)	返回子字符串在原始字符串中 x 后最后一次出现的开始位置。如果 x 后没有字符串出现，则返回-1。省略 x 参数时，从原始字符串尾部开始搜索
String.match(x)	使用 x 正则表达式匹配字符串，并返回包含匹配结果的数组。如果没有结果，则返回 null
String.replace(x,y)	使用 y 替换 x 指定的字符串内容，并返回替换后的结果。x 可为正则表达式，也可为字符串。y 可为正则表达式，也可为函数、字符串
String.search(x)	返回与 x 正则表达式匹配的第 1 个字符串的开始位置，如果都不匹配，则返回-1
String.slice(x,y)	返回从 x 位置开始到 y 位置结束的子字符串，不包含 y 位置的字符。省略 y 参数时，返回 x 位置到结束位置的字符串
String.split(x)	以 x 为分隔符号，将字符串拆分为数组，并返回该数组。x 可为正则表达式，也可为字符串

续表

方法名称	返 回 值
String.substring(x,y)	同 String.slice(x,y)
String.substr(x,y)	返回从 x 位置开始的连续 y 个字符的字符串，省略 y 参数时返回 x 位置到结束位置的字符串
String.toLowerCase()	返回字符串字母小写形式
String.toUpperCase()	返回字符串字母大写形式

编写 strmethond2.htm 文件，代码如示例 20-20 所示。

【示例 20-20】strmethond2.htm，字符串对象的操作方法

```
01  //strmethond2.htm
02  <!DOCTYPE>
03  <html xmlns="http://www.w3.org/1999/xhtml">
04  <head>
05  <meta http-equiv="Content-Type" content="text/html; charset=gb2312" />
06  <title>字符串对象的操作方法</title>
07  <script type="text/javascript">
08    function format(x){                                    //自定义函数
09      var str=document.getElementById("str").innerText;    //获取层内文本
10      var str2;                                            //定义变量
11      switch(x){                                           //开始多重判断
12        case 1:                                            //如果内容是1
13          str2=str.slice(1,5);                             //获取从1至5
14          break;
15        case 2:                                            //如果内容是2
16          str2=str.concat("——我们","期待",2022);            //拼接字符串
17          break;
18        case 3:                                            //如果内容是3
19          str2=str.replace("北.京","Beijing");              //替换
20          break;
21        case 4:                                            //如果内容是4
22          var myArray=str.split(".");                      //分割字符串
23          str2=myArray[0].toString()+myArray[2].toString();//再接数组转换为字符串
24          break;
25        default:                                           //如果以上均不是
26          str2=str;                                        //直接获取内容
27      }
28      document.getElementById("str").innerHTML=str2;       //在一个层上显示内容
29    }
30    function reSet(){
31      document.getElementById("str").innerText="北.京.冬.季.奥.运.会";
32    }
33  </script>
34  </head>
35  <body>
36  <span id="str">北.京.冬.季.奥.运.会</span><br />
37  <button onclick="format(1);">截取第 2~4 个字符</button>
38  <button onclick="format(2);">追加字符串</button><br />
```

```
39    <button onclick="format(3);">替换"北京"</button>
40    <button onclick="format(4);">截取为数组</button>
41    <hr />
42    <button onclick="reSet();">恢复字符串</button>
43  </body>
44  </html>
```

【代码解析】第 8~29 行创建了一个自定义函数，根据用户的不同操作，调用字符串对象的方法对字符串分别进行不同的操作，并返回结果；第 30~32 行也是一个自定义函数，用于将层内容复原；第 36 行显示一个层，既是获取的内容也是操作结果显示的区域；第 37~40 行有一组按钮，单击按钮即可触发函数，对字符串进行相应的操作；第 42 行有一个按钮，单击按钮即可将字符串内容复原。

用浏览器打开 strmethond2.htm，浏览效果如图 20.21 所示。

图 20.21　字符串对象的操作方法

本例仍然使用按钮被用户单击时执行 format()函数的方法，并传递相应的参数，switch 条件分支语句根据不同参数执行不同代码。建议每使用一次操作方法按钮，都要单击"恢复字符串"按钮，从而保持统一的原始字符串。

20.5　函数对象

在 JavaScript 中，可以创建函数对象，相对于前面学习的自定义函数，函数对象可以被动态地创建，在形式上更加灵活。这种方式定义的函数是在程序运行时创建的，所以执行速度相对较慢。其创建方法如下：

```
var myFunc = new Function(参数1,参数2...,参数n,函数体);
```

在编写格式上，参数写在前面，函数体写在最后面，都需要以字符串形式表示（加引号）。参数是可选的，即可以没有参数。而 myFunc 是一个变量，用于存储函数对象实例的引用。函数对象实例没有函数名，所以也叫匿名函数。

函数对象实例也是一种对象，所以其也有自己的属性和方法。其属性有 length 和 prototype。length 是只读属性，可获取函数声明的参数个数。而 prototype 属性和其他对象一样，可用于扩展对象的属性和方法。函数对象的方法如下。

（1）apply(x,y)：将函数绑定为另一个对象的方法，x 参数为对象实例名称，y 参数为所传递的参数，y 可以为数组。该方法执行后，函数体内的 this 将指向 x 对象实例。

（2） call(x,y1,y2...yn)：功能同 apply()方法一样，x 参数为对象实例名称，y1～yn 参数为所传递的参数。

（3） toString()：返回函数的字符串形式。

编写 func.htm 文件，代码如示例 20-21 所示。

【示例 20-21】func.htm，函数对象

```
01  //func.htm
02  <!DOCTYPE>
03  <html xmlns="http://www.w3.org/1999/xhtml">
04  <head>
05  <meta http-equiv="Content-Type" content="text/html; charset=gb2312" />
06  <title>函数对象</title>
07  <script type="text/javascript">
08      //创建一个字符串对象
09      var code='var y=document.getElementById("str").value;alert(x+y);'
10      var myFunc=new Function("x",code);              //创建函数对象
11      //函数对象转换为字符串
12      var code2='document.getElementById("func").innerText=myFunc.toString();';
13      var myFunc2=new Function(code2);                //创建函数对象
14  </script>
15  </head>
16  <body>
17      <input type="text" id="str" value="" />
18      <hr />
19      <button onclick="myFunc('你填写的内容是：');">显示填写内容</button>
20      <hr />
21      <button onclick="myFunc2();">显示 myFunc 函数</button>
22      <br />
23      <span id="func"></span>
24  </body>
25  </html>
```

【代码解析】第 9 行与第 12 行分别创建了字符串对象，然后又在第 10 行与第 13 行按照前面的字符串创建了函数对象。通过第 19 行与第 21 行的按钮单击动作来调用相应的函数。

用浏览器打开 func.htm，浏览效果如图 20.22 所示。本例分别用 2 个按钮执行 2 个函数，即 myFunc 对象和 myFunc2 对象，其中 myFunc 函数对象显示信息框，其内容为文本框所填写内容。单击第一个按钮，效果如图 20.23 所示。

图 20.22　函数对象

图 20.23　函数对象信息

单击第二个按钮，执行 myFunc2 函数对象，将 myFunc 函数对象代码以字符串形式显示在 span 元素中。其函数名为 anonymous，即匿名函数。效果如图 20.24 所示。

图 20.24 显示函数对象

20.6 拓展训练

20.6.1 训练一：创建数组并输出数组内容

【拓展要点：对数组的理解】

数组是一种常见的数据结构，可以简单地把数组理解为一组数据的集合。JavaScript 也支持数组，要创建数组可以通过 new Array 操作来实现。

【代码实现】

```
<script>
my_a=new Array(2,4,6,8,10);
for (i=0;i<5;i++)
{
document.write(my_a[i]);
}
</script>
```

20.6.2 训练二：输出当前的日期和时间

【拓展要点：对日期对象的理解与使用】

日期对象是一种特殊的对象类型，使用日期对象可以对日期与时间进行操作。除了可以使用 get 类方法获取日期，还可以通过 set 类方法设置日期与时间，同时还能通过转换为字符串的方法，将日期和时间转换为字符串。

【代码实现】

```
<script type="text/javascript">
var d=new Date()
var day=d.getDate()
var month=d.getMonth() + 1
var year=d.getFullYear()
document.write(day + "." + month + "." + year)
```

```
document.write("<br /><br />")
document.write(year + "/" + month + "/" + day)
</script>
```

20.7 技术解惑

20.7.1 如何理解数组

数组是编程中一个很重要的概念，其实可以简单地把一个数组理解为数个变量元素的集合，其中每个元素都是整个集合的一个组成部分。用户可以向这个集合中加入新的元素、减去旧的元素，或者把其中原有的元素替换成其他内容。

20.7.2 使用日期对象的注意事项

在使用日期对象时要注意，该对象是返回客户端的内容，也就是说这个对象的值取决于用户操作系统设置的值，所以其返回值并不会必然地显示正确的日期和时间。这时可以向用户提供日期对象的 set 类方法，以使用户通过该方法来设置正确的日期和时间。

20.7.3 关于 Math 对象

Math 对象是一种特殊的对象，其并不像 Date 和 String 那样是对象的类，因此没有构造函数 Math()。像 Math.sin()这样的函数只是函数，不是某个对象的方法。用户无须创建它，通过把 Math 作为对象使用就可以调用其所有属性和方法。

20.7.4 关于字符串对象

String 对象用于处理文本（字符串）。当 String()和运算符 new 一起作为构造函数使用时，返回一个新创建的 String 对象，存放的是字符串参数或参数的字符串表示。当不用 new 运算符调用 String()时，只把参数转换成原始的字符串，并返回转换后的值。

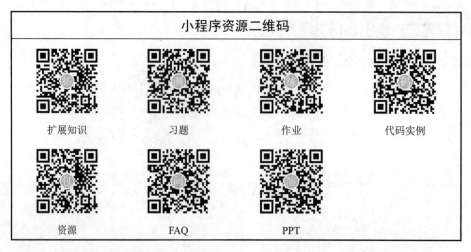

第 21 章 浏览器对象模型

浏览器对象模型

视频

前面我们学习了 JavaScript 的核心语法和常用核心对象，从本章开始全面进入与网页相关的编程学习。读者在前面关于对象的学习中可体会到，JavaScript 大多数操作需要使用对象，在网页的编程中更是如此。浏览器在浏览网页时，看到的是浏览器显示 HTML 文档的一个窗口程序，JavaScript 则将其看作一组对象的集合。在这个对象集合中，整个 HTML 文档被称作文档对象（Document Object），其为整个浏览器对象的一部分。浏览器对象的模型如图 21.1 所示。

图 21.1　浏览器对象模型

浏览器对象模型中的对象是分层组织的，windows 对象是最顶层的对象，包含浏览器文档窗口的信息；而 navigator 对象包含浏览器的相关信息；Frames[]对象是一个数组，可引用一组窗口对象；location 对象存储了页面的 URL；document（文档）对象是模型中最重要的对象，下一章将深入学习；history 对象存储了本次会话中访问过的页面；screen 对象则存储了浏览者系统的显示属性。

21.1　navigator 对象

读者已经知道，浏览器对象模型中的 navigator 对象用于存储浏览器信息。通过这个对象，可以得知浏览者的浏览器的种类、版本号等属性。由于众多浏览器对 Web 标准的支持情况不同，可以通过判断对不同浏览器进行不同的代码操作。

21.1.1 navigator 对象的管理方法

navigator 对象类似于前面学习的对象，也有自己的属性和方法，其属性都是只读的。通过读取其属性，网页设计者可以获取浏览器的相关信息。编写方法如下：

```
var myBrowser = navigator.属性名;
```

可见 navigator 对象和其他对象使用时没有区别，其属性如表 21-1 所示。

表 21-1　navigator 对象的常用属性

属性名称	属 性 值
appCodeName	浏览器的代码名称，如 Firefox、IE 的代码都是 Mozilla
appName	浏览器的名称
appVersion	浏览器的版本和系统的平台信息
cookieEnabled	布尔值，存储浏览器是否打开 cookie
platform	浏览者的操作系统或硬件类型
systemLanguage(language)	浏览者的操作系统默认语言，如简体中文的值为 "zh-cn"。如果是 Firefox 浏览器，则使用 language 属性

提示：navigator 对象只有 1 个常用方法，即 javaEnabled()，返回布尔值，检测浏览器是否支持并启用了 Java。

21.1.2 在网页上显示浏览者系统的基本信息

判断浏览器的信息在网页制作中很常见，不过不同的浏览器的 navigator 对象信息并不一致。编写 navigator.htm 文件，代码如示例 21-1 所示。

【示例 21-1】navigator.htm，navigator 对象

```
01  //navigator.htm
02  <!DOCTYPE htm>
03  <html xmlns="http://www.w3.org/1999/xhtml">
04  <head>
05  <meta http-equiv="Content-Type" content="text/html; charset=gb2312" />
06  <title>navigator 对象</title>
07  </head>
08  <body>
09  <script type="text/javascript">
10    document.write("你的浏览器名称是"+navigator.appName);            //获取浏览器名称
11    document.write("<hr />你的浏览器版本是"+navigator.appVersion);//获取浏览器版本
12    var lg;
13    if(navigator.appName=="Microsoft Internet Explorer"){   //如果当前浏览器为 IE
14      if(navigator.systemLanguage=="zh-cn"){                //如果系统语言为中文
15        lg="简体中文";                                       //赋值给变量
16      }else{                                                //如果不是
17        lg=navigator.systemLanguage;                        //获取系统语言
18      }
19    }else{                                                  //如果不是 IE
20      if(navigator.language=="zh-CN"){                      //如果系统语言为中文
21        lg="简体中文";                                       //赋值给变量
```

```
22      }else{
23      lg=navigator.language;                              //获取系统语言
24      }
25      }
26   document.write("<hr />你系统的默认语言是"+lg);              //输出变量
27   </script>
28   </body>
29   </html>
```

【代码解析】第 10 行通过 navigator 对象的 appName 属性获取浏览器名称并输出；第 11 行通过 navigator 对象的 appVersion 属性获取浏览器版本并输出。第 13 行判断浏览器是否为 IE，如果是 IE 则输出相应内容，如果不是 IE 则输出不同的内容。

用浏览器打开 navigator.htm，浏览效果如图 21.2 所示。

图 21.2　navigator 对象在 IE 浏览器中的运行结果

在 Firefox 2.0 浏览器地址栏中输入 http://localhost/navigator.htm，浏览效果如图 21.3 所示。

图 21.3　navigator 对象在 Firefox 浏览器中的运行结果

由于不同的浏览器对 navigator 对象的支持情况不同，所以读者在制作网页时要特别留意浏览器的兼容性问题。本例通过两层判断，分别对 IE 浏览器和非 IE 浏览器做不同处理，从而显示正确的语言属性。

21.2　window 对象

浏览器的主要任务是在一个窗口中显示 HTML 文档，而 HTML 文档在程序中即为 document（文档）对象。相对来讲，window 对象比 document 对象更重要，因为 window 对象是程序的全局对象，表现在 JavaScript 程序编写时，访问 window 对象的属性和方法可直接编写。程序主体中通过 var 关键字声明的变量，实际上是添加 window 对象的新属性，也是全局变量。window 对象有大量的属性和方法用于操作浏览器窗口，还包含两个自我引用的属性，即 window 和 self，可使用这两个全局变量来引用 window 对象。

上节讲到的 navigator 对象使用时使用 window 对象的 navigator 属性，而文档对象同样通过 window 对象的 document 属性来引用。可见，在 JavaScript 程序中，window 对象占有非常重要的地位，其他对象都必须通过 window 对象的相应属性来引用。window 对象代表的是 1 个浏览器窗口或窗口中的 1 个帧（框架页面），所以在多帧框架页面中，不同帧的 window 对象只是其所在页面的全局对象。

21.2.1 window 对象的管理方法

window 对象的属性和方法比较多，由于 window 对象是程序的全局对象，所以引用其属性和方法时可省略对象名称。读者需注意，window 对象的属性中包含其他浏览器模型对象的引用，其属性如表 21-2 所示，方法如表 21-3 所示。

表 21-2 window 对象的常用属性

属性名称	属 性 值
closed	只读，存储窗口是否已经关闭，布尔值
defaultStatus	浏览器下面的状态栏默认信息
document	只读，引用 document 对象
frames[]	只读，存储窗口中包含的帧，每个帧都是一个 window 对象
history	只读，引用 history 对象
length	窗口中包含帧的个数
location	只读，引用 location 对象
name	窗口名称，可通过 window.open()方法指定，也可用 frame 标签的 name 属性指定
navigator	只读，引用 navigator 对象
parent	只读，指向包含本窗口或帧的窗口，如果本窗口是顶层窗口，则指向自己
screen	只读，引用 screen 对象
self	指向窗口本身，和 window 属性相同
status	浏览器状态栏中的临时信息
top	只读，指向本窗口的顶层窗口，如果本窗口是顶层窗口，则指向自己
window	指向窗口本身
pageXOffset	整数型只读值，指定当前文档已经向右滚动了多少像素
pageYOffset	整数型只读值，指定当前文档已经向下滚动了多少像素
screenX,screenY	整数型只读值，指定窗口左上角在浏览者屏幕上的坐标

表 21-3 window 对象的常用方法

方法名称	意 义
alert(x)	弹出信息对话框，显示 x 的字符串值，无返回值
blur()	窗口失去键盘输入焦点，无返回值
clearInterval(x)	清除预先设置的定时器方法
clearTimeout(x)	清除预先设置的延时方法
close()	关闭窗口，无返回值
confirm(x)	确认对话框，显示 x 字符串值，返回布尔值
focus()	得到键盘输入焦点，将窗口放在其他窗口前面，无返回值

续表

方法名称	意 义
getComputedStyle(x)	返回 1 个只读的 style 对象，包含指定元素 x 的所有 CSS 样式。从这个计算样式对象查询得到的定位属性，以像素值返回
moveBy(x,y)	将窗口从当前位置移动指定距离，x 为水平移动距离，y 为垂直移动距离，单位为像素，无返回值
moveTo(x,y)	移动到 x,y 指定的坐标位置
open(x,y,z)	在 y 参数指定的帧窗口显示指定的 HTML 文档（路径为 x），如果省略 y 参数，则创建新窗口。z 为新窗口的一组样式的集合，用逗号分隔
print()	打印文档内容，无返回值
prmpt(x,y)	提示对话框，x 为提示内容，y 为输入文本框预设值
resizeBy(x,y)	将窗口缩放 x,y 指定的量（x 代表宽度，y 代表高度），单位为像素，无返回值
resizeTo(x,y)	将窗口缩放至 x,y 指定大小（x 代表宽度，y 代表高度），单位为像素，无返回值
scrollBy(x,y)	将窗口内容滚动 x,y 指定的量（x 代表水平，y 代表垂直），单位为像素，无返回值
scrollTo(x,y)	将窗口内容滚动至 x,y 指定的位置（x 代表水平，y 代表垂直），单位为像素，无返回值
setInterval(x,y)	定时器方法，每隔 y 毫秒执行一次 x 函数，x 为字符串时，则执行字符串内的代码。返回 1 个内部 ID 值，可用于 clearInterval()方法清除
setTimedout(x,y)	延迟 y 毫秒后执行 x 函数，x 为字符串时，则执行字符串内的代码。立即返回 1 个内部 ID 值，可用于 clearTimedout()方法清除

21.2.2 制作可定制的弹出窗口

弹出新窗口在网页中很常见，本例主要学习 open()方法，只要合理设置其参数，就可以非常轻松地定制新窗口。open()方法的详细参数编写方法如下：

`var myWin = window.open("页面路径",窗口名称,窗口样式1,窗口样式2,...);`

新窗口的特性样式非常多，编写时可选择填写，特性参数如表 21-4 所示。

表 21-4 新窗口特性参数

特性名称	特 性 值
directories	取值 yes 或 no，"链接"按钮显示与否
height	新窗口的高度，整数值，单位为像素
width	新窗口的宽度，整数值，单位为像素
location	取值 yes 或 no，"地址栏"显示与否
menubar	取值 yes 或 no，"菜单栏"显示与否
resizable	取值 yes 或 no，显示允许用户改变窗口大小
scrollbars	取值 yes 或 no，"滚动条"显示与否
status	取值 yes 或 no，"状态栏"显示与否
toolbar	取值 yes 或 no，"工具栏"显示与否

下面制作弹出新窗口的示例，用户可在文本输入框中输入新窗口的尺寸和位置。编写 newwin.htm 文件，代码如示例 21-2 所示。

【示例 21-2】newwin.htm，可定制的弹出窗口

```
01  //newwin.htm
02  <!DOCTYPE htm>
```

```
03  <html xmlns="http://www.w3.org/1999/xhtml">
04  <head>
05  <meta http-equiv="Content-Type" content="text/html; charset=gb2312" />
06  <title>可定制的弹出窗口</title>
07  <script type="text/javascript">
08    function newW(){                                        //自定义函数
09      var w=document.getElementById("w").value;             //获取宽
10      var h=document.getElementById("h").value;             //获取高
11      var hh=document.getElementById("hh").value;           //获取坐标
12      var v=document.getElementById("v").value;             //获取坐标
13      var style="directories=no,location=no,menubar=no,width="+w+",height="+h;
14      var myFunc=window.open("navigator.htm","nwindow",style);   //打开窗口
15      myFunc.moveTo(hh,v);                                  //移动到指定位置
16    }
17  </script>
18  </head>
19  <body>
20  新窗口宽度:<input type="text" size="4" id="w" value="300" />
21  <br />
22  新窗口高度:<input type="text" size="4" id="h" value="200" />
23  <hr />
24  新窗口水平位置坐标:<input type="text" size="4" id="hh" value="20" />
25  <br />
26  新窗口垂直位置坐标:<input type="text" size="4" id="v" value="50" />
27  <hr />
28  <button onclick="newW();">打开新窗口</button>
29  </body>
30  </html>
```

【代码解析】第 8~16 行创建了一个自定义函数,用于获取新窗口的一些属性,并根据这些属性打开一个新窗口,将其移动到指定位置。其中,第 9~12 行用于获取用户输入的内容,第 13 行设定新窗口的样式,第 14 行打开新窗口,第 15 行将新窗口移动到指定位置。

用浏览器打开 newwin.htm,浏览效果如图 21.4 所示。

浏览用户在文本输入框输入定制的宽度和高度,并输入指定位置的坐标(此坐标是相对于浏览者系统的屏幕而言的,左上角为原点),然后单击"打开新窗口"按钮,浏览效果如图 21.5 所示。

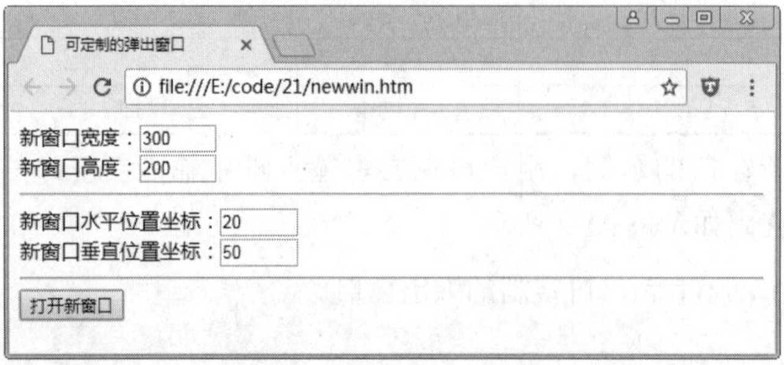

图 21.4 弹出窗口定制选项

图 21.5　定制后的弹出窗口

本例在 newW()函数中使用 open()方法时，先把文本框获取的值赋值给变量，然后通过字符串拼接传递参数给 open()方法。open()方法执行后的新窗口对象赋值给 myFunc，接着 myFunc 执行 moveTo()方法，窗口即定位于预设的位置。

21.2.3　完美地关闭窗口

关闭 Windows 窗口一般只需要单击窗口右上角的关闭按钮，但是作为网页浏览者，希望有更方便的体验。window 对象提供了 close()方法用于关闭网页窗口，不过无参数执行 close()方法效果并不好，会出现关闭确认框。完美关闭网页窗口根据不同浏览器有不同的方法，为了兼容各种浏览器，一般采用如下代码关闭网页窗口：

```
window.opener=null;
window.open('','_self');
window.close();
```

这段代码在 IE 6.0、IE 7.0 和 Firefox 浏览器中可完美关闭页面的窗口，即无确认提示。编写 close.htm 文件，代码如示例 21-3 所示。

【示例 21-3】close.htm，网页窗口关闭功能

```
01  //close.htm
02  <!DOCTYPE htm>
03  <html xmlns="http://www.w3.org/1999/xhtml">
04  <head>
05  <meta http-equiv="Content-Type" content="text/html; charset=gb2312" />
06  <title>网页窗口关闭功能</title>
07  <script type="text/javascript">
08    function closeWin(){                            //自定义函数
09      window.opener=null;                           //变量
10      window.open('','_self');                      //打开内容
11      window.close();                               //关闭
12    }
13  </script>
14  <style type="text/css">
15  body{text-align:center;}
16  </style>
17  </head>
18  <body>
```

```
19  <a href="javascript:closeWin();">关闭窗口</a>
20  <hr />
21  <button onclick="closeWin();">关闭窗口</button>
22  </body>
23  </html>
```

【代码解析】第 8 行创建了一个自定义函数用于关闭窗口。第 19 行与第 21 行分别通过单击超链接与按钮来触发自定义函数实现关闭窗口的效果。

用浏览器打开 close.htm，浏览效果如图 21.6 所示。

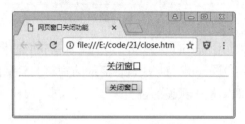

图 21.6　网页窗口关闭功能

本例再次使用了新方法调用函数，即通过页面中超级链接的 href 属性值来调用，只是前面需要加上"javascript:"，否则浏览器会认为函数是一个路径。

21.2.4　制作简单的网页动画

setInterval()方法在网页中应用比较频繁，可用于图片、文字等元素的移动。setInterval()方法推荐编写如下：

```
var id = setInterval(函数, 间隔时间);
```

之所以将其返回给 id 变量，是因为 setInterval()方法将返回一个内部 ID 值，用于需要清除函数时引用。清除方法为执行 clearInterval()方法，编写方法如下：

```
clearInterval(id);
```

clearInterval()方法中的 id 参数即为 setInterval()所返回的 ID 值，这样可以做到一一对应，清除指定的 setInterval()方法。下面的示例利用该方法间隔显示不同的文字，并且使指定 div 元素动态改变宽度。编写 interval.htm 文件，代码如示例 21-4 所示。

【示例 21-4】interval.htm，简单网页动画

```
01  //interval.htm
02  <!DOCTYPE html>
03  <html xmlns="http://www.w3.org/1999/xhtml">
04  <head>
05  <meta http-equiv="Content-Type" content="text/html; charset=gb2312" />
06  <title>简单网页动画</title>
07  <script type="text/javascript">
08    var id;
09    function Begin(){                                    //自定义函数
10      var bar;                                           //定义变量
11      var bar2=10;
12      var i=1;
```

```
13      function get(){                                           //内嵌函数
14        if(i%2==1){                                             //如果不能被 2 整除
15          bar="亲爱的读者";                                        //变量的内容
16        }else{                                                  //否则
17          bar="你们好！";                                         //变量的内容
18        }
19        i++;                                                    //i 自增 1
20        document.getElementById("bar").innerText=bar;           //将内容指定到层
21        if(document.getElementById("bar2").style.width==100+"px"){ //如果层宽度等于100
22          bar2=10;                                              //赋值给变量
23        }else{
24          bar2+=5;
25        }
26        document.getElementById("bar2").style.width=bar2+"px";  //为层指定新的宽度
27      }
28      id=setInterval(get,1000);                                 //设定每秒执行一次
29    }
30    function Stop(){                                            //自定义停止函数
31      clearInterval(id);                                        //清除内容
32    }
33  </script>
34  <style type="text/css">
35  body{text-align:center;}
36  #bar2{width:10px;
37      height:20px;
38      background:#ccc;}
39  </style>
40  </head>
41  <body>
42  <div id="bar"></div>
43  <hr />
44  <button onclick="Begin();">开始</button>
45  <button onclick="Stop();">停止</button>
46  <hr />
47  <div id="bar2"></div>
48  </body>
49  </html>
```

【代码解析】代码的第 9 行与第 30 行分别创建了开始自定义函数与结束自定义函数，用于实现动画效果。其中，在 begin()函数中通过使用 setInterval()每隔一秒自动执行内嵌函数 get()，从而实现动画效果。

用浏览器打开 interval.htm，浏览效果如图 21.7 所示。本例设置 2 个按钮，分别控制 setInterval()方法的启动与清除。单击"开始"按钮，浏览效果如图 21.8 所示。

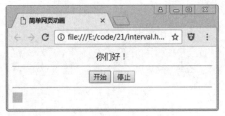

图 21.7　简单的网页动画　　　　图 21.8　单击"开始"按钮后的动画效果

可见按钮上面的文字会不断地由"亲爱的读者"切换到"你们好！"，然后又切换回"亲爱的读者"，下面的灰色 div 元素的宽度也在不断增长。读者可仔细观察，其变化间隔时间刚好是 1 秒。单击"停止"按钮，变化也随之停止。本例代码看似复杂，其实功能结构比较简单，Begin()函数在单击"开始"按钮后执行，负责启动 setInterval()方法。而 Stop()函数在单击"停止"按钮后执行，负责启动 clearInterval()方法。

Begin()函数是本例功能实现的重点，首先声明 bar 和 bar2 变量，用于存储变化的字符串和变化的宽度。其次定义 1 个嵌套函数 get()，判断全局变量 i 是否为偶数（由 i%2==1 代码可得）。如果为偶数，则赋值 bar 变量"亲爱的读者"，否则赋值 bar 变量"你们好！"。操作完成后将 i 变量自增（每次判断后进行 i++操作），并且将 bar2 变量的值增赋值 5（bar2+=5;用于设置 div 宽度）。最后 Begin()函数调用 setInterval()方法，间隔时间设置为 1000（1000 毫秒，即 1秒），即每隔 1 秒执行一次内部的 get()函数。

本例难点有 3 个：

（1）通过全局变量的奇偶判断并配合不断变量值（i++），可使 bar 变量的值不断改变。

（2）id 变量必须为全局变量，否则 Stop()函数无法访问（var id;在函数外部编写）。

（3）div 的 style 对象存储了 CSS 属性值（如 width 属性），可通过 js 读取并修改（bar2 变量赋值）。由于 width 属性值的单位为 px，所以 bar2 赋值前需要拼接字符串"px"。当 width 属性等于 50px 时，赋值 10 给 bar2 变量，以防止 div 宽度过大。

本例的第 3 个难点结合了文档对象的 CSS 属性，在后面章节中将详细学习，读者暂时可先掌握文字的间隔变化。

21.2.5　延时执行命令

在前面诸多的示例中，经常使用按钮被单击后执行函数的方法，类似于用户给 JavaScript 解释器发出命令的按钮。不过这些命令往往"一触即发"，在某些时候，用户希望发出命令后等候一段时间再执行，使用 window 对象的 setTimeout()方法可以完成此功能。setTimeout()方法推荐编写如下：

```
var id=setTimeout(函数,延时时间);
```

函数参数即为所调用的函数名称，延时时间为等待多久后开始执行函数，单位为毫秒。类似于 setInterval()方法，setTimeout()方法将返回一个内部 ID 值，用于需要清除函数时引用。清除方法为执行 clearTimeout()方法，编写方法如下：

```
clearTimeout(id);
```

clearTimeout()方法中的 id 参数即为 setInterval()所返回的 ID 值，不过该方法使用比较少。

下面示例利用了延时方法。编写 timeout.htm 文件，代码如示例 21-5 所示。

【示例 21-5】 timeout.htm，延时执行命令

```
01  //timeout.htm
02  <!DOCTYPE html>
03  <html xmlns="http://www.w3.org/1999/xhtml">
04  <head>
05  <meta http-equiv="Content-Type" content="text/html; charset=gb2312" />
06  <title>延时执行命令</title>
07  <script type="text/javascript">
08    var id;
09    var i=1;
10    function Begin(){                                    //自定义开始函数
11     var bar;
12      function get(){                                    //函数嵌套
13       if(i%2==1){
14         bar="亲爱的读者";
15       }else{
16         bar="你们好! ";
17       }
18       i++;
19       document.getElementById("bar").innerText=bar;     //为层指定内容
20      }
21     id=setTimeout(get,5000);                            //设置5秒执行一次
22    }
23  </script>
24  <style type="text/css">
25  body{text-align:center;}
26  #bar2{width:10px;
27      height:20px;
28       background:#ccc;}
29  </style>
30  </head>
31  <body>
32  <div id="bar"></div>
33  <hr />
34  <button onclick="Begin();">等5秒再出现</button>
35  </body>
36  </html>
```

【代码解析】 第 10 行创建了一个自定义函数 begin()，用于实现动画效果。然后通过 setTimeout()方法停一段时间（5 秒）执行一次内嵌函数 get()，给指定层设置内容。

用浏览器打开 timeout.htm，浏览效果如图 21.9 所示。本例只有 1 个按钮，被单击后将执行 Begin()函数，即等候 5 秒执行内嵌函数 get()。get()函数和简单网页动画示例中的一样。同样是用全局变量 i 是否为偶数来判断显示哪个字符串，只是再也不会频繁切换，单击一次按钮只切换一次字符串。用户单击"等 5 秒再出现"按钮后的动画效果如图 21.10 所示。

图 21.9　延时执行命令

图 21.10　单击"等 5 秒再出现"按钮后的动画效果

21.3　location 对象

window 对象使用 location 属性引用 location 对象，对象本身仅用于访问当前 HTML 文档的 URL。location 也有一组属性和方法，例如当前加载的 HTML 文档的 URL 如下：

http://www.javascript.com/home/index.htm?id=a&name=b#top

这是 HTML 文档的一个完整的 URL，根据前面学习过的知识可知，"http"是所采用协议，"www"是服务器目录，"javascript.com"是服务器域名，等等。location 对象可通过不同属性读取 URL 的各个部分，其属性如表 21-5 所示。

表 21-5　location 对象的属性

属性名称	属　性　值
hash	URL 的锚标记部分，包含#符号部分
host	URL 的主机和端口号部分，即服务器目录、域名和端口（默认为 80）
hostname	URL 的主机部分，即服务器目录和域名
href	URL 的完整值
pathname	URL 的路径部分，即 HTML 文档在服务器目录的内部路径
port	URL 的端口号部分，默认为 80
protocol	URL 的协议部分，如 http、ftp
search	URL 的查询部分，即包含问号（?）的后面部分（#符号的前面部分）

location 对象的常用方法只有两个，一个为 reload(x)方法，用于重新加载页面，x 为布尔值可选参数，值为 true 时强制完成加载。另一个为 replace(x)方法，使用 x 参数指定的页面替换当前的页面，但不存储于浏览历史。编写 location.htm 文件，代码如示例 21-6 所示。

【示例 21-6】location.htm，location 对象的应用

```
01  //location.htm
02  <!DOCTYPE html>
03  <html xmlns="http://www.w3.org/1999/xhtml">
04  <head>
05  <meta http-equiv="Content-Type" content="text/html; charset=gb2312" />
06  <title>location 对象的应用</title>
07  <script type="text/javascript">
08    function display(x){                              //自定义函数
09      var txt;
10      var txt2=document.getElementById("txt2").value; //获取层的内容
11      switch(x){
12        case 1:                                       //如果是 1
```

```
13          txt=location.hostname;                      //获取服务名称
14          break;
15        case 2:                                       //如果是2
16          txt=location.protocol;                      //获取协议
17          break;
18        case 3:                                       //如果是3
19          txt=location.pathname;                      //获取路径
20          break;
21        case 4:                                       //如果是4
22          txt=location.href;                          //获取地址
23          break;
24        case 5:                                       //如果是5
25          txt=location.href;
26          window.frames[0].location.href=txt2;        //指定地址
27          break;
28        default:                                      //如果均不是
29          txt="";                                     //变量为空
30      }
31      document.getElementById("txt").innerText=txt;
32   }
33 </script>
34 </head>
35 <body>
36 <span id="txt"></span>
37 <hr />
38 <button onclick="display(1);">主机名</button>
39 <button onclick="display(2);">协议名</button>
40 <button onclick="display(3);">内部路径</button>
41 <button onclick="display(4);">完整 URL</button>
42 <hr />
43 <input type="text" id="txt2" value="navigator.htm" size="30" />
44 <button onclick="display(5);">显示</button>
45 <br />
46 <iframe name="ifr" id="ifr" width="400" height="120"></iframe>
47 </body>
48 </html>
```

【代码解析】第 8 行创建了一个自定义函数，该函数根据调用的参数不同，为指定的层显示指定内容。第 11～30 行为一个判断结构，用于判断调用参数，并根据参数不同，生成不同的 txt 内容。第 31 行将 txt 内容设置到指定层。

用浏览器打开 location.htm，浏览效果如图 21.11 所示。第 1 行的 4 个按钮通过调用 display() 函数，返回 location 相应的属性值给 span 元素的内含文本。而第 2 行的"显示"按钮同样调用 display()函数，首先将左边文本框的字符串值（页面路径，用户可修改）返回给 txt2 变量。用户单击"显示"按钮时，将 txt2 变量中存储的页面路径赋值给 Frames[0]帧的 location 属性的 href 值，即可实现在 iframe 帧中显示相应的页面。单击"显示"按钮后的浏览效果如图 21.12 所示。

图 21.11　location 对象的应用

图 21.12　单击"显示"按钮后的浏览效果

本例使用了浏览器对象的 Frames[]对象，该对象通过数组形式引用页面中内嵌的帧，其中 Frames[0]代表第 1 个帧，Frames[1]代表第 2 个帧，依次类推。用户还可以修改输入文本框中的字符串值，输入其他网页的 URL，单击"显示"按钮后，iframe 帧中将显示指定的网页内容。

21.4　history 对象

history 对象比较简单，仅存储了最近访问过的网址列表，多用于操纵浏览器的"前进"和"后退"，与浏览器本身的"前进"和"后退"功能一致。history 对象只有 1 个属性，即 length，可用于读取当前 history 对象所存储的 URL 个数。history 对象的方法有以下 3 个：

（1）back()方法。返回上一个页面，与浏览器的"后退"按钮功能一致。

（2）forward()方法。前进到浏览器访问历史的前一个页面，与浏览器的"前进"按钮功能一致。

（3）go(x)方法。跳转到访问历史中 x 参数指定数量的页面，如 go(-1)代表后退 1 个页面。
编写 history.htm 文件，代码如示例 21-7 所示。

【示例 21-7】history.htm，history 对象的应用

```
01  //history.htm
02  <!DOCTYPE html>
03  <html xmlns="http://www.w3.org/1999/xhtml">
04  <head>
05  <meta http-equiv="Content-Type" content="text/html; charset=gb2312" />
06  <title>history对象的应用</title>
07  <script type="text/javascript">
08      function display(x){                                //自定义显示函数
09          var txt=document.getElementById("txt2").value;  //获取层中内容
10          switch(x){                                      //开始判断
11            case 1:                                       //如果是1
12              window.frames[0].history.back();            //后退
13              break;
14            case 2:                                       //如果是2
15              window.frames[0].history.forward();         //前进
16              break;
```

```
17          case 3:                                         //如果是 3
18              window.frames[0].history.go(0);             //刷新
19              break;
20          case 4:                                         //如果是 4
21              window.frames[0].location.href=txt;         //指定地址
22              break;
23          default:
24      }
25  }
26  </script>
27  </head>
28  <body>
29  <button onclick="display(1);">后退</button>
30  <button onclick="display(2);">前进</button>
31  <button onclick="display(3);">刷新</button>
32  <hr />
33  <input type="text" id="txt2" value="interval.htm" size="30" />
34  <button onclick="display(4);">显示</button>
35  <br />
36  <iframe name="ifr" id="ifr" width="400" height="120" src="interval.htm"></iframe>
37  </body>
38  </html>
```

【代码解析】第 8 行创建了一个自定义函数，根据调用参数的不同，来调用 history 对象的不同方法，实现浏览器前进、后退的效果。第 10～24 行为一个 switch 结构，用于判断调用参数，根据参数不同，分别调用 history 对象的 back()、forward()、go()方法，实现前进、后退、刷新的效果。

用浏览器打开 history.htm，浏览效果如图 21.13 所示。

本例的 iframe 帧预先设置了 src 属性，链接了 interval.htm 页面。当用户在文本输入框中输入其他页面的路径时，单击"显示"按钮，将在 iframe 帧中跳转至新页面。这时可通过第 1 行的按钮进行帧中多页面的前进和后退操作，其中使用了 go(0)方法，当参数为 0 时，即跳转当前页面，类似刷新的功能。本例大量应用了浏览器对象模型中的 frames[]对象，通过 frames[0] 可访问 iframe 中页面的 window 对象，以便操作其 history 等属性。

图 21.13 history 对象的应用

21.5 screen 对象

screen 对象在加载 HTML 文档时自动创建,用于存储浏览者系统的显示信息,如屏幕的分辨率、颜色深度等。其常用属性有 5 个,如表 21-6 所示。

表 21-6 screen 对象的属性

属性名称	属 性 值
availHeight	屏幕可用高度,单位为像素
availWidth	屏幕可用宽度,单位为像素
height	屏幕高度,单位为像素
width	屏幕宽度,单位为像素
colorDepth	颜色深度,单位为像素位数

screen 对象常用于判断浏览者的系统显示设置,以显示不同的内容。编写 screen.htm 文件,代码如示例 21-8 所示。

【示例 21-8】screen.htm,screen 对象的应用

```
01  //screen.htm
02  <!DOCTYPE html>
03  <html xmlns="http://www.w3.org/1999/xhtml">
04  <head>
05  <meta http-equiv="Content-Type" content="text/html; charset=gb2312" />
06  <title>screen 对象的应用</title>
07  <script type="text/javascript">
08    function display(x){                    //自定义函数
09       var txt;
10       switch(x){                           //开始判断
11         case 1:                            //如果是1
12           txt=screen.height+"像素";        //获取屏幕高
13           break;
14         case 2:                            //如果是2
15           txt=screen.width+"像素";         //获取屏幕宽
16           break;
17         case 3:                            //如果是3
18           txt=screen.availHeight+"像素";   //获取可用高
19           break;
20         case 4:                            //如果是4
21           txt=screen.availWidth+"像素";    //获取可用宽
22           break;
23         case 5:                            //如果是5
24           txt=screen.colorDepth+"位";      //获取颜色深度
25           break;
26         default:
27           txt="你的屏幕信息"
28       }
29       document.getElementById("txt").innerText=txt;
30    }
31  </script>
```

```
32    </head>
33    <body>
34    <span id="txt">你的屏幕信息</span>
35    <hr />
36    <button onclick="display(1);">屏幕高度</button>
37    <button onclick="display(2);">屏幕宽度</button>
38    <button onclick="display(3);">屏幕可用高度</button>
39    <button onclick="display(4);">屏幕可用宽度</button>
40    <hr />
41    <button onclick="display(5);">屏幕颜色深度</button>
42    </body>
43    </html>
```

【代码解析】第 8 行创建了一个自定义函数，根据调用自定义函数参数的不同，获取 screen 对象不同的属性，并将获取结果显示到指定层上。

用浏览器打开 screen.htm，浏览效果如图 21.14 所示。

图 21.14　screen 对象的应用

本例使用多个按钮访问 screen 对象的各个属性，并显示在 id 为 txt 的 span 元素文本中。其中可用高度比屏幕高度小一些，因为可用高度除去了任务栏的高度，如果设置任务栏为自动隐藏，则可用高度和屏幕高度将一致。

21.6　拓展训练

21.6.1　训练一：在页面上输出浏览者的浏览器名称

【拓展要点：navigator 对象的属性的使用】

navigator 对象用于存储浏览器信息。通过这个对象，可以得知浏览者的浏览器的种类、版本号等属性。其中浏览器名称可以通过 navigator 对象的 appName 属性来获取。

【代码实现】

```
<script>
document.write("你的浏览器是："+navigator.appName);
</script>
```

21.6.2　训练二：使用 setInterval()制作移动的文字

【拓展要点：setInterval()方法的使用】

使用 setInterval()方法可以在间隔指定的时间持续执行某一个函数。所以，要想实现文字的移动效果，只需要不断变换元素的坐标即可。

【代码实现】

```
<script>
setInterval("move()",50);                              //持续执行指定函数
function move()                                         //自定义移动函数
{
    target=document.getElementById("my_text");          //获取对象
    old_left=parseInt(target.style.left);               //获取对象位置
    target.style.left=(old_left+10)+"px";               //重新设置位置
    new_left=parseInt(target.style.left);               //获取新位置
    if(new_left>1000) target.style.left="10px";         //如果大于1000，则从最左侧开始
}
</script>
<div id="my_text" style=" width:200px;border:1px solid;position:absolute;left:100px;top:50px;">可移动的层</div>
```

21.7 技术解惑

本章最重要的对象为 window 对象和 document 对象，分别对应用户的浏览器窗口和页面文档，初学者容易混淆两者的概念。

21.7.1 描述你理解的 window 对象

window 对象表示一个浏览器窗口或一个框架。在客户端 JavaScript 中，window 对象是全局对象，所有的表达式都在当前的环境中计算。也就是说，要引用当前窗口根本不需要特殊的语法，可以把那个窗口的属性作为全局变量来使用。例如，可以只写 document，而不必写 window.document。同样，可以把当前窗口对象的方法当作函数来使用，如只写 alert()，而不必写 window.alert()。除了上面列出的属性和方法，window 对象还实现了核心 JavaScript 所定义的所有全局属性和方法。

21.7.2 描述你理解的 document 对象

document 对象须通过 window 对象的 document 属性引用。每个载入浏览器的 HTML 文档都会成为 document 对象。document 对象使用户可以从脚本中对 HTML 页面中的所有元素进行访问。因为 document 对象是 window 对象的一部分，所以可以通过 window.document 属性对其进行访问，或者省略 window 直接引用。

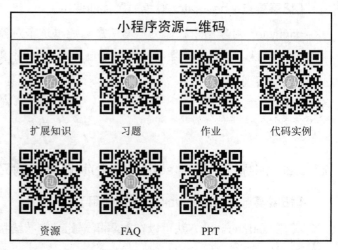

第22章 文档对象模型

本章内容十分重要,因为本章学习的文档对象模型直接对应 HTML 文档,学习更加直观。结合前面学习的 HTML 和 XHTML 页面制作,掌握文档对象模型更加容易。文档对象模型是通过编程直接操纵网页内容的途径,其实前面的示例中已经使用了一部分,如 document.write() 方法、document.getElementById()方法等。

22.1 文档对象模型概念详解

每个 window 对象都有 document 属性,用于引用表示 HTML 文档的 document 对象。在示例中 document 对象用得最多的是 write()方法,除此之外,document 对象还有很多属性和方法。本节将详细了解 document 对象的模型结构,从而更有利于程序编写者全局把握整个 HTML 文档。

22.1.1 文档对象模型简介

文档对象模型即 Document Object Model,简称 DOM,由 W3C 制定(第 10 章有相应介绍)。目前主流浏览器都支持完整的 DOM。DOM 标准是 Web 标准的一部分,可利用其属性、方法操作 HTML 和 XML 的结构,并定义了与 HTML 相关联的对象。DOM 规范定义的对象与浏览器和编程语言无关,而编程语言可利用这些对象方便地操作 HTML 和 XML 文档。

本书暂时不考虑 XML,简单地说,document 对象和文档中的其他元素(如表单、图像、超级链接等)构成了 DOM。通过前面的学习可知,DOM 也是一个分层管理的结构,其内含的对象和 HTML 的元素是相关的。其层次如图 22.1 所示。

图 22.1 DOM 分层示意图

访问 document 对象的属性和方法与其他对象一样，先编写 window 对象，使用点运算符一级一级地访问。由于 window 对象是根对象，即全局对象，所以往往可以省略其编写，如访问文档中第 1 个图像对象（前面学习的图片），可编写为：

```
document.images[0]
```

数组的重要性再次体现，document 对象下面的诸多对象可通过数组访问元素方式访问。

22.1.2 文档对象的属性

document 对象主要包括 HTML 文档中<body></body>内的内容，即 HTML 文档的 body 元素被载入时，才创建 document 对象。所以在<head></head>部分编写 JavaScript 程序时，程序顶层编写的语句是无法访问 DOM 中的对象的。document 对象的属性在不同浏览器中有部分差异，其共同部分如表 22-1 所示。

表 22-1 document 对象的常用属性

属性名称	属性值
anchors[]	anchor 对象数组，其元素代表文档中出现的锚
applets[]	applet 对象数组，其元素代表文档中出现的 applet 小程序（本书省略）
bgColor	文档的背景色，字符串类型
cookie	允许读写 HTTP 的 cookie，字符串类型
embeds[]	embed 对象数组，其元素代表文档中 embed 元素嵌入的数据
fgColor	文档的前景色，字符串类型
forms[]	form 对象数组，其元素代表文档中出现的 form 元素
images[]	image 对象数组，其元素代表文档中出现的 image 元素
lastModified	文档最近修改时间，字符串类型，只读
linkColor	文档中未访问链接的颜色
links[]	link 对象数组，其元素代表文档中出现的超级链接元素
title	文档标题，即 title 元素
URL	文档的 URL，只读
vlinkColor	文档中已访问链接的颜色

document 对象的 bgColor、linkColor 等属性和 body 的相应属性一致，不过通过程序的访问，可以动态改变这些属性。编写 document.htm 文件，代码如示例 22-1 所示。

【示例 22-1】 document.htm，document 对象的属性

```
01  //document.htm
02  <!DOCTYPE html>
03  <html xmlns="http://www.w3.org/2299/xhtml">
04  <head>
05  <meta http-equiv="Content-Type" content="text/html; charset=gb2312" />
06  <title>document 对象的属性</title>
07  <script type="text/javascript">
08    function dom(x){                                    //自定义函数
09      var a=document.getElementById("a").value;         //获取指定对象的值
10      switch(x){                                        //开始判断
11        case 1:                                         //如果结果为1
```

```
12          document.bgColor=a;                          //设置背景色
13          break;
14        case 2:
15          document.fgColor=a;                          //设置前景色
16          break;
17        case 3:
18          document.linkColor=a;                        //设置链接颜色
19          break;
20        case 4:
21          alert(document.lastModified);                //弹出提示框最后修改的内容
22          break;
23        case 5:
24          alert(document.URL);                         //弹出提示框当前的URL
25          break;
26        default:
27          document.bgColor="white";                    //设置背景色
28        }
29    }
30 </script>
31 </head>
32 <body>
33 <button onclick="dom(4);">本文档修改时间</button>
34 <button onclick="dom(5);">本文档URL</button>
35 <hr />
36 <input type="text" id="a" value="" />
37 <button onclick="dom(1);">背景色</button>
38 <button onclick="dom(2);">文本颜色</button>
39 <button onclick="dom(3);">未访问链接颜色</button>
40 <p><a href="#">纳米颗粒</a>是研究人员很感兴趣的一种结构模块，同时具备了微小原子和大块常规材料的特性。然而，它们通常呈球形，很难装配成固定的结构，只能像水果店里的橘子一样堆在一起。最近，在制造和使用这些过去难以操纵的纳米结构材料方面，研究人员取得了巨大的进展。</p>
41 </body>
42 </html>
```

【代码解析】第 8 行创建了一个自定义函数，根据所选内容的不同，执行不同的操作。第 10~28 行为一个多重判断结构，判断调用的参数，并根据参数值分别进行设置背景色、前景色及弹出提示框等操作。

执行以上代码，浏览效果如图 22.2 所示。

本例第 1 行的按钮用于读取文档对象的 lastModified 属性和 URL 属性，并通过 alert()方法显示在信息对话框中。第 2 行的文本输入框预设了"silver"值，用于表示银色（一种灰色），用户可自行修改成其他形式的颜色值，如 red、#cccccc 等。通过右边 3 个按钮，将用户输入的颜色值赋值给 document 对象的相应属性，如背景色、文本颜色等。

说明：由于考虑不同浏览器的兼容性，建议读者尽量使用主流浏览器都支持的 document 对象属性。

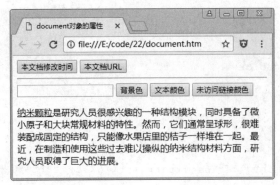

图 22.2　document 对象的属性

22.1.3　文档对象的方法

document 对象操作文档的方法并不多，除了前面使用过多次的 write()方法，其他 document 对象方法如表 22-2 所示。

表 22-2　document 对象的常用方法

方法名称	方　法　值
open()	删除当前文档内容，打开新的文档流，用于其他方法输出文档内容
close()	关闭 open()方法打开的文档流
focus()	让当前文档得到键盘输入焦点
write(x)	在当前文档输出 x 参数包含的字符串或在 open()方法打开的文档末尾添加字符串内容
writeln(x)	同 write()方法，在字符串末尾加上回车换行字符

下面的示例通过新窗口的操作，可完全展示 document 对象各种方法的作用。编写 document2.htm 文件，代码如示例 22-2 所示。

【示例 22-2】document2.htm，document 对象的方法

```
01  //document2.htm
02  <!DOCTYPE html>
03  <html xmlns="http://www.w3.org/2299/xhtml">
04  <head>
05  <meta http-equiv="Content-Type" content="text/html; charset=gb2312" />
06  <title>document 对象的方法</title>
07  <script type="text/javascript">
08    function dom(x){                                   //自定义函数
09      var myWin;                                       //定义变量
10      switch(x){                                       //开始判断
11        case 1:                                        //如果调用参数为1
12          myWin=window.open("","a","height=160,width=300");//打开新窗口
13          myWin.location="screen.htm";                 //指定 URL
14          break;
15        case 2:                                        //如果调用参数为2
16          myWin.document.focus();                      //获取焦点
17          myWin.document.open();                       //打开窗口
18          myWin.document.write("这是新文档流的内容。"); //在窗口中输出内容
19          myWin.document.close();                      //关闭
```

```
20        break;
21      default:
22        document.bgColor="white";                    //设置背景色为白色
23      }
24  }
25  </script>
26  </head>
27  <body>
28  <pre>
29  <script type="text/javascript">
30    document.writeln("hello!");
31    document.writeln("world!");
32  </script>
33  </pre>
34  <script type="text/javascript">
35    document.writeln("hello!");
36    document.writeln("world!");
37  </script>
38  <hr />
39  <button onclick="dom(1);">打开新窗口</button>
40  <button onclick="dom(2);">打开新文档流</button>
41  </body>
42  </html>
```

【代码解析】第 8 行创建了一个自定义函数，根据调用参数的不同，执行不同操作。第 10~23 行为多重判断结构，判断调用的参数。如果参数值为 1，则以指定 URL 打开一个新窗口；如果参数值为 2，则打开一个新窗口，并在其中输出指定内容；如果都不是，则设置背景颜色为白色。

执行以上代码，浏览效果如图 22.3 所示。

图 22.3　document 对象的方法

从本例中可看出，只有 writeln() 方法包含于 HTML 的 pre 元素中，其换行功能才起作用。本例通过第一个按钮打开一个新窗口，然后用第二个按钮调用函数，使用 open() 方法输出一个新文档流。为了使新窗口操作后位于窗口前面（确保新窗口可见），第二个按钮调用函数执行的代码使用了 focus() 方法。

22.2 form 对象

表单的重要性在 HTML 部分已经学习过，有了表单，网页可以和服务器后台程序轻松交互。不仅如此，JavaScript 程序也可和表单完成丰富的互动效果。例如，在提交数据到服务器之前，对用户填写的数据进行合法性检测。只有通过了 JavaScript 程序这一关，用户数据才能发送到服务器端进行处理。DOM 中的 form[]数组即代表页面中多个表单对象的集合，本节学习如何在 JavaScript 程序中合理运用表单对象，制作有价值的前台程序。

22.2.1 访问表单对象的方法

在 HTML 部分学过表单结构的各个组成部分，包含文本输入框、按钮、单选框等元素。在 DOM 看来，这些内含元素为每个 form 对象的子对象，可通过多种方法访问 form 对象的子对象，常用数组元素访问，如图 22.4 所示。

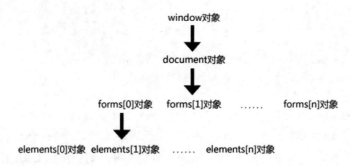

图 22.4　对象访问示意图

这种方法把表单结构内含的元素集合看作一个 elements[]数组对象，通过数组下标访问每个表单控件元素。编写 form.htm 文件，代码如示例 22-3 所示。

【示例 22-3】form.htm，form 对象的数组访问方法

```
01  //form.htm
02  <!DOCTYPE html>
03  <html xmlns="http://www.w3.org/2299/xhtml">
04  <head>
05  <meta http-equiv="Content-Type" content="text/html; charset=gb2312" />
06  <title>form 对象的数组访问方法</title>
07  <script type="text/javascript">
08    function dom(x){                                     //自定义函数
09      var fm1=document.getElementById("fm1").value;      //获取表单元素的值
10      var fm2=document.getElementById("fm2").value;      //获取另一个表单元素的值
11      switch(x){                                         //开始对调用参数进行判断
12        case 1:                                          //如果参数为 1
13          document.forms[0].elements[fm1].value="选中";  //设置表单元素的值为"选中"
14          break;
15        case 2:
16          document.forms[0].elements[fm1].value="";     //设置表单元素的值为空
17          break;
```

```
18          case 3:
19              document.forms[1].elements[fm2].value="选中";    //设置表单元素的值为"选中"
20              break;
21          case 4:
22              document.forms[1].elements[fm2].value="";        //设置表单元素的值为空
23              break;
24          default:
25              document.bgColor="white";                        //设置背景色
26          }
27      }
28  </script>
29  </head>
30  <body>
31  第1个表单
32  <input type="text" id="fm1" value="0" size="2" />
33  <button onclick="dom(1);">选中</button>
34  <button onclick="dom(2);">清除</button>
35  <br />
36  第2个表单
37  <input type="text" id="fm2" value="1" size="2" />
38  <button onclick="dom(3);">选中</button>
39  <button onclick="dom(4);">清除</button>
40  <form>
41      <input type="text" value="" /><input type="text" value="" /><input type="text" value="" />
42  </form>
43  <hr />
44  <form>
45      <input type="text" value="" /><input type="text" value="" /><input type="text" value="" />
46  </form>
47  </body>
48  </html>
```

【代码解析】第8行创建了一个自定义函数，根据调用参数的不同，执行不同操作。第11～26行为多重判断结构，判断调用的参数。如果参数值为1，则设置页面表单元素的值为"选中"；如果参数值为2，则清除页面表单元素的值；如果参数值为3，则设置另一个表单元素的值为"选中"；如果参数值为4，则清除表单元素的值；如果都不是，则设置背景颜色为白色。

执行以上代码，浏览效果如图22.5所示。

图22.5　form对象中的控件对象

本例自上而下有 2 个表单，每个表单中含有 3 个控件（文本输入框），表单外的文本输入框可接受用户填入的数值。当用户单击"选中"按钮后，相应表单内的文本输入框将被填入"选中"字符串；而当用户单击"清除"按钮后，相应表单的文本输入框将被输入空字符串。表单外的文本输入框接受的数值为 elements[] 数组元素下标值，用于访问相应表单对象内的文本输入框，下标从 0 开始计数。用户单击"选中"按钮后的浏览效果如图 22.6 所示。

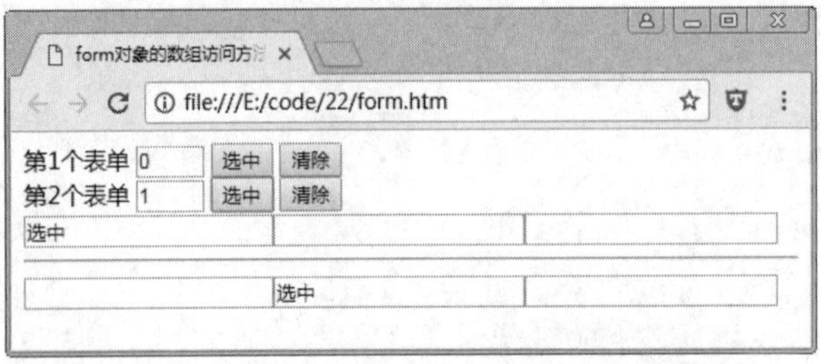

图 22.6　form 对象中控件对象的数组访问方法

elements[] 数组本身也有自己的属性，其常用的属性如下。
（1）form 属性：存储了所属 form 对象的名称。
（2）name 属性：存储了该元素对应的控件名称。
（3）type 属性：存储了该元素对应的控件类型。
（4）value 属性：存储了控件的 value 属性值。

form 对象还有 length 属性，用于存储控件数量。除此之外，访问 form 对象内的表单控件还可以用 name 属性。我们在 HTML 部分学习过 name 属性，其可用于标识不同控件（表单本身也有 name 属性，以区分不同表单）。编写 form2.htm 文件，代码如示例 22-4 所示。

【示例 22-4】form2.htm，form 对象的 name 属性访问方法

```
01  //form2.htm
02  <!DOCTYPE html>
03  <html xmlns="http://www.w3.org/2299/xhtml">
04  <head>
05  <meta http-equiv="Content-Type" content="text/html; charset=gb2312" />
06  <title>form 对象的 name 属性访问方法</title>
07  <script type="text/javascript">
08    function dom(x){                                        //创建自定义函数
09      var fm1=document.getElementById("fm1").value;         //获取表单元素的值
10      var fm2=document.getElementById("fm2").value;         //获取表单元素的值
11      switch(x){                                            //对调用参数进行判断
12        case 1:                                             //如果为 1
13          document.form1["txt"+fm1].value="选中";           //设置指定元素的值为"选中"
14          break;
15        case 2:
16          document.form1["txt"+fm1].value="";               //清除指定元素的值
17          break;
18        case 3:
19          document.form2["txt"+fm2].value="选中";           //设置指定元素的值为"选中"
20          break;
```

```
21          case 4:
22          document.form2["txt"+fm2].value="";          //清除指定元素的值
23          break;
24      }
25  }
26  </script>
27  </head>
28  <body>
29  第1个表单
30  <input type="text" id="fm1" value="0" size="2" />
31  <button onclick="dom(1);">选中</button>
32  <button onclick="dom(2);">清除</button>
33  <br />
34  第2个表单
35  <input type="text" id="fm2" value="1" size="2" />
36  <button onclick="dom(3);">选中</button>
37  <button onclick="dom(4);">清除</button>
38  <form name="form1">
39      <input type="text" value="" name="txt0" /><input type="text" value="" name="txt1" /><input type="text" value="" name="txt2" />
40  </form>
41  <hr />
42  <form name="form2">
43      <input type="text" value="" name="txt0" /><input type="text" value="" name="txt1" /><input type="text" value="" name="txt2" />
44  </form>
45  </body>
46  </html>
```

【代码解析】第8行创建了一个自定义函数,根据调用参数的不同,执行不同操作。第11~24行为多重判断结构,判断调用的参数。如果参数值为1,则设置页面表单元素的值为"选中";如果参数值为2,则清除页面表单元素的值;如果参数值为3,则设置另一个表单元素的值为"选中";如果参数值为4,则清除页面表单元素的值。

执行以上代码,浏览效果如图22.7所示。

图22.7 form对象中控件对象的name属性访问方法

本例所得效果和 form.htm 的效果一样,只是访问方法通过 name 属性来完成。form 对象有自己的方法,分别是 reset()方法和 submit()方法。reset()方法可将内含所有控件值复位,而 submit()方法可提交表单数据,并不产生 onsubmit 事件。

22.2.2 表单控件

表单控件也叫表单输入域，不同类型的控件用于用户以不同形式输入数据，在 HTML 部分已经完整学习过每个控件的作用。不同的控件对应不同的对象，如单行输入文本框为 text 对象，选择列表为 select 对象。这些对象大部分属性和方法是类似的，控件共有的属性和方法如表 22-3 所示。

表 22-3 表单内含控件对象共有的属性

属性名称	属性值
form	存储了所属 form 对象的名称
name	存储了该元素对应的控件名称
type	存储了该元素对应的控件类型
value	存储了控件的 value 属性值

可见，控件共有的属性和 element[] 数组的属性一致。而控件共有的方法如表 22-4 所示。

表 22-4 表单内含控件对象共有的方法

方法名称	作用
blur()	从控件中移除键盘输入焦点
focus()	使控件得到键盘输入焦点

window 对象也有这两个方法，可见键盘输入焦点的控制在网页前台编程中很重要。在前面的示例中使用过 button 按钮元素的 onclick 属性，代表按钮被用户单击时的情况，这被称作事件触发。JavaScript 程序大部分是事件驱动的，即某个事件发生后（如按钮被单击），执行某段代码（一般采用函数调用）。不同 HTML 元素有不同的事件属性，对于表单控件来讲，主要有如表 22-5 所示的事件。

表 22-5 表单内含控件对象共有的事件

事件名称	作用
onblur	失去焦点的事件，可以用于调用预先定义的处理函数
onfocus	得到焦点的事件，可以用于调用预先定义的处理函数
onchange	内容被用户改变的事件，焦点离开的时候发生，可以用于调用预先定义的处理函数

除此之外，控件还有很多其他事件，在下一章将详细学习。接下来学习不同对象有哪些不同的属性、方法或事件的值。笔者将类似控件分为多个组，以集中学习其属性、方法和事件。

（1）text 对象（单行文本框）有 size 属性，在 HTML 部分已经学习过，用于指定文本框容纳字符的个数（宽度）。其方法有 select() 方法，用于选中内含文本。text 对象的事件有 onclick（鼠标单击）等事件。而 password 对象和 text 对象基本一致，只是显示字符为星号。textarea 对象和 text 对象的方法和事件也是一致的，只是多了几个属性，即 cols、rows，用于指定内含文本的行数和列数。编写 text.htm 文件，代码如示例 22-5 所示。

【示例 22-5】text.htm，文本输入类型对象

```
01  //text.htm
02  <!DOCTYPE html>
```

```
03  <html xmlns="http://www.w3.org/2299/xhtml">
04  <head>
05  <meta http-equiv="Content-Type" content="text/html; charset=gb2312" />
06  <title>form 文本输入类型对象</title>
07  <script type="text/javascript">
08    function dom(x,y){                                //自定义函数
09      var txt=document.getElementById("fm").value;    //获取页面表单元素的值
10      switch(x){                                      //开始对调用参数进行判断
11        case 1:                                       //如果参数为1
12        //设定元素值
13        document.form1.elements[txt].value=document.form1.elements[txt].type;
14        break;
15        case 2:
16        document.form1.elements[txt].value="";        //清除表单元素的值
17        break;
18        case 3:
19        alert("你要写什么？");                           //弹出提示框
20        break;
21        case 4:
22        alert("你的键盘输入焦点进入了"+y.name);           //弹出提示框
23        break;
24        case 5:
25        alert("你的键盘输入焦点移开了"+y.name);           //弹出提示框
26        break;
27        }
28    }
29  </script>
30  </head>
31  <body>
32  请选择控件（0，1，2）
33  <input type="text" id="fm" value="0" size="2" />
34  <button onclick="dom(1);">显示类型</button>
35  <button onclick="dom(2);">清除</button>
36  <hr />
37  <form name="form1">
38    <input type="text" onfocus="dom(4,this)" onblur="dom(5,this);" value="" name="txt1" />
39    <input type="password" onfocus="dom(4,this)" onblur="dom(5,this);" value="" name="txt2" />
40    <textarea onchange="dom(3)" cols="20" rows="3" name="txt3"></textarea>
41  </form>
42  </body>
43  </html>
```

【代码解析】第 8 行创建了一个自定义函数，根据调用参数的不同，执行不同操作。第 10～27 行为多重判断结构，判断调用的参数，并根据参数值不同，分别执行设定表单元素的值、清除表单元素的值及弹出提示框等操作。

执行以上代码，浏览效果如图 22.8 所示。

本例按下"显示类型"按钮后，通过访问控件的 type 属性将其值赋值给 value 属性，以字符串形式显示。当用户键盘输入焦点移入 text 对象或 password 对象时，将触发 onfocus 事件，调用 dom()函数，使用 alert()方法提示用户。当用户移去焦点时，将触发 onblur 事件，同样使用 alert()方法提示用户。这里有一个难点，即传递了 2 个参数给 dom()函数，第 1 个参数为数字，用于 switch 判断；第 2 个参数为 this，代表控件本身。通过 this 参数的传递，alert()方法执行时可访问当前控件的 name 属性值并显示。向 text 对象移入键盘输入焦点，浏览效果如图 22.9 所示。

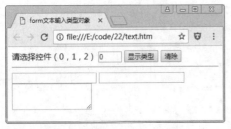 

图 22.8　文本输入类型对象　　　　　　图 22.9　检测键盘输入焦点所在控件

（2）单选框（radio）对象可大大方便用户操作，常以组的形式使用，同组的单选框对象拥有相同的 name 属性。复选框（checkbox）对象和单选框对象基本一样，也是成组使用，同组复选框对象拥有相同的 name 属性，不过同组对象允许多个对象被选中。这两种对象的新属性如表 22-6 所示。

表 22-6　单选框和复选框对象共有的新属性

属性名称	属性值
checked	存储对象是否被选中
defaultchecked	存储是否被默认选中
length	存储同组包含对象的个数

同类型的对象还有选择列表，即 select 对象，其子项由 option 元素组成，通过数组形式访问各个子项。其新属性如表 22-7 所示，新方法如表 22-8 所示。

表 22-7　选择列表对象的新属性

属性名称	属性值
length	存储列表子项的数量
multiple	可否选择多个列表子项，布尔值
options[]	列表子项数组，每个元素代表 1 个列表子项
selectedindex	存储被选中的列表子项，如果没有则值为-1

表 22-8　选择列表对象的新方法

方法名称	作用
add(x,y)	将新的子项元素 x 插入 y 子项元素前面，如果 y 为 null，则 x 插入到尾部
remove(x)	删除子项 options[x]元素

编写 select.htm 文件，代码如示例 22-6 所示。

【示例 22-6】 select.htm,选择类型对象

```
01  //select.htm
02  <!DOCTYPE html>
03  <html xmlns="http://www.w3.org/2299/xhtml">
04  <head>
05  <meta http-equiv="Content-Type" content="text/html; charset=gb2312" />
06  <title>选择类型对象</title>
07  <script type="text/javascript">
08    function check(x){                                        //自定义检测函数
09      switch(x){                                              //开始判断
10        case 1:                                               //如果调用参数为1
11        for(var i=0;i<document.form1.rd.length;i++){          //开始循环
12            if(document.form1.rd[i].checked){                 //如果被选中
13              if(document.form1.rd[i].value=="北美洲"){        //如果为南美洲
14                document.getElementById("answer1").innerText=document.form1.rd[i].value+"【正确】";
15              }else{                                          //如果不是南美洲
16                document.getElementById("answer1").innerText=document.form1.rd[i].value+"【错误】";
17              }
18            }
19        }
20        break;
21        case 2:                                               //如果调用参数为2
22        document.getElementById("answer2").innerText="";      //清除层中文本内容
23        for(var i=0;i<document.form1.chk.length;i++){         //开始循环
24            if(document.form1.chk[i].checked){                //如果被选中
25              if(document.form1.chk[i].value=="名古屋"){       //如果为名古屋
26                document.getElementById("answer2").innerText+=document.form1.chk[i].value+"【错误】,";
27              }else{
28                document.getElementById("answer2").innerText+=document.form1.chk[i].value+"【正确】,";
29              }
30            }
31        }
32        break;
33        case 3:                                               //如果调用参数为3
34        for(var i=0;i<document.form1.sel.length;i++){         //开始循环
35            if(document.form1.sel.selectedIndex==i){          //如果被选中
36              if(document.form1.sel.options[i].value=="伦敦"){ //如果为伦敦
37                document.getElementById("answer3").innerText=document.form1.sel.options[i].value+"【正确】,";
38              }else{
39                document.getElementById("answer3").innerText=document.form1.sel.options[i].value+"【错误】,";
40              }
41        }
```

```
42          }
43          break;
44       }
45    }
46    function Clear(){                                          //清除函数
47       document.form1.reset();                                 //重置表单
48       document.getElementById("answer1").innerText="";        //清除答案1
49       document.getElementById("answer2").innerText="";        //清除答案2
50       document.getElementById("answer3").innerText="";        //清除答案3
51    }
52 </script>
53 </head>
54 <body>
55 <form name="form1">
56  <fieldset>
57    <legend>美国在哪个大洲？</legend><br />
58    <label><input type="radio" name="rd" value="南美洲" />南美洲</label>
59    <label><input type="radio" name="rd" value="欧洲" />欧洲</label>
60    <label><input type="radio" name="rd" value="北美洲" />北美洲</label>
61    <label><input type="radio" name="rd" value="亚洲" />亚洲</label>
62    <button onclick="check(1);">提交答案</button>
63  </fieldset>
64  <br />
65 <div>你的答案是: <span id="answer1"></span></div>
66  <hr />
67  <fieldset>
68     <legend>哪些城市是中国的？</legend><br />
69    <label><input type="checkbox" name="chk" value="上海" />上海</label>
70    <label><input type="checkbox" name="chk" value="名古屋" />名古屋</label>
71    <label><input type="checkbox" name="chk" value="深圳" />深圳</label>
72    <label><input type="checkbox" name="chk" value="香港" />香港</label>
73     <button onclick="check(2);">提交答案</button>
74  </fieldset>
75   <br />
76 <div>你的答案是: <span id="answer2"></span></div>
77   <hr />
78   <fieldset>
79     <legend>英国的首都是: </legend><br />
80     <select name="sel" onchange="check(3);">
81       <option value="伯明翰">伯明翰</option>
82       <option value="伦敦">伦敦</option>
83       <option value="纽约">纽约</option>
84       <option value="巴黎">巴黎</option>
85     </select>
86   </fieldset>
87    <br />
88 <div>你的答案是: <span id="answer3"></span></div>
89   <hr />
90 <button onclick="Clear();">表单数据复位</button>
```

```
91    </form>
92  </body>
93  </html>
```

【代码解析】第 8 行创建了一个自定义检测函数，下面开始一个多重判断，根据调用参数不同，执行不同的操作。对题目进行判断，并显示回答正确或错误。

执行以上代码，浏览效果如图 22.10 所示。

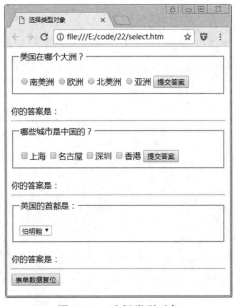

图 22.10　选择类型对象

本例代码相对较多，但是学习难度小。通过单击 2 个 "提交答案" 按钮，完成单选框和复选框的 value 属性读取，然后赋值到指定 id 名称的 span 元素的文本。赋值前需要做答案的判断，如果正确，拼接 "【正确】" 字符串，否则拼接 "【错误】" 字符串。而选择列表则没有使用按钮的单击事件，而使用 onchange 事件，即被用户改变选项并移开焦点后执行指定代码（自定义函数）。本例在最后加了一个 "表单数据复位" 按钮，用户单击后将使用 form 对象的 reset() 方法使表单控件值复位。由于 span 元素不属于表单控件，所以后面加了空字符串赋值代码，即把所有 span 元素内的文本清空。

（3）按钮是经常用到的 HTML 元素，如前面的示例，按钮使用 button 元素。其实表单也内置了按钮类型的控件，即 type 值分别为 button、submit 和 reset 的控件。其中 type 值为 button 的按钮和<button></button>标签构成的按钮类似，没有任何功能，只是前者属于表单的内置控件。而 type 值为 submit 的按钮用于提交所属表单的数据到服务器程序，常用于表单最终的数据检测。type 值为 reset 的按钮控件用于重置所属表单控件值，和 form 对象的 reset()方法效果一致。

编写 button.htm 文件，代码如示例 22-7 所示。

【示例 22-7】button.htm，按钮类型对象

```
01  //button.htm
02  <!DOCTYPE html>
```

```
03  <html xmlns="http://www.w3.org/2299/xhtml">
04  <head>
05  <meta http-equiv="Content-Type" content="text/html; charset=gb2312" />
06  <title>按钮类型对象</title>
07  <script type="text/javascript">
08    function check(x){                                //自定义函数
09      switch(x){                                      //开始判断
10        case 1:                                       //如果参数为 1
11          alert(document.form1.txt.value);            //弹出内容
12        break;
13        case 2:                                       //如果参数为 2
14          alert("马上进入 asp 程序显示页面。。。");      //弹出内容
15        break;
16      }
17    }
18  </script>
19  </head>
20  <body>
21  <form name="form1" action="post.asp" method="post">
22  <input type="text" value="" name="txt" />
23  <input type="button" onclick="check(1);" value="【信息框】" />
24  <hr />
25  <input type="submit" onclick="check(2);" value="提交" />
26  <input type="reset" value="重设" />
27  </form>
28  </body>
29  </html>
```

【代码解析】第 8 行创建了一个自定义函数，根据调用参数不同，弹出不同的内容。如果参数为 1，则弹出输入的内容；如果参数为 2，则弹出指定内容。

执行以上代码，浏览效果如图 22.11 所示。在文本输入框输入字符后，单击"【信息框】"按钮，浏览效果如图 22.12 所示。

图 22.11　按钮类型对象

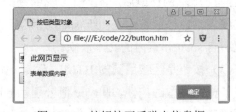
图 22.12　按钮按下后弹出信息框

可见，type 值为 button 的按钮控件和 button 元素基本一致，只是直属于表单，可通过 form 对象访问。当单击"提交"按钮后，浏览效果如图 22.13 所示。

提交类型按钮对象和一般的按钮对象是一样的，只是多了提交数据的功能。单击"重设"按钮后，文本输入框的内容将被清空，恢复默认值。笔者在目录下添加了一个 post.asp 文件，当用户单击"提交"按钮后，将出现信息对话框，单击"确定"按钮后将转到 asp 程序显示页面，显示表单数据。

图 22.13 "提交"按钮按下后弹出另一个信息框

（4）最后一种表单控件对象是 hidden 对象，也叫隐藏域控件，在页面上不显示，其 value 值随着表单一起提交到服务器。hidden 对象常用于存储全局变量值，使多个页面共享 1 个变量值。hidden 对象除了 name 和 value 属性，没有其他属性、方法和事件。

22.2.3 制作具备数据检测功能的注册页面

表单在网站中应用非常广泛，如用户注册、用户登录、论坛发言、后台管理等。本节综合前面学过的知识，制作一个能检测表单数据的页面，内容是用户注册页面。编写 reg.htm 文件，代码如示例 22-8 所示。

【示例 22-8】 reg.htm，注册页面

```
01  //reg.htm
02  <!DOCTYPE html>
03  <html xmlns="http://www.w3.org/2299/xhtml">
04  <head>
05  <meta http-equiv="Content-Type" content="text/html; charset=gb2312" />
06  <title>注册页面</title>
07  <script type="text/javascript">
08    function test(x){                                    //自定义测试函数
09      var v=new Array();                                 //创建一个数组
10      for(var i=0; i<document.form1.elements.length;i++){//遍历页面表单元素
11        v[i]=document.form1.elements[i].value;           //获取元素的值
12      }
13      switch(x){                                         //开始多重判断
14        case 1:                                          //如果参数为1
15          if(v[0].length>6){                             //如果第一个元素长度大于6
16            document.getElementById("Submit").innerText="用户名长度不能大于4个字符";
17            document.form1.elements[0].value="";         //清空输入内容
18          }
19          break;
20        case 2:                                          //如果参数为2
21          if(v[1].length>6){                             //如果第二个元素长度大于6
22            document.getElementById("Submit").innerText="密码长度不能大于4个字符";
23            document.form1.elements[1].value="";         //清空输入内容
24          }
25          break;
26      }
27    }
28    function Key(x){                                     //自定义函数
29      x.value=x.value.replace(/[^0-9.]/g,'');            //使用正则替换
```

```
30      }
31      function Submit(x){                              //自定义提交函数
32        var v=new Array();                             //创建一个数组
33        for(var i=0; i<x.elements.length;i++){         //遍历页面表单元素
34          v[i]=x.elements[i].value;                    //获取元素的值
35        }
36        for(i=0; i<5;i++){                             //开始循环
37          if(v[i]==""){                                //如果内容为空
38            document.getElementById("Submit").innerText="请将资料填写完整";
39            return false;
40          }
41        }
42      }
43  </script>
44  <style type="text/css">
45  *{margin:0px;
46    padding:0px;}
47  body,textarea{font-size:12px;}
48  #all{width:400px;
49      height:300px;
50       margin:0px auto;
51       line-height:1.8em;
52       background-color:#eee;
53       border:1px solid #40984c;}
54  #top{background:#e9F6e5;
55       border-bottom:1px solid #40984c;
56       text-align:center;
57       color:#40984c;
58       font-size:14px;
59       font-weight:bold;}
60  .left{text-align:right;
61       width:25%;}
62  .tb{width:100%;}
63  fieldset{border:1px solid #a3bfa8;
64         width:90%;
65          margin-left:20px;}
66  .txt,textarea{border:1px solid #a3bfa8;
67       background:#e9F6e5;}
68  .green{background:#e9F6e5;}
69  #bottom{text-align:center;}
70  .btn{width:80px;
71       margin:5px;
72       border:1px solid #40984c;}
73  #Submit{text-align:center;
74         color:#d00;}
75  </style>
76  </head>
77  <body>
78  <div id="all">
```

```
79  <div id="top">注册表单界面</div>
80  <form method="post" action="post.asp" onsubmit="return(Submit(this));" name="form1">
81      注册基本信息
82          <table border="0" cellspacing="5" cellpadding="5" class="tb">
83      <tr>
84          <td class="left">用户名</td>
85          <td><input type="text" class="txt" size="15" name="userName" onchange="test(1);" /></td>
86      </tr>
87      <tr>
88          <td class="left">密  码</td>
89          <td><input type="password" class="txt" size="15" name="pwd" onchange="test(2);" /></td>
90      </tr>
91  </table>
92      个人详细资料
93          <table border="0" cellspacing="5" cellpadding="5" class="tb">
94      <tr>
95          <td class="left">出生日期</td>
96          <td>22<input type="text" size="2" maxlength="2" class="txt" name="year" onchange="test(3);" onkeyup="Key(this);" /> 年 <input type="text" size="2" maxlength="2" class="txt" name="month" onchange="test(4);" onkeyup="Key(this);" />月<input type="text" size="2" maxlength="2" class="txt" name="day" onchange="test(5);" onkeyup="Key(this);" />日</td>
97      </tr>
98      <tr>
99          <td class="left">性别</td>
100         <td><label><input type="radio" checked="checked" name="sex" value="1" />男</label><label><input type="radio" name="sex" value="2" />女</label></td>
101     </tr>
102     <tr>
103         <td class="left">最高学历</td>
104         <td>
105           <select>
106             <option value="研究生" selected="selected" class="green">研究生</option>
107             <option value="大学">大学</option>
108             <option value="高中/职高" class="green">高中/职高</option>
109             <option value="初中及以下">初中及以下</option>
110           </select>
111         </td>
112     </tr>
113     <tr>
114         <td class="left">业余爱好</td>
115         <td><label><input checked="checked" type="checkbox" name="fav" value="1" />听音乐</label>
116            <label><input type="checkbox" name="fav" value="2" />玩游戏</label>
117            <label><input type="checkbox" name="fav" value="3" />上网</label>
118            <label><input type="checkbox" name="fav" value="4" />体育运动</label>
```

```
119            </select>
120        </td>
121    </tr>
122 </table>
123        <div id="bottom"><input type="submit" value="注册" class="btn" />
<input type="reset" value="重设" class="btn" /></div>
124        <div id="Submit"></div>
125 </form>
126 </div>
127 </body>
128 </html>
```

【代码解析】第 8 行创建了一个自定义函数，根据调用参数不同，执行不同的检测内容。分别对用户的用户名、密码等内容进行检测，判断是否合规并给出提示。

执行以上代码，浏览效果如图 22.14 所示。

本例注册表单 JavaScript 程序部分定义了 3 个函数，分别为 test()函数、Key()函数和 Submit()函数。"用户名"和"密码"文本输入框触发 onchange 事件时，将执行 test()函数。如果网站要求 value 值中字符串的长度不能大于 4，则使用字符串对象的 length 属性进行检测。value 值的字符串长度如果大于 4，则 value 值将被赋值空字符串，底部将有相应的提示文字，如图 22.15 所示。

图 22.14　注册页面　　　　　　　图 22.15　注册页面提示信息

"出生日期"的 3 个文本输入框已在属性中设置了字符长度，但用户有可能输入数字以外的其他字符，所以这 3 个文本输入框使用了 onkeyup 事件检测。onkeyup 事件在用户输入字符后键盘按键弹起时触发，执行 Key()函数，Key()函数使用了正则表达式，用 replace()方法将数字 0～9 以外的字符替换为空字符。Key()函数有效地保证了"出生日期"的文本输入框的字符为数字，不过正则表达式本书中不涉及，读者暂时可不必掌握。

本例的重点为 Submit()函数，该函数在 form 对象的 onsubmit 事件触发后执行。form 对象的 onsubmit 事件在"提交"按钮单击后触发，只有 onsubmit 事件指定的代码返回值为 true，提交才会正常执行，否则将中止提交。利用这个特性，Submit()函数用 for 循环将所有控件的值赋予 v 数组。v[0]～v[4]是没有默认值的，所以再用 for 循环检测 v[0]～v[4]元素是否都被填写数据，如果有 1 个元素值为空，则在提示文字中显示"请将资料填写完整"并返回 false，即中止提交。Submit()函数有效地保证了表单数据填写的完整性，在网站中应用非常多，读者可自己多练习本例。

22.3 image 对象

对应于 HTML 中的 img 元素，DOM 有 image[]数组存储页面中所有的 image 对象。image[]数组顺序存储了页面中所有的 img 元素，如 image[0]代表第 1 个 img 元素。img 元素在 HTML 中的属性和 image 对象的属性一一对应，不过 image 对象多了 1 个 complete 属性，这是一个布尔值，代表图像是否下载完成。image 对象还有一组事件，如表 22-9 所示。

表 22-9 image 对象常用事件

事件名称	作 用
onload	加载图像成功所触发的事件
onclick	浏览用户单击图像时触发的事件
onabort	浏览用户中止下载中的图像时触发的事件

编写 image.htm 文件，代码如示例 22-9 所示。

【示例 22-9】 image.htm，图像动态操作

```
01  //image.htm
02  <!DOCTYPE html>
03  <html xmlns="http://www.w3.org/2299/xhtml">
04  <head>
05  <meta http-equiv="Content-Type" content="text/html; charset=gb2312" />
06  <title>图像动态操作</title>
07  <script type="text/javascript">
08    var Src="1.jpg";
09    var add=1;
10    var tt=new Array("<strong>可爱的小狗。</strong>","<strong>可爱的小狗2</strong>。","<strong>城市绿化广场。</strong>","<strong>美丽的小路。</strong>");
11    var bd=true;
12    function over(){                                   //移入
13      Src=document.getElementById("myimg").src;        //获取图片路径
14      document.getElementById("myimg").src="1.jpg";    //更改图片
15    }
16    function out(){                                    //移出
17      document.getElementById("myimg").src=Src;        //重置图片
18    }
19    function Change(x){                                //改变函数
20      var add2;
21      switch(x){                                       //开始判断
22        case 1:                                        //如果参数为1
23          do{                                          //循环
24            add2=Math.floor(Math.random()*4+1);        //随机数
25          }while(add2==add);
```

```
26              add=add2;
27              document.getElementById("myimg").src=add+".jpg";        //获取图片
28              document.getElementById("imgTitle").innerHTML=tt[add-1];//显示内容
29              break;
30              case 2:                                    //如果参数为2
31              var w=document.getElementById("w").value;      //获取值
32              var h=document.getElementById("h").value;
33              document.getElementById("myimg").width=w;
34              document.getElementById("myimg").height=h;
35              break;
36              case 3:                                    //如果参数为3
37              document.getElementById("myimg").width=300;  //设置宽度
38              document.getElementById("myimg").height=260;//设置高度
39              break;
40              case 4:                                    //如果参数为4
41              bd=!bd;
42              if(bd){
43              document.getElementById("myimg").border=0;   //边框为0
44              }else{
45              document.getElementById("myimg").border=1;   //边框为1
46              }
47              break;
48          }
49      }
50
51  </script>
52  <style type="text/css">
53    *{margin:0px;
54      padding:0px;}
55    #all{width:400px;
56        height:262px;
57        border:1px solid #333;
58        }
59    #all,h5,#imgTitle{margin:0px auto;}
60    #left{width:302px;
61        height:262px;
62         overflow:auto;
63         float:left;}
64    #right{text-align:center;}
65    h5{width:100%;
66      height:20px;
67      text-align:center;
68      margin-top:10px;}
69    #imgTitle{width:400px;
70            height:12px;
71             background:#eee;
72             font-size:12px;
73             text-align:center;
74             border:1px solid #999;}
```

```
75    </style>
76    </head>
77    <body>
78    <div id="all">
79    <div id="left"><img src="1.jpg" id="myimg" onclick="alert('点我干吗？');"
      onmouseover="over();" onmouseout="out();" border="0" /></div>
80    <div id="right">
81        <button onclick="Change(1);">随机取图像</button>
82        宽度-<input type="text" id="w" size="3" value="300" />
83        <br />
84        高度-<input type="text" id="h" size="3" value="260" />
85        <button onclick="Change(2);">设置尺寸</button>
86        <button onclick="Change(3);">还原尺寸</button>
87        <button onclick="Change(4);">增/删边框</button>
88    </div>
89    </div>
90    <h5>图片说明</h5><p id="imgTitle"><strong>可爱的小狗。</strong></p>
91    </body>
92    </html>
```

【代码解析】第 12 行创建了一个鼠标移入函数，当鼠标移入时，改变图像；第 16 行创建了一个鼠标移出函数，当鼠标移出时，重置图像；第 19 行创建了一个改变函数，根据调用参数的不同，执行不同的操作。

执行以上代码，浏览效果如图 22.16 所示。

图 22.16　图像动态操作

本例定义了 3 个函数，分别是 over()、out()和 Change()。over()函数和 out()函数负责处理鼠标滑过图片的效果，而 Change()函数则负责图片右边按钮的功能。前 2 个函数比较简单，img 元素设置了 onmouseover 事件，触发时执行 over()函数。onmouseover 事件在鼠标经过图片时触发，over()函数则把当前 image 对象的 src 属性值（链接的图片路径）赋值给全局变量 Src，然后将"1.jpg"路径赋值给当前 image 对象的 src 值。这样就实现了保存当前路径，鼠标经过时图片切换为"1.jpg"图片的效果。相应地，img 元素设置了 onmouseout 事件，触发时执行 out()函数。onmouseout 事件在鼠标滑出图片时触发，out()函数则把全局变量 Src 赋值给当前 image 对象的 src 属性值。这样就实现了鼠标滑出时 image 对象恢复为原来的图片路径。

图片右边的设置按钮通过 Change() 函数完成其功能，不同按钮传递不同的参数，以完成对应的功能。当用户单击"随机取图像"按钮后，由于当前 4 个图片文件名为数字 1~4，Math 运算对象类的 random() 方法产生 1~4 的随机数赋值给变量 add2。为了防止随机数与当前图片名重名，将当前文件名存入 add 全局变量，使用 do...while 循环进行判断。如果变量 add2 和当前文件名一致，则再次执行 random() 方法，直到产生和 add 变量值不同的随机数再停止循环。最后把 add2 赋值给 add 全局变量，再把 add 变量赋值给 image 的 src 属性，从而得到图片的随机切换效果。

单击"设置尺寸"按钮，将把宽度右边文本框的值和高度右边文本框的值赋值给变量 w、h，然后把 w、h 变量赋值给 image 对象的 width、height 属性。单击"增/删边框"按钮，将判断全局变量 bd 的不同值，以执行 image 对象的 border 属性设置。

22.4 链接对象

超级链接是网站页面组织的关键，在 HTML 部分和 CSS 部分学习过很多相关知识。本节只学习超级链接和程序交互的方法，以及链接对象的各种属性。类似于其他对象，多个链接对象的集合在 DOM 中是以数组形式存在的，即 links[]，可通过数组 links[] 下标访问每个链接对象。链接对象往往通过 href 属性指定链接路径，不过 href 还可用于执行 JavaScript 代码，编写方法如下：

```
<a href="javascript:alert("Hello,world!");">打个招呼</a>
<a href="javascript:func();">调用自定义函数</a>
```

如果 href 属性值前面不加"javascript:"，那么浏览器会认为 href 值为路径，而不是程序代码。不仅如此，链接对象还有很多事件，如 onmouseover（鼠标滑过）、onmouseout（鼠标滑出）等。链接对象也有很多属性，不过大多数是关于所链接路径值的属性，如表 22-10 所示。

表 22-10 链接对象的常用属性

属性名称	属 性 值
hash	链接路径中的锚部分，包含"#"符号
hostname	链接路径中主机名称部分
href	链接路径中完整的 URL 部分
pathname	链接路径中路径名部分
port	链接路径中端口号
protocol	链接路径中协议部分
search	链接路径中查询部分（问号以后的部分），供服务器程序使用
target	新窗口打开位置

编写 a.htm 文件，代码如示例 22-10 所示。

【示例 22-10】a.htm，链接对象操作

```
01  //a.htm
02  <!DOCTYPE html>
03  <html xmlns="http://www.w3.org/2299/xhtml">
04  <head>
```

```
05 <meta http-equiv="Content-Type" content="text/html; charset=gb2312" />
06 <title>链接对象操作</title>
07 <script type="text/javascript">
08   function Load(){                                              //自定义加载函数
09     //链接目标
10     document.getElementById("txt").innerText=document.links[0].target;
11     //链接端口
12     document.getElementById("txt2").innerText=document.links[0].port;
13     //链接协议
14     document.getElementById("txt3").innerText=document.links[0].protocol;
15     //链接路径
16     document.getElementById("txt4").innerText=document.links[1].pathname;
17     //链接内容
18     document.getElementById("txt5").innerText=document.links[1].href;
19   }
20 </script>
21 <style type="text/css">
22 a{display:block;
23   width:300px;
24   height:16px;
25   text-decoration:none;
26   text-align:center;
27   background:#eee;
28   border:1px solid #666;}
29 </style>
30 </head>
31 <body onload="Load();">
32 <div id="all">
33   <a href="http://www.javascript.com.cn:8080/link/index.htm" target="_blank" onmousemove="alert('鼠标滑入了我');">打个招呼</a>
34   <ul>
35     <li>上个link对象中的target属性为:<span id="txt"></span></li>
36     <li>上个link对象中的port属性为:<span id="txt2"></span></li>
37     <li>上个link对象中的protocol属性为:<span id="txt3"></span></li>
38   </ul>
39    <a href="http://www.javascript.com.cn:8080/link/index.htm" target="_blank" onmouseout="alert('鼠标滑出了我');">再打个招呼</a>
40   <ul>
41     <li>上个link对象中的pathname属性为:<span id="txt4"></span></li>
42     <li>上个link对象中的href属性为:<span id="txt5"></span></li>
43   </ul>
44   <a href="javascript:alert('你要去哪里啊？')">单击我试一试</a>
45 </div>
46 </body>
47 </html>
```

【代码解析】第8行创建了一个自定义函数,分别用于获取超链接的各种属性,并将获取到的内容显示到指定的层上。

执行以上代码,浏览效果如图22.17所示。

图 22.17 链接对象操作

本例简单地把前 2 个 link 对象的属性列出，用 document.link[0]访问第 1 个链接对象，用 document.link[1]访问第 2 个链接对象。并且这 2 个对象编写了 onmouseover 和 onmouseout 事件处理程序。第 3 个链接对象把代码直接写入 href 属性中，用户单击链接即执行程序代码。

22.5 拓展训练

22.5.1 训练一：使用文档对象模型遍历页面全部图片

【拓展要点：document 对象 images[]图片数组的使用】

文档对象包括页面中的所有内容，其中 images[]图片数组包含其中所有的图像元素。由于是以数组存储的，所以可以使用数组的方法来遍历所有数组元素。

【代码实现】

```
<img src="1.jpg">
<img src="2.jpg">
<img src="3.jpg">
<img src="4.jpg">
<img src="5.jpg">
<script>
my_img=document.images;              //获取图像属性
len=my_img.length;                   //获取数组长度
for(i=0;i<len;i++)                   //遍历数组
{
    document.write(my_img[i].src);   //输出内容
}
</script>
```

22.5.2 训练二：当输入框获取焦点时显示红色，失去焦点后恢复

【拓展要点：表单控件方法 onfocus()与 onblur()的使用】

表单控件的共有方法是 onfocus()与 onblur()，分别代表表单得到焦点与失去焦点的状态。所以可以结合 JavaScript 脚本与 style 样式表，让输入框在不同状态下有不同的样式效果。

【代码实现】

```
<script>
function f1(t)                              //获取焦点时执行函数
{
    t.style.backgroundColor="#ff0000";      //改变背景色
}
function f2(t)                              //失去焦点时执行函数
{
    t.style.backgroundColor="#ffffff";      //恢复背景色
}
</script>
<input type=text onfocus="f1(this)" onblur="f2(this)" value="1">
```

22.6 技术解惑

22.6.1 文档对象模型是什么

文档对象模型简称 DOM，在众多 Web 技术中将使用这个模型。也就是说，DOM 是 Web 标准中包含的技术标准，方便各种程序访问 HTML 文档中的对象，并不为 JavaScript 独有。

22.6.2 文档对象模型与 HTML 标签

通过程序访问 DOM 各种对象，DOM 中对象对应相应的 HTML 标签，可结合前面 HTML 部分的知识学习。本章的学习将 JavaScript 程序和网页内的元素紧密结合在一起，使网页制作者能更加灵活地控制页面的元素。程序对网页对象的各种操作，使网页元素仿佛有了生命，可根据用户需要而变化。

22.6.3 使用文档对象模型的注意事项

使用 document 对象可以引用页面内的所有内容，不过有一点需要注意，如果 JavaScript 的脚本执行时，页面内容还没有加载，则不能成功获取相应内容，只有等相应内容加载完毕后，才能成功获取到正确的页面内容，这一点在使用时要注意。

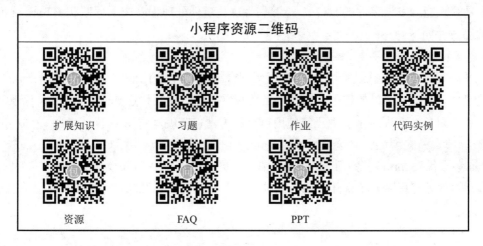

第 23 章 事件响应

事件响应编程是 JavaScript 编程的主要方式，在前面的示例中已经大量使用了事件处理程序。本章内容侧重实例操作，将以大量典型的事件响应编程应用实践所学。本章还有部分内容把 JavaScript 和前面学习的 CSS 部分联系起来，制作更实用的程序。

23.1 事件响应的概念

为了实现与页面元素的交互，需要用到 JavaScript 事件。JavaScript 事件是在特定的事件发生时，由 HTML 元素发出的通知。JavaScript 事件响应，通俗地讲就是，当某事件发生时程序所做出的反馈。比如，当用户单击鼠标时弹出对话框，当用户按下键盘按键时显示相应的内容等，都属于事件响应的范畴。

23.1.1 事件和事件处理程序

事件的使用使 JavaScript 程序变得非常灵活，这种事件是异步事件，即事件随时都可能发生，跟 HTML 文档的载入进度无关，不过 HTML 载入完成也会触发相应事件。

一般来说，网页载入后会发生多种事件，用户在操作页面元素时也会发生很多事件，触发事件后执行一定的程序就是 JavaScript 事件响应编程的常用模式。只有触发事件才执行的程序被称为事件处理程序，一般调用自定义函数实现。事件处理程序并不编写到<script></script>中，而是写入能触发该事件的 HTML 标签属性中，事件处理程序成了程序和 HTML 之间的接口，编写方法如下：

`<HTML 标签  事件属性="事件处理程序">`

这种编写方式避免了程序与 HTML 代码混合编写，有利于维护。事件处理程序一般调用自定义函数，函数是可以传递很多参数的，比较常用的方法是传递 this 参数，this 代表 HTML 标签的相应对象。在表单示例中已经使用过这种方法，其编写方法如下：

`<form action="" method="post" onsubmit="return chk(this);"></form>`

this 参数代表 form 对象，在 chk() 函数中可以更方便地引用 form 对象及内含的其他控件对象。编写事件处理程序要特别注意引号的使用，当外部使用双引号时，内部要使用单引号，反之也一样。

23.1.2 HTML 元素常用事件的展示

HTML 元素常用事件如表 23-1 所示。

表 23-1　HTML 元素常用事件

事件名称	意　义
onblur	失去键盘焦点事件，适用于绝大多数可视元素
onfocus	得到键盘焦点事件，适用于绝大多数可视元素
onchange	修改内容并失去焦点后触发的事件，一般用于可视表单控件
onclick	鼠标单击事件
ondbclick	鼠标双击事件
ondragdrop	用户在窗口中拖曳并放下一个对象时触发的事件
onerror	脚本发生错误事件
onkeydown	键盘按键按下事件
onkeyup	键盘按键按下并松开时触发的事件
onload	载入事件，一般用于 body、frameset 和 image
onunload	关闭或重置触发事件，一般用于 body、frameset
onmouseout	鼠标滑出事件
onmouseover	鼠标滑入事件
onmove	浏览器窗口移动事件
onresize	浏览器窗口改变大小事件
onsubmit	表单提交事件
onreset	表单重置事件，一般为 reset 被按下时触发
onselect	选中了某个表单元素时触发的事件

表格中的部分事件已经在前面的示例中使用过了，事件及事件处理程序完成了 JavaScript 程序的互动性。下面的示例将充分展示这一点。编写 event.htm 文件，代码如示例 23-1 所示。

【示例 23-1】event.htm，事件展示

```
01  //event.htm
02  <!DOCTYPE>
03  <html xmlns="http://www.w3.org/1999/xhtml">
04  <head>
05  <meta http-equiv="Content-Type" content="text/html; charset=gb2312" />
06  <title>事件展示</title>
07  <script type="text/javascript">
08    function Event(x,y){                                //自定义函数
09      var txt;                                          //定义变量
10      switch(x){                                        //对参数进行判断
11      case 1:                                           //如果值为 1
12        txt="HTML 文档载入事件发生，"+"文档是一个"+y;    //为变量赋值
13        break;
14      case 2:                                           //如果值为 2
15        alert("本文档被关闭或刷新了");                   //弹出提示框
16        break;
17      case 3:                                           //如果值为 3
18        txt="窗口被改变了大小";                          //为变量赋值
```

```
19            break;
20          case 4:                                              //如果值为4
21            txt=y.name+"得到了键盘输入焦点";                    //为变量赋值
22            break;
23          case 5:                                              //如果值为5
24            txt=y.name+"失去了键盘输入焦点";                    //为变量赋值
25            break;
26          case 6:
27            txt=y.name+"被鼠标单击了";
28            break;
29          case 7:
30            txt=y.name+"被鼠标双击了";
31            break;
32        }
33        document.getElementById("txt").innerText=txt;          //在层中显示变量内容
34    }
35 </script>
36 <style type="text/css">
37    #txt{font-weight:bold;}
38 </style>
39 </head>
40 <body onload="Event(1,this);" onunload="Event(2,this);" onresize="Event(3,this);">
41 事件提示文字：<span id="txt"></span>
42 <hr />
43 <input type="text" name="文本输入框A" onfocus="Event(4,this);" onblur="Event(5,this);" />
44 <input type="text" name="文本输入框B" onfocus="Event(4,this);" onblur="Event(5,this);" />
45 <button name="按钮元素" onfocus="Event(4,this);" onblur="Event(5,this);" onclick="Event(6,this);" ondblclick="Event(7,this);">按钮</button>
46 </body>
47 </html>
```

【代码解析】代码第8行创建了一个自定义函数，根据参数不同，执行不同的操作。第10～32行为一个多重判断结构，判断调用的参数，并根据参数值的不同，为变量设置不同的内容。第33行将变量的内容显示在指定层中。

执行以上代码，浏览效果如图23.1所示。

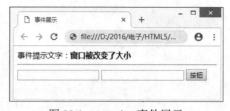

图23.1 onresize事件展示

本例通过"事件提示文字"后的文本内容变化，监视了DOM中各个对象的一举一动，可以此编写有强大互动性的JavaScript程序。

23.2 事件方法的使用

前面操作的 JavaScript 事件都是由用户操作所触发的，其实在 JavaScript 中还可用代码触发部分事件。比如在代码中执行 blur()方法，将使相应对象失去键盘输入焦点，并触发 onblur 事件。这种代码触发事件的编程方式方便了网页中互动程序的制作，也使网页更为人性化（如自动改变键盘输入焦点等）。常用的事件方法如表 23-2 所示。

表 23-2　JavaScript 常用的事件方法

方法名称	作　用
click()	模拟单击事件
blur()	对象将自动失去键盘输入焦点
focus()	对象将自动得到键盘输入焦点
reset()	复位表单数据
submit()	提交表单，并不触发 onsubmit 事件
select()	选中表单控件

编写 method.htm 文件，代码如示例 23-2 所示。

【示例 23-2】 method.htm，事件方法展示

```
01  //method.htm
02  <!DOCTYPE>
03  <html xmlns="http://www.w3.org/1999/xhtml">
04  <head>
05  <meta http-equiv="Content-Type" content="text/html; charset=gb2312" />
06  <title>事件方法展示</title>
07  <script type="text/javascript">
08    function Event(x,y){                                  //自定义函数
09      var txt;                                            //定义变量
10      switch(x){                                          //对参数进行判断
11      case 1:                                             //如果值为1
12        txt=y.id+"得到了键盘输入焦点";                      //为变量赋值
13        y.blur();                                         //获取输入焦点
14        document.getElementById("b").focus();             //获取焦点
15        break;
16      case 2:                                             //如果值为2
17        txt=y.id+"得到了键盘输入焦点";                      //为变量赋值
18        break;
19      case 3:                                             //如果值为3
20        txt=y.id+"失去了键盘输入焦点";                      //为变量赋值
21        break;
22      }
23      document.getElementById("txt").innerText=txt;  //在层中显示变量
24    }
25  </script>
26  <style type="text/css">
27    #txt{font-weight:bold;}
28  </style>
```

```
29    </head>
30    <body>
31    提示文字：<span id="txt"></span>
32    <hr />
33    <input type="text" id="a"  onfocus="Event(1,this);" />
34    <input type="text" id="b"  onfocus="Event(2,this);" onblur="Event(3,this);" />
35    </body>
36    </html>
```

【代码解析】代码第 8 行创建了一个自定义函数，根据参数不同，执行不同的操作。第 10～22 行为一个多重判断结构，判断调用的参数，并根据参数值的不同，为变量设置不同的内容。第 23 行将变量的内容显示在指定层中。

执行以上代码，浏览效果如图 23.2 所示。

图 23.2 得到焦点事件展示

通过文本内容提示或焦点表现可知，本例第 1 个文本输入框永远都无法得到键盘输入焦点。因为每次得到焦点后，函数马上执行 this.blur()方法，即失去焦点，并让第 2 个文本输入框得到焦点。

23.3 event 对象

event 中文即为"事件"的意思，HTML 文档中触发某个事件，event 对象将被传递给该事件的处理程序。event 对象存储了发生事件中键盘、鼠标、屏幕的信息，而这个对象由 window 对象的 event 属性引用。

23.3.1 event 对象的各种属性

event 对象作为参数传递给事件处理程序，所以事件处理程序可直接访问 event 对象。event 代表事件的状态，如触发事件的元素、按下的键等。而且 event 对象只在事件发生的过程中才有效，这是不可忽略的。event 对象的某些属性只对特定的事件有意义。比如，fromElement 和 toElement 属性只对 onmouseover 和 onmouseout 事件有意义。不同浏览器对 event 对象模型定义不同，属性有区别，IE 的 event 对象属性如表 23-3 所示。

表 23-3 IE 的 event 对象属性

属性名称	作用
altKey	布尔值，判断事件发生时是否按下 Alt 键
crtlKey	布尔值，判断事件发生时是否按下 Ctrl 键

续表

属性名称	作　用
shiftKey	布尔值，判断事件发生时是否按下 Shift 键
button	检查按下的鼠标键
cancelBubble	检测是否接受上层元素的事件的控制
clientX、clientY	返回鼠标在窗口区域中的 x 坐标和 y 坐标
fromElement	检测 onmouseover 和 onmouseout 事件发生时，鼠标所离开的元素
toElement	检测 onmouseover 和 onmouseout 事件发生时，鼠标所滑过的元素
keyCode	检测键盘事件对应的 Unicode 字符代码。这个属性用于 onkeydown、onkeyup 和 onkeypress 事件。本属性可读写，可为任何一个 Unicode 键盘内码。如果没有触发键盘事件，则属性值为 0
offsetX	检查相对于触发事件的对象，鼠标位置的水平坐标
offsetY	检查相对于触发事件的对象，鼠标位置的垂直坐标
return Value	设置或检查从事件中返回的值是否成功，该属性为布尔值
srcElement	返回触发事件的对象。只读属性
type	返回事件名称
x、y	返回鼠标相对于 CSS 属性中有 position 属性的父级容器的水平坐标和垂直坐标。如果没有 position 属性的父级容器，则默认以 body 元素作为参考对象

说明：有了丰富的事件属性，编写网页程序更加轻松，特别是对事件有了监视的功能。

23.3.2　网页监视发生事件的元素

由于 srcElement 属性返回的是触发事件的对象，所以这个对象的其他属性也可以在事件处理程序中读取。下面的示例可对事件发生的元素进行监视，这样连 this 参数都可以省略了。编写 event_1.htm 文件，代码如示例 23-3 所示。

【示例 23-3】event_1.htm，监视事件相关元素

```
01  //event_1.htm
02  <!DOCTYPE>
03  <html xmlns="http://www.w3.org/1999/xhtml">
04  <head>
05  <meta http-equiv="Content-Type" content="text/html; charset=gb2312" />
06  <title>监视事件相关元素</title>
07  <script type="text/javascript">
08    function Event(x){                                    //自定义函数
09      var txt;                                            //定义变量
10      switch(x){                                          //对参数进行判断
11      case 1:                                             //如果值为 1
12        txt=event.srcElement.name+"【发生了"+event.type+"事件】";  //为变量赋值
13        break;
14      case 2:                                             //如果值为 2
15        txt=event.srcElement.name+"【发生了"+event.type+"事件】";
16        txt+="<br />上一个对象是："+event.fromElement.name;  //为变量赋值
17        break;
18      }
19      document.getElementById("txt").innerHTML=txt;       //在层中显示变量
20    }
```

```
21    </script>
22    <style type="text/css">
23      #txt{font-weight:bold;}
24    </style>
25   </head>
26   <body>
27   提示文字：<span id="txt"></span>
28   <hr />
29   <input type="text" id="a" name="文本输入框" onfocus="Event(1);" />
30   <button name="按钮元素" onmouseover="Event(2);" onclick="Event(1);">按钮元素</button>
31   </body>
32   </html>
```

【代码解析】代码第 8 行创建了一个自定义函数，根据参数不同，执行不同的操作。第 10～18 行为一个多重判断结构，判断调用的参数，并根据参数值的不同，为变量设置不同的内容。第 19 行将变量的内容显示在指定层中。

执行以上代码，浏览效果如图 23.3 所示。即使没有传递 this 参数值，通过 event 对象的 srcElement 属性也轻松获取了事件对象和事件名称，并且获取了这个对象的所有值。本例还使用了 fromElement 属性，使用 onmouseover 时可找到上一个对象，当鼠标从输入文本框移入按钮时，浏览效果如图 23.4 所示。

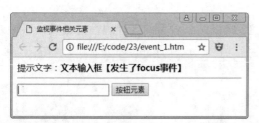

图 23.3　监视文本输入框元素的事件

图 23.4　监视按钮元素的事件

注意：event 对象全程记录了事件发生的种种细节，读者编写这些属性时一定要注意大小写，因为这属于 JavaScript 程序代码。

23.3.3　网页检测用户的鼠标信息

event 对象还可检测用户鼠标的情况，编写 onmousemove 事件的处理程序即可。编写 event_2.htm 文件，代码如示例 23-4 所示。

【示例 23-4】event_2.htm，用户鼠标的检测

```
01   //event_2.htm
02   <!DOCTYPE>
03   <html xmlns="http://www.w3.org/1999/xhtml">
04   <head>
05   <meta http-equiv="Content-Type" content="text/html; charset=gb2312" />
06   <title>用户鼠标的检测</title>
07   <script type="text/javascript">
08     function Event(x){                                    //自定义函数
```

```
09        var txt;                                          //定义变量
10        switch(x){                                        //对参数进行判断
11          case 1:                                         //如果参数为1
12            txt=" 鼠标位置为【 "+event.srcElement.name+" 】 "+"<br> 鼠标的坐标为
【 "+event.clientX+","+event.clientY+" 】 ";              //为变量赋值
13            //改变对象横坐标
14            document.getElementById("pos").style.left=event.clientX+10;
15            //改变对象纵坐标
16            document.getElementById("pos").style.top=event.clientY+10;
17            break;
18          }
19        document.getElementById("txt").innerHTML=txt;    //在层中显示变量内容
20      }
21    </script>
22    <style type="text/css">
23      #all{height:600px;cursor:crosshair;}
24      #txt{font-weight:bold;}
25      #pos{width:140px;
26           height:23px;
27           background:#fafafa;
28           border:1px dotted #333;
29           position:absolute;
30           top:0px;
31           left:0px;}
32    </style>
33  </head>
34  <body onmousemove="Event(1);">
35    <div id="all" name="主体div元素">
36      <div id="pos">跟随鼠标文字内容</div>
37      提示文字：<span id="txt"></span>
38      <hr />
39      <input type="text" id="a" name="文本输入框" />
40      <br />
41      <button name="按钮元素">按钮元素</button>
42    </div>
43  </body>
44  </html>
```

【代码解析】代码第 8 行创建了一个自定义函数，根据参数不同，执行不同的操作。第 10～18 行为一个多重判断结构，当参数值为 1 时，改变对象的位置，并为变量赋值。第 19 行将变量的内容显示在指定层中。

执行以上代码，浏览效果如图 23.5 所示。

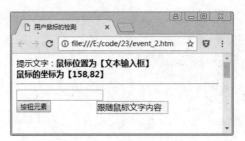

图 23.5　用户鼠标的检测

本例使用了 event.clientX 和 event.clientY 检测鼠标位置，并把鼠标在 body 内的坐标值和所在元素显示在提示文字中。由于 body 使用了 onmousemove 事件，所以只要用户的鼠标在文档范围内移动，就能马上触发事件并执行处理程序。所以，鼠标的坐标值随着鼠标移动不断变化。为了更好地利用这个属性，笔者加了 id 名称为 pos 的 div，CSS 中设置为绝对定位。当 onmousemove 事件触发时，修改 pos 的 style 属性，使 pos 的位置和用户鼠标位置保持一致，水平和垂直方向各相差 10 像素。只要用户移动鼠标，这个 div 容器就会跟随鼠标移动。

说明：为了扩大 body 的有效范围，笔者设置主体 div 的高度为 600 像素。笔者还修改主体 div 容器中的鼠标样式为 crosshair，即为交叉样式。

23.3.4　网页检测用户的键盘按键信息

除了检测鼠标信息，event 对象还可检测键盘按键信息，通过不同属性的读取可以明白浏览用户的意图。其常用的 event 属性为 altKey、ctrlKey、shiftKey 和 keyCode，其中 keyCode 代表按键的 Unicode 代码，每个代码代表键盘上一个唯一的按键。编写 event_3.htm 文件，代码如示例 23-5 所示。

【示例 23-5】event_3.htm，键盘按键检测

```
01   //event_3.htm
02   <!DOCTYPE>
03   <html xmlns="http://www.w3.org/1999/xhtml">
04   <head>
05   <meta http-equiv="Content-Type" content="text/html; charset=gb2312" />
06   <title>键盘按键检测</title>
07   <script type="text/javascript">
08     var txt="";                                          //全局变量
09     var txt2="";                                         //全局变量
10     function Event(x){                                   //自定义函数
11       var obj=document.getElementsByName("intxt");       //获取页面对象
12       switch(x){                                         //对参数进行判断
13         case 1:                                          //如果参数为 1
14           txt="可视按键的 Unicode 代码为："+event.keyCode;  //改变变量内容
15           break;
16         case 2:                                          //如果参数为 2
17           txt="非可视按键（Ctrl、Alt、Shift）的 Unicode 代码为："+event.keyCode;
   //改变参数内容
18           txt2=" 非可视按键信息： <br />Alt : "+event.altKey+"<br />Ctrl :
```

```
"+event.ctrlKey+"<br />Shift: "+event.shiftKey;            //改变参数内容
19        break;
20      case 3:                                             //如果参数为3
21        txt+=String.fromCharCode(event.keyCode);
22        if(event.keyCode==13){                            //如果按下回车键
23          event.srcElement.blur();                        //获取输入焦点
24          obj[2].focus();                                 //获取焦点
25        }
26        break;
27      case 4:                                             //如果参数为4
28        txt="";                                           //变量为空字符串
29        break;
30      case 5:                                             //如果参数为5
31        txt="焦点移到按钮上了。";                          //变量内容
32        break;
33    }
34    document.getElementById("txt").innerHTML=txt;         //在层中显示变量
35    document.getElementById("txt2").innerHTML=txt2;       //在层中显示变量
36  }
37 </script>
38 <style type="text/css">
39   #txt{font-weight:bold;}
40 </style>
41 </head>
42 <body>
43 <div id="all">
44   <input type="text"  name="intxt" onkeypress="Event(1);" onkeydown="Event(2);" />
45   <hr />
46   提示文字: <span id="txt"></span>
47   <br />
48   提示文字: <span id="txt2"></span>
49   <hr />
50   <input type="text"  name="intxt" onkeypress="Event(3);" onfocus="Event(4);" />
51   <br />
52   <input type="button"  name="intxt" onfocus="Event(5);" value="确定" />
53 </div>
54 </body>
55 </html>
```

【代码解析】代码第 10 行创建了一个自定义函数，根据参数不同，执行不同的操作。第 12~33 行为一个多重判断结构，判断调用的参数，并根据参数值的不同，为变量设置不同的内容。第 34~35 行将变量的内容显示在指定层中。

执行以上代码，浏览效果如图 23.6 所示。

图 23.6　键盘输入代码检测

本例提供了访问 HTML 元素的新方法，即 document.getElementsByName()，该方法根据元素的 name 名称访问元素。不过和 getElementById 不同，文档内可以有多个同 name 名称的元素，所以 document.getElementsByName()方法返回值为数组，通过下标访问每个同 name 名称的元素。第 1 个文本输入框按下可视按键时，触发 onkeypress 和 onkeydown 事件，提示文字内容将会通过读取 event.keyCode 属性显示代码值。而按下非可视按键时，第二段提示文字内容将显示 3 个布尔值，分别表示 Alt 键、Ctrl 键和 Shift 键是否被按下。

说明：非可视按键指 Alt 键、Ctrl 键、Shift 键及上、下、左、右光标键等。

第 2 个文本输入框在输入字符时，调用字符串对象的 String.fromCharCode()方法，将按键的 Unicode 代码转换为对应的字符，浏览效果如图 23.7 所示。也就是说，用户输入什么字符，提示文字将显示什么字符。而且当用户在第 2 个输入文本框中按下回车键时，文本框将失去焦点，并且将焦点移入"确定"按钮。因为回车键的代码值是 13，通过代码判断使用了事件方法完成本效果（blur()方法和 focus()方法），浏览效果如图 23.8 所示。

图 23.7　键盘输入字符检测　　　　　　图 23.8　按回车键转移键盘输入焦点

23.3.5　鼠标随意拖动网页元素

根据鼠标跟随文字的经验，结合前面学习的鼠标事件，本节制作鼠标随意拖动网页元素的示例。本例可实现类似于 Windows 桌面对各个窗口的操作，不仅可拖放 div 元素（本例采用绝对定位的 div 容器），还可显示或隐藏其文本内容。编写 event_4.htm 文件，代码如示例 23-6 所示。

【示例 23-6】 event_4.htm，鼠标随意拖动网页元素

```
01  //event_4.htm
02  <!DOCTYPE>
03  <html xmlns="http://www.w3.org/1999/xhtml">
04  <head>
05  <meta http-equiv="Content-Type" content="text/html; charset=gb2312" />
06  <title>鼠标随意拖动网页元素</title>
07  <script type="text/javascript">
08    var drag=false;                                              //全局变量
09    var dis=false;                                               //全局变量
10    function Event(x){                                           //自定义函数
11      var lf=document.getElementById("pos").style.posLeft;       //获取横坐标
12      var tp=document.getElementById("pos").style.posTop;        //获取纵坐标
13      switch(x){                                                 //对参数进行判断
14        case 1:                                                  //如果参数为1
15          drag=true;                                             //变量为true
16        break;
17        case 2:                                                  //如果参数为2
18          drag=false;                                            //变量为false
19        break;
20        case 3:                                                  //如果参数为3
21          if(drag){                                              //如果变量为true
22            lf=event.clientX-50;                                 //获取横坐标
23            tp=event.clientY-10;                                 //获取纵坐标
24          }
25        break;
26        case 4:                                                  //如果参数为4
27          dis=!dis;                                              //如果位置改变
28          if(dis){
29            document.getElementById("intxt").style.display="block";//改变显示状态
30            drag=false;
31          }else{
32            document.getElementById("intxt").style.display="none"; //改变显示状态
33            drag=false;                                          //变量为false
34          }
35        break;
36        case 5:                                                  //如果参数为5
37          //改变背景颜色
38          document.getElementById("pos").style.backgroundColor="#fafafa";
39        break;
40        case 6:                                                  //如果参数为6
41          document.getElementById("pos").style.backgroundColor="#eee";//改变背景颜色
42        break;
43      }
44      document.getElementById("pos").style.left=lf;              //改变位置
45      document.getElementById("pos").style.top=tp;               //改变位置
46    }
47  </script>
```

```
48  <style type="text/css">
49    *{margin:0px;
50      padding:0px;}
51    #all{height:600px;}
52    #pos{width:140px;
53         height:23px;
54          background:#eee;
55          border:1px solid #333;
56          position:absolute;
57          top:0px;
58          left:0px;}
59    #intxt{display:none;
60           height:100px;
61            margin-top:23px;
62            border:1px dotted #333;
63            font-size:12px;
64            }
65  </style>
66  </head>
67  <body>
68  <div id="all" onmousemove="Event(3);" onmouseup="Event(2);">
69  <div id="pos" onmousedown="Event(1);" ondblclick="Event(4);" onmouseover="Event(5);" onmouseout="Event(6);"  >
70    <div id="intxt">
71      <h4>标题</h4>
72      <p>文本内容 PHP is a server-side scripting language, which can be embedded in
73  HTML or used as a standalone binary.</p>
74      </div>
75  </div>
76
77  </div>
78  </body>
79  </html>
```

【代码解析】代码第 10 行创建了一个自定义函数，根据参数不同，执行不同的操作。第 13～43 行为一个多重判断结构，判断调用的参数，并根据参数值的不同，为变量设置不同的内容，同时根据是否拖动获取坐标。第 44 行与第 45 行通过改变对象的坐标，实现跟随鼠标拖动的效果。

执行以上代码，浏览效果如图 23.9 所示。

本例默认情况下为 1 个灰色背景的 div 容器位于文档左上角，这个 div 容器在 CSS 中已设置绝对定位。灰色背景的 div 容器内含 1 个 id 名称为 intxt 的 div 容器，内部 div 容器在 CSS 中设置 display 属性为 none，即隐藏。当外部 div 容器触发 onmousedown 事件时，将会打开 1 个开关（布尔值 drag 变量），这时只要鼠标移动，内部 div 容器就会跟随鼠标移动。当外部 div 容器触发 onmouseout 事件时，内部 div 容器将停止跟随，即达到了用户随意拖曳 div 容器的目的，浏览效果如图 23.10 所示。

图 23.9　鼠标拖动网页元素前　　　　　图 23.10　鼠标拖动网页元素后

本例还在外部 div 容器的属性中编写了 onmouseover 事件处理程序和 onmouseout 事件处理程序，以控制外部 div 容器的背景色。当用户双击外部 div 容器时，即外部 div 容器触发 ondbclick 事件时，内部 div 容器的内容将会显示，即设置内部 div 容器的 display 属性为 block，浏览效果如图 23.11 所示。如果用户再次双击，内部 div 容器将再次隐藏，这是通过对第 2 个开关变量 intxt 进行判断实现的。由于本例稍显复杂，笔者制作了示意图，以表示程序的运行原理，如图 23.12 所示。

 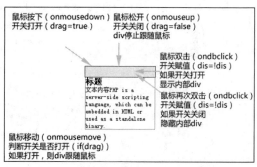

图 23.11　鼠标拖动网页元素执行结果　　　图 23.12　鼠标拖动网页元素程序工作流程

23.4　事件编程访问网页元素

在 JavaScript 的事件编程中，最重要的莫过于准确地访问（获取）到操作的元素。前面的示例使用了多种访问方法，本节进行总结，读者根据不同应用进行选择，以提高程序编写的效率。

23.4.1　数组方式访问

在 DOM 中广泛使用了数组方式访问各个元素，甚至 window 对象访问 frame 内嵌页面的 window 也一样，其编写方法如下：

```
window.frames[x]                     //访问框架页面中不同帧的 window 对象
document.links[x]                    //访问页面中超级链接对象
document.anchors[x]                  //访问页面中锚对象
document.images[x]                   //访问页面中 image 对象
document.forms[x]                    //访问页面中 form 对象
document.forms[x].elements[x]        //访问页面中 form 对象内的表单控件对象
```

以上代码中的 x 为数组参数值，从代码结构上看，元素出现的顺序决定了下标值。比如页面中有 5 个 image 对象，页面代码中出现的第 1 个 img 元素对应的 image 对象为 document.images[0]。除此之外，还可用 document.all 访问元素，编写方式如下：

```
document.all[x]
```

当 x 为数字时，x 代表下标值，数组为页面中所有 HTML 元素的集合，按代码中出现的顺序确定下标位置。遗憾的是，Firefox 浏览器不支持这种方法访问 HTML 元素。下面的示例显示了这种方法在 IE 浏览器中的运用。编写 event_5.htm 文件，代码如示例 23-7 所示。

【示例 23-7】event_5.htm，使用 document.all 访问 HTML 元素

```
01  //event_5.htm
02  <html>
03  <head>
04  <meta http-equiv="Content-Type" content="text/html; charset=gb2312" />
05  <title>使用 document.all 访问 HTML 元素</title>
06  <script type="text/javascript">
07    function ie(){                                              //自定义函数
08      var txt=parseInt(document.getElementById("txt").value);//通过 id 获取对象
09      alert(document.all[txt].innerText);                       //弹出提示框,对象的文本
10    }
11    function ff(){                                              //自定义函数
12      var doc=document.getElementsByTagName("*");               //通过 name 获取对象
13      alert(doc[1].innerText);                                  //弹出对象的文本信息
14    }
15  </script>
16  </head>
17  <body>
18  <div>
19    <a href="#">超级链接</a>
20    <div>div 容器</div>
21    <div>div 容器 2</div>
22    <span>span 元素</span>
23    <input type="text" id="txt" value="" />
24    <button onclick="ie();">IE 浏览器获取</button>
25    <hr />
26    <input type="text" id="txt2" value="" />
27    <button onclick="ff();">Firefox 浏览器获取</button>
28  </div>
29  </body>
30  </html>
```

【代码解析】代码于第 7 行与第 11 行分别创建了两个函数，它们分别使用 id 与 name 来获取对象，并弹出对象的文本。

执行以上代码，浏览效果如图 23.13 所示。

本例不但使用了 document.all[]方式访问每个 HTML 元素，还提供了可兼容 Firefox 浏览器的类似方法。因为 document.all[]数组代表所有 HTML 标签元素的集合，在本例的 ff()函数中，使用了另一个用于访问元素的方法——document.getElementsByTagName()，这种方法返回访问括号内指定标签名称的元素的数组。比如，document.getElementsByTagName("a")将返回页面

中所有的超级链接标签元素。而在 ff()函数中使用 document.getElementsByTagName("*")，则会返回页面中所有 HTML 元素数组，并赋值给 doc 变量。doc[]数组可在 Firefox 浏览器中正常使用，完成了替代 document.all[]的作用。

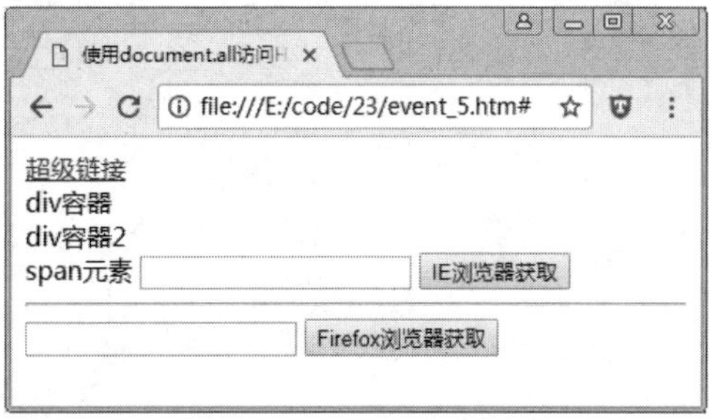

图 23.13　使用 document.all 访问 HTML 元素

　　document.all[]括号中也可为字符串。在 IE 浏览器中，document.all["abc"]可直接访问 name 属性或 id 属性名称为 abc 的元素。不过，document.all[]不受 Web 标准支持，浏览器兼容性差，读者可选择使用。

　　注意：document.all[]通过数组方式访问 HTML 标签时，包含<html>、<title>等标签，读者一定要确认顺序的正确性。document.all[]括号内为 name 名称时，不可用于访问 div 元素。

23.4.2　id 名称和 name 名称访问

　　这种方法应用最为广泛，在前面示例中已多次使用，初学者容易混淆的是"getElement"的拼写。当通过元素的 id 名称访问时，应使用"getElement"，因为页面中的 id 名称是唯一的。而当通过元素的 name 名称访问时，应使用"getElements"，因为页面中经常出现同 name 名称的元素，如表单控件。两种方法的拼写方法如下：

```
var obj1 = document.getElementById("id名称");
var obj2 = document.getElementsByName("name名称");
```

　　以上代码中，obj1 是单个对象，可直接访问 id 名称的元素；而 obj2 是数组，含有多个同 name 名称的元素，通过下标访问每个元素。编写 event_6.htm 文件，代码如示例 23-8 所示。

　　【示例 23-8】event_6.htm，使用 id 和 name 访问 HTML 元素

```
01  //event_6.htm
02  <!DOCTYPE>
03  <html xmlns="http://www.w3.org/1999/xhtml">
04  <head>
05  <meta http-equiv="Content-Type" content="text/html; charset=gb2312" />
06  <title>使用 id 和 name 访问 HTML 元素</title>
07  <script type="text/javascript">
08    function to(x){                                     //自定义函数
09      var txt=document.getElementById("txt").value;    //通过 id 获取对象
10      var b=document.getElementsByName("b");           //通过 name 获取对象
11      switch(x){                                        //对参数进行判断
12        case 1:                                         //如果参数为 1
13          document.getElementById("a").innerHTML+=txt; //在层上显示对象的文本值
```

```
14              break;
15          case 2:                                    //如果参数为 2
16              b[0].innerHTML+=txt;                   //在获取的对象层上显示文本
17              break;
18          case 3:                                    //如果参数为 3
19              document.getElementById("main").innerHTML=txt;  //在指定层上显示文本
20              break;
21          }
22      }
23  </script>
24  </head>
25  <body>
26    <div id="main">
27      <div id="a">id=a 的元素: </div>
28      <a name="b">name=b 的元素: </a>
29      <br />
30      <a name="b">name=b 的元素: </a>
31      <br />
32      <a name="b">name=b 的元素: </a>
33      <br />
34      <input type="text" id="txt" value="" size="30" />
35      <br />
36      <button onclick="to(1);">写入 id=a 的元素</button>
37      <button onclick="to(2);">写入 name=b 的第 2 个元素</button>
38      <button onclick="to(3);">写入 id=main 的元素</button>
39    </div>
40  </body>
41  </html>
```

【代码解析】代码第 8 行创建了一个自定义函数，根据参数不同，执行不同的操作。第 11～21 行为一个多重判断结构，判断调用的参数，并根据参数值的不同，在不同对象上显示文本。

执行以上代码，浏览效果如图 23.14 所示。

图 23.14　使用 id 和 name 访问 HTML 元素

本例比较简单，读者可多做练习，必须彻底理解 id 和 name 在获取元素时的区别。在 IE 浏览器中，document.getElementsByName("name 名称")不能获取 div 元素，读者遇到此问题可用其他元素代替。

23.4.3　HTML 标签名称访问

在前面已经介绍过这种方法了，即根据指定的标签名称访问 HTML 元素，编写方法如下：

```
var arr=document.getElementsByTagName("标签名称");
```

以上代码返回数组，并赋值到 arr 变量。还有一种相同功能的方法，即 document.all.tags() 方法，编写方法如下：

```
var arr=document.all.tags("标签名称");
```

不过仍然用到了 document.all，所以不推荐使用。编写 event_7.htm 文件，代码如示例 23-9 所示。

【示例 23-9】event_7.htm，使用 HTML 标签名称访问 HTML 元素

```
01  //event_7.htm
02  <!DOCTYPE>
03  <html xmlns="http://www.w3.org/1999/xhtml">
04  <head>
05  <meta http-equiv="Content-Type" content="text/html; charset=gb2312" />
06  <title>使用 HTML 标签名称访问 HTML 元素</title>
07  <script type="text/javascript">
08    function to(x){                                    //自定义函数
09      var txt=document.getElementById("txt").value;   //通过 id 获取对象的 value 值
10      var b=document.getElementsByTagName("div");     //通过标签名称获取
11      var c=document.getElementsByTagName("a");       //通过标签名称获取
12      switch(x){                                       //对参数进行判断
13        case 1:                                        //如果参数为 1
14          b[1].innerHTML+=txt;                         //指定 div 显示
15          break;
16        case 2:                                        //如果参数为 2
17          c[2].innerHTML+=txt;                         //指定 a 显示
18          break;
19      }
20    }
21  </script>
22  </head>
23  <body>
24    <div>第 1 个 div 元素：</div>
25    <a href="#">第 1 个 a 元素：</a>
26    <div>第 2 个 div 元素：</div>
27    <a href="#">第 2 个 div 元素：</a>
28    <div>第 3 个 div 元素：</div>
29    <a href="#">第 3 个 div 元素：</a>
30    <div>id=a 的元素：</div>
31    <input type="text" id="txt" value="" size="30" />
32    <br />
33    <button onclick="to(1);">写入第 2 个 div 元素</button>
34    <button onclick="to(2);">写入第 3 个 a 元素</button>
35  </body>
36  </html>
```

【代码解析】代码第 8 行创建了一个自定义函数,根据参数不同,执行不同的操作。第 9~11 行分别通过 id 与标签名称获取对象值与一组对象。第 12~19 行为一个多重判断结构,判断调用的参数,并根据参数值的不同,将获取到的对象值显示在相应的对象上。

执行以上代码,浏览效果如图 23.15 所示。

图 23.15　使用 HTML 标签名称访问 HTML 元素

这几个示例中赋值的属性都是 innerHTML,字符串中的 HTML 标签将被解析。

23.4.4　DOM 节点方法访问

DOM 访问 HTML 元素虽然不常见,但是在很多应用中访问更加方便。前面学习过,DOM 是分层对象的管理模型,DOM 也可通过树形结构访问文档中的每个元素。例如,从 HTML 标签角度看,html 标签包含了页面中的所有元素,body 标签又包含了所有文档显示中的元素等。编写 event_8.htm 文件,代码如示例 23-10 所示。

【示例 23-10】event_8.htm,使用节点方法访问 HTML 元素 1

```
01  //event_8.htm
02  <html>
03  <head>
04    <title>文档标题</title>
05  </head>
06  <body>
07    <h4>文章标题</h4>
08    <p>段落文本</p>
09    <ul>
10      <li>列表项</li>
11      <li>列表项</li>
12    </ul>
13    <div>div 容器<span>重点文本</span></div>
14    <table>
15      <tr>
16        <td>表格文本</td>
17        <td>表格文本</td>
18      </tr>
19      <tr>
```

```
20          <td>表格文本</td>
21          <td>表格文本</td>
22      </tr>
23  </table>
24  </body>
25  </html>
```

【代码解析】这是很简单的 HTML 结构，从 DOM 中分析，这些元素及内含的内容都是树形结构中的节点。这些节点的顶层节点是 html 元素，从树形结构分析，html 元素也是整个结构的根节点（树根部分），而第 2 层节点则是 head 元素和 body 元素，依次类推，可得出如图 23.16 所示的树形结构图。

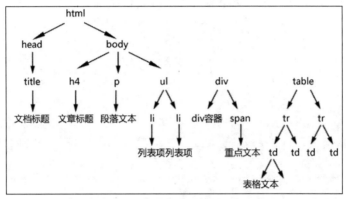

图 23.16　DOM 树形结构图

可见，所有的 HTML 元素都是结构中的节点，其属性和内含的文本同样是节点。节点即 Node，是一种对象，同样有自己的属性和方法，其常用属性如表 23-4 所示。

表 23-4　Node 对象常用属性

属性名称	作　　用
firstChild	返回节点内含节点中的第 1 个节点
lastChild	返回节点内含节点中的最后 1 个节点
previousSibling	返回节点前 1 个兄弟节点
nextSibling	返回节点后 1 个兄弟节点
ownerDocument	返回包含节点的根节点
parentNode	返回包含节点的父节点
nodeName	返回节点名称
nodeType	返回节点类型，1 代表元素节点，2 代表属性节点，3 代表文本节点
nodeValue	返回正文格式的节点值

Node 对象的方法可用于 HTML 文档中元素或内容的操作，如添加、删减、复制等，其方法如表 23-5 所示。

表 23-5　Node 对象常用方法

方法名称	作　　用
appendChild(x)	在子节点尾部添加 1 个新的节点 x
cloneNode(x)	复制节点，x 指定是否复制所有子节点

续表

方法名称	作用
hasChildNodes()	返回布尔值,判断节点是否含有子节点
insertBefore(x,y)	在 y 节点前面插入新的节点 x
removeChild(x)	删除节点 x
replaceChild(x,y)	用新节点 x 代替节点 y

在图 23.16 中,html 元素是根节点,body 元素是 p 元素的父节点,p 元素是 body 元素的子节点。属性表格中的兄弟节点的意思是属于同一个父节点,并处于同一层次的子节点,即 h4 元素和 p 元素、ul 元素称为兄弟节点。修改 event_8.htm 文件,代码如示例 23-11 所示。

【示例 23-11】 event_8.htm,使用节点方法访问 HTML 元素 2

```
01  //event_8.htm
02  <html>
03  <head>
04    <title>文档标题</title>
05  </head>
06  <body>
07    <h4>文章标题</h4>
08    <p>段落文本</p>
09    <ul>
10      <li>列表项</li>
11      <li>列表项</li>
12    </ul>
13    <div>div 容器<span>重点文本</span></div>
14    <table>
15      <tr>
16        <td>表格文本</td>
17        <td>表格文本</td>
18      </tr>
19      <tr>
20        <td>表格文本</td>
21        <td>表格文本</td>
22      </tr>
23    </table>
24    <script type="text/javascript">
25      var Main=document.childNodes[0];              //获取第一个子节点
26      var Head=Main.childNodes[0];                  //获取子节点的下级子节点
27      var Body=Main.childNodes[1];                  //获取子节点的第二个子节点
28      document.write("<hr />根节点是: "+Main.nodeName+"<br />"); //输出节点名称
29      document.write("根节点的第 1 个子节点是: "+Head.nodeName+"<br />");//输出子节点名称
30      document.write("根节点的第 2 个子节点是: "+Body.nodeName+"<br />");//输出子节点名称
31      document.write("<hr />根节点的第 2 个子节点的子节点有: <br />"); //遍历所有子节点
32      for(var i=1; i<6;i++){
33        document.write(Body.childNodes[i].nodeName+"<br />");
34      }
35    </script>
```

```
36    </body>
37  </html>
```

【代码解析】代码第 25 行获取 DOM 对象的第一个子节点；第 26 行获取子节点的下级子节点；第 27 行获取子节点的第二个子节点；第 28～30 行输出子节点及下级子节点的名称；第 31～34 行通过循环遍历所有子节点并输出其名称。

执行以上代码，浏览效果如图 23.17 所示。

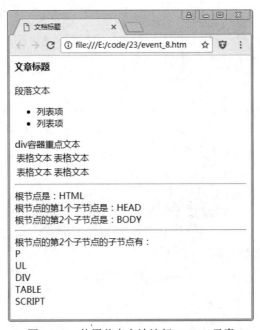

图 23.17　使用节点方法访问 HTML 元素

本例中的 childNodes[]为数组，可通过下标访问子节点。当然，访问 HTML 元素还有其他方法，只是笔者介绍的这几种比较常用，读者可选择合适的使用。

23.5　结合 CSS 制作动态页面

动态页面也称为 DHTML，即 HTML 页面载入浏览器后，在没有服务器程序的参与下，能交互变化页面中的各种元素及样式。简单地说，DHTML 为前端技术的集合，主要包含 HTML(XHTML)、CSS、DOM 和 JavaScript（也可为 VBScript）客户端程序。DHTML 的运用可使页面有丰富的互动效果，甚至是漂亮的动画效果，从而提升浏览者的浏览体验。

23.5.1　让 HTML 元素动起来

HTML 文档中元素的样式、排版主要由 CSS 完成，所以 JavaScript 访问 DOM 中的对象后，对其 CSS 的操作成为 DHTML 的关键。其实在前面多个示例中已经使用了 CSS 操作行为，即 style 对象的操作。style 是 HTML 元素的属性之一，在学习 CSS 部分时提到的行间样式表就是用 style 属性指定的。style 对象包含了元素的绝大多数 CSS 属性，所以通过 style 对象的操作，可以直接操作相应元素的 CSS 属性。不过读者要注意 style 对象中属性的编写方式，相比 CSS 样式表中的编写略有不同。比如遇到 CSS 属性名有短横线（-）连接 2 个单词时，style 对象中属性名将 2 个单词连写，第 2 个单词首字母大写，编写方法如下：

```
//CSS 样式表：
  background-color
  text-indent
  line-height
  font-size
//JavaScript 中 style 对象：
  style.backgroundColor
  style.textIndent
  style.lineHeight
  style.fontSize
```

通过对 style 对象的操作可以动态改变 CSS 样式，也可以制作简单的动画效果。style 对象还有一个 cssText 属性，可以接收完整的 CSS 代码值，编写方法如下：

```
style.cssText = "font-size:23px;"
style.cssText = "font-weight:bold; "
style.cssText = "font-weight:bold;color:#333;border:1px solid #000; "
```

下面的示例展示了 DHTML 如何让 HTML 动起来，并综合运用了以上两种 style 属性。编写 dhtml.htm 文件，代码如示例 23-12 所示。

【示例 23-12】dhtml.htm，style 对象的操作展示

```
01  //dhtml.htm
02  <!DOCTYPE>
03  <html xmlns="http://www.w3.org/1999/xhtml">
04  <head>
05  <meta http-equiv="Content-Type" content="text/html; charset=gb2312" />
06  <title>style 对象的操作展示</title>
07  <script type="text/javascript">
08    function CSS(x){                                              //自定义函数
09      switch(x){                                                  //对参数进行判断
10        case 1:                                                   //如果参数为 1
11          var n=document.getElementById("size").selectedIndex;    //获取选择项
12          var cssv=document.getElementById("size").options[n].value;//获取选择项的值
13          //为指定对象设置字体大小
14          document.getElementById("box1").style.fontSize=cssv;
15          break;
16        case 2:                                                   //如果参数为 2
17          var cssTxt=document.getElementById("txt").value;        //获取对象
18          var n=document.getElementById("cssarr").selectedIndex;  //获取选择项
19          //获取选择项的值
20          var cssArr=document.getElementById("cssarr").options[n].value;
21          //对样式进行设置
22          document.getElementById("box2").style.cssText=cssArr+cssTxt;
23          break;
24        }
```

```
25          }
26  </script>
27  </head>
28  <body>
29      修改文本尺寸属性:
30      <select id="size">
31        <option value="12px">12px</option>
32        <option value="14px">14px</option>
33        <option value="16px">16px</option>
34        <option value="18px">18px</option>
35      </select>
36      <br />
37      <button onclick="CSS(1);">确定</button>
38      <br /><br />
39      <div id="box1">盒子模型</div>
40      <hr />
41      修改属性类型:
42      <select id="cssarr">
43        <option value="font-size:">文字尺寸</option>
44        <option value="color:">文字颜色</option>
45        <option value="font-weight:">粗体</option>
46        <option value="border:">边框样式</option>
47        <option value="background-color:">背景色</option>
48        <option value="width:">宽度</option>
49        <option value="height:">高度</option>
50        <option value="margin-top:">顶边距</option>
51        <option value="margin-left:">左边距</option>
52      </select>
53      <br />
54      修改属性取值:
55      <input type="text" id="txt" value="" size="23" />
56      <br />
57      <button onclick="CSS(2);">确定</button>
58      <div id="box2">盒子模型</div>
59  </body>
60  </html>
```

【代码解析】代码第 8 行创建了一个自定义函数,根据参数不同,执行不同的操作。第 9~24 行为一个多重判断结构,判断调用的参数,并根据参数值的不同,执行为层设置字体大小或者设置样式的操作。

执行以上代码,浏览效果如图 23.18 所示。

图 23.18 style 对象的操作展示

23.5.2 通过切换 CSS 给网页换肤

CSS 样式表决定了整个页面的外观，更换不同的样式表可给整个网站换皮肤。利用 JavaScript 的动态行为，可以让浏览者给页面即时更换不同的 CSS 样式表。在 CSS 部分学习过，网站中 CSS 样式表比较常用的方法是将 CSS 代码写入样式表文件，然后通过 link 标签链接到页面中。link 标签的 href 属性值为外部 CSS 样式表文件的路径，只要更改这个值，即可达到换肤的效果。编写 dhtml2.htm 文件，代码如示例 23-13 所示。

【示例 23-13】dhtml2.htm，网页换肤

```
01  //dhtml2.htm
02  <!DOCTYPE>
03  <html xmlns="http://www.w3.org/1999/xhtml">
04  <head>
05  <meta http-equiv="Content-Type" content="text/html; charset=gb2312" />
06  <link id="cssLink" href="style1.css" rel="stylesheet" />
07  <title>网页换肤</title>
08  <script type="text/javascript">
09    var turn=false;                                              //全局变量
10    function chg(){                                              //自定义函数
11      turn=!turn;                                                //变量取非操作
12      if(turn){                                                  //如果变量为真
13        document.getElementById("cssLink").href="style2.css";    //采用样式 2
14      }else{                                                     //如果变量为假
15        document.getElementById("cssLink").href="style1.css";    //采用样式 1
16      }
17    }
18  </script>
19  <style type="text/css">
20    *{margin:0px;
21      padding:0px;}
22    #main{width:350px;
23        height:300px;
24        background:#eee;
25        border:1px dashed #666;
```

```
26            margin:0px auto;}
27    </style>
28  </head>
29  <body>
30    <div id="main">
31      <div id="top">
32          顶部
33          <button onclick="chg();">换肤</button>
34      </div>
35      <div id="left">左边列表</div>
36      <div id="mid">中间内容</div>
37      <div id="right">右边内容</div>
38      <div id="bt">底部</div>
39    </div>
40  </body>
41  </html>
```

【代码解析】代码第 10 行创建了一个自定义函数，根据全局变量值的不同，为页面使用不同的 CSS 样式表文件。

本例需编写 2 个 CSS 样式表文件，分别为 style1.css 和 style2.css。style1.css 为默认链接样式表，编写代码如下：

```
#top{height:60px;
     border-bottom:1px dashed #666;}
#left,#mid{width:100px;
     height:123px;
     float:left;
     border-right:1px dashed #666;
     border-bottom:1px dashed #666;}
#right{width:140px;
     height:123px;
      border-bottom:1px dashed #666;}
```

用于更换的第 2 个样式表文件为 style2.css，编写代码如下：

```
body{background:#333;
    color:#69c;
    font-weight:bold;}
#top{height:60px;
     border-bottom:1px dashed #666;}
#left,#mid{width:100%;
     height:50px;
     border-bottom:1px dashed #666;}
#right{width:100%;
     height:50px;
      border-bottom:1px dashed #666;}
```

执行以上代码，浏览效果如图 23.19 所示。这是 style1.css 的默认效果，如果用户单击"换肤"按钮，则浏览效果如图 23.20 所示。

图 23.19 网页换肤前

图 23.20 网页换肤后

本例通过触发"换肤"按钮的单击事件，调用 chg()函数，给全局变量 turn 赋予逻辑非操作，然后判断 turn 的布尔值。如果 turn 为 true，则赋予 link 元素（id 名称为 cssLink）的 href 属性值为 style2.css，否则赋值为 style1.css。全局变量 turn 在程序中起到开关的作用，用户单击按钮，turn 变量值将在 true 和 false 之间转换。

23.5.3 动态添加节点

前面学习过使用 DOM 节点方式访问元素及内含文本，本节实践动态添加节点的方法。这里主要学习创建新节点的方法，编写方法如下：

```
var new = document.createElement("节点名称");
```

例如，节点名称为 div 时，则节点为<div></div>，new 就是 1 个新节点的对象引用。有了 1 个节点对象，在 JavaScript 中还可以将其初始化，如 new.className=red，代表设置这个新的 div 的 class 名称为 red。在 JavaScript 中可动态地设置这些属性，HTML 元素常用属性如表 23-6 所示。

表 23-6　HTML 元素常用属性

属性名称	值
className	元素的 class 属性
Id	元素的 id 属性
title	简短提示
style	存储 CSS 样式

在 JavaScript 中一定要注意大小写，不同的元素有不同的属性。下面的示例将通过按钮动态添加不同类型的节点，节点类型由用户自己决定。编写 dhtml3.htm 文件，代码如示例 23-14 所示。

【示例 23-14】dhtml3.htm，动态添加节点

```
01  //dhtml3.htm
02  <!DOCTYPE>
03  <html xmlns="http://www.w3.org/1999/xhtml">
04  <head>
```

```
05  <meta http-equiv="Content-Type" content="text/html; charset=gb2312" />
06  <title>动态添加节点</title>
07  <script type="text/javascript">
08    function chg(){                                         //自定义函数
09      var txt1=document.getElementById("txt1").value;        //获取 txt1 的值
10      var txt2=document.getElementById("txt2").value;        //获取 txt2 的值
11      var txt3=document.getElementById("txt3").value;        //获取 txt3 的值
12      var txt4=document.getElementById("txt4").value;        //获取 txt4 的值
13      var h=document.childNodes[1]                           //获取第二个子节点
14      var b=h.childNodes[1];                                 //获取下级子节点
15      var newNode = document.createElement(txt1);            //创建新的子节点
16      newNode.className="new";                               //为新的子节点设置类
17      newNode.innerText=txt2;                                //为新的子节点设置文本
18      newNode.type=txt3;                                     //为新的子节点设置类型
19      newNode.value=txt4;                                    //为新的子节点设置值
20      b.appendChild(newNode);                                //将新的子节点添加到其父节点
21    }
22  </script>
23  <style type="text/css">
24  .new{color:red;
25      font-size:23px;}
26  </style>
27  </head>
28  <body>
29    <div id="top">
30      节点类型：<input type="text" id="txt1" value="" />
31      <br />
32      节点文本：<input type="text" id="txt2" value="" />（元素类型节点）
33      <br />
34      type 属性：<input type="text" id="txt3" value="" />（表单控件类型节点）
35      <br />
36      value 属性：<input type="text" id="txt4" value="" />（表单控件类型节点）
37      <br />
38      <button onclick="chg();">增加新节点</button>
39    </div>
40  </body>
41  </html>
```

【代码解析】代码第 8 行创建了一个自定义函数，第 9～12 行获取页面指定的值，第 15 行创建了一个新的子节点，第 16～19 行根据获取到的值对子节点进行设置，第 20 行将子节点添加到其父节点。

执行以上代码，浏览效果如图 23.21 所示。输入几组节点类型及初始化值，单击"增加新节点"按钮，浏览效果如图 23.22 所示。

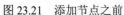

图 23.21　添加节点之前　　　　　　　图 23.22　动态添加节点后

本例中，h 获取的是 html 元素，b 获取的是 body 元素。在初始化时，赋予了 newNode 的 className 属性为 new，CSS 代码中定义 new 选择符的 color 属性为 red，所以新节点内含文本为红色。

既然 Web 标准中没有抛弃表格，那么足以证明表格并非没有作用，在数据表的显示中有着不可替代的作用。DOM 的 table 对象对应 table 元素，也有相应的方法和属性，下面通过示例学习表格用于添加的 2 个方法，即 insertRow()和 insertCell()，分别用于添加行和单元格。而初始化新行和新单元格则使用 HTML 元素中 tr 和 td 的属性，如背景色为 bgColor、文本为 innerText 或 innerHTML 等，一定要注意大小写，即第 2 个单词的首字母大写。

编写 dhtml4.htm 文件，代码如示例 23-15 所示。

【示例 23-15】dhtml4.htm，动态添加表格行

```
01  //dhtml4.htm
02  <!DOCTYPE>
03  <html xmlns="http://www.w3.org/1999/xhtml">
04  <head>
05  <meta http-equiv="Content-Type" content="text/html; charset=gb2312" />
06  <title>动态添加表格行</title>
07  <script type="text/javascript">
08    function add(){                                          //自定义函数
09      var txt1=document.getElementById("txt1").value;        //获取 txt1
10      var txt2=document.getElementById("txt2").value;        //获取 txt2
11      var txt3=document.getElementById("txt3").value;        //获取 txt3
12      var txt4=document.getElementById("txt4").value;        //获取 txt4
13      var t_tr=document.getElementById("tb").insertRow();    //插入行
14          t_tr.bgColor="#eeeeee";                            //设置背景色
15      var t_td0=t_tr.insertCell();                           //插入单元格
16          t_td0.innerHTML=txt1;                              //设置单元格 1 文本
17      var t_td1=t_tr.insertCell();                           //插入单元格
18          t_td1.innerHTML=txt2;                              //设置单元格 2 文本
19      var t_td2=t_tr.insertCell();                           //插入单元格
20          t_td2.innerHTML=txt3;                              //设置单元格 3 文本
21      var t_td3=t_tr.insertCell();                           //插入单元格
22          t_td3.colSpan="2";                                 //单元格占两列
23          t_td3.innerHTML=txt4;                              //设置单元格 4 文本
24    }
25  </script>
26  </head>
```

```
27  <body>
28      <input type="text" id="txt1" value="" size="8" />
29      <input type="text" id="txt2" value="" size="8" />
30      <input type="text" id="txt3" value="" size="8" />
31      <input type="text" id="txt4" value="" size="8" />
32      <br />
33      <button onclick="add();">添加表格行</button>
34      <hr />
35      <table width="350" border="1" bordercolor="#cccccc" id="tb">
36          <tr>
37              <th>姓名</th>
38              <th>年龄</th>
39              <th>性别</th>
40              <th>爱好</th>
41              <th>特长</th>
42          </tr>
43  </body>
44  </html>
```

【代码解析】代码第 8 行创建了一个自定义函数，执行添加一行的操作；第 9～12 行获取 4 个文本框的值；第 13 行向表格中插入一个新行；第 14 行为行设置背景色；第 15～23 行分别向新行中插入 4 个单元格，并为单元格设置文本。

执行以上代码，浏览效果如图 23.23 所示。在第 1 行的 4 个文本框中可输入新行的文本，由于本例使用了 innerHTML 属性，所以文本中标签可被解析。新行的第 4 个单元格对象设置了 colSpan 属性为 2，所以是 2 个单元格合并的效果。输入相应的数据，单击"添加表格行"按钮，浏览效果如图 23.24 所示。

图 23.23 添加表格行之前

图 23.24 动态添加表格行后

insertRow()方法和 insertCell()方法可带整数参数，如 insertRow(0)代表添加的行在第 1 行前面，insertRow(5)代表添加的行在第 6 行前面。

23.6 拓展训练

23.6.1 训练一：使用键盘方向键移动页面的层

【拓展要点：event 事件的使用】

event 事件对象可以检测键盘按键信息，通过不同属性的读取可以明白浏览用户的意图。

使用 event 的 keyCode 属性获取四个方向按键，以不同参数调用自定义函数，即可实现层的四个方向的移动。

【代码实现】

```
<body onkeydown="show()">
<script>
function move(x,y)                                  //自定义移动函数
{
    target=document.getElementById("my_text");      //获取对象
    old_left=parseInt(target.style.left);           //获取对象位置
    old_top=parseInt(target.style.top);
    target.style.left=(old_left+x)+"px";            //重新设置位置
    target.style.top=(old_top+y)+"px";
}
function show()                                     //键盘按下执行函数
{
    if(event.keyCode=="37")                         //如果为左方向
    {
        move(-10,0);                                //调用自定义函数
    }
    else if(event.keyCode=="38")                    //如果为上方向
    {
        move(0,-10);
    }
    else if(event.keyCode=="39")                    //如果为右方向
    {
        move(10,0);
    }
    else if(event.keyCode=="40")                    //如果为下方向
    {
        move(0,10);
    }
}
</script>
<div id="my_text" style=" width:200px;border:1px solid;position:absolute;left:100px;top:50px;">可移动的层</div>
</body>
```

23.6.2　训练二：单击按钮为表格添加一行

【拓展要点：DOM 对象的 appendchild()方法的使用】

appendchild()方法是在当前节点的最后添加一个子节点，这需要两个对象：当前节点和要添加的子节点。

【代码实现】

```
<body onkeydown="show()">
<script>
function add()                                      //自定义移动函数
```

```
{
    target=document.getElementById("my_t");              //获取对象
    tr=document.createElement("tr");
    td=document.createElement("td");
    text=document.createTextNode("new");
    td.appendChild(text);
    tr.appendChild(td);
    td=document.createElement("td");
    text=document.createTextNode("new");
    td.appendChild(text);
    tr.appendChild(td);
    td=document.createElement("td");
    text=document.createTextNode("new");
    td.appendChild(text);
    tr.appendChild(td);
    target.appendChild(tr);
}
</script>
<table border="1" id="my_t">
<tr>
    <td>1-1</td>
    <td>1-2</td>
    <td>1-3</td>
</tr>
<tr>
    <td>2-1</td>
    <td>2-2</td>
    <td>2-3</td>
</tr>
</table>
<input type=button onclick="add()" value="添加一行">
</body>
```

23.7 技术解惑

23.7.1 理解事件

本章的难点在于事件响应，其中首先要理解事件本身。通俗来说，事件就是可以被JavaScript 侦测到的行为。发生在网页浏览中的各种行为都可以看作事件的具体表现，如网页载入、网页关闭、网页刷新、按下键盘按钮、单击鼠标等。读者如果暂时理解不了事件，那么可以先尝试认识类似的各种具体的事件，这样更加便于学习。

23.7.2 理解事件响应

事件响应，就是当事件发生时通过使用 JavaScript，监听到特定事件的发生，并规定让某些事件发生以对这些事件做出响应。通俗地说，就是当某事件发生之后所出现的应急反应，如当页面载入时弹出提示框、当鼠标单击按钮时改变网页背景图像等。

本章的内容稍难,关键在于读者对事件本身的理解。触发某事件,才可执行相应的事件处理程序,本章的众多示例充分体现了这种程序运行的特性。事件驱动的程序机制是JavaScript程序的灵魂,并且广泛应用于其他编程语言中。本章不但要求读者能理解这种程序机制,并且能把例子中的逻辑部分提炼出来,这样程序设计的学习才有效果。以后遇上类似的程序问题,都可尝试用事件驱动机制分析问题,然后尝试编写代码实现。

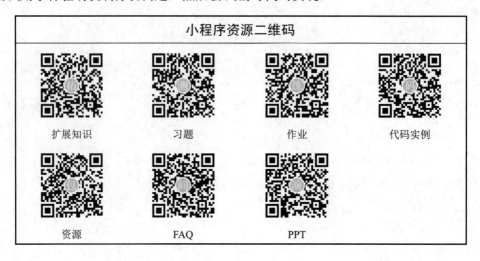

第 4 篇 实战篇

实战——使用微信小程序开发充值应用 视频

第24章 实战——使用微信小程序开发充值应用

学习完 HTML 5、CSS 3、JavaScript 的基础知识后，接下来我们将会进入实操应用阶段。HTML 5、CSS 3、JavaScript 主要在 Web 前端开发中使用，设计开发出精美的网页效果。自从 2017 年微信推出小程序开发框架后，我们可以使用 HTML 5、CSS 3、JavaScript 开发微信小程序。在实战篇部分，笔者会带读者实现开发两个小程序：充值小程序和资讯小程序。为了方便，我们后面说的小程序都指微信小程序。

24.1 小程序开发介绍

本节先从小程序的概念入手，让读者了解小程序中的 HTML 5、CSS 3、JavaScript 三驾马车与传统网页中的有何区别。

24.1.1 小程序开发前景

马化腾在 2018 年年初的一次采访中透露，"微信全球月使用活跃用户数首次突破十亿"。其实现在只要是一部智能手机，就都会安装微信。微信小程序，就是运行在微信里面的一个程序。由于这个程序只有不到 3M，而手机上的 App 动辄几十 M，甚至几百 M，相比起来这个程序太小了，所以叫小程序。

1. 小程序发展一年的生态指数

小程序自开发以来，经过一年多的发展，部分生态数据如下。

- 开发者总数：100 万。
- 第三方平台：2000+已上线。
- 小程序数量：58 万+。
- 日活跃用户数：1.7 亿+。
- 一线城市：30%。
- 二线城市：20%。

- 三线城市：19%。
- 四线城市及以下：31%。

可以看出，小程序发展的势头很猛。

2. 小程序的优势

上面是一些宏观数据，小程序为什么会这么受欢迎？从微观的角度来讲，小程序在两个方面有明显优势：

（1）提高效率。小程序能够减少你的流程，提高你的效率。举个例子，以前你在网络上发布宣传信息，让用户去购买你的产品或享用你的服务。用户看到信息后，要复制你的网址，打开网页，打开 App，注册登录，填写姓名、地址、电话，进行短信验证……一长串的操作，在手机不同的应用之间跳来跳去，用户很容易迷失在应用丛林之间，从而使你失去用户。而用户在小程序中，只要点击文字链接、图片即可，全部操作都在小程序中完成，像注册、登录、短信验证这些操作都可以省略，填写收货信息可以授权，只要点击即可。减少流程步骤，就意味着效率成倍提高。

（2）降低成本。随着网络的发展，人们不断地接触到网络广告，现在的流量成本和用户获取成本越来越高。一些网络渠道，获取一个有效用户的成本为几十元到几百元不等。而小程序现阶段，几毛到几块钱就能获取到一个有效用户。一些全国大型连锁企业，以前花几年时间都没有做到千万用户级别，现在使用小程序 1 年多就已经突破 1000 万用户。由于小程序相当于微信生态的连接器，所以可以很方便地融入公众号、微信群、朋友圈，是一个微信裂变的好工具。2018 年 3 月 12 日，微信团队发布一则消息：微信企业付款到微信零钱最低限额，由原来的 1 元调整到 0.3 元。这意味着你可以使用更加低的成本获得一个有效用户。

24.1.2 HTML 5、CSS 3、JavaScript 在小程序中的对应文件

HTML 5、CSS 3、JavaScript 在开发中经常涉及 3 种类型的文件：

- html。
- css。
- js。

而在小程序中，分别对应下面 3 种类型的文件：

- wxml。
- wxss。
- js。

其中，CSS 3 在网站 css 文件和小程序 wxss 文件中的应用大部分相同，下面我们主要讲 HTML 5 标签和 JavaScript 在网站开发和小程序开发中的相同点和区别。

24.1.3 网站 HTML 标签与小程序 wxml 组件的异同

网站 HTML 和小程序 wxml 都是负责网页的结构，元素摆放在 HTML 中使用标签，而在 wxml 中不叫标签，叫作组件，但很多功能和属性与 HTML 类似，如表 24-1 所示。

表 24-1　HTML 与 wxml 的相同之处

名　称	网站标签	小程序组件
容器	div	view
文本	span	text
图片	img	image
视频	video	video
画布	canvas	canvas
链接	a	navigator
表单	form	form
按钮	button	button
单行文本输入框	input	input
复选框	checkbox	checkbox
提示标签	label	label
单选框	radio	radio
多行文本输入框	textarea	textarea

上面小程序组件与相应的 HTML 标签的使用类似。HTML 与 wxml 的不同之处如表 24-2 所示。

表 24-2　HTML 与 wxml 的不同之处

名　称	网　站	小　程　序
map	实现带有可单击区域的图像映射	放置地图信息
navigator	是一个对象，包含有关浏览器的信息	一个组件，用于页面跳转

map 和 navigator 两个组件在小程序开发中经常使用，但与在网站开发中使用完全不一样，开发时需要特别注意。

小程序特有的组件如表 24-3 所示。

表 24-3　小程序特有的组件

组件名称	主要功能
scroll-view	可滚动视图区域
swiper	滑块容器
movable-view	可移动区域
icon	图标
progress	进度条
picher	滚动选择器
picker-view	嵌入页面的滚动选择器
switch	开关选择器
slider	滑动选择器
camera	相机
live-player	实时音视频播放
live-pusher	实时音视频录制
web-view	网页容器

上面表格中的组件，小程序中有，而网站上没有，在开发小程序时灵活运用会让你的开发效率更高，小程序用户体验更好。

24.1.4 网站中 JavaScript 与小程序中 JavaScript 的异同

JavaScript 在网站和小程序开发中的异同如表 24-4 所示。

表 24-4　JavaScript 在网站和小程序开发中的异同

名称	网站 js	小程序 js
DOM	页面文档对象	无法操作
BOM	浏览器对象	无法操作
绑定事件	onXXX	bindXXX、catchXXX
单击事件	onclick	bindtap
滚动事件	onscroll	scroll-view 组件 bindscroll 属性，设置的值为滚动时触发的函数

1．DOM 对象、BOM 对象

可以看到，小程序中不支持 DOM 对象和 BOM 对象，所以在小程序中很多关于对象的操作都无法实现，这样一些第三方 js 插件也无法在小程序中使用，比如 jQuery、zepto 等。微信小程序对 js 的封装基于 ECMAScript 6，所以 ECMAScript 6 中的特性和函数能够在小程序中使用。

2．JavaScript 事件

网站中有很多 JavaScript 事件，如单击事件、鼠标事件、键盘事件、滚动事件、提交表单事件等。小程序中主要有单击事件、滚动事件、提交表单事件。在后面的开发中，遇到相关的内容我们再详细展开介绍。

24.1.5　wxss 与 CSS 3 的不同之处

wxss 是小程序的样式文件，与 CSS 3 主要有两个明显的不同之处。

1．wxss 新增计量单位 rpx

我们写 CSS 时，经常使用单位 px。在小程序中，微信定义了一个新的计量单位——rpx（responsive pixel），可以根据屏幕宽度进行自适应。规定屏幕宽度为 750rpx。比如在 iPhone 6 上，屏幕宽度为 375px，共有 750 物理像素，则 750rpx=375px=750 物理像素，即 1rpx=0.5px=1 物理像素。

2．wxss 有全局样式文件和页面样式文件

小程序项目根目录有一个 app.wxss 文件，该文件是小程序全局样式。而在每个小程序页面目录，也有一个 wxss 页面样式文件，这个文件中的样式会覆盖 app.wxss 中相同选择器的样式。

24.2　小程序开发涉及的层次和知识结构

前面一节我们知道了 HTML 5、CSS 3、JavaScript 在网站开发和小程序开发中的一些异同，这一节我们来了解一下小程序开发的层次和整体知识结构（见图 24.1），从而有助于读者更深入地学习，并在项目开发中与同事更好地沟通。

图 24.1　小程序开发的层次和整体知识结构

通过图 24.1 我们可以看到，一个完整的小程序项目包括 4 个层次：

（1）微信小程序。

（2）Web 服务器。

（3）数据库。

（4）第三方服务。

其中，前三层是小程序必须要用到的。而二、三、四层的内容，我们在做网站开发时也需要实现。从开发层次这个角度来讲，小程序开发跟网站开发的不同之处就是展示层不一样。小程序开发出来的内容在微信小程序中展现给用户，而网站开发在浏览器中把内容展现给用户。在一些大中型项目开发中，每个层次都有很多专门的开发人员来实现，并不是一个开发人员实现所有层次的内容功能。

24.2.1　第一层：微信小程序

微信小程序把内容呈现给用户观看，除了要掌握 HTML 5、CSS 3、JavaScript 的知识，还要了解小程序整体的框架、组件和小程序提供的 API（应用接口）。小程序的前端开发就是指这一层次。第一层与第二层的通信方式、交换数据，就是通过小程序提供的 API 实现的，笔者会在后面的小程序开发实战中进行演示。

24.2.2　第二层：Web 服务器

Web 服务器接收小程序传递过来的数据，然后做相关的业务处理，再把一些数据保存到数据库中。在这一层可以选择的开发语言有 PHP、Node.js、Java 等。如果你的小程序访问量大，那么会在 Web 服务器端使用缓存，这时就要用到 Memcached、Redis。

24.2.3　第三层：数据库

把小程序中需要永久保存的数据写入数据库里，方便以后使用。比如，用户在小程序里填写的资料、发送的坐标、上传的图片等。下次用户就无须再次填写，而是由 Web 服务器从数据库中取出来，然后返回到第一层，让小程序展示给用户。下面有 3 种经常使用的数据类型：

（1）MySQL，免费开源的数据库，很多网站、小程序都使用 MySQL。
（2）MSSQL，Windows 服务器中使用到的数据库。
（3）Oracle，一个收费的大型数据库。

24.2.4　第四层：第三方服务

为了给小程序用户提供更方便的服务，我们可以使用第三方提供的服务，如短信验证用户手机号码、图片人脸识别、提取图片中的文字等。这个层级的内容是可选的，根据自己的需要来实现，主要通过第二层级的 Web 服务器调用第三方的接口实现。

24.3　小程序开发前的准备工作

了解完小程序开发涉及的层次后，我们再回到小程序开发这一块内容。在正式开发小程序前，需要做一些准备工作：
（1）Web 服务器方面的准备。
（2）小程序申请、认证和设置相关内容。
（3）熟悉小程序开发工具。
这一节我们先介绍前两条准备工作，小程序开发工具我们在下一节讲述。

24.3.1　Web 服务器方面的准备

1. 网站域名备案

开发小程序时，微信要求你的 Web 服务器域名必须备案，否则小程序是无法访问你的服务器的。由于在国内，基本上每个网站都会备案，所以这里我们不再讲述。

2. 网站升级到 https

为了数据传输安全，小程序要求你的网站必须是 https。如果你的网站还是使用 http 的方式访问，那么需要先把网站升级到 https。

24.3.2　申请开通小程序

开发小程序前，首先要申请开通小程序，这样在后面开发时才能体验完整的小程序功能。申请开通小程序的流程和方法如下：

（1）进入小程序注册页面，单击"立即注册"链接，如图 24.2 所示。申请注册小程序的网址是 https://mp.weixin.qq.com/。

图 24.2 申请注册小程序

（2）在注册类型的页面，选择"小程序"图标，如图 24.3 所示。

图 24.3 选择"小程序"图标

（3）输入注册邮箱、小程序登录密码、验证码，然后单击"注册"按钮，如图 24.4 所示。

图 24.4 填写注册信息

注意：登录密码是以后登录小程序的密码，而不是邮箱的登录密码。注册小程序的邮箱，以前不能注册过订阅号、服务号、企业微信等。

（4）登录自己的邮箱并激活注册链接，如图 24.5 所示。

图 24.5　激活注册链接

微信会发送一封激活邮件到刚才填写的邮箱中，如果在收件箱中找不到，可以到垃圾箱里看看。

（5）信息登记，在这里需要填写的内容主要包括主体类型、主体信息等。

① 选择主体类型，如图 24.6 所示。

图 24.6　选择主体类型

注册时，主体类型最好不要选择个人，因为在后台开发小程序时会有一些限制，从而可能无法使用小程序的高级功能，这里选择"企业"进行演示。

② 填写主体信息。主体信息需要与你的营业执照上的内容一致，因为我们后面做小程序认证时，主体必须保持一致，如图 24.7 所示。

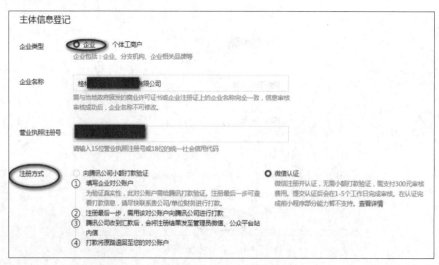

图 24.7　填写主体信息

③ 填写管理员信息，包括小程序管理员的身份证号码、手机号码、管理员身份验证等，如图 24.8 所示。

图 24.8　填写管理员信息

（6）注册成功，登录小程序，如图 24.9 所示。

图 24.9　登录小程序

图 24.9 是小程序后台管理页面，可以看到小程序内容不全，有些功能无法使用，还需要认证小程序。

24.3.3　设置小程序服务器域名

申请、认证完小程序后，需要在小程序后台设置相关内容，然后就可以开发小程序了。下面我们来看设置小程序服务器域名的流程。

（1）登录小程序后台，依次选择"设置"→"开发设置"，找到"服务器域名"模块，单击"开始配置"按钮，如图 24.10 所示。

图 24.10　小程序后台管理页面

（2）小程序管理员用手机微信扫描二维码进行验证，如图 24.11 所示。

图 24.11　二维码验证

（3）填写你的服务器域名，填写好后单击"保存并提交"按钮，如图 24.12 所示。

第 24 章 实战——使用微信小程序开发充值应用

图 24.12 填写服务器域名

填写小程序服务器域名需要注意的地方如下：
- 网站域名必须是 https 类型的，域名前面的 "https" 是系统自动填写的，不用手工输入。
- 这里只需要填写域名就可以了，不需要填写请求的脚本。比如，填写 www.qinziheng.com，不用填写 www.qinziheng.com/xcx/request.php。
- 域名中不能有 "_"。虽然这个字符在申请域名时是有效的，但不能在小程序中使用。

服务器域名填写好后的效果如图 24.13 所示。

图 24.13 完成服务器域名的填写

24.4 安装和使用小程序开发工具

开发网站时，我们使用编辑器修改 html、js、css 文件，然后在浏览器中打开网页观看开发效果。小程序开发与此不同，如果修改了 wxml、js、wxss 文件，则需要在小程序开发工具中渲染观看开发效果。这一节我们来看看如何安装和使用小程序开发工具。

24.4.1 下载安装小程序开发工具

小程序开发工具的下载地址是 https://developers.weixin.qq.com/miniprogram/dev/devtools/download.html，如图 24.14 所示。

图 24.14　小程序开发工具的下载地址

微信团队提供了 3 种下载类型，具体如下。
- Windows 64：计算机是 64 位的 Windows 系统，就下载这个版本。
- Windows 32：计算机是 32 位的 Windows 系统，可以下载这个版本。
- Mac：如果是苹果计算机，就下载这个版本。

由于现在很多人使用 64 位的 Windows 系统，所以我们下载这个最新版本来安装。下载后，会看到小程序开发工具安装图标，如图 24.15 所示。

图 24.15　小程序开发工具安装图标

双击这个图标，会弹出安装向导：

（1）第一步是欢迎界面，单击"下一步"按钮，如图 24.16 所示。

（2）出现许可证协议界面，单击"我接受"按钮，如图 24.17 所示。这是小程序开发工具的使用协议，必须接受，否则无法继续。

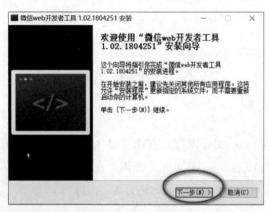

图 24.16　欢迎界面

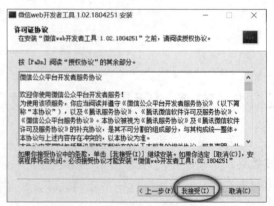

图 24.17　许可证协议界面

（3）选择安装路径，单击"安装"按钮，如图 24.18 所示。这里是要设置小程序开发工具要安装到计算机的什么地方，一般保存默认即可。可以看到，安装这个版本需要 400 多 M 的硬盘空间。

（4）此时出现安装进度提示，如图 24.19 所示。

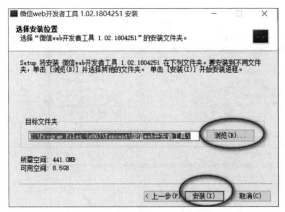

图 24.18　选择安装路径

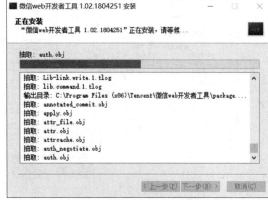

图 24.19　安装进度提示

（5）出现安装完成界面，单击"完成"按钮，如图 24.20 所示。在计算机桌面，看到如图 24.21 所示的图标，说明小程序开发工具安装成功了。

图 24.20　安装完成界面

图 24.21　小程序开发工具图标

说明：由于最开始这个工具是用来做微信公众号开发的，后面才加入开发小程序的功能，所以它在桌面显示的名称还是"微信 web 开发者工具"，实际上这个工具也可以做公众号开发。

24.4.2　小程序开发工具介绍

所有小程序开发都是在小程序开发工具中进行的，因此我们先来了解一下这个开发工具。使用小程序开发工具打开一个项目后，会看到如图 24.22 所示的界面，整个开发工具有 6 个区域。

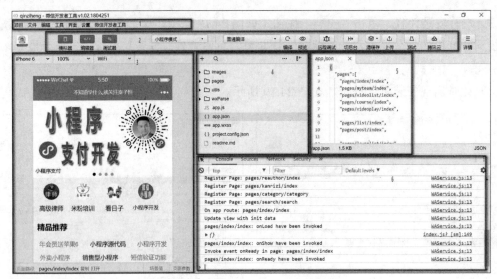

图 24.22　小程序开发工具的项目界面

1．菜单栏

在菜单栏中可以对小程序开发工具进行设置，如图 24.23 所示。

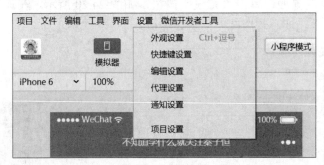

图 24.23　菜单栏

2．工具栏

工具栏中是一些经常使用到的工具（见图 24.24），其中的"预览""上传"是把你的小程序项目文件上传到微信服务器，让你在真实的手机环境中看到开发效果。

图 24.24　工具栏

3．模拟器

模拟器可以模拟一些常见的手机设备，比如苹果 iSO 系统的 iPhone 6、iPhone 7 等，安卓系统的 Nexus 5、Nexus 6 等，如图 24.25 所示。当你编写或修改小程序代码后，可以选择一些模拟设备，观看小程序在这些设备上的运行效果。

第 24 章 实战——使用微信小程序开发充值应用

4．项目文件和目录

该区域中是你打开小程序项目的目录结构和文件，你可以在这里管理项目文件，如图 24.26 所示。

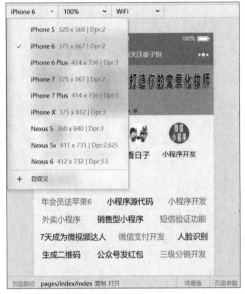

图 24.25　模拟器

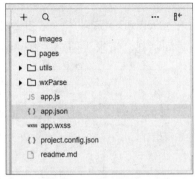

图 24.26　项目文件和目录

5．代码编辑区

代码编辑区会显示文件内容，如图 24.27 所示。当你在项目文件和目录区域中选择项目文件后，就会把文件的内容加载显示到代码编辑区，供你修改或编辑。

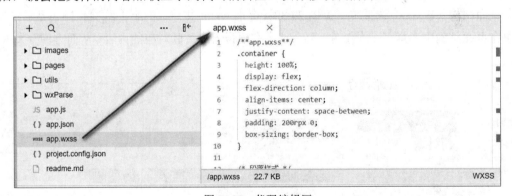

图 24.27　代码编辑区

6．调试器

该调试器类似网页开发时浏览器中的调试器，有控制台、网络、页面结构等选项卡。

控制台（Console）选项卡（见图 24.28）会显示小程序页面加载过程、状态，JavaScript 脚本出错时也会在控制台有提示信息。

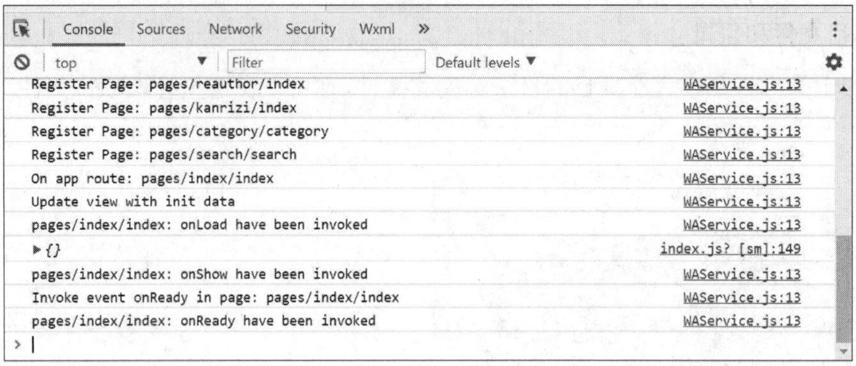

图 24.28　控制台选项卡

网络（Network）选项卡（见图 24.29）会把小程序请求远程资源的信息显示出来，如资源名称、时间消耗、请求头信息、返回结果等。

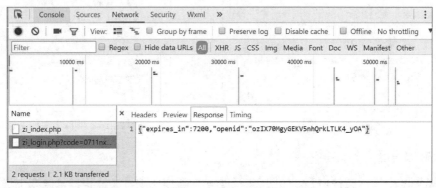

图 24.29　网络选项卡

页面结构（Wxml）选项卡（见图 24.30）会把 wxml 文件中的组件结构和样式显示出来。如果在页面结构中选择了一个组件，那么还会在模拟器中关联对应的内容，从而方便开发人员调试。

图 24.30　页面结构选项卡

24.5　实战——充值小程序开发

经过前面的学习，我们已经把开发小程序的准备工作都完成了，后面笔者与大家分享两个小程序的开发：充值小程序和资讯小程序，让你掌握如何在小程序中使用 HTML 5、CSS 3 和

JavaScript 的相关知识。充值小程序比较简单，在生活、工作中会经常遇到，如话费充值、会员充值、流量充值、游戏充值等，这些都是充值小程序。所以在本节，我们以开发充值小程序为例，讲解小程序项目结构和最基本的页面开发。充值小程序的页面效果如图 24.31 所示。

图 24.31　充值小程序的页面效果

24.5.1　新建充值小程序工程

下面我们来演示如何用小程序开发工具，从零开始建立我们的充值小程序。

（1）双击小程序开发工具，如图 24.32 所示。

（2）使用小程序管理员的微信扫码登录，如图 24.33 所示。第一次使用时，会要求你登录验证你的身份，你可以使用 24.3.2 节申请小程序时使用的管理员微信登录。扫码后，在手机微信中的效果如图 24.34 所示。点击"确认登录"按钮进行登录。

图 24.32　小程序开发工具　　　图 24.33　微信扫码登录　　　图 24.34　确认登录

（3）选择"小程序项目"。我们前面讲了小程序开发工具也可以开发公众号，这里我们选择"小程序项目"，如图 24.35 所示。单击"管理项目"中的"+"按钮，如图 24.36 所示，这是小程序项目管理界面，开发工具会把最近打开过的项目列出来，然后再找到底部的"管理项目"板块，单击右边的"+"号（有些版本为"添加"按钮）。

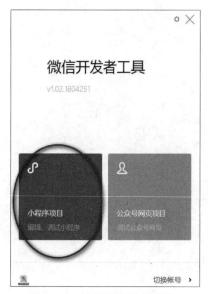

图 24.35　选择"小程序项目"

图 24.36　添加项目

（4）填写充值小程序项目信息。首先选择充值小程序目录，如图 24.37 所示。

单击"项目目录"右边的下拉箭头，会弹出一个目录选择框，选择将这个充值小程序保存到哪里。在演示中，我们将该项目保存到目录 d:\www\xiaochengxu\chongzhi\中。从图 24.37 中可以看到，这个目录里什么都没有，是一个空目录。选择好后，单击"确定"按钮。

然后填写 AppID，如图 24.38 所示。这是小程序的 AppID，其具体位置为小程序后台\设置\开发设置\开发者 ID 中（参考 24.3.3 节）。

图 24.37　设置项目目录

图 24.38　填写项目信息

接着，填写项目名称，就是为项目取个名字，并选择项目类型，这里选择"建立普通快速启动模板"即可。填写好后，单击"确定"按钮。

（5）小程序开发工具会帮我们建立一个项目，效果如图 24.39 所示。

图 24.39　搭建好的项目

这时在 d:\www\xiaochengxu\chongzhi\充值小程序项目目录中，已经多了一些文件，如图 24.40 所示。

图 24.40　小程序项目目录

这些文件就是充值小程序的项目文件，是我们新建项目时小程序开发工具自动生成的，下面我们就来了解它们。

24.5.2　小程序工程目录结构

充值小程序项目建立好后，小程序开发工具会在我们的 chongzhi 目录中生成如图 24.41 所示的目录和文件，这里我们简单介绍一下这些文件。

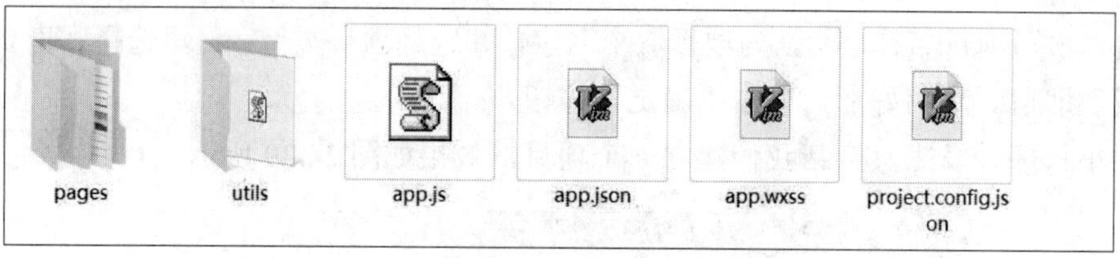

图 24.41　项目默认生成的目录和文件

1. app.js

可以把小程序全局的一些变量和逻辑放到该文件中，如获取用户的一些信息、用户小程序运行坏境等。

2. app.json

代码如下：

```
01  {
02    "pages":[
03      "pages/index/index",
04      "pages/logs/logs"
05    ],
06    "window":{
07      "backgroundTextStyle":"light",
08      "navigationBarBackgroundColor": "#fff",
09      "navigationBarTitleText": "WeChat",
10      "navigationBarTextStyle":"black"
11    },
12    "debug":true
13  }
```

该文件中是小程序的一些配置，配置信息以.json 格式保存。其中，第 1～5 行表示这个小程序中注册的页面，小程序中显示的页面都要在这里进行注册。

注意：最后一个注册页面末尾不需要使用"，"，否则会报错。

上面代码表示注册了两个页面，对应的路径分别是：

```
pages/index/index
pages/logs/logs
```

这里使用的是相对路径，是相对于我们这个充值小程序保存的目录 chongzhi 而言的。

第 6～11 行对小程序窗口进行配置。

- backgroundTextStyle：表示下拉 loading 的样式，仅支持 dark、light 两个值。
- navigationBarBackgroundColor：表示导航栏背景颜色，使用"#fff"这种 16 进制表示方法。
- navigationBarTitleText：表示小程序导航栏标题。我们可以把它改为"充值小程序"。
- navigationBarTextStyle：表示导航栏标题颜色，仅支持 black、white 两个值。

另外，还可以配置底部菜单 tabBar：

```
"tabBar": {
  "list": [{
    "pagePath": "pages/index/index",
```

```
    "text": "首页"
  }, {
    "pagePath": "pages/logs/logs",
    "text": "日志"
  }]
}
```

第 12 行设置是否打开调试信息，该选项在小程序开发阶段是需要打开的，以方便开发调试。

3. app.wxss

该文件是小程序全局样式文件，在这里写的小程序 wxss 样式在整个小程序中都可以使用。

4. project.config.json

该文件为小程序工程配置，如我们在 24.5.1 节填写的项目名称、小程序 AppID 等信息，以及小程序开发工具的设置等。

5. pages

这是一个目录，主要存放我们开发小程序的页面，如图 24.42 所示，可以看到 pages 下有 index 和 logs 两个目录，与 app.json 中 pages 的页面对应。

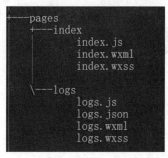

图 24.42　pages

6. utils

这也是一个目录，用来存放第三方 js 模块文件，可以把自己写的 js 模块放在这里使用，如图 24.43 所示。

图 24.43　utils

24.5.3　小程序单个页面的结构

我们开发小程序，更多时候是一个页面一个页面地开发，因此我们除了要了解小程序整个项目的目录结构和功能，还要熟悉每个页面的组成和作用。我们知道，在小程序 pages 目录中，有小程序的所有页面，下面以 index 页面为例来介绍一下单个页面的组成及其作用，如图 24.44 所示。

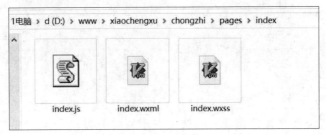

图 24.44　页面组成

进入 pages/index/ 目录，会看到 3 个文件：
- index.js。
- index.wxml。
- index.wxss。

1. index.js 文件分析

index.js 文件中是处理当前页面的逻辑。代码如下：

```
01  //获取应用实例
02  const app = getApp();
03
04  Page({
05    // 页面数据，可以在 wxml 页面中直接使用
06    data: {
07      website: 'https://www.qinziheng.com',
08    },
09
10    //自定义事件处理函数
11    bindViewTap: function() {
12      wx.navigateTo({
13        url: '../logs/logs'
14      })
15    },
16
17    onLoad: function () {
18      console.log('页面加载时运行');
19    },
20
21    onReady: function () {
22      console.log('页面初次渲染完成时运行');
23    },
24
25    onShow: function() {
26      console.log('页面显示运行');
27    }
28
29  })
```

第 2 行表示获取 App 实例后，就能使用 app.js 中的小程序全局变量和相关函数，即 24.5.2

节中讲的 app.js。onLoad()、onReady()、onShow()是小程序生命周期函数，onLoad()、onReady() 只运行一次，onShow()页面每次显示时都会运行。

2. index.wxml 文件分析

index.wxml 文件中是当前页面的组件结构和布局。代码如下：

```
<view class="website">
   {{website}}
</view>
```

<view></view>标签相当于 HTML 中的<div></div>标签，里面有一个 class="website"，表示一个类。{{website}}是一个变量标签，其值对应 index.js 中 data:{}里 website 的值。也就是说，在 https://www.qinziheng.com 小程序的 wxml 文件中，都是使用{{variableName}}这种变量标签来解析变量的。

3. index.wxss 文件分析

index.wxss 文件中是当前页面样式。代码如下：

```
/* website 类选择器样式 */
.website{
    font-size:20px;
    color:red;
    padding:10px;
}
```

这个.website 类选择器的样式，作用于 index.wxml 中 class="website"的组件，可以使用 CSS 3 的语法在这里写样式。需要注意：如果 index.wxss 中的选择器与全局样式 app.wxss（24.5.2 节中讲的 app.wxss）有相同名称的选择器，就会覆盖 app.wxss 中的样式。index 页面在小程序开发工具中显示的效果如图 24.45 所示。

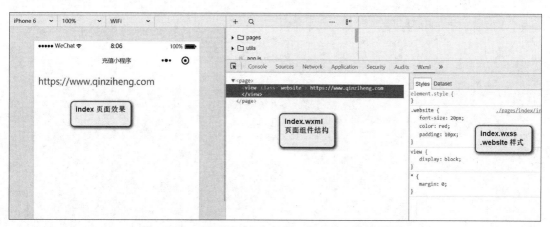

图 24.45　index 页面在小程序开发工具中显示的效果

24.5.4　充值小程序页面开发

了解了小程序页面的结构后，就可以开始写充值小程序的页面了。本节我们除实现开发页面外，还要关注 wxml 页面是如何把数据传递给 js 文件的。

充值小程序页面需求分析:

(1) 用户可以在我们的充值小程序中看到两个价位, 即市场价和 VIP 优惠价。

(2) 当用户选择充值的金额时, 小程序在 js 文件中能够获取到对应的金额数值。

充值小程序页面在小程序开发工具中的效果如图 24.46 所示。

图 24.46 充值小程序页面

下面是实现代码, 我们来详细分析一下。

1. index.js 文件

```
01  Page({
02    // 页面数据,可以在 wxml 页面中直接使用
03    data: {
04      vipItems:[
05        {'marketPrice':'30', 'vipPrice':'27'},
06        {'marketPrice':'50', 'vipPrice':'45'},
07        {'marketPrice':'100', 'vipPrice':'90'},
08        {'marketPrice':'200', 'vipPrice':'160'},
09        {'marketPrice':'500', 'vipPrice':'400'},
10        {'marketPrice':'800', 'vipPrice':'640'},
11      ]
12    },
13
14    //自定义事件处理函数
15    toPay: function(ev) {
16      console.log('会员充值啦! ');
17      console.log(ev.currentTarget.dataset);
18    },
19
20    onLoad: function () {
21      console.log('页面加载时运行');
22    }
23
24  })
```

我们在页面的 data 数据段定义了一个 vipItems，表示 VIP 充值内容，它是一个数组，如代码第 4～11 行所示。数组中的每个元素都是一个对象，表示充值选项，其中 marketPrice 表示市场价，vipPirce 表示 VIP 优惠价。第 15～18 行在 js 文件中定义了一个事件接收函数 toPay()，用来接收 wxml 页面传递过来的单击事件。

2. index.wxml 文件

```
01  <view class="title">
02      VIP 充值
03  </view>
04
05  <view class="vip">
06      <view   class="vip-item"   wx:for="{{vipItems}}"   wx:key="{{index}}" bindtap="toPay" data-price="{{item.vipPrice}}">
07          <text class="vip-title">市场价：{{item.marketPrice}}元</text>
08          <text class="vip-price">VIP 优惠价：{{item.vipPrice}}元</text>
09      </view>
10  </view>
```

第 1～3 行用来做页面的标题。

注意：在小程序中，不能使用 HTML 中的 h1、h2、h3 这些标签。

在 wxml 页面中，第 5～8 行使用 wx:for 进行列表渲染，可以把数组中各项的数据输出到组件。数组的当前项的下标变量名默认为 index，数组当前项的变量名默认为 item。

wx:for="{{vipItems}}"表示我们要渲染 index.js 中 data 里的 vipItems 数组；wx:key="{{index}}"中的{{index}}表示当前数组项的下标变量，下标从 0 开始，即第一个数组元素的下标是 0；bindtap="toPay"表示当前的<view>组件绑定一个单击事件，用户单击后会触发 index.js 中的 toPay 函数()；data-price="{{item.vipPrice}}"表示单击事件时把数据传递给 index.js 的 toPay()函数处理，{{item.vipPrice}}表示获取当前数组元素中 vipPrice 的值。小程序单击事件传递参数时，使用 data-XXX 方法，其中 XXX 表示参数名称，要求全部小写。

wxml 页面单击事件传递的数据都保存在 ev.currentTarget.dataset 中，{price:"90"}中 price 对应 wxml 中 data-price 的参数名称。

小程序单击事件流程和数据传递图如图 24.47 所示。

在 wxml 中，view 组件通过 bindtap="toPay"绑定一个单击事件。

（1）用户单击 wxml 页面中的 view。

（2）触发 index.js 中的 toPay()函数。

（3）在 toPay()函数中，获取从 wxml 页面发送过来的参数。

可以看到，在 toPay()函数中，已经获取到 wxml 页面传递过来的参数值。

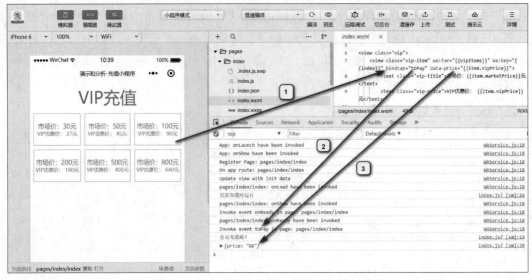

图 24.47 小程序单击事件流程和数据传递图

3. index.wxss 文件

```
/* 页面标题 */
.title{
    margin:15rpx 5rpx;
    font-size:40px;
    text-align:center;
    color:#f50;
}

/* 整个 vip view 组件 */
.vip{
    display:flex;
    width:100%;
    height:100%;
    background:#fff;
    flex-wrap:wrap;
    justify-content:center;
    align-items:center;
    align-content:center;
}

/* 单个 vip */
.vip .vip-item{
    flex:0 0 30%;
    margin:10rpx;
    border:1rpx solid #50b46b;
    height:150rpx;
    box-sizing:border-box;
    display:flex;
    justify-content:center;
    flex-direction:column;
```

```css
}
/* 单个市场价 */
.vip .vip-market{
    display:block;
    font-size:30rpx;
    color:#50b46b;
    text-align:center;
}

/* 单个VIP优惠价 */
.vip .vip-price{
    display:block;
    font-size:25rpx;
    color:#50b46b;
    text-align:center;
}
```

4. index.json 文件

这里我们新增一个文件 index.json，用来设置当前页面的一些属性。

```json
{
    "navigationBarTitleText": "演示和分析-充值小程序"
}
```

navigationBarTitleText 设置当前页面的标题，效果如图 24.48 所示。

图 24.48　页面的标题

24.5.5　小程序与 Web 服务器之间如何通信

仅仅有小程序前端页面和功能是不完整的，我们把充值小程序前端页面做好后，还需要把相关信息发送给你的 Web 服务器，也就是 24.2 节所讲的第一层次与第二层次之间的通信、交换数据。

这一功能在 index.js 中处理，使用小程序的 wx.request() API 接口实现。在上一节中，我们通过 index.js 的 toPay() 函数，获取到了用户所选充值内容对应的 VIP 优惠价，在这个基础上，本节继续实现把相关数据发送给 Web 服务器。

1. 小程序端 index.js 代码

```js
Page({
    // 页面数据，可以在 wxml 页面中直接使用
    data: {
        vipItems:[
            {'marketPrice':'30', 'vipPrice':'27'},
            {'marketPrice':'50', 'vipPrice':'45'},
            {'marketPrice':'100', 'vipPrice':'90'},
```

```
                {'marketPrice':'200', 'vipPrice':'160'},
                {'marketPrice':'500', 'vipPrice':'400'},
                {'marketPrice':'800', 'vipPrice':'640'},
            ]
    },

    // 向 Web 服务器发送数据
    toPay: function(ev) {
        var price = ev.currentTarget.dataset.price;  // 获取 VIP 优惠价
        var uid = 123456;     // 模拟一个用户的 ID
        wx.request({
            url: 'https://www.qinziheng.com/api/book/order.php',  // 请求的 Web 服务器地址
            method:'POST',    // 以 POST 方式请求, 必须大写
            data: {           // 向服务器提交的数据
                uid:uid,
                price:price,
            },
            header: {         // 设置请求 header 信息
                // POST 请求时, 需要设置成这个值
                'content-type': 'application/x-www-form-urlencoded'
            },
            success: function(res) {   // 请求成功后的业务处理
                console.log('请求成功');
                console.log(res.data);    // 获取 Web 服务器返回的数据
            },
            fail: function() {         // 请求失败的处理
                console.log('请求失败');
            }
        })
    },

    onLoad: function () {
        console.log('页面加载时运行');
    }
})
```

对 toPay()函数的一些说明如下：

（1）发送数据。我们除了把用户 VIP 优惠价发送给 Web 服务器，还要把一些与业务相关的数据一起发送过去，比如用户识别号 uid，方便 Web 服务器端知道是哪个用户充值的。

（2）请求域名必须在服务器域名中。使用 wx.request()请求的 url 网址，必须是小程序的服务器域名中的网址，否则会报错，如图 24.49 所示。

> ⊗ ▶ https://www.qq.com 不在以下 request 合法域名列表中，请参考文档: https://mp.weixin.qq.com/debug/wxado VM139:1
> c/dev/api/network-request.html

图 24.49　报错提示

（3）服务器返回数据在哪里获取。Web 服务器处理完相关业务后，会把一些数据再发送给小程序，在 wx.request()的 success 回调函数中获取数据。

```
success: function(res) {
    console.log(res.data);  // 通过 res.data 获取 Web 服务器返回的数据
}
```

2. Web 服务器端代码

我们再来看 Web 服务器端是如何接收数据，并返回数据给小程序的，效果如图 24.50 所示。

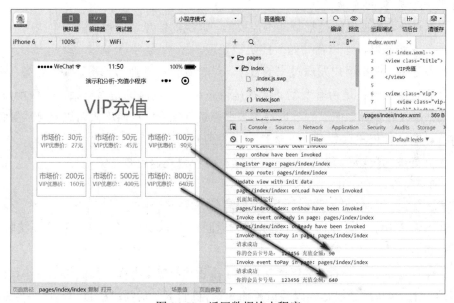

图 24.50　返回数据给小程序

- 用户点击充值内容。
- 小程序把数据发送到 Web 服务器。
- Web 服务器处理数据并把信息返回给小程序。
- 小程序显示 Web 服务器返回的信息。

下面我们来进行详细分析。

https://www.qinziheng.com/api/book/order.php 代码如下：

```
<?PHP
/**
 *
 *      接收小程序提交过来的 POST 数据
 *
 */

// （1）获取小程序发送过来的数据
$uid = $_POST['uid'];
$price = $_POST['price'];
```

```
//（2）数据过滤
//（3）业务处理
//（4）数据写入数据库

//（5）返回处理结果给小程序
echo '你的会员卡号是：' . $uid . ' 充值金额：' . $price;
```

这里 Web 服务器端使用 PHP 开发演示，主要流程如下。

（1）获取小程序发送过来的数据。由于小程序使用 POST 方式发送数据，所以 Web 服务器端也要使用对应的方式来获取数据。$uid=$_POST['uid'];获取用户的 uid；$price=$_POST['price'];获取用户购买的金额。

（2）数据过滤。数据过滤是把一些不需要的、危险的信息过滤掉，因为有些用户会构造恶意代码攻击你的服务器，所以需要做一些防护处理。

（3）业务处理。根据用户发送过来的数据，结合你自己的业务情况，编写相关代码。比如判断用户是否合法、价格是否有变动、库存是否充足、活动时间是否结束、生成用户订单等。

（4）数据写入数据库。把一些数据写入数据库进行保存，从而下次可以直接从数据库中获取数据进行处理，如用户订单号、下单时间、购买金额等。

（5）返回处理结果给小程序。Web 服务器有两种方式返回数据给小程序。

① 普通字符串，比如我们演示的：

```
echo '你的会员卡号是：' . $uid . ' 充值金额：' . $price;
```

② JSON 字符串，也可以在 Web 服务器端返回一个 JSON 字符串，小程序端接收到 JSON 字符串后会进行一次对象转换。

通过这个简单的充值小程序，让读者熟悉了小程序框架、小程序页面结构及小程序是如何与服务器通信的，这些都是很基础但很重要的知识。我们下一章要讲的资讯小程序会复杂一些，当然功能也更多。

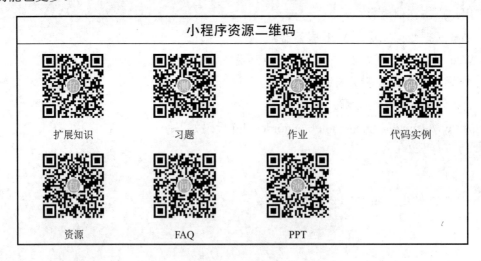

第 25 章

实战——资讯小程序

实战——资讯小程序　　视频

人们在网上，有 4 大类型的需求：

（1）看资讯。

（2）观影视。

（3）玩游戏。

（4）做买卖。

可以看出，获取资讯信息占了很大一部分，因为有些需求，如观影视、玩游戏、做买卖，都能够看到资讯的内容。接下来，本章会带领读者开发一个资讯小程序。资讯小程序是以图文形式，向用户展示资讯的小程序。可以说，只要你掌握了一个资讯小程序的开发，就能够很轻松地实现下面这些类型的小程序的开发。

- 新闻。
- 小说。
- 企业宣传。
- 分类信息。
- 政务发布。
- 信息公布。

因为它们与资讯小程序类似。资讯小程序非常基础，但它很实用，应用广泛。

25.1 资讯小程序的主要页面

资讯小程序主要有 4 种类型的页面，包括：

（1）首页。简单理解就是用户正常进入小程序后，第一个打开的页面。我们可以把重要的资讯、最新发布的资讯、热门资讯放在小程序首页，供用户浏览。

（2）资讯分类页面。资讯小程序会对资讯内容进行分类，比如在体育资讯中，可以分为足球、英超、欧冠、篮球、NBA、CBA 等；在娱乐资讯中，可以分为明星、综艺、电影、音乐等。

资讯分类页面是整个小程序所有分类的汇总，用户在这里可以进入到对应的分类列表页面。

（3）图文列表页面。当用户点击一个具体分类时，小程序会把这个分类下的资讯信息展示出来，包括资讯标题、发布时间、资讯简介、缩略图等。

（4）资讯内容页面。资讯内容页面把一篇资讯的所有内容都显示给用户浏览。与资讯列表不同，资讯列表的简介只是资讯内容的部分或概要。资讯列表中通常是一张缩略图，并且尺寸较小，而在资讯内容中可以包含多张图片，并且图片尺寸比缩略图更大、更清晰。

25.2 资讯小程序单个页面的开发流程

（1）js 脚本从服务器获取数据。这里会用到 JavaScript 编程，结合小程序提供的 API 接口，通常是 wx.request()，从 Web 服务器获取要展示的数据。

（2）在 wxml 中展示数据。使用小程序提供的组件，把数据展示出来。小程序的组件，类似 HTML 中的标签，常见的有<view>、<text>、<image>、<button>。

（3）wxss 控制展示效果。在 wxss 中，我们也可以使用前面介绍过的 CSS 3，控制 wxml 中的组件样式。

25.3 新建资讯小程序项目

使用小程序开发工具，根据 24.5.1 节的方法新建一个资讯小程序项目，保存在 info 目录中。新建好后，进入到 info 目录，编辑 app.json 文件，对整个小程序做一些配置。

app.json 完整代码如下：

```
01  {
02    "pages":[
03      "pages/index/index",
04      "pages/category/index",
05      "pages/list/index",
06      "pages/post/index"
07    ],
08    "window":{
09      "backgroundTextStyle":"light",
10      "navigationBarBackgroundColor": "#f50",
11      "navigationBarTitleText": "秦子恒小程序课堂",
12      "navigationBarTextStyle":"#fff"
13    },
14    "tabBar": {
15      "color": "#b1b1b1",
16      "selectedColor": "#f50",
17      "borderStyle": "black",
18      "backgroundColor": "#ffffff",
19      "list": [{
20        "pagePath": "pages/index/index",
21        "iconPath": "images/home-off.png",
22        "selectedIconPath": "images/home-on.png",
23        "text": "首页"
```

```
24       },{
25         "pagePath": "pages/category/index",
26         "iconPath": "images/list-off.png",
27         "selectedIconPath": "images/list-on.png",
28         "text": "资讯大全"
29       }]
30   },
31   "debug": true
32 }
```

相比充值小程序，资讯小程序的 app.json 多了一些内容，下面详细介绍。

（1）第 2～7 行的 pages 用来配置内容，是注册小程序要使用到的页面。本例的资讯小程序注册了 4 种类型的页面。

- 首页页面："pages/index/index"。
- 分类页面："pages/category/index"。
- 列表页面："pages/list/index"。
- 内容页面："pages/post/index"。

其中，第一个页面就是小程序的首页，表示用户正常进入到小程序访问的第一个页面。

注意：在 pages 中配置了几种类型的页面，在对应的路径中必须要有相应的页面文件，如图 25.1 所示。

图 25.1　相应的页面文件

小程序页面文件 index、category、list、post 与 app.json 中 pages 配置的内容要对应，否则会报错，如图 25.2 所示。

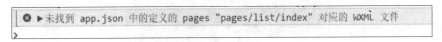

图 25.2　配置报错

（2）第 14～30 行用来配置小程序菜单栏的内容，list 表示有几个菜单，这里我们为资讯小程序设置了两个菜单按钮，分别是"首页"和"资讯大全"，其中：

- Color 表示菜单上的文字默认颜色。
- selectedColor 表示菜单选中时文字的颜色。
- borderStyle 表示 tabBar 上边框的颜色，仅支持 black、white。
- backgroundColor 表示菜单的背景色。

（3）第 19 行的 List 数组每个菜单配置项的含义如下。

- "pagePath"："pages/index/index"，表示点击菜单后跳转到哪个页面。这里表示点击"首页"后，会跳转到 pages/index/index 页面。pagePath 是相对于项目目录 info 的路径。

- "iconPath"："images/home-off.png"，表示菜单默认图标，使用 info 目录下 images/home-off.png 这张图片。
- "selectedIconPath"："images/home-on.png"，表示被点击后显示的图标。
- "text"："首页"，表示菜单名称。

最终菜单效果如图 25.3 所示。

图 25.3　菜单

25.4　资讯小程序的首页

资讯小程序的首页通常由三部分组成，如图 25.4 所示。

图 25.4　资讯小程序首页效果

- 头部：滚动图片资讯。
- 中间：图文资讯。
- 底部：版权、联系方式。

在 app.json 的 pages 中，我们知道资讯小程序首页对应的目录是 pages/index/，下面我们按照前面所说的页面开发流程来实现。

25.4.1 js 脚本从服务器获取数据

index.js 完整的代码如下：

```
01  var app = getApp();
02  var that;
03
04  Page({
05      data: {
06          hotTitle:'推荐文章',      // 定义首页图文消息的标题
07      },
08
09      // 用户点击后跳转到对应的资讯文章页面
10      toPost:function(ev) {
11          var id = ev.currentTarget.dataset.id;                    // 获取资讯文章 id
12          // 使用小程序 wx.navigateTo() 接口实现跳转
13          wx.navigateTo({
14              url: '/pages/post/index?id=' + id
15          })
16      },
17
18      onLoad: function (res) {
19          that = this;
20
21          // 使用小程序 wx.request() 向 Web 服务器请求首页数据
22          wx.request({
23              // Web 服务器首页请求地址
24              url:'https://www.qinziheng.com/api/book/index.php',
25              data:{},
26              method:'POST',    // 使用 POST 方法请求，注意要求大写
27              // POST 方法请求时，需要提交的 header 头部信息
28              header:{'content-Type':'application/x-www-form-urlencoded'},
29              success:function(res) { // wx.requst() 请求成功后，执行的回调函数
30                  if(0 == res.data.errno) {
31                      // 使用小程序实例的 setData() 方法，把请求到的数据发送到wxml页面进行渲染
32                      that.setData({
33                          swiperList:res.data.swiper,
34                          hotPost:res.data.hot,
35                      });
36                  }
37              }
38          });
39      }
40
41  })
```

下面进行详细分析。

在 index.js 的 onLoad 阶段，我们使用第 18～39 行的 wx.request()向 Web 服务器请求数据。获取成功后，通过小程序的 setData()方法把数据发送到 wxml 进行渲染。swiperList 保存了滚动图片资讯的数据，单条滚动图片资讯的内容数据如下：

```
{id: "3951", thumbimg: "https://www.qinziheng.com/images/vip_iphone.jpg"}
```

其中：
- id 表示资讯文章在 Web 服务器中对应的一个唯一标识符。
- thumbimg 表示资讯文章的缩略图。

hotPost 保存了热门资讯的数据，单条热门资讯的数据如下：

```
{id: "5548", thumbimg: "https://www.qinziheng.com/wp-content/uploads/2018/02/create.jpg", title: "网站怎么换移植到小程序", publish_date: "2018-03-28"}
```

其中：
- id 表示资讯文章在 Web 服务器中对应的一个唯一标识符。
- thumbimg 表示资讯文章的缩略图。
- title 表示资讯标题。
- publis_date 表示资讯发布的日期。

25.4.2 在 wxml 中展示数据

index.wxml 完整的代码如下：

```
01  <view class="container">
02
03      <!-- swiper -->
04        <swiper indicator-dots="true" autoplay="true" interval="5000" duration="1000">
05          <block wx:for="{{swiperList}}" wx:for-item="item" wx:key="index">
06            <swiper-item>
07              <navigator url="/pages/post/index?id={{item.id}}" open-type="navigate">
08                <image class="slide-img" src="{{item.thumbimg}}" mode="scaleToFill"/>
09              </navigator>
10            </swiper-item>
11          </block>
12        </swiper>
13      <!-- /swiper -->
14
15      <!-- list -->
16        <view class="page">
17          <view class="post-h2">{{hotTitle}}</view>
18
19          <view class="list-container">
20            <view class="list-box" wx:for="{{hotPost}}" wx:for-item="item" wx:key="index"
21  bindtap="toPost" data-id="{{item.id}}">
22              <view class="post-image">
```

```
23                <image src="{{item.thumbimg}}" />
24            </view>
25            <view class="post-title">{{item.title}}</view>
26            <view class="post-date">发布日期：{{item.publish_date}}</view>
27        </view>
28    </view>
29
30    </view>
31    <!-- /list -->
32
33    <!-- footer -->
34    <view class="footer">
35        <view class="footer-item">QQ/微信：68183131</view>
36        <view class="footer-item">
37            <text class="footer-copyright">Copyright 2017 桂林大秦电商</text>
38        </view>
39        <view class="footer-item">地址：桂林市中山路168号 电话:0773-68183131</view>
40    </view>
41    <!-- /footer -->
42
43 </view>
```

下面进行详细分析。

1. 头部：滚动咨询

头部的滚动图片资讯效果如图 25.5 所示。

图 25.5　滚动图片资讯效果

首页滚动图片资讯使用第 4~12 行的代码展示。要想在小程序中实现滚动效果，需要使用 <swiper> 组件，indicator-dots="true"表示是否在滚动图片上显示小圆点，autoplay="true"表示滚动图片是否自动切换，interval="5000"表示滚动图片切换的时间间隔，duration="1000"表示滚动动画时间长度。

小程序使用 wx:for 输出数组中的内容，wx:for="{{swiperList}}"表示循环输出 swiperList 中的内容，即从服务器获取了几条滚动图片的信息，第一条信息内容保存到 item 变量中。<swiper-item>组件表示滚动图片中，每一个单独的图片。

<navigator url="/pages/post/index?id={{item.id}}" open-type="navigate"></navigator>表示点击滚动图片后，跳转进入的页面。其中，open-type="navigate"表示以 navigate 的方式跳转，

会跳转到普通小程序页面。url="/pages/post/index?id={{item.id}}"表示跳转目标页面的路径，小程序会用资讯文章 id 的值替换{{item.id}}。

<image class="slide-img" src="{{item.thumbimg}}" mode="scaleToFill"/>表示使用<image>组件显示图片，其中 src 表示图片的地址，mode="scaleToFill"mode 表示图片绽放模式，scaleToFill 表示不保持纵横比缩放图片，使图片的宽高完全拉伸至填满 image 元素。

2. 中间：图文资讯

图文资讯效果如图 25.6 所示。

图 25.6　图文资讯效果

热门资讯文章展示使用第 16～30 行的代码。其中，{{hotTitle}}从 index.js 脚本的 data 数据中获取。在<view class="list-box" wx:for="{{hotPost}}" wx:for-item="item" wx:key="index" bindtap= "toPost" data-id="{{item.id}}">中，wx:for="{{hotPost}}"表示对 hotPost 热门数据循环输出；wx:for-item="item"表示设置循环输出时，每条资讯信息保存到 item 变量中，以方便输出时使用；每条资讯中的信息 bindtap="toPost"表示当前<view>组件单击事件后触发 toPost 事件，需要在 index.js 脚本中编写 toPost()函数来处理<view>的单击事件。

data-id="{{item.id}}"表示单击事件时，要传递给 toPos 的参数。在 toPost()函数中，使用 ev.currentTarget.dataset.id 来接收参数的值。参数名称只取 data-后台的内容，并且会转换成小写。<image src="{{item.thumbimg}}" /><view class="post-title">{{item.title}}</view><view class="post-date">发布日期：{{item.publish_date}}</view>与上面的代码用途相同，分别输出单条资讯的缩略图、标题和发布日期。

3. 底部

底部效果如图 25.7 所示。

```
QQ/微信/WeChat: 68183131
Copyright 2017 桂林大秦电商
地址：桂林市中山路168号 电话：0773-1234567
```

图 25.7 底部效果

底部中的版权、联系方式都是一些静态的内容，不会变化，可以直接在 index.wxml 中把内容写进去，如代码第 33～41 行所示。

25.4.3 wxss 控制展示效果

在 wxss 中，主要通过 CSS 3 来写效果，根据前面的知识，读者自己可以完成。下面直接给出代码。index.wxss 整体代码如下：

```
/* swiper 滚动图片样式 */
swiper{height:410rpx;}
.slide-img{
    width:100%;
    height:400rpx;
}

.page, .footer{
    padding:10rpx;
    color:#333;
}

/* 首页分类标题 */
.post-h2{
    font-size:16px;
    font-weight:700;
}

/* 首页图文列表 */
.list-container{
  display: flex;
  justify-content: space-between;
  flex-wrap:wrap;
  box-sizing: content-box;
  padding: 24rpx;
}
.list-box{
  width: 339rpx;
  height: 472rpx;
  background-color: #fff;
  overflow: hidden;
  margin-bottom: 24rpx;
}
.list-box .post-image{
  width: 339rpx;
  height: 339rpx;
```

```css
  overflow: hidden;
  position:relative;
}
.list-box .post-image image{
  width: 339rpx;
  height: 339rpx;
}
.list-box .post-title{
  width: 100%;
  text-overflow: ellipsis;
  white-space: nowrap;
  overflow: hidden;
  font-size: 28rpx;
  padding: 24rpx 0 0rpx 0;
  color:#000;
  margin-left: 24rpx;
}
.list-box .post-date{
  width: 100%;
  overflow: hidden;
  font-size: 28rpx;
  padding: 24rpx 0;
  color:#626262;
  margin-left: 24rpx;
}

/* 底部版权 */
.footer{
    margin:5px 0;
}
.footer-item{
    font-size:12px;
    text-align:center;
    color:#626262;
}
```

25.5 开发资讯小程序分类页面

是把小程序中的所有分类集中到分类页面中显示,用户可以从这里进入到具体的分类资讯中。在这里,可以展示一级分类,也可以展示二级分类、三级分类等。另外,还有一种标签页面,其实与分类页面很类似,也可以使用我们本节中讲到的方法开发。资讯小程序分类页面效果如图 25.8 所示。

图 25.8 资讯小程序分类页面

下面详细讲解分类页面文件。在文件源代码中,有些内容与我们之前讲过的内容类似,我们后面就不重复了,主要讲解那些不同的地方。

25.5.1 分类页面 index.js 源代码分析

index.js 源代码如下:

```
01  var app = getApp();
02  Page({
03      data:{
04          // 资讯分类
05          categoryItems:[
06              {"cid":1, "categoryName":"小程序开发", "thumbimg":"/images/weapp.png"},
07              {"cid":2, "categoryName":"公众号运营", "thumbimg":"/images/weixin.png"},
08              {"cid":3, "categoryName":"短信验证码开发", "thumbimg":"/images/sms.png"},
09              {"cid":4, "categoryName":"7 天学会微视频制作", "thumbimg":"/images/video.png"},
10              {"cid":5, "categoryName":"wordpress 微信支付", "thumbimg":"../../images/wordpress.png"},
11              {"cid":6, "categoryName":"wordpress 付费阅读", "thumbimg":"../../images/read.png"},
12          ],
13          // 页面底部 footer 数据
14          footerData:{"WeChat":68183131, "address":"桂林市中山路168号"},
15      },
```

```
16
17      toList:function(ev) {
18          var cid = ev.currentTarget.dataset.cid;     // 获取资讯分类 id
19          console.log(cid);
20          // 使用小程序 wx.navigateTo() 接口实现跳转到资讯列表
21          wx.navigateTo({
22              url: '/pages/list/index?cid=' + cid
23          })
24      },
25
26      onLoad:function() {
27      }
28  })
```

在 data 页面数据中，我们定义了两个变量：categoryItems 和 toList。toList 用来接 wxml 页面的单击事件，跳转到用户选择的分类列表页面，这个我们不多讲，下面详细讲解一下 categoryItems。

categoryItems 是我们这个资讯小程序的分类数据，共有 6 个分类。每个分类数据中的代码解析如下：

- cid 表示分类 id。
- categoryName 表示分类名称。
- thumbimg 表示分类缩略图，这里使用图片的本地地址。
- footerData 是页面底部 footer 数据。
- WeChat 是笔者的微信号。
- address 是地址。这里是模拟地址。

还有一些常用的电话、网站、公众号，也可以在 categoryItems 中定义。

提示：小程序图片本地地址有两种方式表示：

- 绝对地址，指小程序项目根目录 info 到图片的位置，以'/'开头。
- 相对地址，指从小程序当前页面目录到图片的位置。

例如，{"cid":5,"categoryName":"wordpress 微信支付","thumbimg":"../../images/wordpress.png"} 中就使用了图片相对路径。

25.5.2 分类页面 index.wxml 源代码分析

index.wxml 源代码分析如下：

```
01  <view class="container">
02          <view class="list-container">
03              <view class="list-box" wx:for="{{categoryItems}}" wx:for-item="item" wx:key="index"
04  bindtap="toList" data-cid="{{item.cid}}">
05                  <view class="list-image">
06                      <image src="{{item.thumbimg}}" />
07                  </view>
08                  <view class="list-name">{{item.categoryName}}</view>
```

```
09                </view>
10            </view>
11
12      <!-- footer -->
13          <import src="../footer/index.wxml" />
14          <template is="footer" data="{{...footerData}}"></template>
15      <!-- /footer -->
16  </view>
```

在 index.wxml 中，第 3 行使用 wx:for 循环输出 categoryItems 中的内容，并且绑定一个 toList 事件。

小程序模板是本节的新知识点（下面详细介绍），开发小程序时，一些页面中的代码是相同的，这时就可以把这些相同的代码做成一个模板，使用时直接在页面中引入模板文件即可。

在资讯小程序分类页面中，我们通过 import 引入模板文件对应代码，如第 13 行所示。其中，src="../footer/index.wxml"就是你要引入的 wxml 文件，这里使用相对路径。第 14 行表示使用模板文件中的哪个模板，其中 is="footer" 表示使用 footer 这个模板，data="{{...footerData}}" 表示把 index.js 的 footerData 变量发送到 footer 模板中使用。

注意：...footerData 是 ECMAScript 扩展运算符。

25.5.3 小程序的模板文件

下面我们再来看看小程序的模板文件 footer，其内容如图 25.9 所示。

图 25.9 模板文件 footer

footer 模板文件目录下主要有两个文件：

- index.wxml。代码如下：

```
<template name="footer">
    <view class="footer">
        <view class="footer-item">QQ/微信/WeChat: {{WeChat}}</view>
        <view class="footer-item">
            <text class="footer-copyright">Copyright 2017 桂林大秦电商</text>
        </view>
        <view class="footer-item">地址: {{address}} 电话: 0773-1234567</view>
    </view>
</template>
```

小程序模板代码放在<template></template>之间，template 组件的 name="footer" 表示这个模板的名称叫 footer，对应引用模板时<template is="footer" data="{{...footerData}}">中 is 的值。模板代码与我们写 wxml 一样，代码中使用到变量{{WeCat}}、{{address}}，对应<template

is="footer" data="{{...footerData}}"> 中 ...footerData 传递过来的变量。

- index.wxss。代码如下:

```
/* 底部版权 */
.footer{
   margin:5px 0;
}
.footer-item{
   font-size:12px;
   text-align:center;
   color:#626262;
}
```

可以看到，这里只是把 25.4.3 节中首页 footer 样式放到模板样式文件中来了。

25.5.4　分类页面 index.wxss 源代码分析

index.wxss 源代码如下：

```
01  /* 引入 footer 模板的 wxss 文件 */
02  @import '../footer/index.wxss';
03
04  /* 分类列表 */
05  .list-container{
06     display: flex;
07     justify-content: space-between;
08     flex-wrap:wrap;
09     box-sizing: content-box;
10     padding: 24rpx;
11  }
12  .list-box{
13     width: 339rpx;
14     height: 389rpx;
15     background-color: #fff;
16     overflow: hidden;
17     margin-bottom:5px;
18  }
19  .list-box .list-image{
20     width: 339rpx;
21     height: 339rpx;
22     overflow: hidden;
23     position:relative;
24     border-radius:50%;
25  }
26  .list-box .list-image image{
27       width: 339rpx;
28       height: 339rpx;
29  }
30  .list-box .list-name{
31     width: 100%;
```

```
32    text-overflow: ellipsis;
33    white-space: nowrap;
34    overflow: hidden;
35    font-size: 32rpx;
36    color:#000;
37    margin-left: 24rpx;
38    text-align:center;
39 }
```

第 2 行表示我们引入小程序模板的样式文件,会把 ../footer/index.wxss 中的样式加载到当前样式文件,也是使用相对地址。

25.6　开发资讯小程序列表页面

用户在分类页面中点击一个具体分类后,会跳转进入到分类列表页面,该页面会列出当前分类中的文章信息。资讯小程序列表页面效果如图 25.10 所示。

图 25.10　资讯小程序列表页面

下面我们来详细分析列表页面代码。

25.6.1 列表页面 index.js 源代码分析

index.js 源代码如下：

```javascript
var app = getApp();
var that;
var info=require("../../utils/info.js");

Page({
    data:{
        // 页面底部 footer 数据
        footerData:{"WeChat":68183131, "address":"桂林市中山路168号"},
    },

    // 接收用户在 wxml 中的 toPost 点击事件
    toPost:function(ev) {
        var id = ev.currentTarget.dataset.id;    // 获取资讯文章 id
        info.toPost(id);      // 使用 info 模块中的 toPost() 方法
    },

    onLoad:function(options) {
        var that = this;
        var cid = options.cid;   // 获取用户点击时，对应的分类 cid

        // 使用小程序 wx.request() 向 Web 服务器请求 cid 对应的资讯列表数据
        wx.request({
            // Web 服务器资讯列表请求地址
            url:'https://www.qinziheng.com/api/book/list.php',
            data:{
                cid:cid,         // 把分类 cid 发送给 Web 服务器，用来获取对应的列表数据
            },
            method:'POST',
            header:{'content-Type':'application/x-www-form-urlencoded'},
            success:function(res) {  // wx.requst() 请求成功后，执行的回调函数
                if(0 == res.data.errno) {
                    // 使用小程序实例的 setData() 方法，把请求到的数据发送到 wxml 页面进行渲染
                    that.setData({
                        listItems:res.data.listItems,
                    });
                }
            }
        });
    }
})
```

在这里，我们要学习一个新知识点——使用第三方 js 脚本模块，对代码的其他分析参考前面的章节。

25.6.2 小程序中使用第三方 js 脚本模块

在 index.js 代码中，我们使用 require 来引入第三方脚本，具体代码如下：

```
var info=require("../../utils/info.js");
```

第三方脚本路径是：../../utils/info.js，把它放到变量 info 中，在当前页面就能通过 info 来使用 info.js 中的模块。下面我们来看看 info.js 里面有什么。

info.js 源代码如下：

```
01  /**
02   *
03   *    跳转到对应的资讯文章页面
04   *         @param      int     id   文章 id
05   *
06   */
07  function toPost(id) {
08      // 使用小程序 wx.navigateTo() 接口实现跳转
09      wx.navigateTo({
10          url: '/pages/post/index?id=' + id
11      })
12  }
13
14  module.exports = {
15      toPost: toPost
16  }
```

可以看到，info.js 中也是一些 js 代码，第 7~12 行有一个函数 toPost()，用来跳转到资讯文章详情页面。在这里，其实可以直接调用小程序的 API 接口。在 info.js 后面，第 14 行使用 module.exports 对外输出模块，供其他人调用。

提示：module.exports 是 ECMAScript 6 的语法。

对应 index.js 我们调用的代码就是：

```
// 接收用户在 wxml 中的 toPost 点击事件
toPost:function(ev) {
    var id = ev.currentTarget.dataset.id;    // 获取资讯文章 id
    info.toPost(id);                         // 使用 info 模块中的 toPost() 方法
}
```

调用效果如图 25.11 所示。我们看到，使用第三方 js 脚本模块也能获取到文章对应的 id。

图 25.11 获取文章对应的 id

25.6.3 列表页面 index.wxml 源代码分析

index.wxml 源代码如下：

```
01  <view class="container">
02
03          <view class="list-container">
04              <view class="list-box" wx:for="{{listItems}}" wx:for-item="item" wx:key="index" bindtap="toPost" data-id="{{item.id}}">
05                  <view class="post-image">
06                      <image src="{{item.thumbimg}}" mode="scaleToFill" />
07                  </view>
08
09                  <view class="meta-box">
10                      <view class="post-title">{{item.title}}</view>
11                      <view class="post-author">作者：{{item.author}}</view>
12                      <view class="post-date">发布日期：{{item.publish_date}}</view>
13                  </view>
14              </view>
15          </view>
16
17      <!-- footer -->
18      <import src="../footer/index.wxml" />
19      <template is="footer" data="{{...footerData}}"></template>
20      <!-- /footer -->
21  </view>
```

在这里，我们主要看一下小程序的 image 图像组件，如第 6 行代码所示。

image 组件使用单标签<image />时，末尾一定要有一个"/"，否则会报错。image 组件也可以使用双标签的模式——<image src=""></image>这种方式。

src 表示图片的地址，可以使用图片在小程序中的本地地址。例如，上一节中的"wordpress 微信支付"图片，使用的是"../../images/wordpress.png"这个本地地址。也可以使用图片的网络地址。例如，这一节中的"大秦 wordpress 微信支付插件"图片，使用的是网络地址 https://www.qinziheng.com/wp-content/uploads/2018/05/wordpress.png。其实这两张图片是同一张图片。

mode 表示图片裁剪、缩放的模式。

- scaleToFill：表示不保持纵横比缩放图片，使图片的宽高完全拉伸至填满 image 元素。
- aspectFit：保持纵横比缩放图片，使图片的长边能完全显示出来。也就是说，可以完整地将图片显示出来。
- aspectFill：保持纵横比缩放图片，只保证图片的短边能完全显示出来。也就是说，图片通常只在水平或垂直方向是完整的，另一个方向将会发生截取。
- widthFix：宽度不变，高度自动变化，保持原图宽高比不变。

25.6.4 列表页面 index.wxss 源代码分析

index.wxss 源代码如下：

```css
@import '../footer/index.wxss'; /* 引入 footer 模板的 wxss 样式 */

/* 分类列表 */
.list-container{
  display: flex;
  justify-content: space-between;
  flex-wrap:wrap;
  box-sizing: content-box;
  padding: 24rpx;
}
.list-box{
  width: 100%;
  background-color: #fff;
  margin-bottom: 24rpx;
  display:flex;
  border-bottom:1px solid #ccc;
}
.list-box .post-image{
  width: 300rpx;
  position:relative;
}
.list-box .post-image image{
  width: 300rpx;
  height: 225rpx;
```

```css
}
.list-box .post-title{
  width: 100%;
  text-overflow: ellipsis;
  white-space: nowrap;
  overflow: hidden;
  font-size: 32rpx;
  padding: 24rpx 0 0rpx 0;
  color:#000;
  margin-left:5px;
}
.list-box .post-date, .list-box .post-author{
  width: 100%;
  overflow: hidden;
  font-size: 28rpx;
  padding: 24rpx 0;
  color:#626262;
  margin-left:5px;
}
```

还有一些与分类列表类似的页面，比如标签、属性等，也可以使用本小节中所讲的方法实现。

25.7 开发资讯小程序内容页面

内容页面就是用户点击资讯文章标题或图片后进入的页面，在这里会看到资讯文章的全部内容，效果如图 25.12 所示。

本节分享一个重要的知识点：把 HTML 网页转换到小程序里。

图 25.12 资讯小程序内容页面

2-1）让你的wordpress网站，马上变成在线商城

安装大秦wordpress微信支付插件后，你的wordpress网站，马上变成一个拥有在线支付的商城，你可以把任意一篇wordpress文章，就一个产品展示页面，用户可以在线下单购买你的产品和服务。

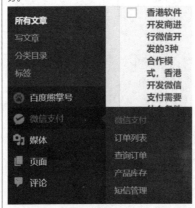

2-2）集成微信支付主要功能

wp大秦微信支付插件，集成了微信支付的主要功能，包括：

- 微信公众号支付
- 微信h5支付
- 微信扫码支付

2-3）短信通知服务

你可以在大秦微信支付插件设置中，灵活地启用短信服务功能：

a）短信验证用户手机 你可以发送短信验证码到客户的手机上，用来验证客户的真实性。

类似下面的效果：

【电商嘉年华】验证码:872032，你正在大秦电商平台中操作，请于5分钟内填写，如非本人操作，请忽略本短信，泄露有风险。

b）接收订单通知

当客户使用微信支付完成付款后，会发送一条短信到你手机上，随时掌握网站的下单情况。

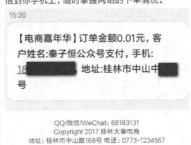

图 25.12　资讯小程序内容页面（续图）

25.7.1 内容页面 index.js 源代码分析

index.js 源代码如下：

```
var app = getApp();
var that;
var info=require("../../utils/info.js");
var WxParse = require('../../wxParse/wxParse.js');

Page({
    data:{
        // 页面底部 footer 数据
        footerData:{"WeChat":68183131,"address":"桂林市中山路168号"},
    },

    // 返回到文章所在分类列表
    toList:function(ev) {
        var cid = ev.currentTarget.dataset.cid;    // 获取资讯分类 cid
        info.toList(cid);
    },

    onLoad:function(options) {
        var that = this;
        var id = options.id;

        // 使用小程序 wx.request() 向 Web 服务器请求 id 对应的资讯文章数据
        wx.request({
            // Web 服务器资讯列表请求地址
            url:'https://www.qinziheng.com/api/book/post.php',
            data:{
                id:id,
            },
            method:'POST',
            header:{'content-Type':'application/x-www- form-urlencoded'},
            success:function(res) {    // wx.requst() 请求成功后，执行的回调函数
                if(0 == res.data.errno) {
                    // 使用小程序实例的 setData() 方法，把请求到的数据发送到 wxml 页面进行渲染

                    // WxParse 解析 html
                    WxParse.wxParse('article', 'html', res.data.post.content, that, 5);

                    // 动态设置当前页面的标题
                    wx.setNavigationBarTitle({
                        title: res.data.post.title
                    });

                    that.setData({
                        title: res.data.post.title,
                        author: res.data.post.author,
```

```
                    publish_date: res.data.post.publish_date,
                    click: res.data.post.click,
                    category: res.data.post.category,
                    cid: res.data.post.cid,
                });
            }
        }
    });
}
})
```

1. 使用 wxParse 把 HTML 页面转换到小程序里

index.js 中有这样一行代码：

```
var WxParse = require('../../wxParse/wxParse.js');
```

该代码表示引入一个第三方 js 模块。由于一些公司、企业和机构以前建立了自己的网站，发布了很多资讯内容，所以他们开发小程序时希望把以前网站的 HTML 页面，转换成小程序可以显示的页面。wxParse 就可以实现这个功能。wxParse 的作者是 icindy，项目地址为 https://github.com/icindy/wxParse，如图 25.13 所示。

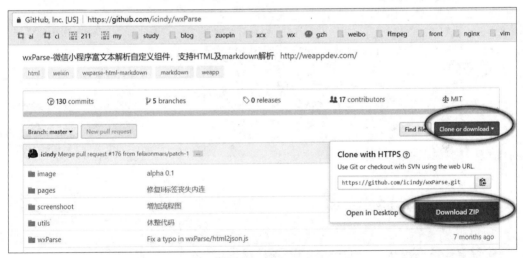

图 25.13 wxParse

下载后只需要把 wxParse 目录放到我们的 info 项目目录中即可，如图 25.14 所示。

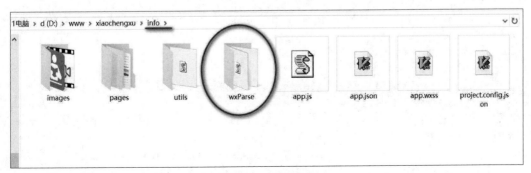

图 25.14 保存位置

我们使用小程序的 wx.request() API 接口，向 Web 服务器请求成功后，重点关注 success 中的处理。

```
WxParse.wxParse('article', 'html', res.data.post.content, that, 5);
```

这段代码表示使用 WxParse.wxParse()方法，把 html 发送到 wxml 进行渲染。

- article 参数表示节点名称，供 wxml 页面使用。
- html 参数表示让 wxParse 解析 html 类型的代码。其实 wxParse 还能解析 markdown 类型的代码。
- res.data.post.content 参数表示要解析的 html 源代码。这要与 Web 服务器返回的数据对应起来。
- that 参数表示当前实例。
- 5 表示内容页面中图片元素填充的距离。

2．Web 服务器返回的数据

资讯小程序文章页面，请求的 Web 服务器地址是：https://www.qinziheng.com/api/book/post.php。

post.php 源代码如下：

```php
<?PHP
/**
 *
 *        文章数据
 *
 */

// （1）获取小程序传递过来的文章 id
$id = $_POST['id']

// （2）数据过滤
// （3）从数据库中取出文章 id 对应的数据
// （4）处理文章数据

// （5）返回数据给小程序
$res = array();
$res['errno'] = 0;
$res['errmsg'] = 'ok';

$html = '
<h2>一、大秦 wordpress 微信支付插件下载</h2>
<div class="content-box">
wordpress <a href="https://www.qinziheng.com/download.php?name=weixin_pay&amp;sn=mpw4sl1y">大秦微信支付插件</a>，
最新版下载地址：<a href="https://www.qinziheng.com/download.php?name=weixin_pay&amp;sn=mpw4sl1y">猛击下载</a>
MD5 值:<span class="red">47fe6942430f2c085dc9e0fa703757a0</span>
<p>欢迎反馈，QQ/微信/WeChat： 68183131</p>
```

```
                </div>

            <h3>二、大秦 wordpress 微信支付插件特点</h3>
            <div class="content-box">
            <p>wordpress 是世界上用户最多的一个网站建设系统，大秦 wordpress 微信支付插件，是子恒老师开发出来，专门让 wordpress 网站实现微信支付功能的插件，它有下面几个特点…</p>
            2-1）让你的 wordpress 网站，马上变成在线商城<br />
            安装大秦 wordpress 微信支付插件后，
            你的 wordpress 网站，
            马上变成一个拥有在线支付的商城，
            你可以把任意一篇 wordpress 文章，
            就一个产品展示页面，
            用户可以在线下单购买你的产品和服务。

            <img src="https://www.qinziheng.com/wp-content/uploads/2018/05/weixin_pay_link.jpg" />

            2-2）集成微信支付主要功能<br />
            wp 大秦微信支付插件，
            集成了微信支付的主要功能，
            包括：
            <ul>
                <li>微信公众号支付</li>
                <li>微信 h5 支付</li>
                <li>微信扫码支付</li>
            </ul>

            2-3）短信通知服务<br />
            你可以在大秦微信支付插件设置中，
            灵活地启用短信服务功能：<br />
            a）短信验证用户手机
            你可以发送短信验证码到客户的手机上，
            用来验证客户的真实性。<br />

            类似下面的效果：<br />
            <p>
            【电商嘉年华】验证码:872032,你正在大秦电商平台中操作,请于 5 分钟内填写,如非本人操作,请忽略本短信,泄露有风险。
            </p>

            b）接收订单通知<br />
            当客户使用微信支付完成付款后，
            会发送一条短信到你手机上，
            随时掌握网站的下单情况。
            <img src="https://www.qinziheng.com/wp-content/uploads/2018/04/wp_sms_order.png" />
            </div>
                ';

$res['post']['title'] = '大秦 wordpress 微信支付插件介绍';
```

```php
$res['post']['author'] = '秦子恒';
$res['post']['click'] = '123';
$res['post']['publish_date'] = '2018-05-01';
$res['post']['category'] = '小程序应用';
$res['post']['cid'] = '12';
$res['post']['content'] = $html;
echo json_encode($res, JSON_UNESCAPED_SLASHES | JSON_UNESCAPED_UNICODE);   //
php >= 5.4
```

3．Web 服务器处理流程的 5 个主要步骤

（1）获取小程序传递过来的文章 id。

（2）数据过滤。

（3）从数据库中取出文章 id 对应的数据。

（4）处理文章数据。

（5）返回数据给小程序。

我们这里做了简单处理，直接把资讯文章的 html 代码写出来。可以看到，在 HTML 网页中，包含 div、p、img、ul、li、span、h2、h3、a 等常用 HTML 标签，wxParse 都能够把这些标签解析转换到小程序里。

4．使用 wxParse 需要注意的地方

1）img 标签

图片地址一定要使用完整网络地址，不要使用你网站的相对地址，否则在小程序里无法显示图片。图片完整网络地址可以显示：

```html
<img src="https://www.qinziheng.com/wp-content/uploads/2018/05/weixin_pay_link.jpg" />
```

图片相对网站地址无法显示：

```html
<img src="/wp-content/uploads/2018/05/weixin_pay_link.jpg" />
```

所以在现实业务中，可能需要在第 4 步处理文章数据时，把图片的相对地址转换为全地址。

2）a 标签

在 html 中是可以跳转链接的，但经 wxParse 转换后则无法跳转。

```html
<a href="https://www.qinziheng.com/download.php?name=weixin_pay&amp;sn=mpw4sl1y">大秦微信支付插件</a>
```

上面的链接在 HTML 网页中可以下载大秦微信支付插件，但经 wxParse 转换后，在小程序里点击是无法下载的。

5．动态设置小程序页面的标题

wx.request()请求成功后，success 中还使用了小程序 wx.setNavigationBarTitle()接口，来动态设置当前页面的标题。

```
wx.setNavigationBarTitle({
```

```
      title: res.data.post.title
    });
```

这样就可以让用户在每个资讯内容页面看到不同的页面标题。

25.7.2 内容页面 index.wxml 源代码分析

index.wxml 源代码如下：

```
01 <import src="../../wxParse/wxParse.wxml" />
02 <view class="container">
03     <view class="post-title">{{title}}</view>
04     <view class="post-meta-box">
05         <view class="meta-list">
06             <text class="meta-item">点击: {{click}}</text>
07             <text class="meta-item" bindtap="toList" data-cid="{{cid}}">分类: {{category}}</text>
08         </view>
09         <view class="meta-list">
10             <text class="meta-item">作者: {{author}}</text>
11             <text class="meta-item">发布日期: {{publish_date}}</text>
12         </view>
13     </view>
14
15     <view class="content">
16         <template is="wxParse" data="{{wxParseData:article.nodes}}"/>
17     </view>
18
19     <!-- footer -->
20     <import src="../footer/index.wxml" />
21     <template is="footer" data="{{...footerData}}"></template>
22     <!-- /footer -->
23 </view>
```

其中，第 1 行表示引入 wxParse 模板文件。第 16 行表示把 wxParse 解析的 html 代码进行展示，is="wxParse"表示使用 wxParse.wxml 中的 wxParse 模板；data="{{wxParseData:article.nodes}}"表示 wxParse 模板要使用的数据，其中 article.nodes 是固定值，article 对应 index.js 中 WxParse.wxParse('article', 'html', res.data.post.content, that, 5)的第一个参数，article 和该参数一定要相同，否则无法解析。

第 7 行中，bindtap="toList"绑定了一个单击事件，用户单击后会触发 index.js 中的 toList()函数，跳转到文章对应的分类，这就跟 25.5 节中讲的分类列表页面对应起来了。

【wxParse 解析 html 的一些细节】

我们在小程序开发工具中查看 wxParse 解析 html 后的代码，如图 25.15 所示。

```
▶ <view class="wxParse-h2">...</view>
▶ <view class="content-box wxParse-div">...</view>
▶ <view class="wxParse-h3">...</view>
▶ <view class="content-box wxParse-div">...</view>
```

图 25.15　查看 wxParse 解析 html 后的代码

可以发现一些规律：

（1）如果 html 代码中有 class 样式，那么 wxParse 会保留 class 样式，这样就可以把 CSS 样式代码放到小程序 wxss 样式代码里。

（2）wxParse 会自动在小程序的 view 中添加 class 样式，通常为 wxParse-XXX，其中 XXX 表示 HTML 标签。比如 wxParse 转换了 div 标签，就会在小程序 view 中添加 wxParse-div 样式，而 wxParse-XXX 这些样式在 wxParse/wxParse.wxss 文件中。

25.7.3　内容页面 index.wxss 源代码分析

index.wxss 源代码如下：

```
01  @import '../footer/index.wxss'; /* 引入 footer 模板的 wxss 样式 */
02  @import '../../wxParse/wxParse.wxss';   /* 引入 wxParse 模板样式 */
03
04  .container{
05      padding:5px 10px;
06  }
07
08  /* 文章标题 */
09  .post-title{
10      text-align:center;
11      font-size:46rpx;
12      color:#f50;
13  }
14
15  /* 文章 meta 元素 */
16  .post-meta-box{
17      margin:5px 0;
18      border-bottom:1px solid #ccc;
19      box-sizing:border-box;
20      padding-bottom:10px;
21      color:#626262;
22  }
23
24  .meta-list{
25      font-size:14px;
26      display:flex;
27      justify-content: space-around;
28      flex-wrap:wrap;
29      box-sizing: content-box;
30  }
31
32  /* 文章 */
33  .content{
34      line-height:200%;
35      font-size:16px;
36      color:#333;
37  }
```

```
38
39  .content-box{
40      text-indent:24px;
41  }
```

第 2 行表示引入 wxParse 模板样式文件，这个一定要引入，否则文章显示会有问题。另外，下面的这些页面，比如产品页、公司介绍页面、获奖荣誉等，可以使用这一小节介绍的方法去实现。

我们在本书中只演示了怎么开发充值小程序、资讯小程序，带读者进入小程序开发的大门。其实小程序还有更强大的功能，如视频、音频、地图、地理位置、小程序支付、客服消息等，有兴趣的读者可以在网上搜索秦子恒老师的小程序网络课程，进行更深入的学习。

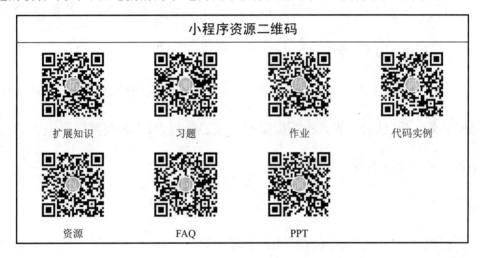

反侵权盗版声明

电子工业出版社依法对本作品享有专有出版权。任何未经权利人书面许可，复制、销售或通过信息网络传播本作品的行为；歪曲、篡改、剽窃本作品的行为，均违反《中华人民共和国著作权法》，其行为人应承担相应的民事责任和行政责任，构成犯罪的，将被依法追究刑事责任。

为了维护市场秩序，保护权利人的合法权益，我社将依法查处和打击侵权盗版的单位和个人。欢迎社会各界人士积极举报侵权盗版行为，本社将奖励举报有功人员，并保证举报人的信息不被泄露。

举报电话：（010）88254396；（010）88258888

传　　真：（010）88254397

E-mail：dbqq@phei.com.cn

通信地址：北京市万寿路173信箱　电子工业出版社总编办公室

邮　　编：100036